普通高等学校“十三五”规划教材

新编大学计算机

（微课+慕课版）

李　欢　主　编

叶海琴　陈　莹　副主编

中国铁道出版社有限公司

CHINA RAILWAY PUBLISHING HOUSE CO., LTD.

内容简介

本书将“计算思维”、“技能应用”和以“人工智能”为代表的新技术相融合，采用“微课＋慕课”模式编写，为学生提供深入浅出的理论阐述、丰富经典的应用案例、扫码即得的在线资源。

本书分为3篇，共12章，主要内容包括计算机和计算思维、符号化—计算化—自动化、机器程序的执行、复杂环境的管理者——操作系统、问题求解、Word文字处理软件、Excel电子表格处理软件、PowerPoint演示文稿制作软件、多媒体技术与应用、计算机网络、网络新技术、人工智能与量子计算。

本书结构合理，内容通俗易懂、实用性强，适合作为高等院校大学计算机基础课程的教材，也可作为计算机技术培训用书和计算机爱好者自学用书。

图书在版编目（CIP）数据

新编大学计算机:微课+慕课版/李欢主编. —北京：中国铁道出版社有限公司,2020.1

普通高等学校“十三五”规划教材

ISBN 978-7-113-26499-4

Ⅰ.①新… Ⅱ.①李… Ⅲ.①电子计算机-高等学校-教材 Ⅳ.①TP3

中国版本图书馆CIP数据核字(2019)第292257号

书　　名：新编大学计算机（微课+慕课版）
作　　者：李　欢

策　　划：韩从付　　编辑部电话：010-63589185转2007
责任编辑：陆慧萍　徐盼欣
封面设计：刘　颖
责任校对：张玉华
责任印制：郭向伟

出版发行：中国铁道出版社有限公司（100054，北京市西城区右安门西街8号）
网　　址：http://www.tdpress.com/51eds/
印　　刷：三河市兴达印务有限公司
版　　次：2020年1月第1版　2020年1月第1次印刷
开　　本：787 mm×1 092 mm 1/16　印张：22.75　字数：508千
书　　号：ISBN 978-7-113-26499-4
定　　价：53.00元

前　言

随着计算机科学技术和应用技术的飞速发展，我国正掀起第四次信息技术普及的高潮：大力普及以人工智能为代表的新技术。高等学校计算机基础教育要传承计算文化、弘扬计算科学，更重要的是要培养大学生具备使用计算思维、利用计算机技术分析和解决各自专业领域问题的能力，以及自觉应用计算机持续学习的能力和创新能力。

依据教育部高等学校大学计算机课程教学指导委员会《大学计算机基础课程教学基本要求》，基于"新工科、新农科、新医科、新文科"思想和理念对高等学校学生知识结构和能力要求的变化，本书将"计算思维"、"技能应用"和以"人工智能"为代表的新技术相融合，采用"微课+慕课"模式编写，为学生提供深入浅出的理论阐述、丰富经典的应用案例、扫码即得的在线资源。

本书适应应用型本科及高等院校特点，符合"基础类课程，注重应用，为专业需求服务"的课程要求，内容编写目标明确、循序渐进、重难点突出，应用案例步骤清晰，图文并茂，并配有微课视频和慕课视频，让学生"看得懂、学得进、用得着"；注重教材的学术性、时代性和先进性，及时将新理念、新知识、新技术融入本书案例。本书适合作为高等院校大学计算机基础课程的教材，也可作为计算机技术培训用书和计算机爱好者自学用书。

本书分为3篇，共12章，各篇章内容如下：

第1篇介绍计算机文化与计算思维。引入"计算思维"理念，强调"符号化—计算化—自动化"的计算机本质，阐述机器程序的执行过程和操作系统的管理功能，描述"计算机问题求解"这一计算机科学最基本方法。

第2篇介绍应用技能。选取典型案例，讲述Word文字处理软件、Excel电子表格处理软件、PowerPoint演示文稿制作软件、Photoshop图像处理软件、Premiere视频制作软件的基本知识和应用技巧。

第3篇介绍网络与新技术。阐述互联网基本知识，融合移动互联网、云计算、大数据、物联网等新型网络，概要介绍人工智能的发展历史、定义、研究方法、主要应用领域，以及量子的概念、基本性质、量子计算机等。

本书配套资源丰富，应用技能篇中相关例题均配有二维码，读者可以扫码观看微课视频；电子教案、案例素材、实训素材等可以到中国铁道出版社有限公司网站免费下载，网址为 http://www.tdpress.com/51eds/；慕课视频、课件和随堂作业等慕课资源，读者可以到超星慕课平台网站观看或下载，网址为 https://mooc1-1.chaoxing.com/course/200297921.html。

本书由周口师范学院大学计算机基础课程教学团队组织编写，李欢任主编，叶海琴、陈莹任副主编，具体编写分工如下：第 1、6 章由李欢编写，第 2、3、4 章由陈莹编写，第 5、11、12 章由叶海琴编写，第 7、10 章由廖利编写，第 8 章由许慧雅编写，第 9 章由杨素锦编写。李欢负责本书的组织和统稿工作，许慧雅负责本书参考资料、案例素材、视频等资源的收集整理工作。陈劲松参与了教材资源建设。

本书在编写过程中参考了很多专家老师的优秀书籍资料，案例设计参考了全国计算机等级考试 MS Office 高级应用科目资料，得到了周口师范学院教务处和中国铁道出版社有限公司的大力支持，计算机科学与技术学院的领导和老师们对教材的编写给予了热情的关怀和指导，在此一并致以衷心的感谢和深深的敬意！

由于编者水平有限，书中难免存在不足和疏漏之处，恳请各位读者和专家批评指正！

编　者

2019 年 10 月

目　录

第一篇　计算机文化与计算思维

第二篇 应用技能

第三篇　计算机网络与新技术

第一篇

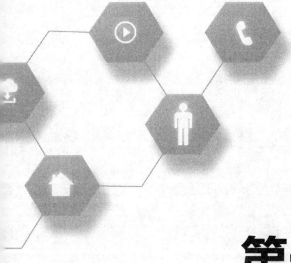

计算机文化与计算思维

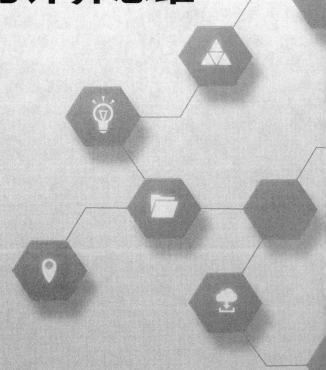

第 1 章

计算机和计算思维

计算机在当今高速发展的信息社会中已经广泛应用到各个领域，已形成规模巨大的计算机产业，带动了全球范围的技术进步，掌握计算机的基础知识和应用已成为每个人的基本技能。计算思维是人类科学思维活动固有的组成部分，是计算机发展的必然产物，是推动社会文明进步和促进科技发展的三大手段之一，是现代人必须掌握的基本思维模式。

1.1　计算机概论

计算机是一种能高速、自动地按照预先设定的各种指令完成各种信息处理的电子设备。

1.1.1　计算机的发展

在漫长的文明发展过程中，人类用原始的结绳或刻痕来计算保存数字；采用十进制记数法和“位值”概念（数符位置不同，表示的值不同）进行记数；创造算筹①、算盘等工具（见图 1.1）和九九乘法口诀、珠算②口诀实现数字的加、减、乘、除、开方等代数运算或更复杂的运算。

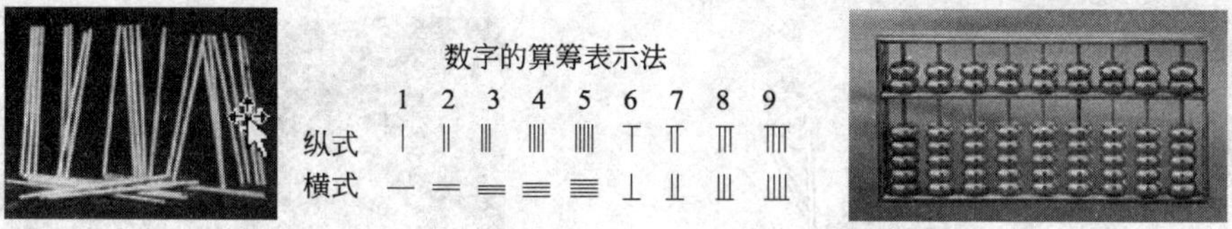

图 1.1　古代计算工具：算筹和算盘

从 17 世纪开始，欧洲科学家兴起研究计算机器热潮，把机械的动力应用到计算工具上。1642 年，法国数学家、物理学家帕斯卡制造出第一台机械加法器 Pascaline，实现了齿轮旋转自动进位方式的十进制加减法运算；1673 年，德国数学家莱布尼茨在 Pascaline 基础上，设计制造了一种能演算加、减、乘、除和开方运算的机械手摇式计算器；1834 年，英国数学家巴贝奇提出了制造自动化计算机的设想，引进了程序控制的概念，完成了能做数制运算和逻辑运算并且具有现代计算机概念的分析机设计方案。机械加法器 Pascaline 和机械手摇式计算器如图 1.2 所示。

① 我国著名的数学家祖冲之借助算筹将圆周率计算到了小数点后 7 位，创造了当时世界最高精度。

② 珠算作为以算盘为工具进行数字计算的一种方法，被誉为中国的第五大发明，2013 年被联合国教科文组织列入人类非物质文化遗产名录。

图 1.2　机械加法器 Pascaline 和机械手摇式计算器

1. 电子计算机的产生

（1）图灵机

1936 年，英国科学家图灵发表了著名的《论数字计算在决断难题中的应用》论文，提出了一个对于计算可采用的通用机器的概念和理论模型，即图灵机模型，从理论上证明了制造通用计算机的可行性，为电子计算机的研制奠定了理论基础。

（2）阿塔纳索夫-贝瑞计算机

阿塔纳索夫-贝瑞计算机（Atanasoff-Berry Computer，简称 ABC 机）（见图 1.3）由美国爱荷华州立大学的约翰·阿塔纳索夫教授和他的研究生克利福特·贝瑞于 1937—1941 年间设计并研制，于 1942 年成功测试，用于求解线性方程组。ABC 机开创了现代计算机的重要元素：二进制算术和电子开关，被国际计算机界公认为世界第一台电子计算机①。

（3）埃尼阿克

1946 年 2 月，美国宾夕法尼亚大学成功研制出的大型电子数字积分计算机埃尼阿克（The Electronic Numerical Integrator And Calculator，ENIAC），如图 1.4 所示。这台计算机用于计算弹道轨迹，不能存储程序，采用十进制计数；重约 30 t，占地约 170 m^2，使用 18 800 多个电子管、1 500 个继电器，计算速度可达 5 000 次/s，功率为 150 kW。

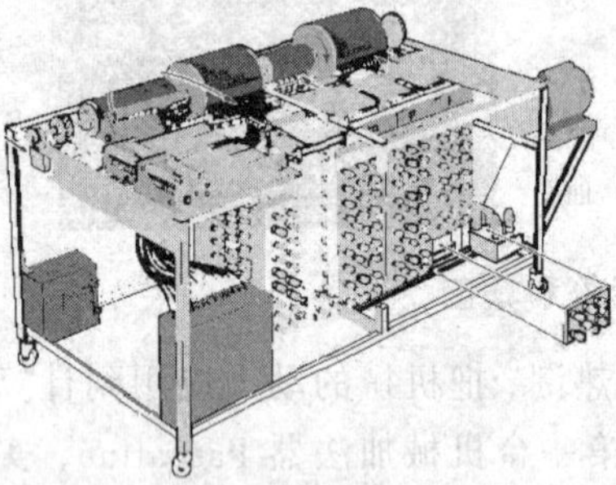

图 1.3　ABC 机

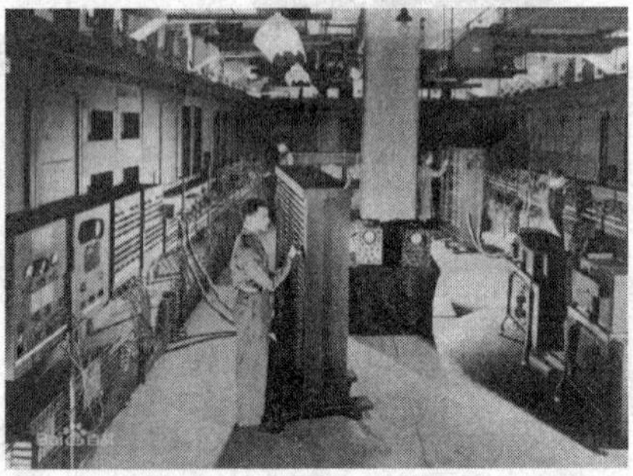

图 1.4　ENIAC

（4）EDVAC

1945 年，匈牙利数学家冯·诺依曼作为 ENIAC 研制小组顾问，针对 ENIAC 存在的问题，起草了题为《关于 EDVAC（Electronic Discrete Variable Automatic Computer，离散变量自动电子计算机）的报告草案》、长达 101 页的方案报告。报告提出的“存储程序”

① 约翰·阿塔纳索夫和克利福特·贝瑞的计算机工作直到 1960 年才被发现和广为人知，当时 ENIAC 普遍被认为是第一台现代意义上的计算机。1973 年，美国联邦地方法院注销了 ENIAC 的专利，并得出结论：ENIAC 的发明者从阿塔纳索夫那里继承了电子数字计算机的主要构件思想，因此，ABC 被认定为世界上第一台计算机。

和“采用二进制编码”思想、新型计算机五大组成部件和逻辑设计，成为沿用至今的计算机体系结构标准（即冯·诺依曼体系结构），采用这种体系结构设计的计算机称为“冯·诺依曼计算机”。

2. 现代计算机的发展

按照计算机采用的电子元件不同，将其发展划分为电子管、晶体管、中小规模集成电路和大规模、超大规模集成电路4个阶段，如表1.1所示。

表1.1 各代计算机比较

时期	第一代	第二代	第三代	第四代
	1946—1957年	1958—1964年	1965—1970年	1971年至今
主要元件	电子管	晶体管	中小规模集成电路	大规模、超大规模集成电路
存储器	水银延迟线、纸带、卡片、磁带和磁鼓等	磁芯、磁盘、磁带	半导体存储器	半导体存储器、光盘等
运算速度	每秒几千次到几万次	每秒几万次到几十万次	每秒几百万次	每秒几千万次至几十亿次
软件	机器语言，无系统软件	开始出现高级语言（如FORTRAN、ALGOL、COBOL），批处理系统	出现操作系统，提出了结构化程序的设计思想	软件配置丰富，获得巨大发展；程序设计部分自动化
应用领域	科学计算	科学计算、数据处理、实时控制	系统模拟、系统设计、智能模拟	巨型机用于尖端科技和军事工程，微型处理器和微型计算机用于日常生活各方面

1971年末，世界上第一台微处理器和微型计算机问世，开创了微型计算机的新时代。

3. 计算机的发展趋势

20世纪80年代，已提出第五代计算机的概念：用超大规模集成电路和其他新型物理元件组成的，可以把采集、存储、处理、通信同人工智能结合在一起的智能计算机系统。这种计算机能理解人的语言、文字和图形，具有推理、联想、智能会话等功能，能直接处理声音、文字、图像等信息。已经投入研究的有超导计算机、光子计算机、量子计算机、生物计算机、纳米计算机、神经计算机、智能计算机等。

计算机的发展趋势将向着巨型化、微型化、多媒体化、网络化、智能化发展。未来计算机将打破计算机现有的体系结构。伴随着网络的进步，依据摩尔定律①和曼卡夫定律②，未来计算机的实现指日可待，将是计算机科学的又一次革命。

1.1.2 计算机的分类与特点

计算机产业发展迅速，技术、性能不断更新和提高，计算机种类不断分化，计算机

① 摩尔定律表述为：每18～24个月内每单位面积芯片的集成度翻一番。
② 曼卡夫定律表述为：任何通信网络的价值以网络内用户数的平方增长。

的分类方法也随着时间而改变。通常，计算机按用途分为专用计算机和通用计算机两类。例如，应用于军事、工业生产线、超市、银行等为解决某类专门问题而设计的计算机系统，基本上都是专用计算机；教学、科研和家庭使用的适应面广的计算机系统，都是通用计算机。

按照目前计算机产品的市场应用，计算机可以分为大型计算机、微型计算机和嵌入式计算机三大类，如图 1.5 所示。

- 计算机分类
  - 大型计算机
    - 超级计算机：如顶点、神威·太湖之光、天河等
    - 服务器：如浪潮、联想、戴尔、惠普等
  - 微型计算机
    - 个人计算机：如联想、戴尔、惠普、神舟等
    - 苹果计算机：如 Mac Por 系列桌面微机等
    - 笔记本电脑：如联想、惠普、华硕、神舟、戴尔等
    - 其他微机：如平板微机、HTPC、UMPC 等
  - 嵌入式计算机
    - 智能手机
      - Android 系列：如华为、三星、OPPO、小米等
      - iOS 系列：如苹果 iPhone 系列
    - 工业计算机
      - PC104 总线工业计算机
      - 紧凑型 PCI 总线工业计算机
      - ATCA（高级电信计算机结构）计算机
      - VPX（VME 国际贸易协会）总线工业计算机
    - 其它计算机
      - 单片机：如 ARM、80C51 系列单片机等
      - POS 机（收款系统）、ATM 机（自动柜员机）等
      - 各种穿戴式计算机等

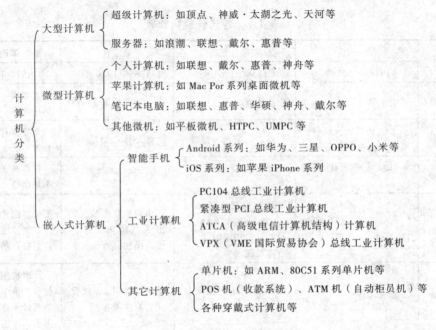

图 1.5 计算机分类

1. 大型计算机

大型计算机，主要指超级计算机，由成百上千甚至更多的服务器联网组成，是运行速度最快、处理能力最强、存储容量最大、体积最大的计算机。超级计算机是一个国家科技发展水平和综合国力的重要标志，主要用于军事、气象、地质、航空、汽车、化工等领域，如战略防御系统、航天测控系统、空间技术、大范围天气预报、石油勘测等大型项目。

2019 年 6 月，国际超级计算大会公布了 2019 全球超级计算机 500 强榜单。中国共有 219 台超级计算机入围，总数位居第一；美国研发的“顶点”“山脊”位列世界超算第一名和第二名，中国研发的“神威·太湖之光”（见图 1.6）、“天河二号”位列世界超算第三名和第四名。

2. 微型计算机

微型计算机体积较小，价格便宜，通用性较强，易用性好。日常使用的台式计算机、一体机、笔记本电脑、平板电脑等都是微型计算机。微型计算机已经广泛应用于科研、办公、学习、娱乐等社会生活的方方面面，是发展最快、应用最普及的计算机。

图 1.6　神威 · 太湖之光超级计算机

3. 嵌入式计算机

嵌入式计算机，指嵌入对象体系中，实现对象体系智能化控制的专用计算机系统。它以应用为中心，以计算机技术为基础，软硬件可根据需要进行裁剪，以适用于嵌入对象的功能、性能、可靠性、成本、体积等特殊要求。例如，能自由安装各种应用软件实现移动计算的智能手机、智能家居控制器、车载控制设备。日常生活中使用的电饭煲、电冰箱、空调、全自动洗衣机等都采用了嵌入式计算机。

计算机之所以能得到飞速发展，是因为自身具有以下特点：高速、精确的运算能力，强大的存储能力，准确的逻辑判断能力，自动功能，网络与通信能力。

1.2 计 算 思 维

1.2.1 计算思维的概念

在人类历史中，人类一直在进行着认识和理解自然界的活动。几千年前，人类主要以观察或实验为依据，经验地描述自然现象。随着科学的发展和进步，人类开始对观测到的自然现象进行假设，然后构造模型进行理解，再经过大量实例验证模型的一般性后，对新的自然现象就可以用模型进行解释和预测了。近几十年来，随着计算机的出现，以及计算机科学的发展，派生出了基于计算的研究方法，通过数据采集、软件处理、结果分析与统计，用计算机辅助分析复杂现象。可以看到，人类历史上对自然的认识和理解经历了经验的、理论的和计算的三个阶段，目前正处在计算阶段。

推动人类文明进步和科技发展的三大科学是实验科学、理论科学和计算科学，与之对应的三大科学思维是实验思维（Experimental Thinking）、理论思维（Theoretical Thinking）和计算思维（Computational Thinking）。其中，实验思维又称实证思维，以观察和总结自然规律为特征（以物理学科为代表）；理论思维又称逻辑思维，是以推理和演绎为特征的推理思维（以数学学科为代表）；计算思维又称构造思维，以设计和构造为特征（以计算机学科为代表）。

2006 年 3 月，美国卡内基 · 梅隆大学计算机系的周以真教授在美国计算机权威杂志 *Communication of ACM* 上发表了一篇题为《计算思维》的论文，明确提出了计算思维的概念：计算思维是运用计算（机）科学的基础概念去求解问题、设计系统和理解人类行为的一系列思维活动的统称。它是所有人都应具备的如同 3R（读、写、算）能力一样的基本思维能力，成为适合于每一个人的“一种普遍的认识和一类普适的技能”。计算思维建立在计算过程的能力和限制之上，由人或机器执行。

2011 年，国际教育技术协会（ISTE）和计算机科学教师协会（CSTA）给计算思维做了一个具有可操作性的定义，即计算思维是一个问题解决的过程，该过程包括以下特点：

① 拟定问题，并能够借助计算机和其他工具的帮助来解决问题。

② 要符合逻辑地组织和分析数据。

③ 能通过抽象、模拟或仿真再现数据。

④ 通过算法思想（一系列有序的步骤），能支持自动化的解决方案。

⑤ 分析可能的解决方案，找到最有效的方案。

⑥ 将该问题的求解过程进行推广，并移植到更广泛的问题中。

1.2.2 计算思维的本质和特征

周以真教授认为计算思维的内容本质是抽象和自动化，以设计和构造为特征。

计算思维的本质是“两个 A”——抽象（Abstraction）和自动化（Automation）。前者对应着建模，后者对应着模拟。抽象就是忽略一个主题中与当前问题（或目标）无关的方面，以便更充分地注意与当前问题（或目标）有关的方面。在计算机科学中，抽象是一种被广泛使用的思维方法。计算思维中的抽象完全超越物理的时空观，并完全用符号来表示，最终目的是能够机械地一步一步自动执行抽象出来的模型，以求解问题、设计系统和理解人类行为。计算思维的“两个 A”反映了计算的根本问题，即什么能被有效地自动执行。

周以真教授同时给出了计算思维的基本特征：

① 概念化，不是程序化。计算机科学不是计算机编程，像计算机科学家那样去思维意味着远不止于计算机编程，还要求能够在抽象的多个层次上进行思维。

② 根本的，不是刻板的技能。根本技能是每一个人为了在现代社会中发挥职能所必须掌握的；刻板技能意味着机械地重复。

③ 是人的，不是计算机的思维方式。计算思维是人类求解问题的一条途径，并不是要使人类像计算机那样去思考。计算机枯燥且沉闷，人类聪颖且富有想象力，是人类赋予了计算机激情。

④ 数学思维与工程思维的互补和融合。计算机科学在本质上源自数学思维，因为像所有的科学一样，其形式化基础建于数学之上；计算机科学又从本质上源自工程思维，基本计算设备的限制迫使计算机科学家必须计算性地思考，不能只是数学性地思考。

⑤ 是思想，不是人造物。不只是软件、硬件等人造物以物理形式到处呈现并时刻触及人们的生活，更重要的是接近和求解问题、管理日常生活、与他人交流和互动，计算的概念无处不在。

⑥ 面向所有人，所有地方。当计算思维真正融入人类活动，以至于不再表现为一种显示哲学时，它将成为一种现实。

1.2.3 计算机问题求解

从初期的图灵机模型到沿用至今的冯•诺依曼计算机体系结构，计算机都是为了实现计算而设计构建的。

计算思维的本质是抽象和自动化，核心是基于计算模型（环境）和约束的问题求解；计算机科学是利用抽象思维研究计算模型、设计计算系统以及利用计算系统进行信息处理、工程应用等，其特征是基于特定计算环境的问题求解。因此，计算机问题求解是以计算机为工具、利用计算思维解决实际问题的实践活动。

从计算机解决问题的角度，可以将问题求解方法归为三大类：直接使用计算机软件解决问题，编写程序解决问题，通过系统设计和多种环境支持解决问题。

1. 直接使用计算机软件解决问题

日常很多问题都有专门的应用软件来解决。例如，使用画图工具绘制一幅简单的图画；使用计算器工具完成各种日常计算；使用文字处理软件 Word 撰写一篇阅读报告；使用电子表格处理软件 Excel 制作一份学生成绩单；使用演示文稿制作软件 PowerPoint 制作一份图文声像并茂的演示文稿用于演讲比赛；使用图像处理软件 Photoshop 处理照片；使用视频编辑软件 Premiere 制作微视频；使用金山词霸完成英语翻译作业；使用 360 杀毒软件查杀计算机病毒；使用 360 安全卫士对计算机系统进行实时防护和修复等。

直接使用计算机软件解决问题很方便，但是也有局限性。软件是定制好的产品，其功能是确定的，用户使用软件能解决的问题必须在该软件已有的功能范围内，不能解决超出范围的问题。

2. 编写程序解决问题

针对那些使用应用软件无法解决的问题，可以自己编写程序来解决。例如，用计算机来解决数学中的计算问题，是计算机最常见的一种应用，大部分数学计算问题都需要编写专门的程序来解决。

例如，编写程序求解 1～100 之间的素数并分行显示，要求每行显示 5 个素数。

素数，即质数，是只能被 1 和自身整除的数，如 2、3、5、7、11……

求解上述素数问题的 C 语言参考程序及运行结果如图 1.7 所示。

```
#include<stdio.h>
void main()
{
        int flag,i,k,count=0;
        for(k=2;k<=100;k++)
        {
                flag=1;
                for(i=2;i<=sqrt(k);i++)
                        if(k%i==0)
                        {
                                flag=0;
                                break;
                        }
                if(flag==1)
                {
                        printf("%4d",k);
                        count++;
                        if(count%5==0)
                        printf("\n");
                }
        }
}
```

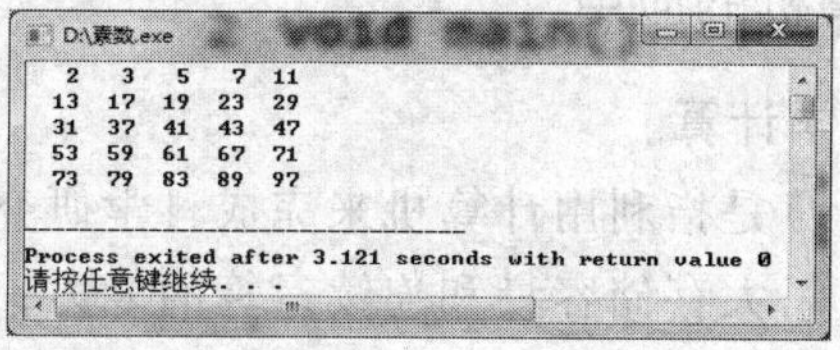

图 1.7　1～100 之间的素数求解

3．通过系统设计和多种环境支持解决问题

还有许多问题既不是计算机软件能解决的，也不是单纯的计算机程序能解决的。

例如，GIMPS（Great Internet Mersenne Prime Search，因特网梅森素数搜索）项目。

公元前300多年，古希腊数学家欧几里得证明了素数是无限的，并提出少量素数可以写成2^n-1的形式，n也是一个素数。此后著名数学家如费马、笛卡儿、莱布尼茨、欧拉、哥德巴赫、鲁卡斯、香吉斯、柯尔、吉里斯等都曾对这种素数进行过研究，马林·梅森是其中成果较为卓著的一位，因此后人将2^n-1形式的素数称为梅森素数。

梅森素数貌似简单，研究难度却很大。它不仅需要高深的理论和纯熟的技巧，而且还需要进行艰巨的计算。

1995年底至1996年初，美国数学家及程序设计师乔治·沃特曼编制了一个梅森素数计算程序，并把它放在网页上供数学家和数学爱好者免费使用，这就是闻名世界的GIMPS项目。该项目是全世界第一个基于互联网的分布式计算项目，采取分布式网格计算技术，希望联合全球所有乐于奉献的数学爱好者的计算机，使用Prime95或MPrime软件来寻找梅森素数。

GIMPS项目吸引了全世界160多个国家和地区的近16万人参与，动用了30多万台计算机联网来进行网格计算，该项目的计算能力相当于甚至超过当今世界上超级计算机的运算能力。

2018年12月7日，GIMPS项目宣布发现第51个梅森素数：$2^{82\,589\,933}-1$，有24 862 048位，是已知最大的素数。至今，GIMPS项目共找到17个梅森素数。

GIMPS项目的开展，说明大规模问题、复杂问题的求解需要多种系统平台支持（硬件、软件、网络等），是系统工程。计算机技术和网络技术发展至今，对于微电子工程、生命工程、医学工程、化学工程以及所有科学研究而言，都有不同规模的计算机应用系统架构，来解决该专业领域的问题。

1.3 计算机和计算思维的应用

目前，社会已发展到信息化与智能化社会阶段，呈现出计算（机）与社会、自然以及各学科深度融合的趋势。计算机以其卓越的性能和强大的生命力，在科学技术、国民经济、社会生活等各个方面得到了广泛的应用，深刻改变着人们的工作和生活方式。计算思维与物理、生物、化学、经济、社会、医学等多种学科相融合，将多年来计算机学科所形成的解决问题的思维模式和方法渗透到各学科，各学科的高端研究正由传统的学科问题向体现“自动化/计算化→网络化→智能化”的学科问题发展。

1.3.1 计算机的应用

1．科学计算

科学计算是指利用计算机来完成科学研究和工程技术中提出的数学问题。计算机具有高速计算、大存储容量和连续运算的能力，可以实现人工难以解决的各种科学计算问题。例如，在高能物理方面的分子、原子结构分析，可控热核反应的研究，地球物理方面的气象预报、水文预报、大气环境的研究，在宇宙空间探索方面的人造卫星轨道计算、宇宙飞船的研制和制导等，如图 1.8 所示。

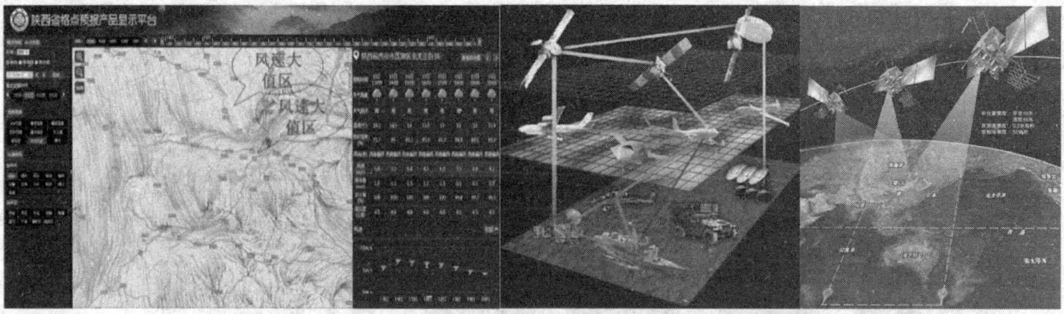

图 1.8　智能网格天气预报系统、北斗卫星导航系统

2. 信息处理

信息处理是目前计算机应用最广泛的领域之一。信息处理是指用计算机对各种形式的信息（文字、图像、声音等）进行收集、存储、加工、分析和传送的过程。当今社会，计算机用于信息处理，对办公自动化、管理自动化乃至社会信息化都有积极的促进作用，如图 1.9 所示。

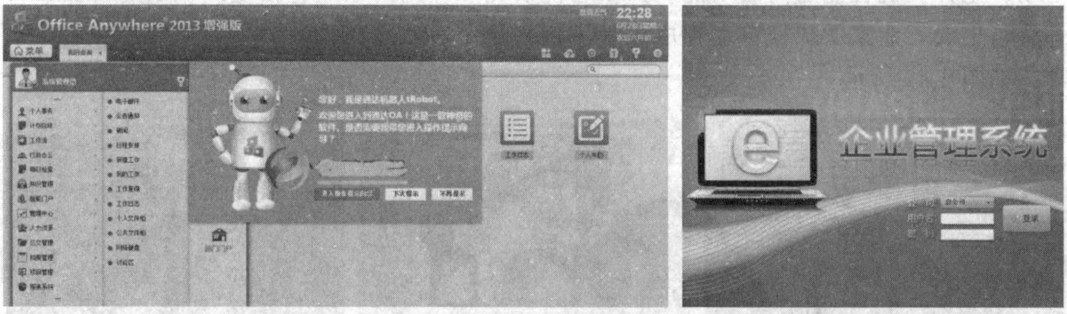

图 1.9　办公自动化系统、企业管理系统

3. 自动控制

自动控制是指在没有人直接参与的情况下，利用计算机与其他设备连接，使机器、设备或生产过程自动地按照预定的规则运行。计算机之所以能够自动控制其他设备，是因为人事先给计算机编制了相应的控制程序，利用计算机程序能够自动工作的特性，使计算机可以完全代替人工自动完成人们要求的各项工作，如图 1.10 所示。

图 1.10　数字化生产线、物流自动化系统

4．计算机辅助系统

计算机辅助系统是指借助计算机能够进行计算、逻辑判断和分析的能力，帮助人们从多种方案中择优，辅助人们实现各种设计工作。常见的计算机辅助系统有计算机辅助设计（CAD）、计算机辅助制造（CAM）、计算机辅助教学（CAI）和计算机辅助测试（CAT），如图 1.11 所示。

图 1.11　计算机辅助设计和计算机辅助制造

5．人工智能

人工智能又称智能模拟，是指利用计算机系统模仿人类的感知、思维、推理等智能活动，是计算机智能的高级功能。人工智能研究和应用的领域包括模式识别、自然语言理解与生成、专家系统、自动程序设计、定理证明、联想与思维的机理、数据智能检索等，如图 1.12 所示。

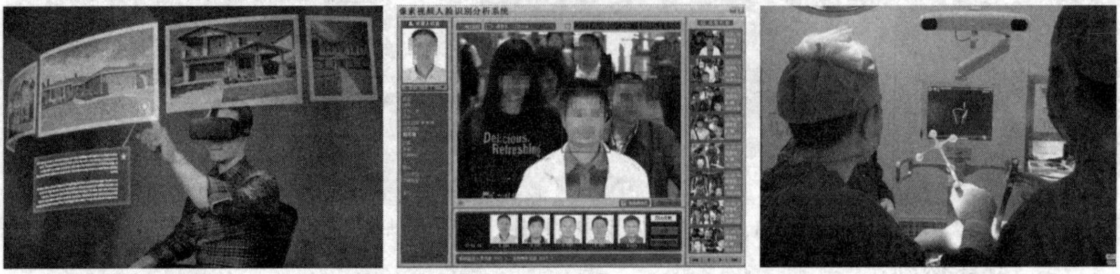

图 1.12　VR 虚拟现实系统、人脸识别分析系统和计算机导航系统完成关节置换手术

6．网络应用

计算机网络技术与现代通信技术的结合构成了计算机网络。计算机网络的建立，使得各个计算机不再孤立，由此大大扩充了计算机的应用范围。比如，借助网络互相传送数据、网络聊天、下载文件等，极大地缩短了人与人之间的“距离”，如图 1.13 所示。

图 1.13　远程诊疗系统和远程网络监控系统

1.3.2 计算思维的应用

1. 计算化学

计算化学应用已有的计算机程序和方法对特定的化学问题进行研究，主要目标是利用有效的数学近似以及计算机程序计算分子的性质，用以解释一些具体的化学问题，是计算机科学与化学的交叉学科。它包括研究原子和分子的计算机表述，利用计算机协助存储和搜索化学信息数据，研究化学结构与性质之间的关系，根据对作用力模拟对化学结构进行理论阐释，计算机辅助化合物合成，计算机辅助特性分子设计（如计算机辅助药物设计）等子学科领域，如图 1.14 所示。

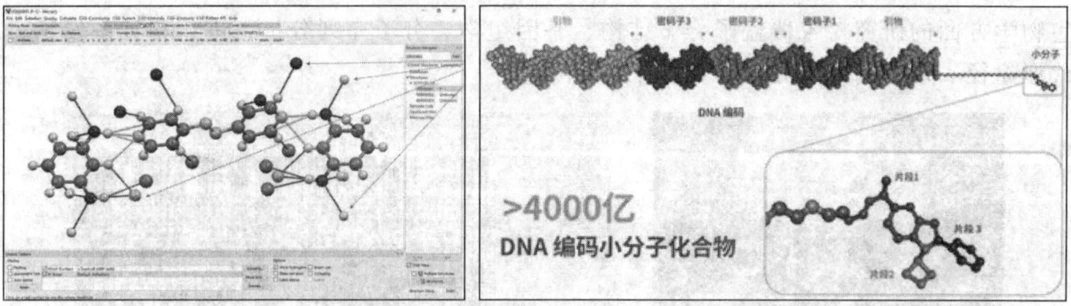

图 1.14　Mercury 晶体结构软件、计算机辅助药物设计技术平台

2. 计算物理

顾名思义，计算物理就是用计算机去研究物理。计算物理学是研究如何使用数值方法分析可以量化的物理学问题的学科，结合了实验物理和理论物理学的成果，人类认识自然界的新方法。

计算物理常用软件主要为 MATLAB、Mathematica 和 Maple 等数值计算软件，应用在物理学不同领域，例如加速器物理学、天体物理学、流体力学（如计算流体力学）、晶体场理论/格点规范理论（如格点量子色动力学）、等离子体（如等离子体模拟）、模拟物理系统、蛋白质结构预测、固体物理学、软物质等，是现代物理学研究的重要组成部分，如图 1.15 所示。

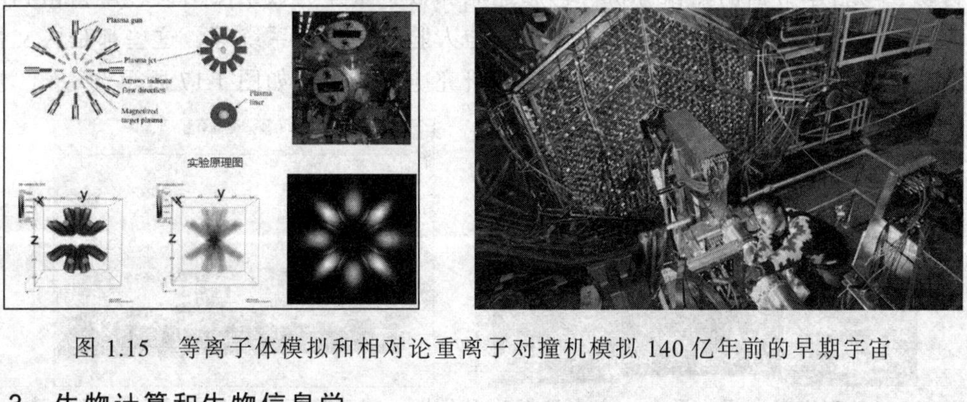

图 1.15　等离子体模拟和相对论重离子对撞机模拟 140 亿年前的早期宇宙

3. 生物计算和生物信息学

生物计算是指利用生物系统固有的信息处理机理而研究开发的一种新的计算模式。

它是一门跨学科的科学，最终目的是运用计算机的思维解决生物问题，用计算机的语言和数学的逻辑，构建、描述并模拟出生物世界，主要应用领域为生物信息学。

生物信息学研究生物信息的采集、处理、存储、传播、分析和解释等各个方面，它通过综合数学、计算机科学与工程和生物学的工具与技术揭示大量且复杂的生物数据所赋有的生物学奥秘，目标就是要发展和利用先进的计算技术解决生物学难题。

生物信息学所涉及的计算技术至少包括机器学习（Machine Learning）、模式识别（Pattern Recognition）、知识重现（Knowledge Representation）、数据库、组合学（Combinatorics）、随机模型（Stochastic Modeling）、字符串和图形算法、语言学方法、机器人学（Robotics）、局限条件下的最适推演（Constraint Satisfaction）和并行计算等。其生物学方面的研究对象覆盖了分子结构、基因组学、分子序列分析、进化和种系发生、代谢途径、调节网络等方面，如图 1.16 所示。

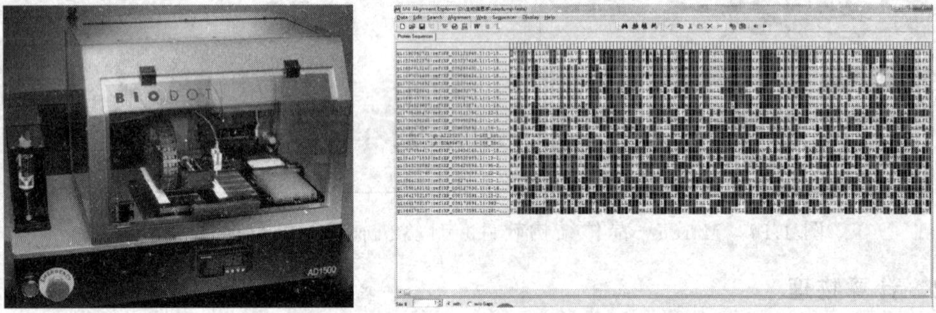

图 1.16　全自动基因芯片检测系统和多序列比对与分子进化分析

4. 人文社科

社会科学家利用计算思维对社会科学内容进行研究，将计算机科学家解决问题的基本思路与方法用来研究人文社科等领域的内容。其不仅将计算思维作为工具，而且在思想与方法论层面与人文社科领域融合，解决更加复杂的问题，解释更加深刻的现象。

例如，历史学方面的基于 GIS 的历史地理可视化，文学方面的文本挖掘与 TEI 标准，语言学方面的基于大型语料库的语料库语言学，舞蹈方面的视频捕捉、运动分析与虚拟现实再现，考古学方面的图像分析、色彩还原和数字重建，数字图书馆、博物馆和网络数据库，心理学方面的情感计算及表情识别与人脸运动编码系统等，这些都是人文社科各领域与计算思维和计算机科学交叉融合的研究应用成果，如图 1.17 所示。

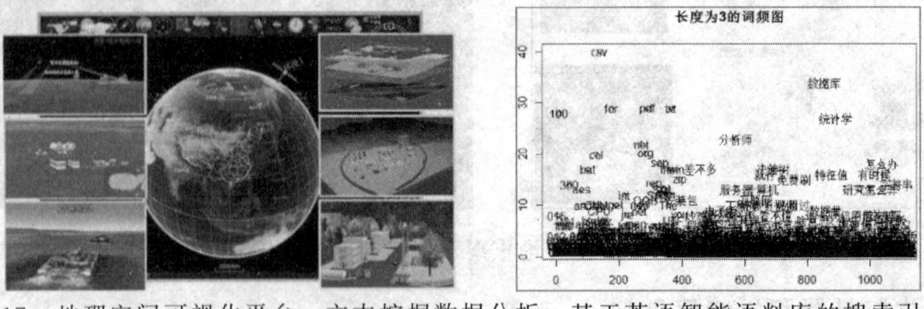

图 1.17　地理空间可视化平台、文本挖掘数据分析、基于英语智能语料库的搜索引擎、三维动作捕捉技术、圆明园方壶胜境数字重建、数字图书馆

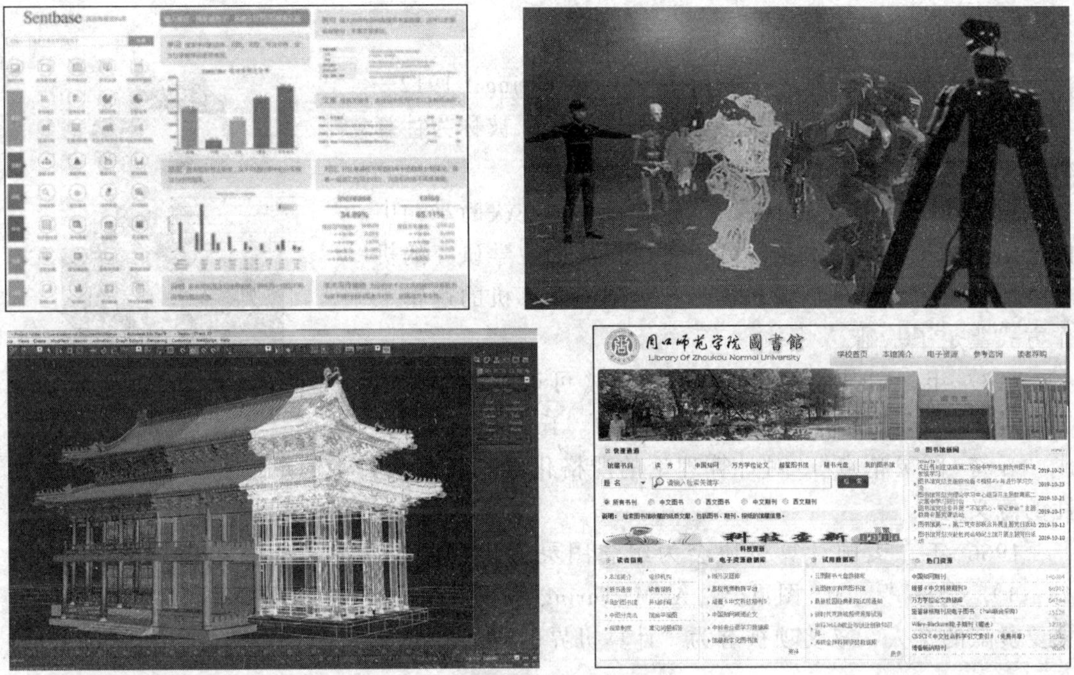

图 1.17　地理空间可视化平台、文本挖掘数据分析、基于英语智能语料库的搜索引擎、三维动作捕捉技术、圆明园方壶胜境数字重建、数字图书馆（续）

1.4　计算机领域的杰出人物

1.4.1　约翰·冯·诺依曼

图 1.18　约翰·冯·诺依曼

约翰·冯·诺依曼（John von Neumann，1903—1957）（见图 1.18），美籍匈牙利数学家、计算机科学家、物理学家，是 20 世纪最重要的数学家之一。冯·诺依曼是布达佩斯大学数学博士，是现代计算机、博弈论、核武器和生化武器等领域内的科学全才之一，被后人称为“现代计算机之父”“博弈论之父”。

1930 年，冯·诺依曼前往美国，入选美国原子能委员会会员、美国国家科学院院士。冯·诺依曼早期以算子理论、共振论、量子理论、集合论等方面的研究闻名，开创了冯·诺依曼代数。在第二次世界大战期间，冯·诺依曼曾参与曼哈顿计划，为第一颗原子弹的研制做出了贡献。

1944 年，冯·诺依曼与奥斯卡·摩根斯特恩合著了博弈论学科的奠基性著作《博弈论与经济行为》。

1958 年，冯·诺依曼著有对人脑和计算机系统进行精确分析的著作《计算机与人脑》，为研制电子数字计算机提供了基础性的方案。

1.4.2 艾伦·麦席森·图灵

艾伦·麦席森·图灵（Alan Mathison Turing，1912—1954）（见图 1.19），英国数学家、逻辑学家，被称为计算机科学之父、人工智能之父。

图 1.19 艾伦·麦席森·图灵

1936 年，图灵发表了题为《论数字计算在决断难题中的应用》的论文。该文描述了一种可以辅助数学研究的机器，即提出了著名的图灵机模型，为现代计算机的逻辑工作方式奠定了基础。

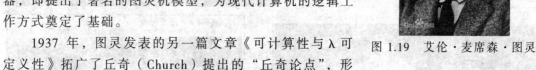

1937 年，图灵发表的另一篇文章《可计算性与 λ 可定义性》拓广了丘奇（Church）提出的“丘奇论点”，形成“丘奇-图灵论点”，对计算理论的严格化以及计算机科学的形成和发展都具有奠基性的意义。

1966 年，美国计算机协会为纪念图灵做出的卓越贡献，设立了图灵奖（Turing Award），全称“A. M. 图灵奖（A. M. Turing Award）”，专门奖励那些对计算机事业做出重要贡献的个人，该奖项被誉为“计算机界的诺贝尔奖”。

1.4.3 杰克·基尔比和罗伯特·诺顿·罗伊斯

杰克·基尔比（Jack St. Clair Kilby，1923—2005）（见图 1.20）是集成电路的发明者之一。罗伯特·诺顿·罗伊斯（Robert Norton Noyce，1927—1990）（见图 1.21）是一位科学界和商业界的奇才，集成电路发明者之一。

图 1.20 杰克·基尔比

图 1.21 罗伯特·诺顿·罗伊斯

1958 年，基尔比成功研制出世界上第一块集成电路，并申请了专利。

1959 年，罗伊斯申请了更为复杂的硅集成电路，并马上投入了商业领域。但基尔比首先申请了专利，因此，罗伊斯和基尔比被认为是集成电路的共同发明人。可商业生产的集成电路的出现，使半导体产业由“发明时代”进入了“商用时代”。

2000 年，基尔比因集成电路的发明被授予诺贝尔物理学奖，此时诺伊斯已去世，未能共享这一殊荣。

罗伊斯的主要成就还有与合伙人共同创办了两家硅谷最伟大的公司：一个是仙童（Fairchild）公司，另一个是英特尔公司。

1.4.4 艾兹格·迪科斯彻

艾兹格·迪科斯彻（Edsger Dijkstra，1930—2002）（见图 1.22）是计算机先驱之一，1972 年图灵奖获得者。

迪科斯彻提出了 goto 有害论，提出信号量和 PV 原语，解决了“哲学家聚餐”问题，是 Dijkstra 最短路径算法和银行家算法的创造者。他最大的成就是设计并实现了支持递归思想的第一个 ALGOL 60 编辑器，开发了程序设计的框架结构。他定义的结构程序设计概念影响了后来的高级语言，也影响了一代程序员的风格和习惯。迪科斯彻被西方学术界称为“结构程序设计之父”和“先知先觉”（Oracle），一生致力于把程序设计发展成一门科学。

图 1.22 艾兹格·迪科斯彻

1.4.5 蒂姆·伯纳斯·李

蒂姆·伯纳斯·李（Tim Berners-Lee，1955—）（见图 1.23），英国计算机科学家，万维网发明者，因“发明万维网、第一个浏览器和使万维网得以扩展的基本协议和算法”而获得 2016 年度的图灵奖。

1980 年，伯纳斯·李建议建立一个以超文本系统为基础的项目，以使得科学家之间能够分享和更新他们的研究结果。他与罗伯特·卡里奥一起建立了一个叫做 ENQUIRE 的原型系统。

图 1.23 蒂姆·伯纳斯·李

1984 年，伯纳斯·李创造了万维网，写了世界上第一个网页浏览器和第一个网页服务器。

1991 年，伯纳斯·李建立了世界上第一个网站（http://info.cern.cn/），它解释了万维网是什么，以及如何使用网页浏览器和如何建立一个网页服务器等。

1994 年，伯纳斯·李在麻省理工学院创立了万维网联盟，并担任联盟主席。万维网联盟是 Web 技术领域最具权威和影响力的国际中立性技术标准机构，至今已发布近百项相关万维网的标准，对万维网发展做出了杰出的贡献。

小 结

计算思维是人类思维与计算机能力的综合。计算思维促进了计算机科学的发展和创新，计算机科学推动了计算思维的研究和应用。在了解计算机和计算思维的相关概念以及广泛应用的基础上，创新人才应该将专业问题转换为计算机可以处理的形式，学会使用计算思维的基本原则、基本手段和方法处理问题，将计算思维的基本准则用于自身理想和品格的塑造。

实　训

实训1　计算机和计算思维基础知识1

1. 实训目的

① 了解计算机的定义、发展。

② 理解计算机的常见分类和特点。

③ 了解计算思维的概念、本质和特征。

2. 实训要求及步骤

完成以下单项选择题：

① 被国际计算机界公认为世界第一台电子计算机的是（　　）。

A. 图灵机　　B. ABC机　　C. ENIAC　　D. EDVAC

② 以下（　　）选项不是第四代计算机的组成和特点。

A. 使用半导体存储器　　B. 运算速度每秒达几千万次以上

C. 应用于社会各领域　　D. 提出了结构化程序思想

③ 第三代计算机使用的主要元件是（　　）。

A. 晶体管　　B. 中小规模集成电路

C. 电子管　　D. 大规模、超大规模集成电路

④ 计算机的发展趋势是（　　）。

A. 巨型化和网络化　　B. 微型化和多媒体化

C. 智能化和网络化　　D. 以上都是

⑤ 按照用途，计算机可以分为（　　）。

A. 专用计算机和嵌入式计算机　　B. 专用计算机和通用计算机

C. 大型计算机和微型计算机　　D. 嵌入式计算机和微型计算机

⑥ 我们使用的手机属于（　　）。

A. 嵌入式计算机　　B. 微型计算机

C. 大型计算机　　D. 工业计算机

⑦ 截至2019年，我国自主研发的（　　）位列世界超算第三名。

A. 天河二号　　B. 顶点

C. 神威·太湖之光　　D. 山脊

⑧ 以下（　　）不属于或没有采用嵌入式计算机。

A. 一体机　　B. 智能家居设备

C. 电冰箱　　D. 车载控制设备

⑨ 推动人类文明进步和科技发展的三大科学是（　　）。

A. 实验科学　　B. 理论科学　　C. 计算科学　　D. 以上都是

⑩ 计算思维又称构造思维，以（　　）和构造为特征。

A. 总结　　B. 推理　　C. 演绎　　D. 设计

实训 2　计算机和计算思维基础知识 2

1. 实训目的

① 理解计算思维与计算（机）学科之间的联系。

② 理解计算机问题求解的本质和方法。

③ 了解计算机和计算思维的应用领域和应用案例。

2. 实训要求及步骤

完成以下简答题:

① 计算机和计算思维的定义、本质和特征是什么？

② 计算机问题求解的三大类方法是什么？举例说明。

③ 举例说明计算机在社会各领域中的应用。

④ 举例说明计算思维在社会各领域中的应用。

⑤ 思考计算机和计算思维在同学们所学专业中的具体应用，并举例说明。

第 2 章 符号化—计算化—自动化

万事万物都可以被符号化为 0 和 1，也就都能基于 0 和 1 进行计算。逻辑运算是最基本的基于 0 和 1 的运算方法，人类使用逻辑进行思维，计算机使用逻辑实现自动化，所有运算最终都被转换成逻辑运算进而被计算机执行。符号化—计算化—自动化是计算机的本质。本章学习万事万物符号化为 0 和 1 的方法，以及应用逻辑运算实现自动化的方法。

2.1 进制数及其相互转换

计算机所能表示和使用的数据可分为数值型数据和字符型数据两大类。数值型数据用以表示量的大小、正负，如整数、实数等。字符型数据也称非数值数据，用以表示一些符号、标记，如英文字母、数字 0~9、各种专用字符@、%、&及标点符号等。汉字、图形、声音数据也属于非数值型数据。所有的数据信息必须转换成二进制数编码形式，才能存入计算机中。

2.1.1 数制基础

1．数制

数的表示规则称为数制。按照进位方式计数的数制称为进位计数制。人们日常使用最多的阿拉伯数字为十进制，但所有信息在计算机中均要以二进制形式表示。除此之外，在计算机语言中，还经常会用到八进制和十六进制。

2．基数

基数是指在某类进位计数制中所包含数码的个数，用 R 表示。十进制的基数 R 为 10，二进制的基数 R 为 2，八进制的基数 R 为 8，十六进制的基数 R 为 16。

为区分不同数制的数，常采用如下方法：

① 数字后面加写相应的英文字母 D（十进制）、B（二进制）、O（八进制）、H（十六进制）来表示数所采用的进制，如 1001B 表示二进制数，1001H 表示十六进制数。

② 在括号外面加数字下标，如$(56)_8$表示八进制数 56，$(367)_{10}$表示十进制数 367。通常，不用括号及下标的数默认为十进制数，如 345。

3．权

进位计数制中，每个数位上的数码所表示的实际值与它所处的位置有关，由位置决定的值称为权。例如，十进制数 123.45，整数部分的第 1 个数码 1 处在百位，表示 100，即 1×10^2；第 2 个数码 2 处在十位，表示 20，即 2×10^1；第 3 个数码 3 处在个位，表示 3，即 3×10^0；小数点后第 1 个数码 4 处在十分位，表示 0.4，即 4×10^{-1}；小数点后第 2 个数码 5 处在百分位，表示 0.05，即 5×10^{-2}。数码所处的位置不同，代表数的大小也不同。

显然，对于任意 R 进制数，其最右边数码的权最小，最左边数码的权最大。

例如，十进制数 123.45 的按权展开式为：

$$123.45=1\times10^2+2\times10^1+3\times10^0+4\times10^{-1}+5\times10^{-2}$$

类似十进制数值的表示，任一 R 进制数的值都可表示为各位数码本身的值与其权的乘积之和。

例如：

二进制数 $110.01=1\times2^2+1\times2^1+0\times2^0+0\times2^{-1}+1\times2^{-2}$；

十六进制数 $2C3=2\times16^2+12\times16^1+3\times16^0$。

2.1.2 常用数制

1. 十进制数

十进制数的数码有 10 个，即 0、1、2、3、4、5、6、7、8、9，基数为 10。十进制数按“逢十进一”的进位规则。权是以 10 为底的幂次方。

例如，十进制数 369.87 的按权展开式为：

$$(369.87)_{10}=3\times10^2+6\times10^1+9\times10^0+8\times10^{-1}+7\times10^{-2}$$

2. 二进制数

二进制数的数码有 2 个，即 0 和 1，基数为 2。二进制数按“逢二进一”的进位规则。权是以 2 为底的幂次方。

例如，二进制数 110.01 的按权展开式为：

$$(110.01)_2=1\times2^2+1\times2^1+0\times2^0+0\times2^{-1}+1\times2^{-2}$$

3. 八进制数

八进制数的数码有 8 个，即 0、1、2、3、4、5、6、7，基数为 8。八进制数按“逢八进一”的进位规则。权是以 8 为底的幂次方。

例如，八进制数 137.4 的按权展开式为：

$$(137.4)_8=1\times8^2+3\times8^1+7\times8^0+4\times8^{-1}$$

4. 十六进制数

十六进制数的数码有 16 个，即 0、1、2、3、4、5、6、7、8、9、A、B、C、D、E、F，基数为 16。十六进制数按“逢十六进一”的进位规则。权是以 16 为底的幂次方。

例如，十六进制数 3A.4 的按权展开式为：

$$(3A.4)_{16}=3\times16^1+10\times16^0+4\times16^{-1}=(58.25)_{10}$$

表 2.1 给出了计算机中常用的 4 种进位计数制的表示。

表 2.1　计算机中常用的 4 种进位计数制的表示

数　制	基　数	权	形式表示
十进制	10（0～9）	10^i	D
二进制	2（0、1）	2^i	B
八进制	8（0～7）	8^i	O
十六进制	16（0～9、A～F）	16^i	H

注：*i* 为整数。

2.1.3　不同数制之间的转换

1．非十进制数转换成十进制数

方法：将各种进制数按其权展开后，再求和即可。

例如：

① 将二进制数 1010.101 转换成十进制数：

$$(1010.101)_2=1\times2^3+0\times2^2+1\times2^1+0\times2^0+1\times2^{-1}+0\times2^{-2}+1\times2^{-3}$$
$$=8+2+0.5+0.125=(10.625)_{10}$$

② 将八进制数 137 转换成十进制数：

$$(137)_8=1\times8^2+3\times8^1+7\times8^0=64+24+7=(95)_{10}$$

③ 将十六进制数 2BA 转换成十进制数：

$$(2BA)_{16}=2\times16^2+11\times16^1+10\times16^0=512+176+10=(698)_{10}$$

2．十进制数转换成非十进制数

将十进制数转换成二进制数、八进制数、十六进制数时，整数部分和小数部分要遵循不同的转换规则。

（1）整数部分的转换

十进制整数部分转换成 *R*（二、八、十六）进制数的方法是采用“除 *R* 取余逆读”法，即用整数部分不断地去除以 *R* 取余数，直到商等于 0 为止，最先得到的余数为最低位，最后得到的余数为最高位。

例如，将十进制数 198 换算成二进制、八进制和十六进制的方法如下：

		余数	
2 | 198			↑ 低位
2 | 99	……	0	
2 | 49	……	1	
2 | 24	……	1	
2 | 12	……	0	
2 | 6	……	0	
2 | 3	……	0	
2 | 1	……	1	
0	……	1	高位

所以，$(198)_{10}=(11000110)_2$。

8	198		余数	↑ 低位
8	24	……	6	
8	3	……	0	
	0	……	3	高位

所以，$(198)_{10}=(306)_8$。

16	198		余数	↑ 低位
16	12	……	6	
	0	……	C	高位

所以，$(198)_{10}=(C6)_{16}$。

（2）小数部分的转换

十进制数小数部分转换成 *R*（二、八、十六）进制数的方法是采用“乘 *R* 取整”法。用小数部分不断地去乘以 *R* 取整数，直到小数部分为 0 或达到精度要求为止，最先得到的整数为最高位，最后得到的整数为最低位。

例如，将十进制小数 0.24 换算成二进制、八进制和十六进制数（精确到小数点后第 5 位）的方法如下：

		取整数部分	
$0.24\times2=0.48$	……	0	高位
$0.48\times2=0.96$	……	0	
$0.96\times2=1.92$	……	1	
$0.92\times2=1.84$	……	1	
$0.84\times2=1.68$	……	1	↓ 低位

所以，$(0.24)_{10}=(0.00111)_2$

		取整数部分	
$0.24\times8=1.92$	……	1	高位
$0.92\times8=7.36$	……	7	
$0.36\times8=2.88$	……	2	
$0.88\times8=7.04$	……	7	
$0.04\times8=0.32$	……	0	↓ 低位

所以，$(0.24)_{10}=(0.17270)_8$

		取整数部分	
$0.24\times16=3.84$	……	3	高位
$0.84\times16=13.44$	……	D	
$0.44\times16=7.04$	……	7	
$0.04\times16=0.64$	……	0	
$0.64\times16=10.24$	……	A	↓ 低位

所以，$(0.24)_{10}=(0.3D70A)_{16}$

3．二进制数与八进制数、十六进制数间的转换

用一组二进制数表示具有 8 种状态的八进制数，至少要用 3 位；同样，表示一位十六进制数，至少要用 4 位二进制数。

二进制数与八进制数、十六进制数之间的对应表如表 2.2 所示。

表 2.2　二进制数与八进制数、十六进制数之间的对应表

八　进　制	对应二进制	十六进制	对应二进制	十六进制	对应二进制
0	000	0	0000	8	1000
1	001	1	0001	9	1001
2	010	2	0010	A	1010
3	011	3	0011	B	1011
4	100	4	0100	C	1100
5	101	5	0101	D	1101
6	110	6	0110	E	1110
7	111	7	0111	F	1111

（1）二进制数与八进制数的相互换算

二进制数换算成八进制数的方法是：以小数点为基准，分别向左、向右每 3 位一组划分，不足 3 位的组添 0 补足，然后将每组的 3 位二进制数用相应的八进制数表示即可。

例如，将二进制数$(100010110111.0111)_2$换算为八进制的方法为：

100　010　110　111.　011　100
↓　↓　↓　↓　↓　↓
4　2　6　7.　3　4

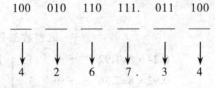

所以，$(100010110111.0111)_2=(4267.34)_8$。

八进制数换算成二进制数的方法是：将每一位八进制数用 3 位对应的二进制数表示。

例如，将八进制数$(725.13)_8$换算为二进制数的方法为：

7　2　5.　1　3
↓　↓　↓　↓　↓
111　010　101.　001　011

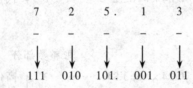

所以，$(725.13)_8=(111010101.001011)_2$。

（2）二进制数与十六进制数的相互换算

二进制数换算成十六进制数的方法是：以小数点为基准，分别向左、向右每 4 位一组划分，不足 4 位的组添 0 补足，然后将每组的 4 位二进制数用相应的十六进制数表示即可。

例如，将二进制数$(10011010110111.011011)_2$换算为十六进制的方法为：

```
0010  0110  1011  0111. 0110  1100
  ↓     ↓     ↓     ↓     ↓     ↓
  2     6     B     7  .  6     C
```

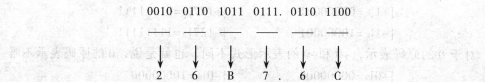

所以，$(10011010110111.011011)_2=(26B7.6C)_{16}$。

十六进制数换算成二进制数的方法是：将每一位十六进制数用 4 位相应的二进制数表示。

例如，将十六进制$(2C7.3E)_{16}$换算为二进制数的方法为：

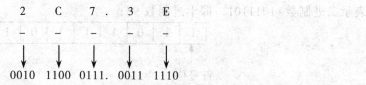

```
  2     C     7  .  3     E
  ↓     ↓     ↓     ↓     ↓
0010  1100  0111. 0011  1110
```

所以，$(2C7.3E)_{16}=(1011000111.0011111)_2$。

通过上述讲解，我们了解了计算机的数制及其转换方法。另外，在 Windows 操作系统中提供了计算器的应用程序，可以利用它方便地进行各进位制的相互转换（详见第 4 章）。

2.2 计算 0 和 1 化示例——数值型数据的表示

计算机要处理的信息包括数值型数据和非数值型数据。

数值型数据用以表示量的大小、正负，如整数、小数等。数值型数据用二进制表示，数值的正负号也可以用 0 和 1 表示，符号可和数值一样参与计算。

（1）无符号整数

最左面一位（最高位）不用来表示正负，而是和后面的连在一起表示整数，那么就不能区分这个数是正还是负，就只能是正数，这就是无符号整数。无符号整数常用于表示地址等正整数。

（2）有符号整数

有符号整数使用一个二进制位作为符号位，一般符号位都放在所有数位的最左面一位（最高位），0 代表正号“+”（正数），1 代表负号“-”（负数），其余各位用来表示数值的大小。

有符号数的表示形式主要有原码、反码、补码 3 种；用二进制表示有符号数通常采用补码的方式。

下面以 8 位字长的二进制数为例来说明。

1. 原码表示

数值型数据的原码表示是将最高位作符号位，其余各位用数值本身的绝对值（二进制形式）表示。假设用$[X]_原$表示 X 的原码，则：

$[+1]_{\text{原}}=00000001$　　　　$[+127]_{\text{原}}=01111111$

$[-1]_{\text{原}}=10000001$　　　　$[-127]_{\text{原}}=11111111$

对于 0 的原码表示，+0 和-0 的表示形式不同，也就是说，0 的原码表示不唯一。

$[+0]_{\text{原}}=00000000$　　　　$[-0]_{\text{原}}=10000000$

例如：

0	1	0	1	1	1	0	1

↑
符号位

表示二进制数+1011101，即十进制数 93；

1	1	0	1	1	1	0	1

↑
符号位

表示二进制数-1011101，即十进制数-93。

2．反码表示

数值型数据的反码表示规则是：如果一个数值为正，则它的反码与原码相同；如果一个数值为负，则在原码的基础上，符号位不变，数值位按位取反。假设用 $[X]_{\text{反}}$ 表示 X 的反码，则：

$[+1]_{\text{反}}=00000001$　　　　$[+127]_{\text{反}}=01111111$

$[-1]_{\text{反}}=11111110$　　　　$[-127]_{\text{反}}=1000000$

对于 0 的反码表示，+0 和-0 的表示形式同样不同，也就是说，0 的反码表示不唯一。

$[+0]_{\text{反}}=00000000$　　　　$[-0]_{\text{反}}=11111111$

3．补码表示

数值型数据的补码表示规则是：如果一个数值为正，则它的补码与原码相同；如果一个数值为负，则在反码的基础上，符号位不变，在数值位最低位加 1。假设用 $[X]_{\text{补}}$ 表示 X 补码，则：

$[+1]_{\text{补}}=00000001$　　　　$[+127]_{\text{补}}=01111111$

$[-1]_{\text{补}}=11111111$　　　　$[-127]_{\text{补}}=1000001$

在补码表示中，0 的补码表示是唯一的。

$$[+0]_{\text{补}}=[-0]_{\text{补}}=00000000$$

计算机一般是以补码形式存放数值型数据。

例如，求-51 的补码。-51 为负数，所以符号位为 1，绝对值部分用二进制表示，再各位取反后末位加 1。

$$[-51]_{\text{原}}=10110011$$

符号位以外的各位取反后，得　11001100

再在取反后的数值末位加 1，得　11001101

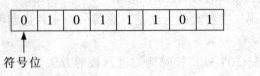

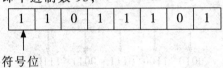

即　$[-51]_{\text{补}}=11001101$

用补码进行运算，减法可以用加法来实现。

例如，7-6应得1，可以将+7的补码和-6的补码相加，就得到结果值的补码。

+7的补码：		0	0	0	0	0	1	1	1
-6的补码：	+	1	1	1	1	1	0	1	0
	1	0	0	0	0	0	0	0	1
	↑ 进位								

进位被舍去，进位右边的8位00000001就是1的补码。

在现代计算机中，算术运算都是以补码为基础，操作数以补码的形式表示，运算结果也以补码形式表示或存储。

2.3 计算0和1化示例——非数值型数据的表示

字符、符号、文字、图形、声音、图像、视频、音频统称非数值型数据。英文字母与各种符号可用0和1表示，中文汉字也可以用0和1表示，音频、视频可通过采样、量化、编码的方法用0和1表示。

为每一个字符规定唯一的数字编码，保存字符的编码就相当于保存这个字符。用来规定每一个字符对应的编码的集合称为编码表。常用的字符编码有西文字符编码、汉字编码等。

2.3.1 西文字符编码

西文字符（英文字母、数字、各种符号）编码最常用的是ASCII码，即美国标准信息交换码（American Standard Code Information Interchange），被国际标准化组织（ISO）指定为国际标准。

ASCII码包括26个大写英文字母、26个小写英文字母、10个十进制数、34个通用控制字符和32个专用字符（标点符号和运算符），共128个元素，故需要7位二进制数进行编码，以区分每个字符。通常使用一个字节（即8个二进制位）表示一个ASCII码字符，规定其最高位总是0。

标准ASCII码字符集如表2.3所示。8位编码为$b_7b_6b_5b_4b_3b_2b_1b_0$，其中b_7始终为0。一种组合对应一个字符（字母或符号）。例如，字母A的ASCII码为0100 0001，对应的十进制数为65；字母a的ASCII码为0110 0001，对应的十进制数为97；符号=的ASCII码为0011 1101，对应的十进制数为61。

通过查阅ASCII码表，可将英文字母和符号转换成01串进行存储，也可以将01串转换成英文字母和符号。

例如，英文单词computer，按ASCII码存储成文件则为一组01串01100011 01101111 01101101 01110000 01110101 01110100 01100101 01110010。

表 2.3　标准 ASCII 码字符集

$b_6b_5b_4$ / $b_3b_2b_1b_0$	000	001	010	011	100	101	110	111
0000	NUL	DLE	SP	0	@	P	`	p
0001	SOH	DC1	!	1	A	Q	a	q
0010	STX	DC2	"	2	B	R	b	r
0011	ETX	DC3	#	3	C	S	c	s
0100	EOT	DC4	$	4	D	T	d	t
0101	ENQ	NAK	%	5	E	U	e	u
0110	ACK	SYN	&	6	F	V	f	v
0111	BEL	ETB	'	7	G	W	g	w
1000	BS	CAN	(	8	H	X	h	x
1001	HT	EM	)	9	I	Y	i	y
1010	LF	SUB	*	:	J	Z	j	z
1011	VT	ESC	+	;	K	[	k	{
1100	FF	FS	,	<	L	\	l	|
1101	CR	GS	-	=	M	]	m	}
1110	SO	RS	.	>	N	^	n	~
1111	SI	US	/	?	O	_	o	DEL

2.3.2　汉字编码

ASCII 码只对英文字母、数字和标点符号进行编码。为了让计算机能够处理汉字，需要对汉字进行编码。从汉字编码的角度看，计算机对汉字信息的处理过程实际上是各种汉字编码间的转换过程。这些编码主要包括汉字输入码、国标码、汉字机内码及汉字字形码等。

1. 汉字输入码

键盘是计算机的主要输入设备之一。输入码是以键盘上可识别符号的不同组合来输入汉字，以便进行汉字输入的一种编码。输入汉字一般有两种途径：一是由计算机自动识别汉字，要求计算机模拟人的智能；二是由人以手动方式用键盘输入计算机。前者主要有手写笔、语音识别和扫描识别等，后者有全拼、五笔字型、微软拼音和智能 ABC 等。常用的汉字输入码主要有 3 类：拼音码（如全拼、微软拼音、智能 ABC、搜狗拼音输入法等）、字形码（如五笔字型），以及将汉字的音、形相结合的音形码。

例如，“中”的各种输入码如下：

① 拼音码为 zhong。

② 五笔字形码为 khk，其中 k 表示字根“口”，h 表示字根“丨”，最后一笔为竖，所以加识别码 k。

2. 国标码

汉字国标码（GB 2312—1980《信息交换用汉字编码字符集　基本集》）主要用于于

汉字处理、汉字通信等系统之间的信息交换。国标码共收入汉字 6 763 个和非汉字图形字符 682 个，合计 7 445 个。国标码将汉字和图形符号排列在一个 94 行 94 列的二维表中，每一行称为一个“区”，每一列称为一个“位”。因此，可以用汉字所在的区和位来对汉字进行编码。国标码中每个汉字用 2 字节表示，每个字节 7 位代码，最高位为 0。第一个字节表示汉字所在的区号，第二个字节表示汉字所在的位号。

国标码是汉字编码的标准，其作用相当于西文处理用的 ASCII 码。在汉字处理系统内部，必须具备不同的汉字输入码与汉字国标码之间的对照表，不论选择哪种汉字输入法，每输入一个汉字输入码，便可根据对照表转换成唯一的汉字国标码。

例如

“中”的国标码为 5650H：01010110 01010000；

“英”的国标码为 5322H：01010011 00100010；

“大”的国标码为 3473H：00110100 01110011。

3．汉字机内码

国标码是汉字信息交换的标准编码，但是因为其每个字节的最高位为 0，这样一个汉字的国标码易被误认为是两个西文字符的 ASCII 码。于是，在计算机内部无法采用国标码。对此将国标码的两个字节的最高位由 0 变为 1，这就形成了机内码。汉字机内码是用两个最高位均为 1 的字节表示一个汉字，是计算机内部处理、存储汉字信息所使用的统一编码。

例如：

“中”的机内码为 D6D0H：11010110 11010000；

“英”的机内码为 D3A2H：11010011 10100010；

“大”的机内码为 B4F3H：10110100 11110011。

4．汉字字形码

汉字信息在计算机中采用机内码，但输出时必须转换成字形码，因此，对每一个汉字，都要有对应的字的模型存储在计算机内。

汉字的字形有两种表示方式：点阵法和矢量表示法。在汉字处理系统中，一般采用点阵来表示字形。汉字的字形称为字模，以点阵表示。常用的字形点阵有 16×16 点阵、24×24 点阵、48×48 点阵等。字形点阵中的点对应存储器中的一位，对于 16×16 点阵的汉字，需要有 256 个点，即 256 位。由于计算机中，8 个二进制位为 1 字节，所以 16×16 点阵汉字需要 2×16=32 字节表示一个汉字。

一般来说，表示汉字时所使用的点阵越大，汉字字形的质量越好，但每个汉字点阵所需的存储量也越大。

汉字的输入、处理和输出的过程实际上是汉字的各种代码之间的转换过程，或者说汉字代码在系统有关部件之间流动的过程。汉字信息处理系统模型如图 2.1 所示。

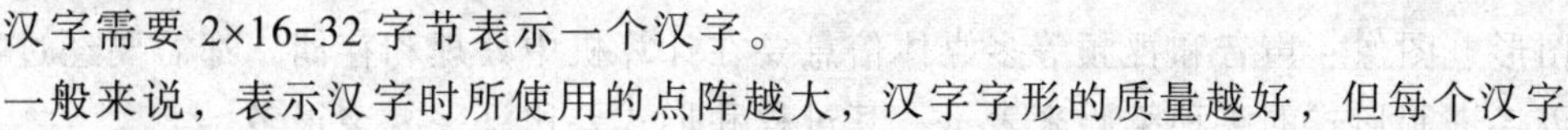

图 2.1　汉字信息处理系统模型

以“中”为例，演示汉字处理过程，如图 2.2 所示。首先，在键盘上输入“中”的拼音 zhong，然后计算机将其依次转换为对应的汉字国标码、机内码保存在计算机中，最后依据机内码转换为字模点阵显示在显示器上。

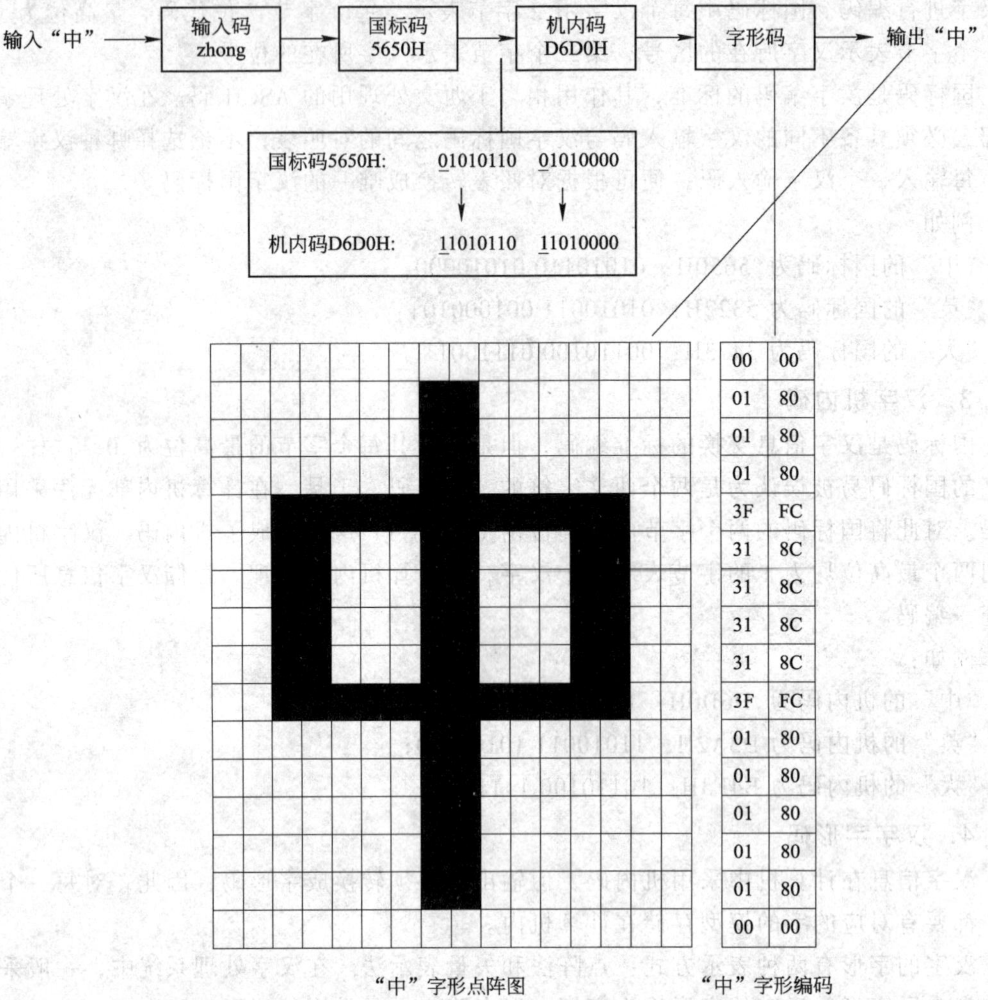

图 2.2　汉字处理过程

2.3.3　多媒体信息编码

图形、图像、声音和视频等多媒体信息要在计算机中处理和存储，都需要经过数字化，以二进制形式的某种编码来表示，其过程和形式要比汉字复杂很多。

1. 图像的编码

图像需要分割成很小的单元（$m \times n$ 个），每个最小的单元就是一个像素，再将每个像素点呈现出不同的颜色（或亮度）。

用一个 $m \times n$ 的像素矩阵来表达一幅图像，$m \times n$ 又称图像的分辨率。分辨率越高，图像就会越精细，失真也就越小。一幅图像的分辨率为 1 920×1 080，表示图像水平方向和垂直方向各有 1 920 和 1 080 个像素点。

每个像素点的颜色可用二进制表示。黑白图像可用1位的二进制表示；16色的图像可以用4位的二进制表示；256色的图像可以用8位的二进制表示；通常说的真彩色需要用24位二进制表示，三原色红、绿、蓝分别用8位来表示。

例如，图2.3所示为分辨率是1 024×768的真彩色图像（原图被划分为1 024×768小方格，这里截取部分图像区域），这幅图像占用的存储空间为24×1 024×768=18 874 368位=2 359 296 B=2.25 MB。可见，图像所占的存储空间较大，用计算机进行图像处理，对机器的性能要求相对较高。

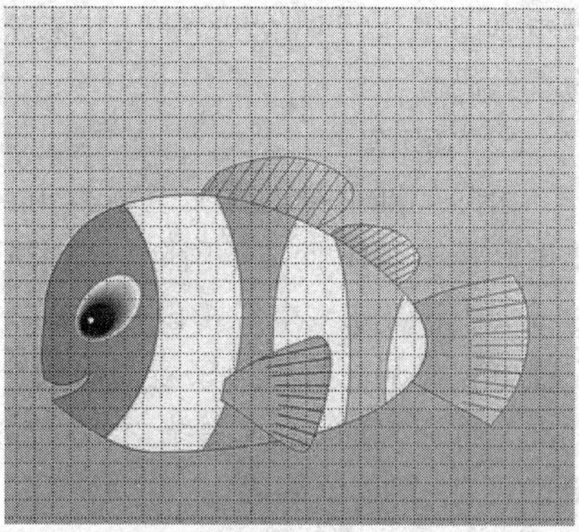
图2.3 图像的符号化示意

2. 声音的编码

声音是一种连续变化的模拟信号，可以通过模/数转换器对声音信号按照固定的频率进行抽样，再把抽样的结果转换为二进制的数字量，这样声音就可以进行存储和处理。

2.3.4 条形码与RFID

1. 一维条形码

条形码由一组宽度不同、反射率不同的条（黑色）和空（白色）组成。“条”指对光线反射率较低的部分，“空”指对光线反射率较高的部分，这些条和空组成的数据表达一定的信息。用条形码阅读机扫描时，得到一组反射光信号，此信号经光电转换成与计算机兼容的二进制和十进制信息。通常对于每一种物品，它的编码是唯一的。对于普通的一维条形码来说，还要通过数据库建立条形码与商品信息的对应关系。当条形码的数据传到计算机上时，由计算机上的应用程序对数据进行操作和处理。因此，普通的一维条码在使用过程中仅作为识别信息，它的意义是通过在计算机系统的数据库中提取相应的信息而实现的。

条形码起源于20世纪40年代，应用于70年代，普及于80年代。条形码技术是在计算机应用和实践中产生并发展起来的广泛应用于商业、邮政、图书管理、仓储、工业生产过程控制、交通等领域的一种自动识别技术，具有输入速度快、准确度高、成本低、可靠性强等优点，在当今的自动识别技术中占有重要地位。

目前在商品上的应用仍以一维条形码为主，故一维条形码又称商品条形码。世界上有225种以上的一维条形码，每种一维条形码都有自己的一套编码规格，规定每个字母（可能是文字或数字或文数字）是由几个条及几个空组成，以及字母的排列。常用的一维条形码有Code 39码、EAN码、UPC码、128码，以及专门用于书刊管理的ISBN、ISSN等。

（1）EAN-13码

EAN-13码是EAN码的一种，用13个字符表示信息，是我国主要采取的编码标准。EAN-13码包含商品的名称、型号、生存厂商、所在国家或地区等信息。其分为4部分：第1部分（3位）代表所在国家或地区，第2部分（4位）代表制造厂商，第3部分（5

位）代表厂内商品代码，第 4 部分（1 位）是校验码。在图 2.4 所示的 EAN-13 商品条形码示意图中，693（690~699）代表中国，7526 为制造商代码，50374 为商品标识代码，3 为校验码。

（2）ISBN

国际标准书号的英文全称为 International Standard Book Number，简称 ISBN。1971 年国际标准组织批准了国际标准书号在世界范围内实施。1982 年，中国参加 ISBN 系统，并成立中国 ISBN 中心（设在国家新闻出版总署，2013 年机构改革，组建国家新闻出版广播电视总局，简称国家新闻出版广电总局）。2005 年 5 月，ISO 组织发布了最新的国际标准，将原来的 ISBN 系统由 10 位数系统升为 13 位数系统。我国从 2007 年 1 月 1 日开始正式启用 13 位编码。

13 位 ISBN 条形码由 5 部分组成：第一部分（3 位）为由 EAN 分配的编码 978，第二部分代表地区号，第三部分代表出版社代码，第四部分代表书序号，第五部分是校验码。ISBN 条形码示意图如图 2.5 所示。

2. 二维条形码

二维条形码是用某种特定的几何图形按一定规律在平面（二维方向上）分布的黑白相间的图形记录数据符号信息的，如图 2.6 所示。

图 2.4　EAN-13 商品条码示意图　　图 2.5　ISBN 条形码示意图　　图 2.6　二维条形码示意图

二维条形码技术是在一维条形码无法满足实际应用需求的前提下产生的。由于受信息容量的限制，一维条形码通常是对物品的标识，而不是对物品的描述。所谓对物品的标识，就是给某物品分配一个代码，代码以条形码的形式标识在物品上，用来标识该物品以便自动扫描设备的识读，代码或一维条形码本身不表示该产品的描述性信息。因此，在通用商品条形码的应用系统中，对商品信息如生产日期、价格等的描述必须依赖数据库的支持。在没有预先建立商品数据库或不便联网的地方，用一维条形码表示汉字和图像信息几乎是不可能的，即使可以表示，也显得十分不便且效率很低。随着现代高新技术的发展，迫切需要用条形码在有限的几何空间内表示更多的信息，以满足千变万化的信息表示的需要。

国外对二维条形码技术的研究始于 20 世纪 80 年代末。在二维条形码符号表示技术研究方面，已研制出多种码制，常见的有 PDF417、QR Code、Code 49、Code 16K、Code One 等。这些二维条形码的密度都比传统的一维条形码有了较大的提高，如 PDF417 的信息密度是一维条形码 Code 39 的 20 多倍。美国、德国、日本、墨西哥、埃及、哥伦比亚、巴林、新加坡、菲律宾、南非、加拿大等国不仅已将二维条形码技术应用于公安、外交、军事等部门对各类证件的管理，而且已将二维条形码应用于海关、税务等部门对各类报表和票据的管理，商业、交通运输等部门对商品及货物运输的管理，邮政部门对邮政包裹的管理，以及工业生产领域对工业生产线的自动化管理。

我国对二维条形码技术的研究开始于1993年。中国物品编码中心对几种常用的二维条形码PDF417、QR Code、Data Matrix、Maxi Code、Code 49、Code 16K、Code One的技术规范进行了翻译和跟踪研究。随着我国市场经济的不断完善和信息技术的迅速发展，国内对二维条形码这一新技术的研究和需求与日俱增。经过几年的努力，现二维条形码已应用在国防、公共安全、交通运输、医疗保健、工业、商业、金融、海关及政府管理等多个领域。

从符号学的角度讲，二维条形码和一维条形码都是信息表示、携带和识读的手段；从应用角度讲，尽管在一些特定场合可以选择其中的一种来满足需要，但它们的应用侧重点是不同的，一维条形码用于对“物品”进行标识，二维条形码用于对“物品”进行描述；二维条形码还具有信息量容量大、安全性高、读取率高、错误纠正能力强等特性。

3. RFID

RFID（Radio Frequency Identification）是一种非接触式的自动识别技术，它通过射频信号自动识别目标对象并获取相关数据，识别工作无须人工干预，可工作于各种恶劣环境。RFID技术可识别高速运动物体并可同时识别多个标签，操作快捷方便。

短距离射频产品可在油渍、灰尘污染等恶劣环境中替代条形码，例如，用在工厂的流水线上跟踪物体。长距射频产品多用于交通，识别距离可达几十米，如自动收费或识别车辆身份等。

（1）RFID的基本组成

RFID由3部分组成：

① 标签（Tag）：由耦合元件及芯片组成，每个标签具有唯一的电子编码，附着在物体上标识目标对象。

② 阅读器（Reader）：读取（有时还可以写入）标签信息的设备，可设计为手持式或固定式。

③ 天线（Antenna）：在标签和读取器间传递射频信号。

（2）RFID技术的基本工作原理

阅读器通过天线发送出一定频率的射频信号，当标签进入磁场时产生感应电流从而获得能量,发送出自身编码等信息被读取器读取并解码后送至计算机主机进行有关处理。

RFID中一般保存有约定格式的电子数据，在实际应用中，RFID附着在待识别物体的表面。阅读器可无接触地读取并识别RFID中所保存的电子数据，从而达到自动识别物体的目的。通常阅读器与计算机相连，所读取的标签信息被传送到计算机上进行下一步处理。

（3）应用实例

① 射频门禁。门禁系统应用RFID技术，可以实现持有效RFID的车不停车通行，方便通行又节约时间，提高路口的通行效率，更重要的是可以对小区或停车场的车辆出入进行实时监控，准确验证出入车辆和车主身份，维护区域治安，使小区或停车场的安

防管理更加人性化、信息化、智能化、高效化。

② 食品溯源。采用 RFID 技术进行食品药品的溯源已经开始在一些城市应用。食品溯源主要解决食品来路的跟踪问题。如果发现了有问题的产品，可以进行追溯，直到找到问题的根源。

③ 产品防伪。RFID 技术经历几十年的发展应用，本身已经非常成熟，在日常生活中随处可见，应用于防伪实际就是在普通的商品上加一个 RFID 电子标签，伴随商品生产、流通、使用各个环节，在各个环节记录商品各项信息。标签本身具有以下特点：每个标签具有唯一的标识信息，在生产过程中将标签与商品信息绑定，在后续流通、使用过程中标签都唯一代表了所对应的商品。

④ 世博会。在上海举行的会展数量以每年 20%的速度递增。上海市政府一直在积极探索如何应用新技术提升组会能力，以更好地展示上海的城市形象。RFID 在大型会展中的应用已经得到验证。2005 年爱知世博会的门票系统就采用了 RFID 技术，做到了大批参观者的快速入场。2006 年世界杯主办方也采用了嵌入 RFID 芯片的门票，起到了防伪作用。这引起了大型会展主办方的关注。在 2008 年举办的北京奥运会上，RFID 技术得到了广泛应用。2010 年世博会在上海举办，对主办者、参展者、参观者、志愿者等各类人群有大量的信息服务需求，包括人流疏导、交通管理、信息查询等，RFID 系统正是满足这些需求的有效手段之一。

2.4 自动化 0 和 1 示例——电子技术实现

2.4.1 基于 0 和 1 表达的逻辑运算

数值与非数值信息通过进位制和编码可以符号化为 0 和 1，对数值与非数值信息的处理就演变为对 0 和 1 进行逻辑运算。逻辑运算包括“与”“或”“非”“异或”等运算符。

逻辑的基本表现形式是命题与推理。命题即是内容为真或假的一个判断语句（如：3>2、4<5），推理即依据简单命题的判断推导出对复杂命题的判断结论。

一个命题由 A、B 表示，其值可能为“真”或为“假”，则两个命题 A、B 之间是可以进行计算的：

①“与”运算（AND）：当 A 和 B 都为真时，A AND B 也为真；其他情况，A AND B 为假。

②“或”运算（OR）：当 A 和 B 都为假时，A OR B 也为假；其他情况，A OR B 均为真。

③“非”运算（NOT）：当 A 为真时，NOT A 为假；当 A 为假时，NOT A 为真。

④“异或”运算（XOR）：当 A 和 B 都为真或都为假时，A XOR B 为假；否则，A XOR B 为真。

命题的判断与推理均可以用 0 和 1 来表达与处理。0 表示“假”，1 表示“真”。表 2.4 所示为逻辑运算的真值表。

表 2.4 逻辑运算的真值表

A	B	A AND B	A OR B	NOT A	A XOR B
0	0	0	0	1	0
0	1	0	1	1	1
1	0	0	1	0	1
1	1	1	1	0	0

例如，某学校为核实一件好事，老师找了 A、B、C 共 3 个学生。A 说："是 B 做的。" B 说："不是我做的。" C 说："不是我做的。" 这 3 个学生中只有一人说了实话，这件事是谁做的？

答：

① 符号化。A、B、C 代表 3 个学生，如果值为 1，表示其是做好事的人；值为 0，表示其不是。按已知条件，3个学生中只有一人做了好事，因此ABC的可能取值{100,010,001}。

② 用逻辑运算式表达 3 个学生说的是真话还是假话。

如果 A 说的是真话，则表达式为 B；如果 A 说的是假话，则表达式为 NOT B。

如果 B 说的是真话，则表达式为 NOT B；如果 B 说的是假话，则表达式为 B。

如果 C 说的是真话，则表达式为 NOT C；如果 C 说的是假话，则表达式为 C。

③ 用逻辑运算式表达"3 个学生中只有一人说了实话"，因为只要有一个人说真话，则其余的两个人说的都是假话。

如果 A 说的是真话，则

B AND B AND C=1 ①

如果 B 说的是真话，则

（NOT B） AND （NOT B） AND C=1 ②

如果 C 说的是真话，则

（NOT B） AND B AND （NOT C）=1 ③

④ 将 ABC 的可能取值依次代入上面 3 个表达式，如表 2.5 所示。

表 2.5 示例 ABC 的可能取值代入结果

ABC	①	②	③
100	不成立	不成立	不成立
010	不成立	不成立	不成立
001	不成立	成立	不成立

可以看出，当 ABC=001 时，满足只有一个表达式成立的条件。因此，C 是做好事的人，B 说的是真话，其他人说的是假话。

2.4.2 用 0 和 1 与电子技术实现逻辑运算

"与"运算、"或"运算、"非"运算、"异或"运算都可以用电子技术实现。实现"与"运算的器件称为"与门"，逻辑电路符号如图 2.7 所示；实现"或"运算的器件称为"或门”，逻辑电路符号如图 2.8 所示；实现“非”运算的器件称为“非门”，逻辑电路符号如图 2.9 所示；实现“异或”运算的器件称为“异或门”，逻辑电路符号如图 2.10 所示。

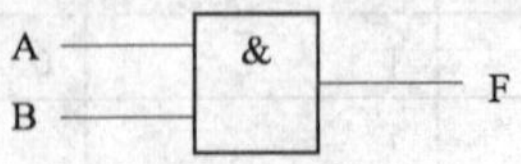

图 2.7　与门电路符号

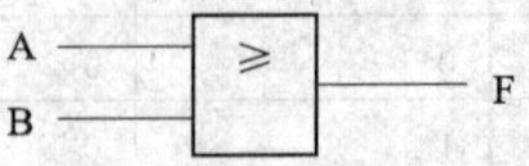

图 2.8　或门电路符号

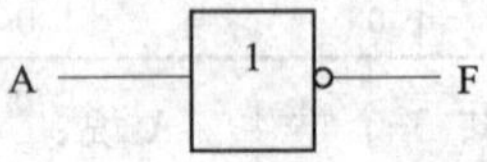

图 2.9　非门电路符号

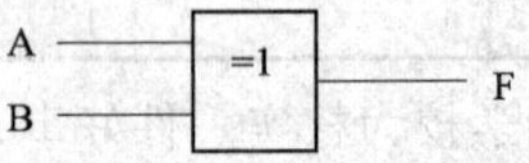

图 2.10　异或门电路符号

用电路连接符号表示逻辑运算，这些电路符号的功能与相应的逻辑运算的功能是一样的。门的左侧（A、B）表示输入，右侧连线（F）表示输出。

这些基本逻辑运算的电路称为门电路，由基本的门电路可以构造复杂的逻辑电路，进一步被封装成芯片，然后可利用其构造更为复杂的电路。CPU 等复杂的集成电路就是这样一层层构造出来的。

例如，如图 2.11 所示电路中，如果要使 Y 为 1，则 A、B、C 的输入必须是________。

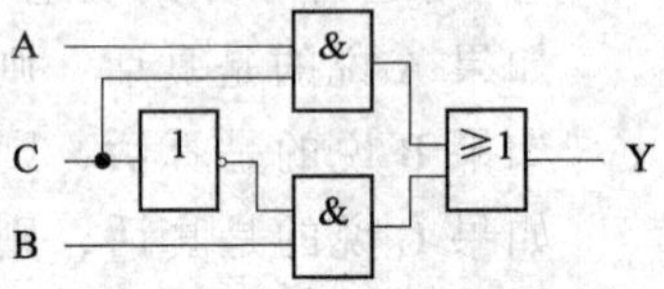

图 2.11　示例电路图

答：首先依据电路图写出逻辑运算表达式（A AND C）OR（(NOT C) AND B)，再依次列出 A、B、C 所有可能取值，如表 2.6 所示。可以得出当 A、B、C 为 010、101、110、111 时 Y=1，其他情况下 Y=0。

表 2.6　列出所有可能取值

A	B	C	NOT C	A AND C	（NOT C） AND B	Y
0	0	0	1	0	0	0
0	0	1	0	0	0	0
0	1	0	1	0	1	1
0	1	1	0	0	0	0
1	0	0	1	0	0	0
1	0	1	0	1	0	1
1	1	0	1	0	1	1
1	1	1	0	1	0	1

2.5　实数的表示

实数是既有整数又有小数的数，在计算机中采用浮点数表示法表示实数。IEEE 754 标准规定：单精度实数即普通实数为 32 位字长，即 1 位符号位，8 位指数位、23 位尾数位；双精度实数为 64 位字长，即 1 位符号位，11 位指数位、52 位尾数位。

用单精度实数表示十进制实数 123.25：

① 整数部分123用二进制表示为 1111011；小数部分.25 用二进制表位为.0100；123.25 用二进制表示为 1111011.0100。

② 用科学计数法表示为 1.1110110100×2^{6}。

③ 符号位：0。

④ 指数位：6+127=133，对应的二进制数为 10000101。

（IEEE 754 规定：指数+127。8 位表示数的区间范围是−127～+127，默认加了 127，表示数的区间范围是 0～+254。指数都变为正数，不需要考虑指数的符号表示。）

⑤ 尾数部分：1110 1101 0000 0000 0000 000。

（IEEE 754 规定：保存尾数时 1.XXXXXXX，默认这个数的第一位总是 1，因此只需要保存后面的 XXXXXXX 部分。）

⑥ 123.25 在计算机中的完整表示是 0 10000101 11101101000000000000000。

双精度实数在计算机中的表示与单精度实数的原理是一样的。

小　结

“符号化—计算化—自动化”思维是计算机最本质的思维模式。

计算机的功能越来越强大，究其本质，就是 0 和 1 与逻辑。复杂的事物可以通过进位制和编码符号化为 0 和 1 及其计算。实现符号化，就可实现基于 0 和 1 的逻辑运算，再到逻辑电路，它实现了由人计算到机器自动计算机的跨越。

实　训

实训 1　计算机概论及数制转换

1. 实训目的

① 熟悉计算机基本操作规范。

② 掌握数制间的转换运算。

③ 掌握各种数据信息的编码方式。

④ 理解逻辑运算和基本逻辑运算的门电路等基础知识。

2. 实训要求及步骤

完成下面理论知识题：

① 十进制数 111 转换为二进制数是（　　）。

A. 1101111　　B. 1000101　　C. 1011101　　D. 1001111

② 二进制数 01000010.10 转换为十进制数是（　　）。

A. 82.5　　B. 66.5　　C. 45.5　　D. 35.4

③ 存储一个汉字的内码所需的字节数是（　　）个。

A. 1　　B. 4　　C. 8　　D. 2

④ 《信息交换用汉字编码字符集　基本集》所用编码是（　　）。

A．国标码　　B．阴阳码　　C．五笔码　　D．王码

⑤ 十进制数 92 转换成二进制数和十六进制数分别是（　　）。

A．01011100 和 5C　　B．01101100 和 61

C．10101011 和 5D　　D．01011000 和 4F

⑥ 有关二进制数的说法错误的是（　　）。

A．二进制数只有 0 和 1 两个数码

B．二进制数各个位上的权是 2^i

C．二进制运算是逢二进一

D．十进制数转换成二进制数是使用按权展开相加法

⑦ 在下列不同进制的 4 个数中最小的是（　　）。

A．$(45)_D$　　B．$(55.5)_O$

C．$(3B)_H$　　D．$(110011)_B$

⑧ 在计算机内部，用来传送、存储、加工处理的数据或指令都是以（　　）形式表示的。

A．区位码　　B．ASCII 码

C．十进制　　D．二进制

⑨ 十六进制数 7A 转换为十进制数是（　　）。

A．272　　B．250　　C．128　　D．122

⑩ 在标准 ASCII 码表中，已知英文字母 A 的 ASCII 码是 01000001，则英文字母 F 的 ASCII 码是（　　）。

A．1000100　　B．1000011

C．1000110　　D．1000101

⑪ 当前被国际化标准组织确定为世界通用的国际标准码是（　　）。

A．ASCII 码　　B．BCD 码

C．8421 码　　D．汉字编码

⑫ 八进制数 105 转换成十六进制数是（　　）。

A．54　　B．52　　C．45　　D．96

实训 2　指法练习

1．实训目的

① 熟悉各个功能键的用法。

② 掌握正确的击键方法。

③ 掌握特殊字符的输入方法。

④ 掌握各种输入法的切换方法，掌握一种中文输入法。

2．实训要求及步骤

① 用熟悉的一种工具（记事本、Word、PowerPoint 等）录入以下内容。

计算机始祖——冯·诺依曼

一、简介

中文名：约翰·冯·诺依曼

外文名：John von Neumann

国籍：美籍匈牙利人

出生地：布达佩斯

出生日期：1903 年 12 月 28 日

逝世日期：1957 年 2 月 8 日

毕业院校：苏黎世大学

二、出生

1903 年 12 月 28 日，在布达佩斯诞生了一位神童，这不仅给这个家庭带来了巨大的喜悦，也值得整个计算机界去纪念。正是他，开创了现代计算机理论，其体系结构沿用至今，而且他早在 20 世纪 40 年代就已预见到计算机建模和仿真技术对当代计算机将产生意义深远的影响。他就是约翰·冯·诺依曼（John von Neumann）。

三、贡献

二进制思想：根据电子元件双稳工作的特点，建议在电子计算机中采用二进制。

程序内存思想：把运算程序存在机器的存储器中，程序设计员只需要在存储器中寻找运算指令，机器就会自行计算，这样就不必每个问题都重新编程，从而大大加快了运算进程。这一思想标志着自动运算的实现，标志着电子计算机的成熟，已成为电子计算机设计的基本原则。

② 在录入完成的基础上，尝试进行排版，排版格式不限。

第 3 章

机器程序的执行

本章搭建了一个简单但功能相对完整的计算机系统。最基本的计算机包括五大部件：存储器、运算器、控制器、输入设备和输出设备。在这种场景下，模拟了计算机是如何存储程序和数据的，以及计算机是如何执行程序的。

3.1 冯·诺依曼型计算机

1945 年，美籍匈牙利数学家冯·诺依曼在 EDVAC 计划草案中提出“存储程序”的思想。1952 年，冯·诺依曼和他的同事们成功研制了电子计算机 EDVAC。EDVAC 的诞生，使计算机技术出现了一个飞跃。它奠定了现代电子计算机的体系结构和工作方式。

现代计算机系统从性能指标、运算速度、工作方式、应用领域等方面与当时的计算机有很大差别，但仍然是基于这一思想设计的，都称为冯·诺依曼型计算机。冯·诺依曼体系结构的思想可以归纳为：

① 计算机系统应由 5 个基本部分组成：存储器、运算器、控制器、输入设备和输出设备。

② 将程序和数据存入存储器中，计算机在工作时可以自动逐条取出指令并加以执行。

③ 计算机内部采用二进制表示数据和指令。

按照冯·诺依曼思想设计的计算机，其体系结构包含五大部分：

① 存储器：用来存放计算机运行过程中所需要的程序和数据。

② 运算器：完成各种算术运算和逻辑运算，除了计算之外，运算器还应当具有暂存运算结果的能力。

③ 控制器：能读取指令、分析指令并执行指令，以调度运算器进行计算、调度存储器进行读写。控制器管理着数据的输入、存储、读取、运算、操作、输出以及控制器本身的活动。它依据事先编制好的程序，来控制计算机各个部件有条不紊地工作，完成所期望的功能。

④ 输入设备：将程序和数据转换为二进制串，并在控制器的指挥下按一定的地址顺序送入内存。

⑤ 输出设备：将运算结果转换为人们所能识别的信息形式显示或打印出来。

图 3.1 中，双线表示并行流动的一组数据信息，单线表示串行流动的控制信息，虚线表示反馈信息，箭头则表示信息流动的方向。计算机工作时，整个计算机在控制器的统一协调指挥下完成信息的计算与处理。事先通过输入设备将程序和数据一起存入存储

器。当计算机开始工作时，控制器就把程序中的“命令”一条一条地从存储器中取出来，加以翻译，并进行相应的发布命令和执行命令的工作。运算器是计算机的执行部门，根据控制命令从存储器获取“数据”并进行计算，将计算所得的新“数据”存入存储器。计算结果经输出设备完成输出。

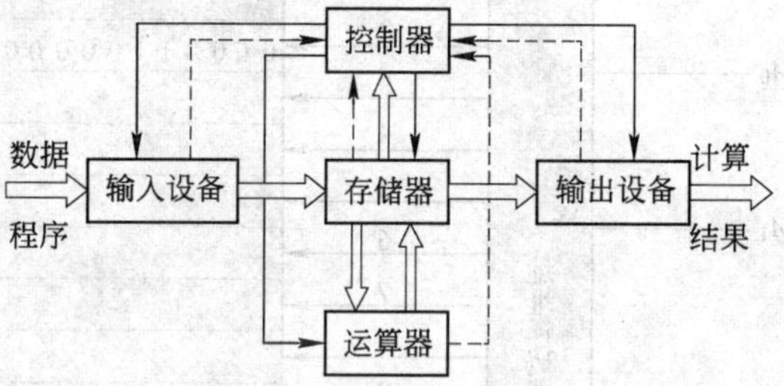

图 3.1 计算机体系结构

通常将一个运算器和一个控制器集成在一片集成电路芯片中，称为中央处理器（Central Processing Unit，CPU），也称微处理器，它是计算机系统的核心。目前微处理器功能越来越强大，它可将多个 CPU 集成在一起以实现并行处理，形成多核微处理器。

3.2 存 储 器

3.2.1 与存储器相关的几个重要概念

位（bit）：是计算机的最小存储单位，一个位能存储一个二进制数，称为 1 位，用 bit 表示。

字节（byte）：8 个二进制位称为一个字节，用 B 表示。

存储器一般被划分成许多单元，被称为存储单元；一个存储单元可存放若干二进制位；存储单元按一定顺序编号，每个存储单元对应一个编号，称为单元地址；单元地址是固定不变的，而存储在该单元中的内容则是可以改变的。

存储容量：描述计算机存储能力的指标，通常以字节为最小的计量单位。为了方便描述，存储器容量通常用以下单位表示：千字节（KB）、兆字节（MB）、吉字节（GB）、太字节（TB），它们之间的进位关系如下：

$$1\ \text{KB} = 1\ 024\ \text{B} = 2^{10}\text{B}$$

$$1\ \text{MB} = 1\ 024\ \text{KB} = 2^{20}\text{B}$$

$$1\ \text{GB} = 1\ 024\ \text{MB} = 2^{30}\text{B}$$

$$1\ \text{TB} = 1\ 024\ \text{GB} = 2^{40}\text{B}$$

目前微型计算机的内存容量一般为 GB 数量级，外存容量一般为 TB 数量级。

3.2.2 存储单元的地址与内容

存储器是可按地址自动存取数据的部件，存储器由若干存储单元构成，每个存储单元由若干存储位构成，一个存储位可存储 0 或 1，所有的存储单元构成一个存储矩阵。每个存储单元有一个地址编码。

图 3.2 所示为一个简单小型存储器的概念结构图。地址编码线 $A_0A_1A_2A_3$ 经地址译码器（地址译码器对地址进行运算后）映射到对应的存储单元，4 条地址编码线可以编码 2^4 个存储单元。一个存储单元有 16 个存储位，则存储容量为 $2^4 \times 16/8$ B=32 B。

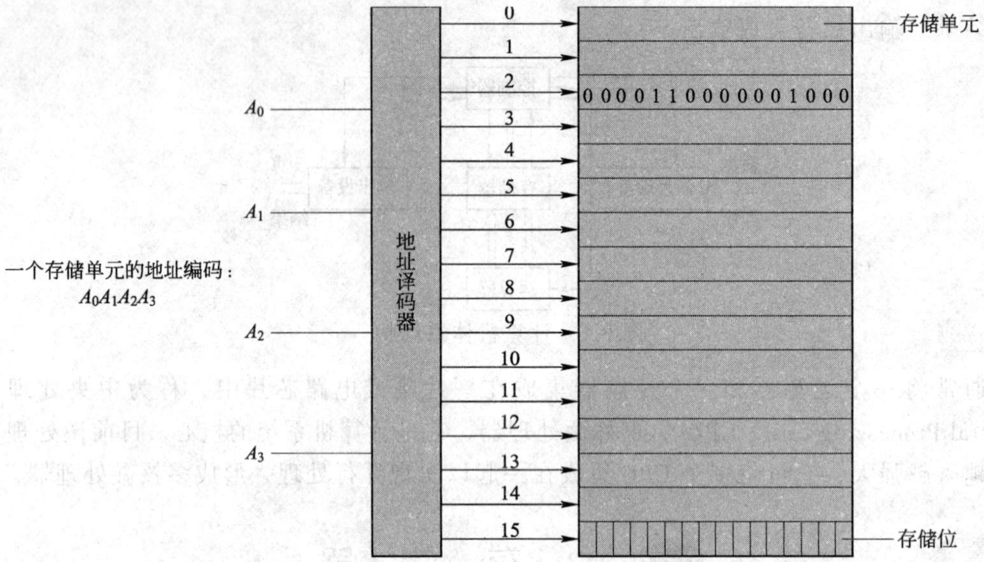

图 3.2 存储器的概念结构图

类比理解：把存储器比喻成一栋公寓，一个存储单元就是一个房间。图 3.2 所示存储器对应的公寓中有 16 个房间，每个房间都有编号，每个房间固定有 16 个床位，每个床位有人用 1 表示，无人用 0 表示。每个房间的编号对应就是这个存储单元的地址编码，每个房间的床位使用情况就是存储单元的内容。图 3.2 中，地址编码为 0010（2）的存储单元存储的内容为 0000110000001000。

例如，一个存储器有 30 条地址编码线，可以编码 2^{30} 个存储单元，若每个存储单元有 64 个存储位，则存储容量=$2^{30} \times 64/8=2^{33}$B=8 GB。

3.2.3 存储器的分类

存储器通常可分为内存储器（也称主存储器，简称内存、主存）和外存储器（也称辅助存储器，简称外存、辅存）。

1. 内存储器

内存储器用于存放计算机当前正待运行的程序和数据，由半导体存储器构成，它的存取速度快，但容量较小。它可以直接与 CPU 交换数据和指令。其外观如图 3.3 所示。

内存储器按信息的存取方式分为两种：只读存储器（Read Only Memory，ROM）、随机存储器（Random Access Memory，RAM）。

ROM 中的数据只能够读出，不能改写，其中存放的数据一般是由制造商事先编制好并且固化在里面的一些程序。ROM 的主要作用是完成计算机的启动、自检、各功能模块的初始化、系统引导等重要功能，只占内存储器很小的一部分。其特点是计算机断电后存储器中的数据仍然存在。

RAM 中的数据既可以读出，也可以改写，它是内存储器的主体部分，一切需要执行的程序和数据都要预先装入该存储器中才能工作。当计算机工作时，RAM 能保存数据，但一旦切断电源，数据将完全消失。

2．外存储器

外存储器用以弥补内存储器功能不足，它追求永久性存储及大容量，存取速度与内存储器相比要慢得多。它不与计算机的其他部件直接进行数据交流，只和内存单独交流数据。常用的外存储器有硬盘、U 盘、光盘等。

① 硬盘是计算机主要的存储媒介之一，通常用于存放永久性的数据和程序，如图 3.4 所示。目前常见的硬盘主要有机械硬盘（HDD，传统硬盘）、固态硬盘（SSD，新式硬盘）、混合硬盘（HHD，一块基于传统机械硬盘诞生出来的新硬盘）。HDD 采用磁性碟片来存储，SSD 采用闪存颗粒来存储，HHD 是把磁性硬盘和闪存集成到一起的一种硬盘。

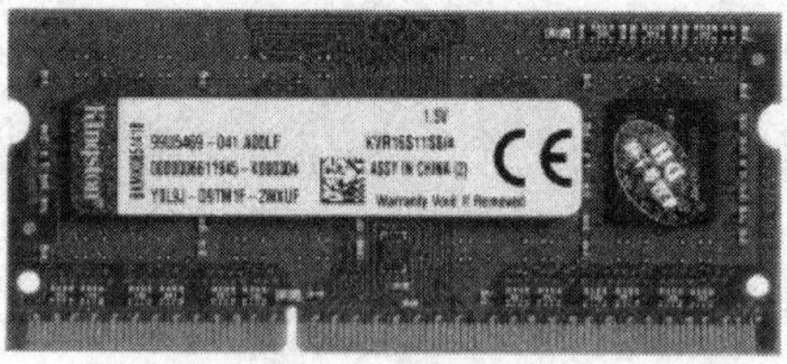

图 3.3 内存

图 3.4 硬盘

② U 盘（USB Flash Disk）是一种使用 USB 接口的无须物理驱动器的微型高容量移动存储产品，如图 3.5 所示。U 盘通过 USB 接口与计算机连接，实现即插即用。其特点是小巧便于携带、存储容量大、价格便宜。一般的 U 盘容量有 8 GB、16 GB、32 GB、64 GB、128 GB、256 GB 等。如今 U 盘还可以代替光驱成为一种新的系统安装工具。

③ 光盘是利用激光原理进行读、写的设备，可以存放各种文字、声音、图形、图像和动画等多媒体数字信息，如图 3.6 所示。其特点是记录数据密度高，存储容量大，数据可永久保存。光盘的种类很多，主要有只读光盘（CD-ROM）、数字多用途光盘（DVD-ROM）、一次可写入光盘（CD-R）、可重复写入光盘（DVD-RM）等。

图 3.5 U 盘

图 3.6 光盘及其驱动器

3.3 指令与程序

3.3.1 示例引入

下面介绍计算机是如何完成一个复杂计算的。

例如，计算表达式 3×4+5。

首先需要给出一个计算该表达式的步骤，如表 3.1 所示。这里涉及的计算步骤是机器可以直接执行的基本步骤。

表 3.1　表达式 3×4+5 的求解步骤

序　号	解题步骤	说　明
①	取出数 3	从存储器中取数 3，送至运算器
②	乘以数 4	从存储器中取数 4，送至运算器，做乘法运算
③	加上数 5	从存储器中取数 5，送至运算器，做加法运算
④	存数	将运算结果送至存储器
⑤	打印	打印结果
⑥	停止	运算完毕，暂停

3.3.2　指令和指令系统

表 3.1 中的求解步骤只有转化为程序，才能被机器执行。程序员用指令来表达自己的意图，写出求解问题的程序并事先存放在计算机中，计算机运行时由控制器取出程序中的一条条指令分析并执行，控制器就是靠指令来指挥计算机工作的。

通常一条指令对应着一种计算机硬件能直接实现的基本操作，如“取数”“存数”“加”“减”“乘”“除”“输入”“输出”“移位”“停机”等，将这些基本操作用命令集合的形式表达，就是指令。一条机器指令至少要告诉计算机两个信息：一是做何种操作；二是操作数在哪里。前者称为指令的操作码；后者称为指令的地址码。地址码指出参与运算的数据存放的位置。

常见的计算机指令的一般格式如图 3.7 所示。

例如，一条加法指令如图 3.8 所示，它表达了 3 个信息：

① 做加法。

② 相加的两个数，一个数已经在运算器里，另一个数在 8 号存储单元里。

③ 相加后的结果放在运算器中。

操作码	地址码

图 3.7　指令的一般格式

000011	0000001000

图 3.8　加法指令

每种类型的计算机的指令数量都是确定的。指令系统是指一台计算机所能执行的全部指令的集合。指令系统决定了一台计算机硬件主要性能和基本功能。操作码的位数一般取决于计算机指令系统的规模。例如，一个指令系统只有 8 条指令，则有 3 位操作码就够了。

例如，一台计算机有 64 条指令，操作码需要 6 位（$2^6=64$），表 3.2 给出了该台计算机指令系统中的部分指令说明。如果每个存储单元有 16 个存储位，操作码 6 位，则地址码占 10 位。

表 3.2 机器指令系统示意

操 作 码	指令功能说明
000001	取数
000010	存数
000011	加法
000100	乘法
000101	打印
000110	停机
000000	表示存储的是数据，而不是指令

3.3.3 机器语言程序

要使计算机解决特定问题，就需要按照问题要求写出一个指令序列，这个指令序列称为计算机程序，它表达了计算机解决问题需要完成的所有操作。程序是由指令构成的（这里指的是机器语言程序），程序中的指令必须属于该台计算机的指令系统，以便计算机识别并执行。

用机器指令编写的程序即机器语言程序，是可以被机器直接执行的。表 3.3 给出的是表达式 3×4+5 对应的程序。这里是将表达式 3×4+5 对应的机器语言程序和数据装载到存储器中，占用 0～9 号存储单元，其中 0～5 号存储的是程序，6～9 号存储的是数据。

表 3.3 被装载进存储器中的程序和数据示意

存储单元的地址编码	存储单元的内容		说 明
	操作码（6 位）	地址码（10 位）	
0000	000001	0000000110	指令：取出 6 号存储单元的数（即 3）至运算器中
0001	000100	0000000111	指令：乘以 7 号存储单元的数（即 4）得到 12 在运算器中
0010	000011	0000001000	指令：加上 8 号存储单元的数（即 5）得到 17 在运算器中
0011	000010	0000001001	指令：将上述运算器中结果（17）存于 9 号存储单元
0100	000101	0000001001	指令：打印 9 号存储单元的数 17
0101	000110		指令：停机
0110	000000 0000000011		数据：数 3 存于 6 号存储单元
0111	000000 0000000100		数据：数 4 存于 7 号存储单元
1000	000000 0000000101		数据：数 5 存于 8 号存储单元
1001	000000 0000010001		数据：数 17 存于 9 号存储单元

3.4 运 算 器

运算器主要完成加、减、乘、除等四则运算，与、或、非、异或等逻辑运算，以及移位、比较和传送等操作。

运算器由算术逻辑部件（ALU）和累加器（ACC）、数据寄存器（R）等部分组成。运算器的核心是算术逻辑部件，它接收数据寄存器和累加器的输入，完成所有的计算。

数据寄存器用于暂存参加运算的一个操作数，该操作数来自存储器。

累加器是特殊的寄存器，既能接收来自存储器的数据作为参加运算的一个操作数，又能存储算术逻辑部件运算的中间结果和最后结果，为下一次运算做准备，因其具有累计运算的功能，所以称为“累加器”。

如图 3.9 所示，将来自存储单元的数据 0000000000000011（对应十进制数 3）存于累加器中，将来自存储单元的数据 0000000000000100（对应十进制数 4）存于数据寄存器中，然后一起送入算术逻辑部件完成乘法运算，计算结果再送入累加器中，等待下一次运算。

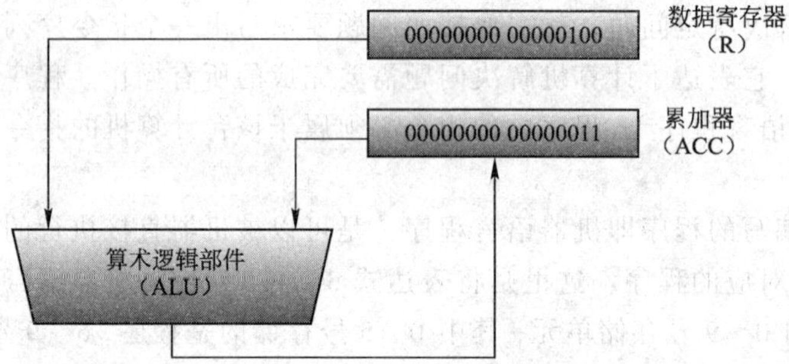

图 3.9　运算器的内部结构示意图

计算机运行时，运算器的操作和操作种类由控制器决定。运算器处理的数据来自存储器；处理后的结果数据通常送回存储器，或暂时寄存在运算器中。

3.5 控　制　器

控制器是计算机的指挥控制中心，它的主要功能是向机器的各个部件发出控制信号，使整台机器自动、协调地工作。

控制器由指令寄存器、程序计数器、操作码译码器、操作控制器、时序电路等部件组成。

① 指令寄存器用于保存当前正在执行的指令。指令的执行需持续一段时间，在这段时间内，指令是需要被保存的。

② 程序计数器用于存放存储器中下一条将要被执行指令的地址。程序在执行前需要被连续地存放在存储器中，然后由控制器控制着一条一条地从存储器中读取并执行。当计算机开始工作时，程序中的第一条指令的地址被放置在程序计数器中。这是一个具有特殊功能的寄存器，具有“自动加 1”功能，用来自动生成“下一条”指令的地址，所以程序中后续指令的地址都由它自动产生。

③ 操作码译码器对指令中的操作码进行译码，然后送往操作控制器进行分析。

④ 操作控制器识别不同的指令类别以及获取操作数的方法，产生执行指令的操作

命令，发往计算机需要执行操作的各个部件。

⑤ 时序电路在信号传输过程中，控制信号的传输次序，避免不同职能的信号发生冲突。好比在交叉路口，用信号灯控制交通次序，红灯停，绿灯行，按一定的时间间隔转换红绿灯，这样不同方向的车辆就不会有冲突了。

如图 3.10 所示，程序开始执行时，第一条指令的地址 0000000000000000 被放置在程序计数器中；根据程序计数器的地址，从存储器中取出指令放置到指令寄存器，指令取出后，程序计数器自动加 1；操作码译码器对指令的操作码 000001 进行译码，分析出是取数指令，然后送往操作控制器；操作控制器识别指令是取数指令，而且需要从存储器中取数，从而产生执行该指令的操作命令，发往计算机需要执行操作的各个部件，即发信号给指令寄存器将地址码 0000000110 送往地址译码器、发信号给存储器进行读操作、发信号给运算器接受来自存储器的数据。

取指令分析指令执行指令再取下一条指令，依次周而复始地执行指令序列的过程就是程序自动执行的过程。

通常将运算器与控制器集成在一块芯片上，称为中央处理器（Center Processing Unit, CPU）。它是计算机的核心设备。图 3.11 所示为 Intel 公司 CPU 的外观。

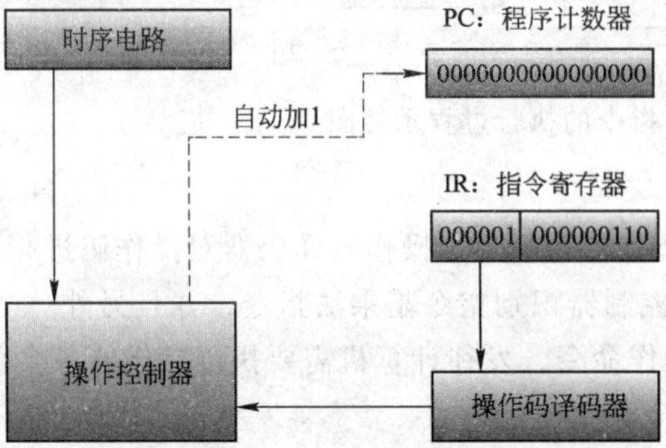

图 3.10 控制器的内部结构示意图

图 3.11 CPU 的外观

3.6 机器级程序的执行

运算器、控制器和存储器装配在一起形成完整的计算机系统。

一条指令的执行，可分为 3 个阶段：取指令、分析指令、执行指令。如图 3.12 所示，将程序和数据装载进存储器，以示例的形式来模拟第二条指令的执行过程。指令的有序执行是在时序电路的管制下进行的。

取指令：

① 将程序计数器中的内容（0000000000000001，对应 1 号存储单元）送给地址译码器。

② 操作控制器发信号给存储器，存储器按地址找到存储单元，将其内容（000100 0000000111）送给指令寄存器。

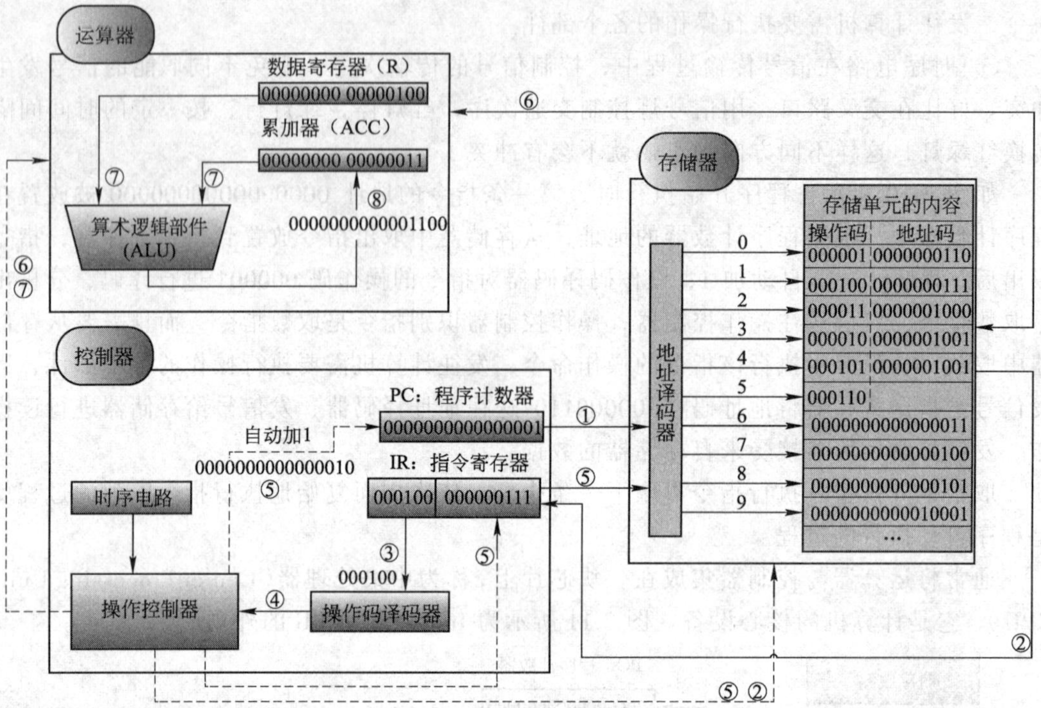

图 3.12　第二条指令的执行过程示意图

分析指令：

③ 将指令的操作码（000100）送给操作码译码器，操作码译码器对操作码进行译码。

④ 送往操作控制器进行分析，操作控制器识别指令是乘法指令，并且另外一个操作数在存储器中，从而产生执行该指令的操作命令，发往计算机需要执行操作的各个部件。

执行指令：

⑤ 发送信号给指令寄存器，将指令寄存器中的地址码（0000000111）送给地址译码器、发信号给存储器开始工作、通知程序计数器，使其值自动加 1。

⑥ 存储器按地址译码器的值找到存储单元（7 号存储单元），将其内容（0000000000000100，数据 4）读出送入运算器；发送信号给运算器，运算器中的数据寄存器接收来自存储器的数据。

⑦ 发送信号给运算器开始计算，运算器将数据寄存器（0000000000000100，数据 4）和累加器（0000000000000011，数据 3）的值作为两个输入，进行乘法运算产生结果。

⑧ 将运算结果（0000000000001100，数据 12）送给累加器。

3.7　程序设计语言与计算机性能指标

3.7.1　机器语言、汇编语言、高级语言

计算机语言指用于人与计算机之间通信的语言。计算机做的每一次动作，每一个步骤，都是按照已经用计算机语言编好的程序来执行的，程序是计算机要执行指令的集合，

而程序全部都是人们用计算机语言来编写的。所以，人们要控制计算机，一定要通过计算机语言向计算机发出命令。计算机语言的种类非常多，总的来说可以分成机器语言、汇编语言、高级语言三大类。

1. 机器语言

计算机发明之初，人们只能用计算机的语言去命令计算机做事情，一句话，就是写出一串串由 0 和 1 组成的指令序列交由计算机执行。这种计算机能够直接解释与执行的语言就是机器语言。

计算机能直接执行的指令称为机器指令，所有机器指令的集合称为该计算机的指令系统，由机器指令所构成的编程语言称为机器语言，即机器语言是 CPU 可以直接解释与执行的指令集合。

使用机器语言是十分不方便的，特别是在程序有错需要修改时更是如此。每台计算机的指令系统往往各不相同，所以，在一台计算机上执行的程序要想在另一台计算机上执行，必须另编程序，造成了重复工作。但由于机器语言使用的是针对特定型号计算机的语言，故而运算效率是所有语言中最高的。机器语言是第一代计算机语言。

2. 汇编语言

为了减轻使用机器语言编程的不便，人们进行了一种有益的改进：用一些简洁的英文字母、符号串来替代一个特定指令的二进制串，比如，用 ADD 代表加法，MOV 代表数据传递，这样一来，人们很容易读懂并理解程序在干什么，纠错及维护都变得方便了，这种程序设计语言称为汇编语言，即第二代计算机语言。然而计算机是不认识这些符号的，这就需要一个专门的程序，专门负责将这些符号翻译成二进制数的机器语言，这种翻译程序称为汇编程序。

汇编语言同样十分依赖于机器硬件，移植性不好，但效率仍十分高。针对计算机特定硬件而编制的汇编语言程序，能准确发挥计算机硬件的功能和特长，程序精练而质量高，所以至今仍是一种常用而强有力的软件开发工具。

3. 高级语言

高级语言并不是特指某一种具体的语言，而是包括很多编程语言，如 Java、C、C++、C#、Pascal、Python、Prolog 等。这些语言的语法、命令格式各不相同。

低级语言分机器语言（二进制语言）和汇编语言（符号语言），这两种语言都是面向机器的语言，和具体机器的指令系统密切相关。机器语言用指令代码编写程序，而符号语言用指令助记符来编写程序。

高级语言与计算机的硬件结构及指令系统无关，它有更强的表达能力，可方便地表示数据的运算和程序的控制结构，能更好地描述各种算法，而且容易学习掌握。但高级语言编译生成的程序代码一般比用汇编程序语言设计的程序代码长，执行速度也慢。所以，汇编语言适合编写一些对速度和代码长度要求高的程序和直接控制硬件的程序。

高级语言程序的示例——以 C 语言编程计算 a*b+c：

```
void main( )
{
  int a,b,c,result;
```

```
    a=3;
    b=4;
    c=5;
    result=a*b+c;
    printf("%d",result);
}
```

其中，a、b、c、result 都是变量，变量的地址是由编译程序在编译过程中自动分配的，即在编译过程中，分配给 a、b、c、result 为 6、7、8、9 号存储单元，并产生上述机器级指令程序。

3.7.2 计算机系统性能指标

1. 衡量计算机性能的指标

计算机系统的性能是由其系统结构、指令系统、硬件组成、软件配置等多方面的因素综合决定的。通常从以下几个方面衡量计算机性能。

（1）字长

字长是指 CPU 能够同时处理的二进制位数。字长标志着计算机处理信息的精度和速度。字长越长，计算机的运算精度就越高，处理能力就越强。目前，微型计算机字长主要为 32 位和 64 位。

（2）主频

主频是指 CPU 的时钟频率，也就是 CPU 运算时的工作频率。一般来说，主频越高，单位时间内完成的指令数也越多，CPU 的速度也就越快。

（3）内存容量

内存容量指内存储器中能够存储信息的总字节数，反映了计算机即时存储信息的能力。内存容量越大，系统功能就越强，能处理的数据量就越庞大。目前，微型计算机常用的内存容量为 8 GB、16 GB 等。

（4）外存容量

外存容量指硬盘容量（内置硬盘），以 GB、TB 为单位。

（5）外设扩展能力

外设扩展能力是指计算机可配置外围设备的数量及类型，对整个系统的性能有很大的影响。

2. 选购笔记本电脑时应关注的参数

（1）品牌

这是选购笔记本电脑时很重要的一个参数，不同的生产商对笔记本电脑的定位各有不同，所以，购机时应该先确定自己的需求定位，然后选择合适的品牌。

（2）CPU

CPU 作为笔记本电脑的灵魂，其性能直接决定了笔记本电脑的运行体验。目前，CPU 的品牌主要有 Intel 和 AMD。Intel 在性能、稳定性方面具有优势，而 AMD 在图像处理方面更胜一筹。另外，CPU 的主频也是需要关注的参数之一。主频越高，说明 CPU 运算速度越快，性能越好。CPU 核数也与计算机性能相关，核数越多，计算机数据处理能力越强。目前笔记本电脑 CPU 大多是双核或四核，甚至八核。

（3）显卡

笔记本电脑的显卡与台式计算机有所不同，更换是相当烦琐的。目前，显卡的品牌主要有 ATI 和 nVIDIA。若是正常办公，选择 nVIDIA 的显卡就够用了；如果偏重玩游戏，可选择 ATI 芯片的显卡，它在图像处理方面更占优势。

（4）内存和缓存机制

它们的好坏关系着笔记本电脑的运行速度。缓存机制也同样重要，好的缓存机制可以保证计算处理数据的高速度。现在一般都是三级缓存。

（5）硬盘

硬盘的容量决定了笔记本电脑能存储的文件大小。现在多以 TB 为单位。

（6）笔记本电脑的操作系统位数

这个其实是 CPU 的参数之一，64 位 CPU 拥有更大的寻址能力，最大支持到 16 GB 内存，而 32 位只支持 4 GB 内存。

小　结

本章搭建了一个简单但功能相对完整的计算机系统。通过计算机三大核心部件：运算器、控制器、存储器，实现了指令的存储、读取、执行。

实　训

实训1　计算机系统组成

1. 实训目的

① 结合实验机型，了解微型计算机的硬件组成。

② 巩固冯·诺依曼型计算机五大部件：存储器、运算器、控制器、输入设备和输出设备。

③ 熟悉机器程序的存储和执行过程。

2. 实训要求及步骤

完成下面理论知识题：

① 计算机能直接执行的程序是（　　）。

A. 源程序　　B. 机器语言程序

C. BASIC 语言程序　　D. 汇编语言程序

② 微型计算机的运算器、控制器、内存储器构成计算机的（　　）部分。

A. CPU　　B. 硬件系统

C. 主机　　D. 外设

③ U 盘和硬盘都是（　　）。

A. 计算机的内存储器　　B. 计算机的外存储器

C. 海量存储器　　D. 备用存储器

④ 计算机中运算器的主要功能是（　　）。

A. 控制计算机的运行　　B. 算术运算和逻辑运算

C. 分析指令并执行　　D. 负责存取数据

⑤ 下列关于 ROM 的说法不正确的是（　　）。

A. CPU 不能向其随机写入数据

B. ROM 中的内容断电后不会消失

C. ROM 是只读存储器的英文缩写

D. ROM 是外存储器的一种

⑥ 计算机应由 5 个部分组成，下列（　　）不属于这 5 部分。

A. 控制器　　B. 总线

C. 输入/输出设备　　D. 存储器

⑦ 在计算机中，（　　）合称处理器。

A. 运算器和寄存器　　B. 存储器和控制器

C. 运算器和控制器　　D. 存储器和运算器

⑧ 微型计算机基本配置的输入和输出设备分别是（　　）。

A. 键盘和数字化仪　　B. 扫描仪和显示器

C. 键盘和显示器　　D. 显示器和鼠标

⑨ 某微型计算机的内存容量为 1 GB，指的是（　　）。

A. 1 024M 字节　　B. 1 000M 字节　　C. 1 024M 位　　D. 1 024M 字

⑩ 计算机存储器中，一个字节由（　　）位二进制位组成。

A. 8　　B. 1 000　　C. 1 204　　D. 4

⑪ 1 MB=（　　）。

A. 1 024 KB　　B. 1 000 B　　C. 1 000 KB　　D. 1 024 B

⑫ 若用户正在计算机上编辑某个文件，这时突然停电，则全部丢失的是（　　）。

A. ROM 和 RAM 中的信息　　B. RAM 中的信息

C. ROM 中的信息　　D. 硬盘中的文件

⑬ 下列关于字节的叙述中正确的是（　　）。

A. 计算机的字长并不一定是字节的整数倍

B. 计算机中将 8 个相邻的二进制位作为一个单位，这种单位称为字节

C. 字节通常用英文单词 bit 来表示

D. Pentium 机的字长为 5 字节

⑭ 微型计算机中，控制器的基本功能是（　　）。

A. 算术和逻辑运算　　B. 存储各种控制信息

C. 保持各种控制状态　　D. 控制计算机各部件协调一致地工作

⑮ 在多媒体计算机中，麦克风属于（　　）。

A. 运算设备　　B. 输出设备

C. 存储设备　　D. 输入设备

实训 2 机器程序的执行

1. 实训目的

① 掌握计算机硬件体系结构。

② 掌握计算机的基本工作原理。

2. 实训要求及步骤

完成以下简答题：

① 冯·诺依曼计算机的结构特点是什么？

② 计算机是如何执行一条指令的？

③ 如果 U 盘上存储了一些数据，目前运行的程序要用到这些数据，能把它们直接送到运算器吗？为什么？

④ 如果要打印计算结果，打印机是从哪里得到这些结果的？

⑤ 内存与外存的主要区别是什么？

第 4 章

复杂环境的管理者——操作系统

操作系统（Operating System，OS）是管理和控制计算机硬件与软件资源的计算机程序，是直接运行在“裸机”上的最基本的系统软件，任何其他软件都必须在操作系统的支持下才能运行。操作系统是用户和计算机的接口，同时也是计算机硬件和其他软件的接口。操作系统的功能包括管理计算机系统的硬件、软件及数据资源，控制程序运行，改善人机界面，为其他应用软件提供支持等，使计算机系统所有资源最大限度地发挥作用，提供了各种形式的用户界面，使用户有一个好的工作环境，为其他软件的开发提供必要的服务和相应的接口。

4.1 现代计算机的基本构成

现代计算机是一个复杂的系统。现代计算机系统由硬件、软件、数据和网络构成，硬件是指构成计算机系统的物理实体，是看得见、摸得着的实物。软件是控制硬件按指定要求进行工作的由有序指令构成的程序的集合，虽然看不见、摸不着，但却是系统的灵魂。数据是软件和硬件处理的对象，是人们工作、生活、娱乐所产生、处理和消费的对象，通过数据的聚集可积累经验，通过聚集数据的分析和挖掘可发现知识、创造价值。网络既是将个人与世界互联互通的基础手段，又是有着无尽资源的开放资源库。

硬件由主机和外围设备两大部分构成。主机的核心是 CPU 与存储器，CPU、存储器等被插入主电路板上，再通过内部的传输线路和扩展插槽，与控制各种不同设备的接口电路板连接，而各种外围设备则通过不同的信号线与接口电路板连接，这样所有外围设备均直接或间接与 CPU 相连接，接受 CPU 的控制。外围设备包括输入设备（鼠标、键盘、扫描仪）、输出设备（显示器、打印机、音箱）、外部存储设备（硬盘、光盘、U 盘）。

各种软件研制的目的都是增强计算机的功能，方便人们使用或解决某一方面的实际问题。根据软件在计算机系统中的作用，可将软件分为系统软件和应用软件两大类。系统软件是指控制和协调计算机及外围设备，支持应用软件开发和运行的系统，是无须用户干预的各种程序的集合，主要功能是调度、监控和维护计算机系统；负责管理计算机系统中各种独立的硬件，使得它们可以协调工作。系统软件使得计算机使用者和其他软件将计算机当作一个整体而不需要顾及底层每个硬件如何工作，如操作系统、计算机语言处理系统、数据库管理系统等。应用软件是用于解决各种实际问题、进行业务工作或者生活及娱乐相关的软件，如办公软件、互联网软件、多媒体软件、游戏软件等。虽然硬件连接着各种设备，但若没有软件则计算机是不能有效工作的，也就是说软件连接并控制着一切。

简单环境下的程序执行已在第 3 章介绍过，即：程序被存储在内存中，CPU（控制器和运算器构成）可一条接一条地取出指令并执行指令。由于技术的不断发展，现代计算机执行程序的环境越来越复杂：

① 存储环境由单一内存扩展到存储体系。内存容量小、存取速度快，用于临时存储；硬盘容量大，存取速度慢，用于永久保存信息。将性能不同的存储器组合成一个整体优化使用，形成内外存结合的存储体系。

② 计算环境由单一 CPU 扩展为多个 CPU。由一次执行一个程序，到一次执行多个程序，多个 CPU 执行多个程序。

③ 外围设备越来越多。由简单的键盘鼠标显示器设备扩展到各种可接入的设备。

因此，复杂环境下需要一个管理者，这个管理者就是操作系统。

4.2 操作系统的基本概念

4.2.1 操作系统的定义

早期的计算机没有操作系统，计算机的运行要在人工干预下进行，程序员兼职操作员，效率非常低。为了使计算机系统中所有软硬件资源协调一致，有条不紊地工作，必须有一个软件来进行统一的管理和调度，这种软件就是操作系统。操作系统是最基本的系统软件，是管理和控制计算机中所有软硬件资源的一组程序。现代计算机系统绝对不能缺少操作系统，而且操作系统的性能很大程度上直接决定了整个计算机系统的性能。

在计算机软件系统中，能够直接与硬件平台交流的就是操作系统。操作系统是底层的软件，它控制所有计算机运行的程序并管理整个计算机的资源，是计算机“裸机”与应用程序及用户之间的桥梁。它允许计算机用户使用应用软件——Office 办公软件、网页浏览器、QQ 聊天工具等；它允许程序员利用编程开发工具来编写程序代码。没有操作系统，用户就无法使用计算机。

4.2.2 操作系统的功能

操作系统位于底层硬件与用户之间，是两者沟通的桥梁。用户可以通过操作系统的用户界面输入命令；操作系统则对命令进行解释，驱动硬件设备，实现用户要求。因此，操作系统必须为用户提供一个良好的用户界面。除此之外，操作系统还具备处理器管理、存储器管理、设备管理、磁盘与文件管理、用户接口等功能。

1. 处理器管理

处理器管理即管理 CPU 资源。在多任务操作系统下，一段时间内可以同时运行多个程序，而处理器只有一个，那么它是如何做到的呢？其实这些程序并非一直同时占用处理器，而是在一段时间内共享处理器资源，即操作系统的处理器管理模块按照某种策略将处理器不断分配给正在运行的不同程序。

处理器管理主要是对处理器的分配和运行进行管理，而处理器的分配和运行是以进程为基本单位的，因此通常将处理器管理称为进程管理。

有了这种处理器管理机制，在操作系统的支持下，计算机可以“同时”为用户做多件事情。例如，在 Windows 7 操作系统的支持下，用户可以一边下载文件，一边听音乐。

2. 存储器管理

存储器管理即管理内存资源。在计算机中，内存容量是一种稀缺资源。在有限的存储空间中要运行并处理大量数据，就要靠操作系统的存储器管理模块来控制。另外，对于多任务系统来讲，一台计算机上要运行多个程序，也需要操作系统来为每个程序分配和回收内存空间。

存储器管理主要为多个程序的运行提供良好的环境，完成对内存的分配、保护及扩充。

3. 设备管理

设备管理提供外围设备与计算机之间的数据交互管理。操作系统能为这些设备提供相应的设备驱动程序、初始化程序和设备控制程序等，使得用户不必详细了解设备及接口的技术细节，就可以方便地对这些设备进行操作。

主机和外围设备之间需要进行数据交换。外围设备种类繁多，型号复杂。不管从工作速度上看，还是从数据表示形式上看，主机和外围设备之间都有很大的差别。如何在主机和各种复杂的外围设备之间进行有效的数据传送，这是操作系统的输入/输出管理模块要解决的问题。

4. 磁盘与文件管理

计算机内存是有限的，大量的程序和数据需要保存在外部存储设备中。这些程序和数据通常是以文件的方式在外部存储器中进行保存和管理的。

操作系统的文件管理模块将物理的外部存储器存储空间划分为多个逻辑上的存储文件的子空间，这些子空间称为目录。一个目录中可以保存文件（或称数据文件），也可以保存目录（或称目录文件），这就构成了一个多级的目录结构。在一个目录中，文件标识不能重复；在不同的目录中，文件标识可以相同。

5. 用户接口

为了方便用户使用计算机，操作系统提供了友好的用户接口。用户只需要简单操作就能实现复杂的应用处理。一般来说，操作系统提供了 3 种接口：

① 命令接口：用户通过操作系统命令管理计算机系统。

② 程序接口：由一组系统调用命令组成，这是操作系统提供给编程人员的接口。用户通过在程序中使用系统调用命令来请求操作系统提供服务。

③ 图形接口：采用图形化的操作界面，用户可通过鼠标、菜单和对话框来完成对应程序和文件的操作。图形用户接口元素包括窗口、图标、菜单和对话框，图形用户接口元素的基本操作包括菜单操作、窗口操作和对话框操作等。

6. 网络通信

网络通信提供计算机之间的数据交互和服务访问。

7. 安全机制

安全机制保证计算机的运行安全和信息安全。

4.2.3 常用操作系统

操作系统种类很多，最为常用的有 5 种：DOS、Windows、UNIX、Linux、Mac OS。下面分别介绍这 5 种微机操作系统的发展过程和功能特点。

1. DOS

DOS（Disk Operating System）是 Microsoft 公司于 1981 年研制出的安装在 PC 上的单用户命令行界面操作系统。它曾经广泛地应用在 PC 上，对于计算机的应用普及可以说是功不可没。DOS 的特点是简单易学，硬件要求低，但存储能力有限。因为种种原因，现在 DOS 已被 Windows 替代。

2. Windows

Windows 是 Microsoft 公司开发的“视窗”操作系统。第一个 Windows 操作系统于 1985 年推出，替代先前的 DOS。目前 Windows 是世界上用户最多的操作系统。

Windows 是基于图形用户界面的操作系统。因其生动、形象的用户界面，十分简便的操作方法，成为目前装机普及率最高的一种操作系统。

3. UNIX

UNIX 操作系统是 1969 年问世的。UNIX 的优点是具有较好的可移植性，可运行于许多不同类型的计算机上，具有较好的可靠性和安全性，支持多任务、多处理、多用户、网络管理和网络应用；缺点是缺少统一的标准，应用程序不够丰富，并且不易学习，这些都限制了 UNIX 的普及应用。

4. Linux

Linux 是目前全球最大的一个自由免费软件，其本身是一个功能可与 UNIX 和 Windows 相媲美的操作系统，具有完备的网络功能。

用户可以通过 Internet 免费获取 Linux 及其生成工具的源代码，然后进行修改，建立一个自己的 Linux 开发平台，开发 Linux 软件。

Linux 版本很多，各厂商利用 Linux 的核心程序，再加上外挂程序，就形成了现在的各种 Linux 版本。现在流行的版本主要有 Fedora Core、Red hat Linux、Mandriva/Mandrake、SuSE Linux、debian、Ubuntu、Gentoo、Slackware、红旗 Linux 等。

目前，Linux 正在全球各地迅速普及推广，各大软件商如 Oracle、Sybase、Novell、IBM 等均发布了 Linux 版的产品，许多硬件厂商也推出了预装 Linux 操作系统的服务器产品。当然，PC 用户也可使用 Linux。另外，还有不少公司或组织有计划地收集有关 Linux 的软件，组合成一套完整的 Linux 发行版本上市，比较著名的有 RedHat（即红帽子）、Slackware 等公司。Linux 的稳定性、灵活性和易用性都非常好，得到了越来越广泛的应用。

5. Mac OS

Mac OS 是运行在苹果公司的 Macintosh 系列计算机上的操作系统。Mac OS 是首个在商业领域获得成功的图形用户界面。Mac OS 具有较强的图形处理能力，广泛用于桌面出版和多媒体应用等领域。Mac OS 的缺点是与 Windows 缺乏较好的兼容性，影响了它的普及。

4.3 Windows 操作系统

4.3.1 Windows 7 的启动与退出

1. 启动

启动 Windows 7 的操作步骤如下：

① 按下显示器和主机的电源按钮。

② 在启动过程中，Windows 7 自检，初始化硬件设备，输入密码登录后，便可启动 Windows 7；如果没有设置用户密码，可直接登录 Windows 7，如图 4.1 所示。

2. 退出

工作结束后，可关机退出 Windows 7。

关机退出 Windows 7 的操作步骤如下：

① 单击 Windows 7 工作界面左下角的“开始”按钮。

② 弹出“开始”菜单，单击右下角的“关机”按钮，如图 4.2 所示。

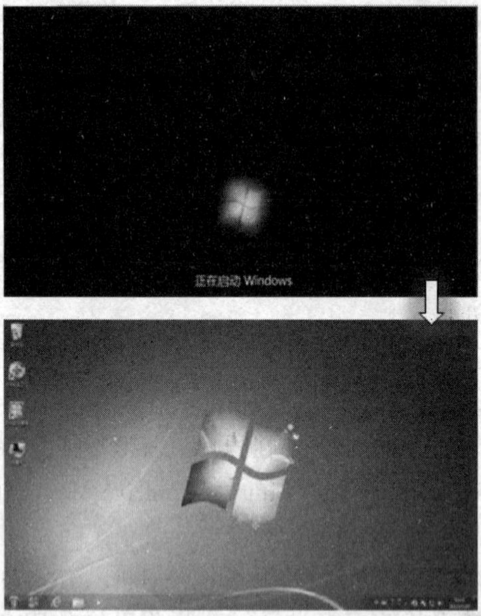

图 4.1　Windows 7 启动过程

图 4.2　“开始”菜单

3. 重新启动

“重新启动”是在使用计算机的过程中遇到某些故障时，让系统自动修复故障并重新启动计算机的操作。

操作步骤如下：

① 单击 Windows 7 工作界面左下角的“开始”按钮。

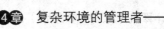

② 弹出“开始”菜单，单击“关机”按钮右侧的箭头按钮，在弹出的菜单列表中选择相应命令，如图 4.2 所示。

4.3.2 Windows 7 的桌面

1. 认识 Windows 7 的桌面

启动进入 Windows 7 后，呈现在用户眼前的整个屏幕区域称为桌面。桌面由桌面图标、桌面背景和任务栏组成。

2. 桌面图标

桌面图标主要包括系统图标和快捷图标两部分。

（1）系统图标

较常用系统图标有“计算机”“回收站”等。

①“计算机”：双击它可以打开“计算机”窗口，在该窗口中，可以管理系统中的所有软硬件资源。右击该图标，在弹出的快捷菜单中选择“属性”命令，可以查看计算机的系统配置信息。

②“回收站”：存储用户删除的文件、文件夹，直到清空为止。用户可以把“回收站”中的文件还原到它们在系统中原来的位置。

a. 恢复删除的文件，将它们还原到其原始位置。如将文件 Doc1 还原，操作步骤如下：

双击“回收站”图标，打开“回收站”窗口。单击需要还原的文件 Doc1，然后单击工具栏中的“还原此项目”按钮，如图 4.3 所示。

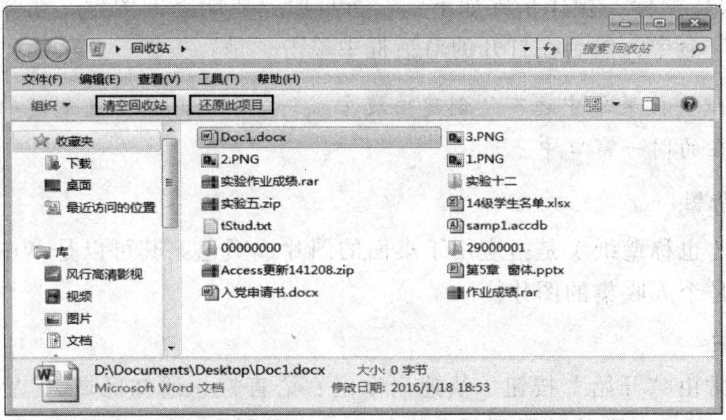

图 4.3 “回收站”窗口

b. 清空回收站，文件将从计算机中彻底删除，不可再恢复。操作步骤如下：

双击“回收站”图标，打开“回收站”窗口。单击工具栏中的“清空回收站”按钮，如图 4.3 所示。

（2）快捷图标

快捷图标是应用程序或窗口的快捷启动方式。双击快捷图标可以快速启动相应的应用程序或是打开一个窗口。可以通过图标左下角显示的箭头来识别某个图标是否为快捷图标。

① 添加快捷图标，如为D盘下“作业”文件夹创建桌面快捷方式，如图4.4所示，操作步骤如下：找到要为其创建快捷方式的项目，即D盘下的“作业”文件夹。右击该项目，在弹出的快捷菜单中选择“发送到”→“桌面快捷方式”命令。

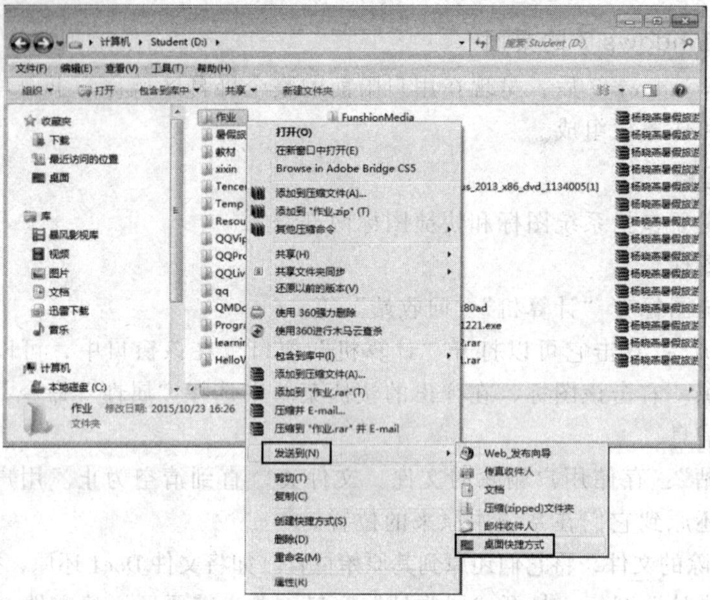

图4.4 为“作业”文件夹创建桌面快捷方式

② 删除快捷图标，操作步骤如下：右击桌面上要删除的图标，在弹出的快捷菜单中选择“删除”命令，然后在打开的对话框中单击“是”按钮。

提示： 右键快捷菜单中还有“创建快捷方式”命令，此命令所创建的快捷方式会放在该文件夹所在的同一窗口中。

3. 桌面背景

桌面背景（也称壁纸）是指应用于桌面的图片或颜色。其可以是Windows 7提供的图片，也可以是个人收集的图片。

4. 任务栏

任务栏通常由“开始”按钮、快速启动区、语言栏、通知区域、“显示桌面”按钮组成，如图4.5所示。默认情况下任务栏位于桌面的最下方。

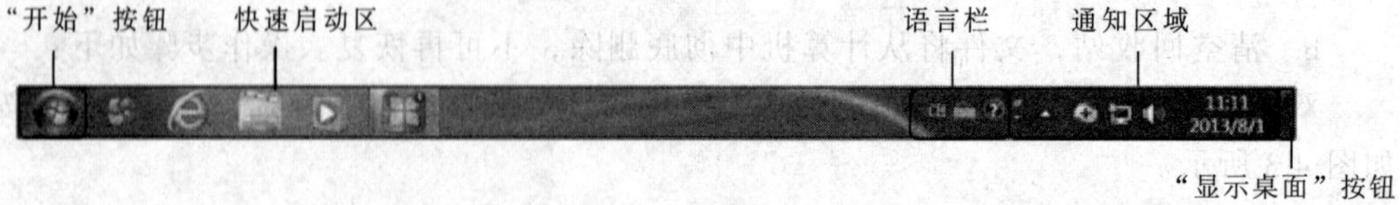

图4.5 任务栏

①“开始”按钮：用于打开“开始”菜单。

② 快速启动区（中间部分）：显示已打开的程序和文件，并可以在它们之间进行快

速切换。鼠标指向某个按钮，即可查看该窗口的缩略图。如图 4.6 所示，单击任务栏中的 Word 程序按钮，查看已打开的 3 个 Word 文档的缩略图。鼠标指向该缩略图，即可全屏预览该窗口。如果需要切换到正在预览的窗口，单击该缩略图即可。

图 4.6　已打开的 3 个 Word 文档的缩略图

③ 语言栏：当输入文本时，可在语言栏中选择输入法。

④ 通知区域：显示网络连接、系统音量、时钟等计算机状态图标以及一些正在运行的应用程序的图标。单击通知区域的箭头按钮（也称“显示隐藏的图标”按钮），可以查看被隐藏图标。

⑤“显示桌面”按钮：位于任务栏最右侧的小矩形，鼠标指向“显示桌面”按钮，打开的所有窗口消失，即可看见桌面。将鼠标从“显示桌面”按钮上移开，就会重新显示打开的窗口。单击“显示桌面”按钮可以在当前打开的窗口与桌面之间进行切换。

5.“开始”菜单

单击“开始”按钮，弹出“开始”菜单，这是执行程序最常用的方式。

6. 跳转列表

跳转列表是指最近使用的项目的列表，如文件、文件夹或网站等，该列表按程序分组显示。使用跳转列表可以快速访问常用的程序、文件、文件夹。例如，打开“Windows 7_入门教程.docx”文档，可以采用以下两种方法。

① 从任务栏查看跳转列表并打开文件的操作方法：右击任务栏上的 Word 文件图标，在弹出的快捷菜单中选择“Windows 7_入门教程”命令，如图 4.7 所示。

② 从“开始”菜单查看跳转列表并打开项目的操作方法：单击“开始”按钮，指向最近使用过的程序 Microsoft Word 2010，然后单击相应的项目，如图 4.8 所示。

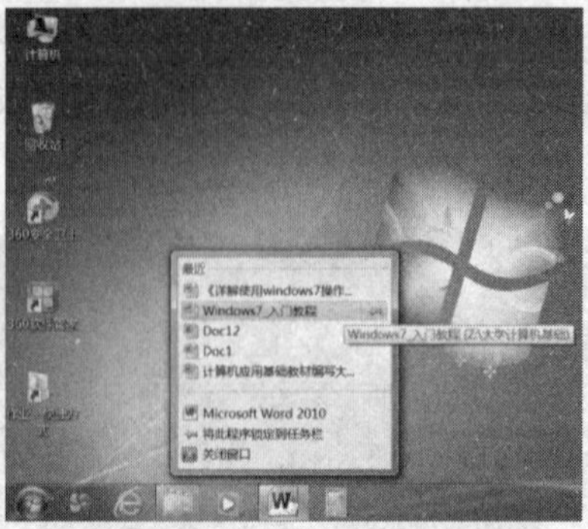

图 4.7　从任务栏查看跳转列表

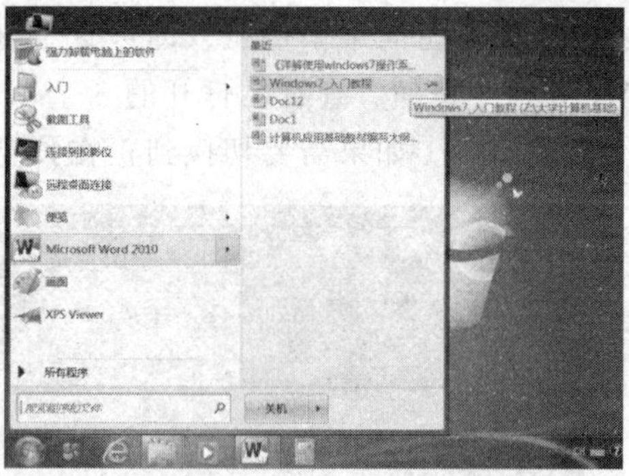

图 4.8　从“开始”菜单查看跳转列表

4.3.3　Windows 7 的窗口与对话框

当打开程序、文件或文件夹时，都会在屏幕上显示称为窗口的框或框架。

1．打开窗口

如果要打开“计算机”窗口，有两种方法：

方法一：双击“计算机”图标。

方法二：右击“计算机”图标，在弹出的快捷菜单中选择“打开”命令。

2．窗口的组成

图 4.9 所示为一个典型的 Windows 7 窗口，其中包括标题栏、地址栏、搜索栏、菜单栏、工具栏、导航窗格、窗口工作区、状态栏等部分。

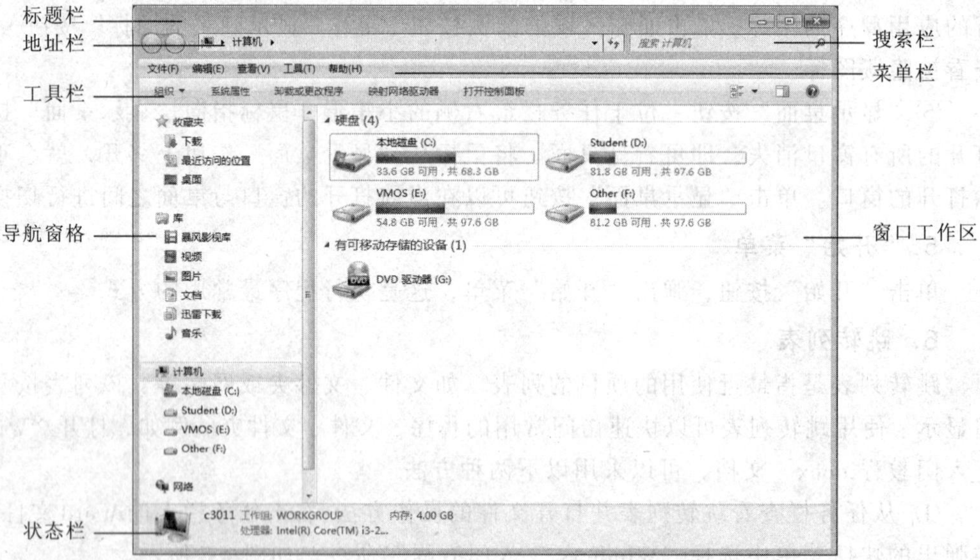

图 4.9　“计算机”窗口

① 标题栏：显示最小化、最大化和关闭按钮，单击这些按钮可以执行相应的操作。

② 地址栏：可以看到当前打开的文件夹的路径。单击右侧的箭头按钮，显示该文件夹下的所有子文件夹。

③ 搜索栏：和“开始”菜单中的搜索框相同，不同之处是查找的范围是当前文件夹。

④ 菜单栏：利用菜单实现对窗口的各种操作，不同的窗口提供的菜单项不完全相同。

⑤ 工具栏：显示当前窗口的一些常用的功能按钮，不同的窗口提供的工具按钮不完全相同。

⑥ 导航窗格：使用导航窗格可以访问库、文件夹，以及整个硬盘。

⑦ 窗口工作区：显示当前窗口的内容。

⑧ 状态栏：显示当前窗口的状态。

3. 移动窗口

将鼠标指针移动到窗口的标题栏上，按住鼠标左键不放，可以拖动窗口到任意位置。

4. 排列窗口

可以按照以下 3 种方式之一使 Windows 自动排列打开的窗口，如图 4.10 所示。

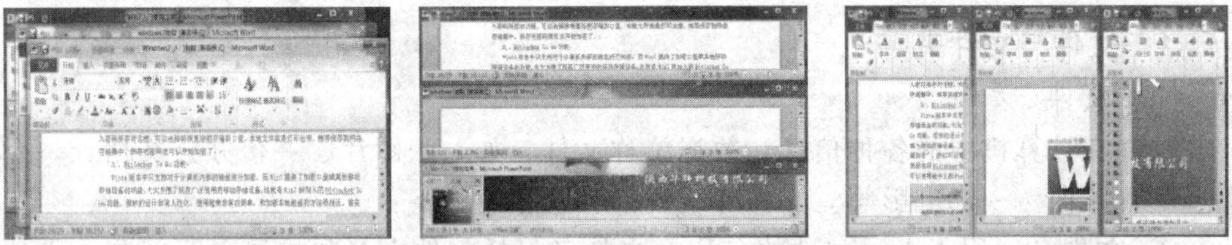

(a) 层叠　　(b) 堆叠　　(c) 并排

图 4.10　自动排列窗口的 3 种方式

① 层叠：在一个按扇形展开的堆栈中放置窗口，使这些窗口标题显现出来。

② 堆叠：在一个或多个垂直堆栈中放置窗口，这要视打开窗口的数量而定。

③ 并排：将每个窗口（已打开但未最大化）放置在桌面上，以便能够同时看到所有窗口。

若要排列打开的窗口，可右击任务栏的空白区域，在弹出的快捷菜单中选择“层叠窗口”、“堆叠显示窗口”或“并排显示窗口”命令。

5. 循环切换窗口

按【Alt+Tab】组合键：以二维缩略图排列窗口，如图 4.11 所示。通过按住【Alt】键并重复按【Tab】键可以循环切换所有打开的窗口和桌面。释放【Alt】键可以显示所选的窗口。

按【Windows 徽标+Tab】组合键：以三维堆栈排列窗口，如图 4.12 所示。当按住【Windows 徽标】键时，重复按【Tab】键可以循环切换打开的窗口。释放【Windows 徽标】键可以显示堆栈中最前面的窗口。

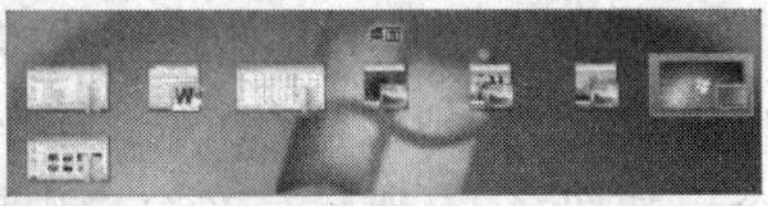

图 4.11　以二维缩略图排列窗口

图 4.12　以三维堆栈排列窗口

6．关闭窗口

单击窗口右上角的“关闭”按钮。

7．对话框

对话框是特殊类型的窗口，可以提出问题，允许选择选项来执行任务，或者提供信息。当程序或 Windows 需要进行响应才能继续时，经常会看到对话框，如图 4.13 所示。

与常规窗口不同，多数对话框只可以移动，而无法最大化、最小化或调整大小。

图 4.13　对话框

4.3.4　Windows 7 的文件与文件夹管理

1．文件与文件夹

（1）文件

保存在计算机中的各种信息和数据统称文件，如一张图片、一份办公文档、一个应用、一首歌曲、一部电影等。文件各组成部分的作用如下：

① 文件名：用于表示文件的名称。文件名包括文件主名和扩展名两部分。文件的主名可由用户来定义，以便对其进行管理；文件的扩展名由系统指定，表示文件的类型。即文件名的格式是：主文件名.扩展名。

② 文件图标：表示文件的类型，由应用程序自动建立，不同类型的文件其文件图标和扩展名各不相同。

③ 文件描述信息：显示文件的大小和类型等信息。

（2）文件夹

文件夹可以看作存储文件的容器。文件夹还可以存储其他文件夹。文件夹中包含的文件夹通常称为“子文件夹”。可以创建任何数量的子文件夹，每个子文件夹中又可以容纳任何数量的文件和其他子文件夹。

2．文件与文件夹的操作

（1）文件与文件夹显示方式

单击窗口工具栏中的“视图”按钮右侧的箭头，有多个选项可以更改文件与文件夹在窗口中的显示方式，如图 4.14 所示。

（2）新建文件与文件夹

可以通过下面两种方法新建文件与文件夹，如：在 D 盘下新建一个名为“计算机作业”的文件夹，再在此文件夹下新建一个文本文档文件，文件名为“作业要求.txt”。

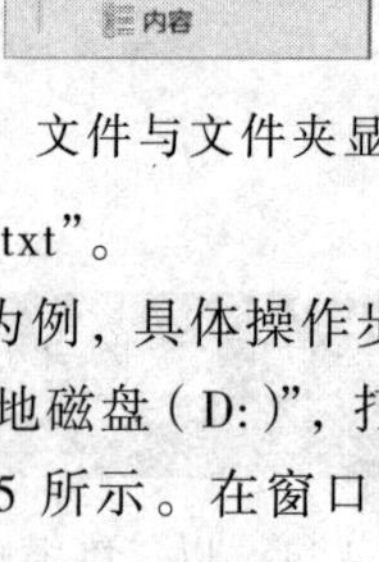

图 4.14　文件与文件夹显示方式

方法一：使用“文件”菜单。以新建“计算机作业”文件夹为例，具体操作步骤如下：

① 双击桌面上的“计算机”图标，在打开的窗口中双击“本地磁盘（D:）”，打开 D 盘。

② 选择“文件”→“新建”→“文件夹”命令，如图 4.15 所示。在窗口中出现一

个名为“新建文件夹”的文件夹，如图 4.16 所示。

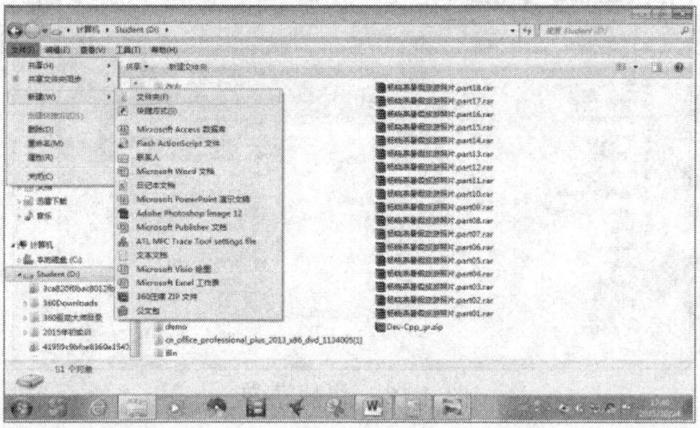

图 4.15 菜单命令

图 4.16 执行新建文件夹命令后的效果

③ 可在蓝色的框中直接输入“计算机作业”并按【Enter】键确认，如图 4.17 所示。

图 4.17 完成结果

方法二：使用快捷菜单。以新建“作业要求.txt”文件为例，具体操作步骤如下：

① 双击 D 盘下的文件夹“计算机作业”，打开“计算机作业”文件夹窗口。

② 右击窗口工作区中空白处，在弹出的快捷菜单中选择“新建”→“文本文档”命令，如图 4.18 所示。在窗口中出现一个名为“新建文本文档.txt”的文件。

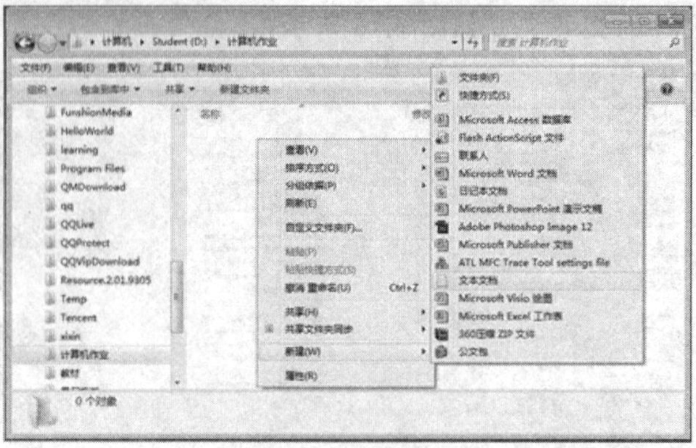

图 4.18 快捷菜单

③ 可在蓝色的框中输入“作业要求”并按【Enter】键确认。注意：不要把扩展名（.txt）删除。

（3）选择文件与文件夹

使用 Windows 的一个显著特点是：先选定操作对象，再选择操作命令。只有在选定对象后，才可以对其执行进一步的操作。选定对象的方法如表 4.1 所示。

表 4.1 选定不同对象时的操作方法

选定对象	操作
单个对象	单击所要选定的对象
多个连续的对象	鼠标操作：单击第一个对象，按住【Shift】键，单击最后一个对象
	键盘操作：移动光标到第一对象上，按住【Shift】键，移动光标到最后一个对象上
多个不连续的对象	单击第一个对象，按住【Ctrl】键，单击剩余的每一个对象

（4）重命名文件与文件夹

重命名就是修改文件与文件夹名称，其操作步骤如下：

① 选定需要重命名的对象。

② 选择“文件”→“重命名”命令；或者右击，在弹出的快捷菜单中选择“重命名”命令；或者按【F2】键。

③ 输入新名称后按【Enter】键确认。

（5）复制、移动文件或文件夹

复制文件或文件夹是指对原来的文件或文件夹不做任何改变，重新生成一个完全相同的文件或文件夹，其操作步骤如表 4.2 所示。

表 4.2 复制、移动操作步骤

步骤	复制	移动
①	选定对象	
② 三选一	选择“编辑”→“复制”命令	选择“编辑”→“剪切”命令
	右击，在弹出的快捷菜单中选择“复制”命令	右击，在弹出的快捷菜单中选择“剪切”命令
	按【Ctrl+C】组合键	按【Ctrl+X】组合键

续表

步 骤	复 制	移 动
③	打开目标窗口	
④ 三选一	选择“编辑”→“粘贴”命令	
	右击，在弹出的快捷菜单中选择“粘贴”命令	
	按【Ctrl+V】组合键	

（6）删除文件与文件夹

可以删除不需要的文件或文件夹，其操作步骤如下：

① 选定对象。

② 选择“文件”→“删除”命令，或者右击，在弹出的快捷菜单中选择“删除”命令，或者按【Delete】键。

③ 按【Enter】键确认。

（7）搜索文件与文件夹

Windows 提供了查找文件和文件夹的多种方法。

① 使用“开始”菜单上的搜索框，操作方法：单击“开始”按钮，然后在搜索框中输入字词或字词的一部分，如图 4.19 所示。在搜索框中开始输入内容后，将立即显示搜索结果。

输入后，与所输入文本相匹配的项将出现在“开始”菜单上。搜索结果基于文件名中的文本、文件中的文本、标记以及其他文件属性。

提示：从“开始”菜单搜索时，搜索结果中仅显示已建立索引的文件。计算机上的大多数文件会自动建立索引。

② 使用窗口顶部的搜索栏：如图 4.20 所示，用来查找当前窗口下的文件和文件夹。

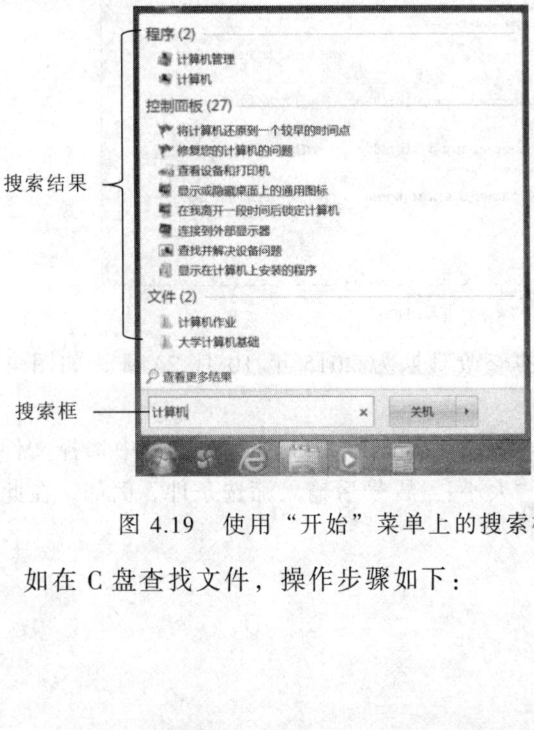

图 4.19 使用“开始”菜单上的搜索框

图 4.20 窗口顶部的搜索栏

如在 C 盘查找文件，操作步骤如下：

① 打开 C 盘。

② 在搜索栏中输入 windows 后，自动对视图进行筛选，如图 4.21 所示。

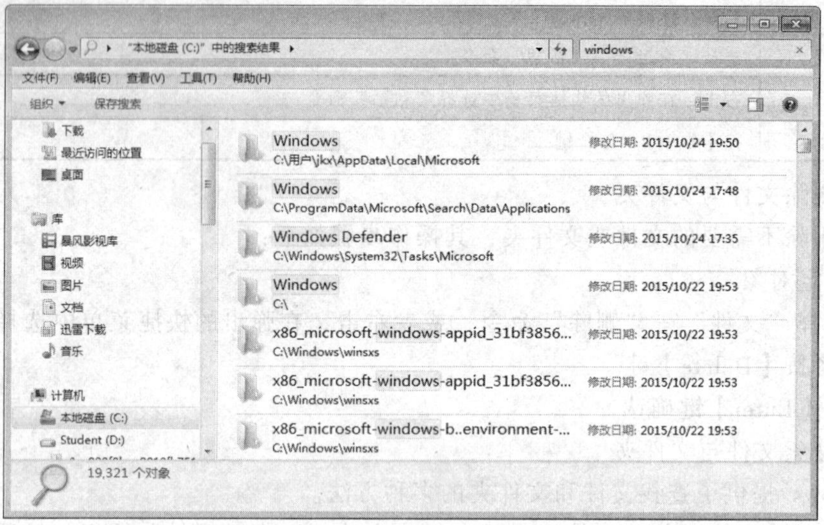

图 4.21　搜索结果

当搜索结果过多时，可以针对搜索内容添加搜索筛选器，如修改日期、大小等。单击搜索栏，打开下拉菜单，如图 4.22 所示。

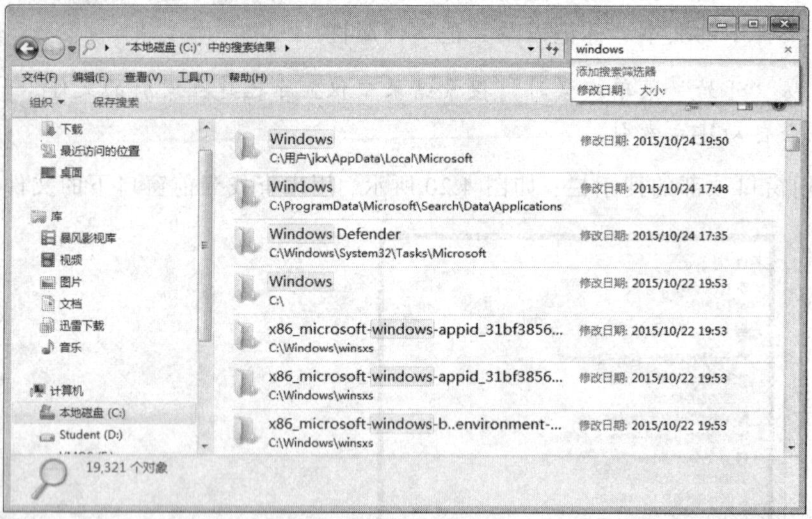

图 4.22　搜索筛选器

① 单击“修改日期:”，如设定文件的修改日期为 2015 年 10 月 24 日，如图 4.23 所示。

② 在如图 4.24 所示的窗口中单击“大小”。在如图 4.25 所示的窗口中选择文件大小的范围。如果没有所需的条件，则可在“大小:”冒号后输入筛选条件，例如，在此处输入条件“>1M”，如图 4.26 所示。

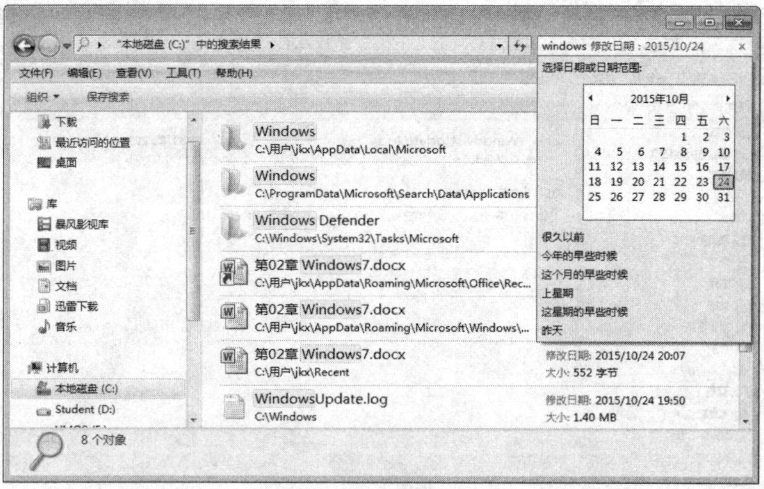

图 4.23　搜索设置日期

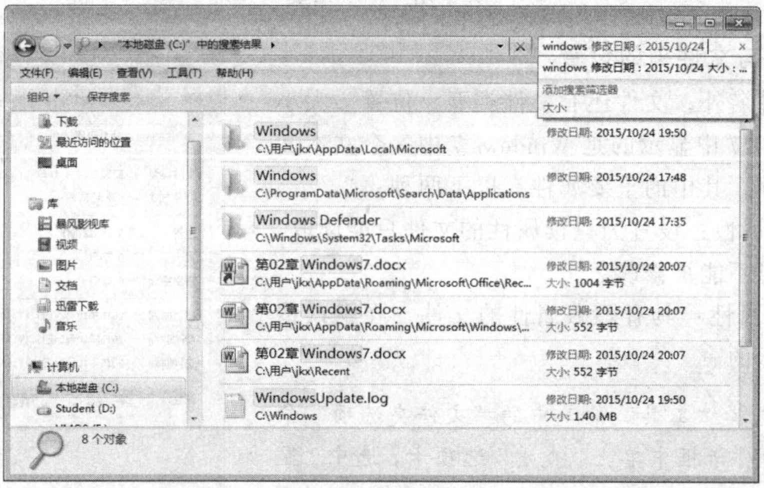

图 4.24　搜索设置大小

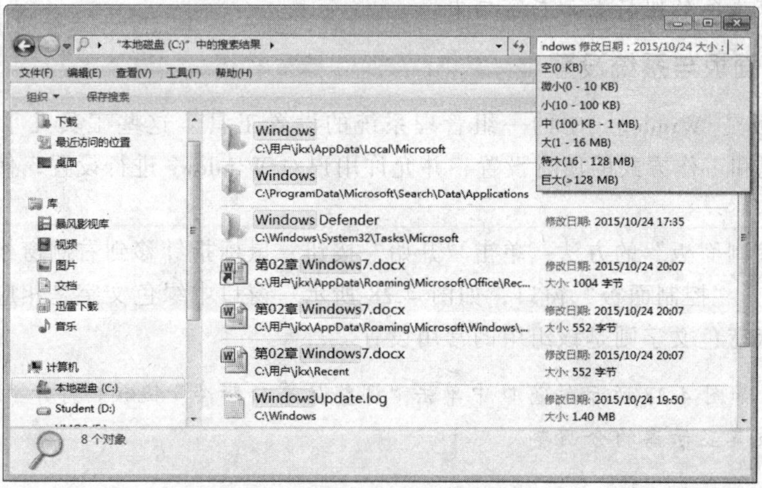

图 4.25　搜索设置大小选项

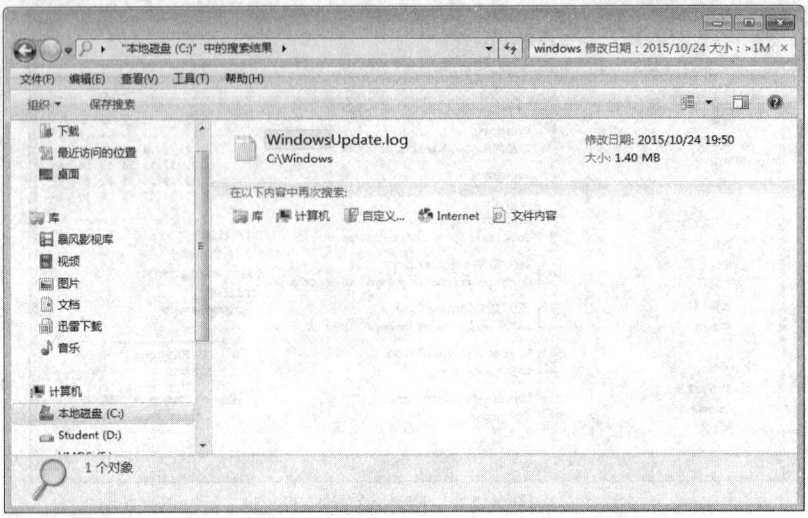

图 4.26　搜索结果

3. 文件与文件夹的设置

除了文件名外，文件还有文件类型、位置、大小等属性。图 4.27 中显示的是 Windows 7 中一个文本文档的文件属性，其中的重要属性有以下两种：

① 只读属性：设置为只读属性的文件只能读取，文件中的信息不能被修改。

② 隐藏属性：具有隐藏属性的文件，在默认情况下是不显示的。

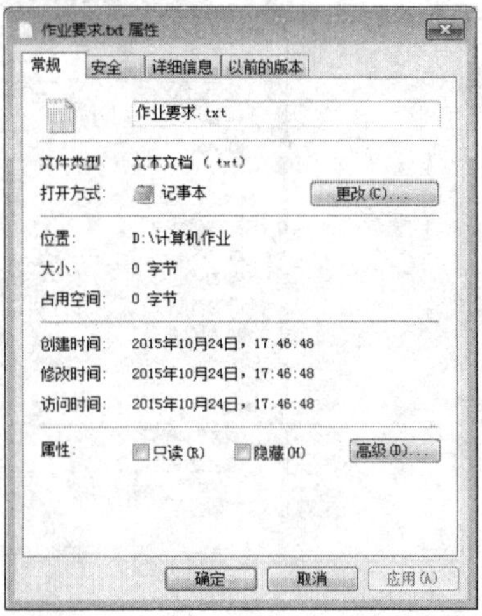

图 4.27　文件的属性对话框

提示：选择“工具”菜单中的“文件夹选项”命令，在打开的对话框中单击“查看”选项卡，选中“显示隐藏的文件、文件夹和驱动器”选项，则隐藏的文件和文件夹以浅色的图标显示在窗口中。

4.3.5　控制面板与系统设置

控制面板是 Windows 中的一组管理系统的设置工具。这些工具几乎控制了有关 Windows 外观和工作方式的所有设置，并允许用户对 Windows 进行设置，使其适合用户的需要。

打开“控制面板”的方法：单击“开始”按钮，鼠标指针移到右侧窗格，单击“控制面板”，打开“控制面板”窗口，如图 4.28 所示。窗口中绿色文字是相应设置的分组提示链接，淡蓝色文字则是该组中的常用设置。

提示：在如图 4.28 所示的窗口中单击“调整屏幕分辨率”链接，打开“屏幕分辨率”窗口，可以设置显示器的分辨率。

图 4.28 “控制面板”窗口

1. 外观和个性化设置

在“控制面板”窗口中单击“外观和个性化”链接，打开如图 4.29 所示的窗口，在此窗口中可通过更改计算机的主题、桌面背景、窗口颜色、声音、屏幕保护程序、桌面图标和任务栏、“开始”菜单来对计算机进行个性化设置。

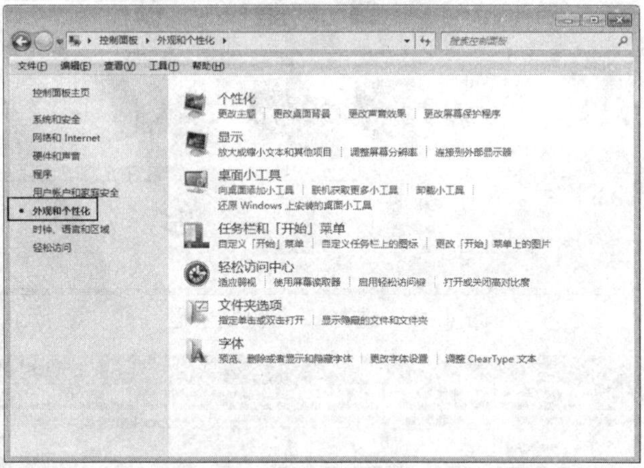

图 4.29 “外观和个性化”窗口

下面为桌面设定一个丰富多彩的主题，操作步骤如下：

① 在如图 4.29 所示的窗口中单击“个性化”选项，打开如图 4.30 所示的窗口，系统默认主题为 Windows 7 以及该主题所包括的桌面背景、窗口颜色、声音方案。

② 在如图 4.30 所示的窗口中选择主题为“人物”，窗口发生变化，如图 4.31 所示。单击“桌面背景”链接，如图 4.32 所示，一次勾选 6 张图片，设置“更改图片时间间隔”为“10 秒”，单击右下角的“保存修改”按钮，Windows 桌面将定时切换桌面壁纸。

③ 在如图 4.31 所示的窗口中单击“窗口颜色”链接，打开如图 4.33 所示的窗口，选择“紫罗兰色”作为窗口颜色，单击右下角的“保存修改”按钮。

④ 在如图 4.31 所示的窗口中单击“声音”链接，打开如图 4.34 所示的对话框，选择“群花争艳”方案，单击“确定”按钮。

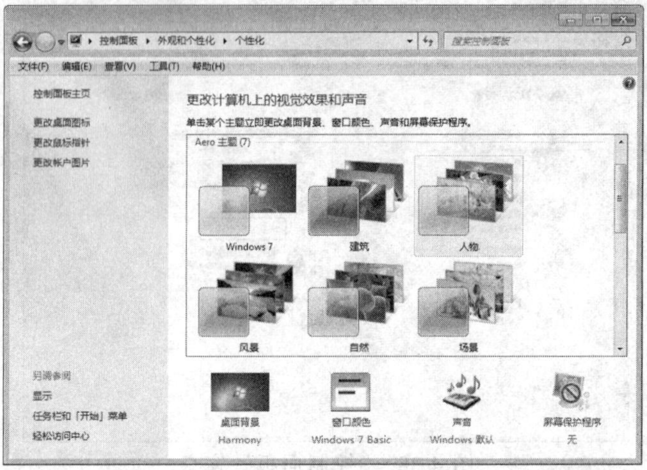

图 4.30 “个性化”窗口

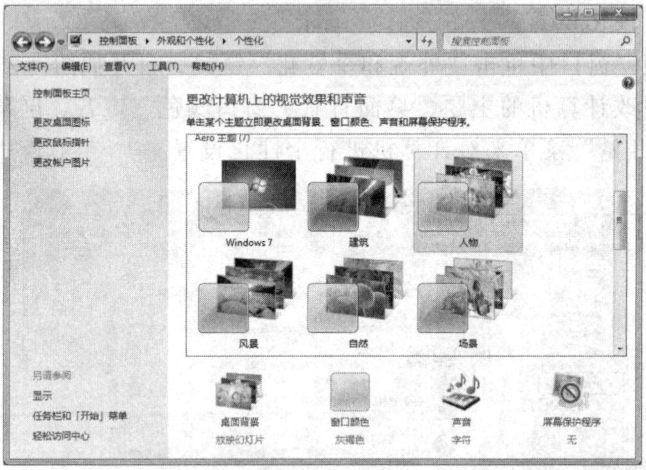

图 4.31 选择“人物”主题

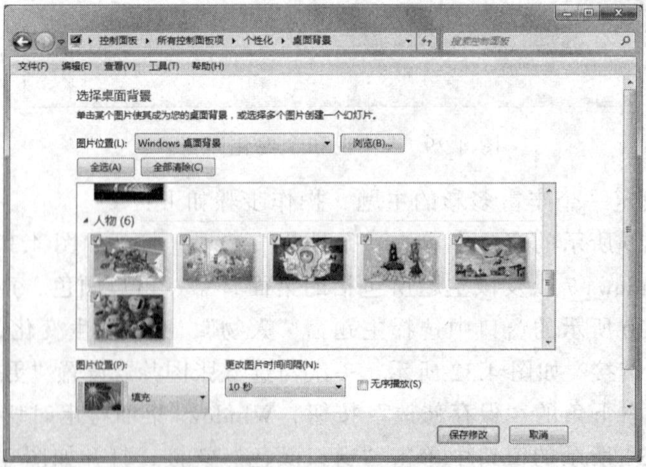

图 4.32 “桌面背景”窗口

⑤ 在如图 4.31 所示的窗口中单击“屏幕保护程序”链接，打开如图 4.35 所示的对话框，选择“彩带”作为屏幕保护程序，设置“等待”为“1 分钟”，单击“确定”按钮。

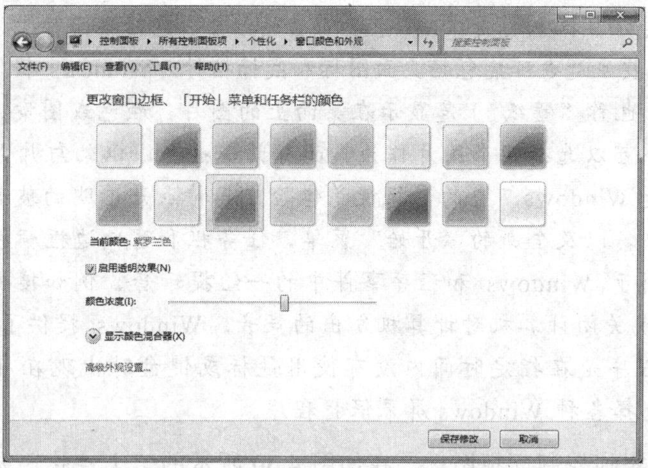

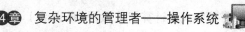

图 4.33 “窗口颜色和外观”窗口

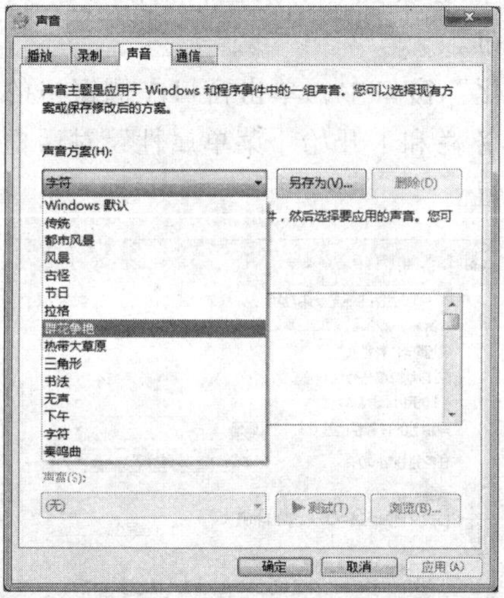

图 4.34 “声音”对话框

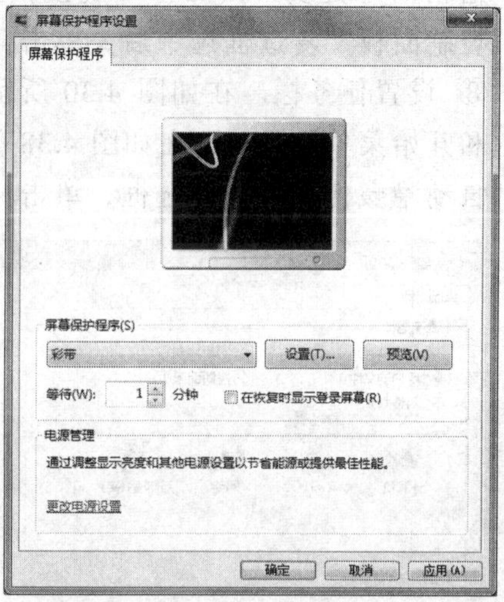

图 4.35 “屏幕保护程序设置”对话框

⑥ 如图 4.36 所示，显示了此主题的 4 个选项的设置，单击“保存主题”链接，设置主题名称为 perfer。

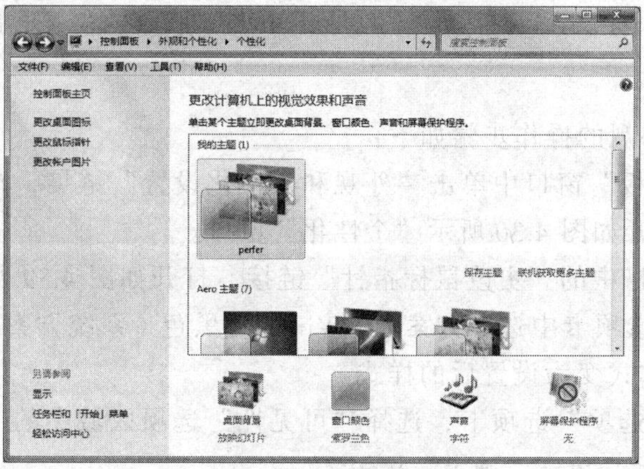

图 4.36 设置后的效果

提示：主题是计算机上的图片、颜色和声音的组合。包括桌面背景、窗口颜色、声音、屏幕保护程序。某些主题也可能包括桌面图标和鼠标指针。Windows 提供了多个主题。

- 桌面背景（也称“壁纸”）是显示在桌面上的图片、颜色或图案。它为打开的窗口提供背景。可以选择某个图片作为桌面背景，也可以以幻灯片形式显示图片。
- 窗口颜色是 Windows 7 中的高级视觉体验。其特点是透明的玻璃图案中带有精致的窗口动画，以及全新的“开始”菜单、任务栏和窗口边框颜色。
- 声音是应用于 Windows 和程序事件中的一组提示音。例如接收电子邮件、启动 Windows 或关闭计算机时计算机发出的声音。Windows 提供了多个声音方案。
- 屏幕保护程序是在指定时间内没有使用鼠标或键盘时出现在屏幕上的图片或动画。可以选择各种 Windows 屏幕保护程序。

⑦ 在桌面上添加控制面板图标。在如图 4.30 所示的“个性化”窗口中，单击窗口左侧窗格的“更改桌面图标”链接，打开“桌面图标设置”对话框，如图 4.37 所示，将“控制面板”复选框选中后，单击“确定”按钮。

⑧ 设置任务栏。在如图 4.30 所示的“个性化”窗口中，单击窗口左侧窗格的“任务栏和开始菜单”链接，在如图 4.38 所示的“任务栏和「开始」菜单属性”对话框中选择“自动隐藏任务栏”复选框，单击“确定”按钮。

图 4.37 “桌面图标设置”对话框

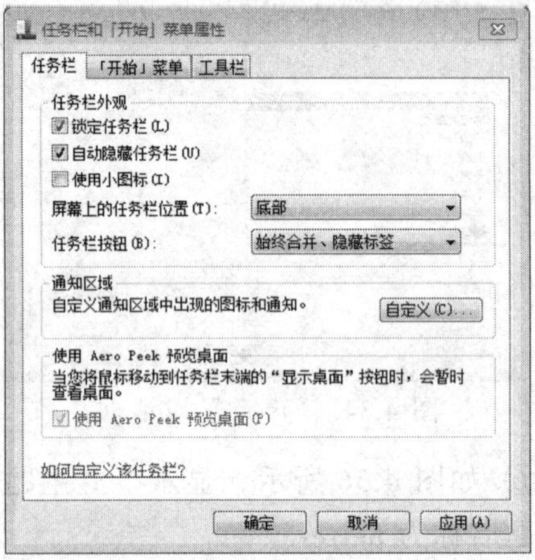

图 4.38 “任务栏和「开始」菜单属性”对话框

2. 鼠标设置

更改鼠标指针外观的操作步骤如下：

① 在“控制面板”窗口中单击“外观和个性化设置”链接，在打开的窗口中单击“个性化”选项，打开如图 4.30 所示“个性化”窗口。

② 单击左侧窗格中的“更改鼠标指针”链接，打开如图 4.39 所示的对话框。

③ 在“指针”选项卡中选择方案为“Windows 黑色（系统方案）”，单击“应用”按钮，此时鼠标指针样式变为设置后的样式。

④ 单击“指针选项”选项卡，选择“可见性”选项区域中的“显示指针轨迹”复选框，如图 4.40 所示，单击“确定”按钮。

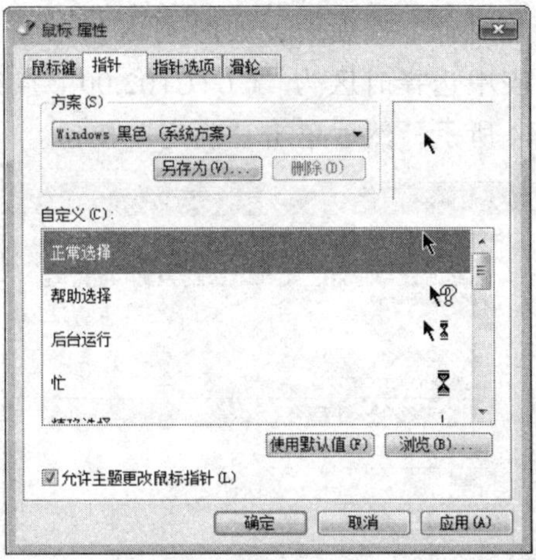

图 4.39 “鼠标属性”对话框

图 4.40 “指针选项”选项卡

3. 日期和时间设置

（1）调整系统日期和时间

操作步骤如下：

① 单击任务栏中的“日期和时间”按钮，选择“更改日期和时间”选项。

② 打开如图 4.41 所示的对话框，单击“更改日期和时间”按钮。

③ 打开如图 4.42 所示的对话框，在“日期”列表框中选择日期，在“时间”数值框中调整时间，单击“确定”按钮。

图 4.41 “日期和时间”对话框

图 4.42 “日期和时间设置”对话框

（2）设置附加时钟

可以在任务栏中添加时钟，以关注世界不同地区的当地时间。Windows 可以显示最多 3 种时钟：第一种是本地时间，另外两种是其他时区时间。设置其他时钟之后，可以通过单击或指向任务栏时钟来查看。操作步骤如下：

① 单击任务栏中的“日期和时间”按钮，选择“更改日期和时间”选项。

② 打开如图 4.41 所示的对话框，单击“附加时钟”选项卡，如图 4.43 所示。

③ 选中“显示此时钟”复选框。从下拉列表中选择时区为“(UTC+02:00)雅典，布加勒斯特”，输入时钟的名称为雅典，如图 4.44 所示，然后单击“确定”按钮。

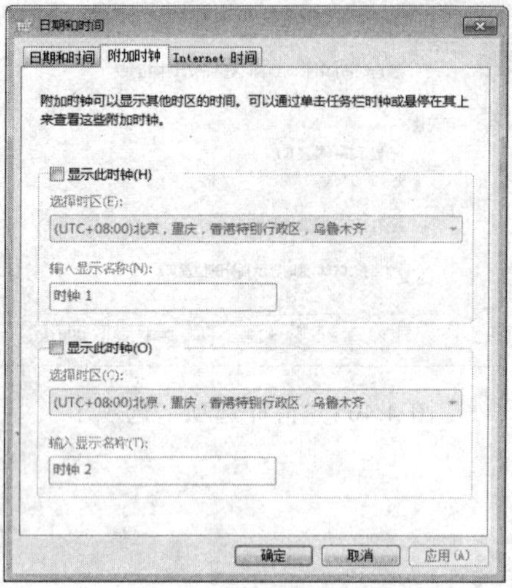

图 4.43 “附加时钟”选项卡

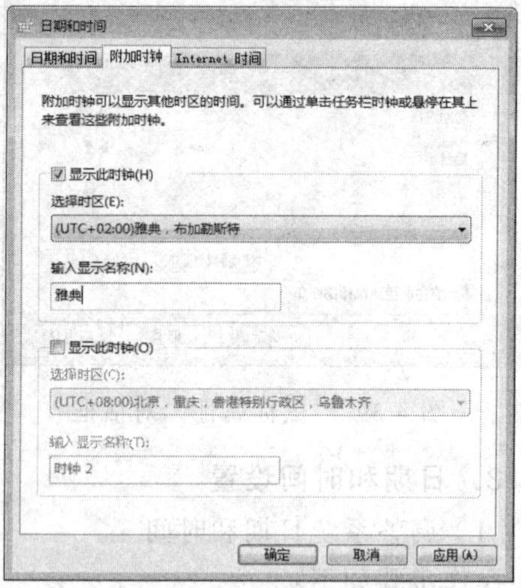

图 4.44 “附加时钟”选项卡

④ 单击任务栏中的“日期和时间”按钮，结果如图 4.45 所示。

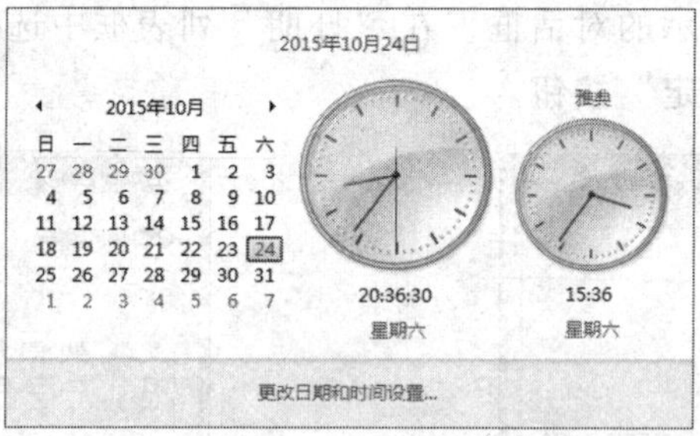

图 4.45 任务栏的时钟显示

4. 用户管理

通过用户账户，多个用户可以轻松地共享一台计算机。每个人都可以有一个具有唯一设置和首选项（如桌面背景或屏幕保护程序）的单独的用户账户。用户账户还控制用户可以访问的文件和程序以及可以对计算机进行的更改类型。通常，会为大多数计算机用户创建标准账户。

（1）创建新用户账户

例如，创建一个名为 angel 的标准账户，操作步骤如下：

① 打开“控制面板”窗口，单击“用户账户和家庭安全”链接，打开如图 4.46 所示的窗口。

② 单击“用户账户”下的“添加或删除用户账户”选项，打开如图 4.47 所示的窗口，单击该窗口中“创建一个新账户”链接，输入新账户名 angel，单击“创建账户”按钮，如图 4.48 所示。

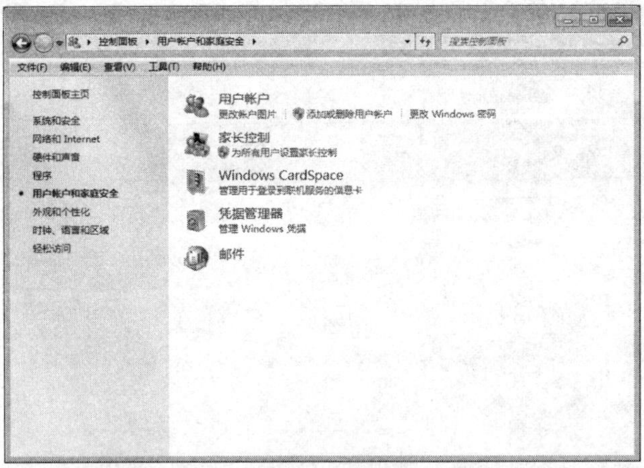

图 4.46 “用户账户和家庭安全”窗口

图 4.47 “管理账户”窗口

图 4.48 创建 angel 新用户

（2）创建账户密码

例如，为新建的 angel 账户创建密码，保护该账户的安全，其操作步骤如下：

① 在如图 4.48 所示的窗口中，单击 angel 标准用户，如图 4.49 所示，单击“创建密码”链接。

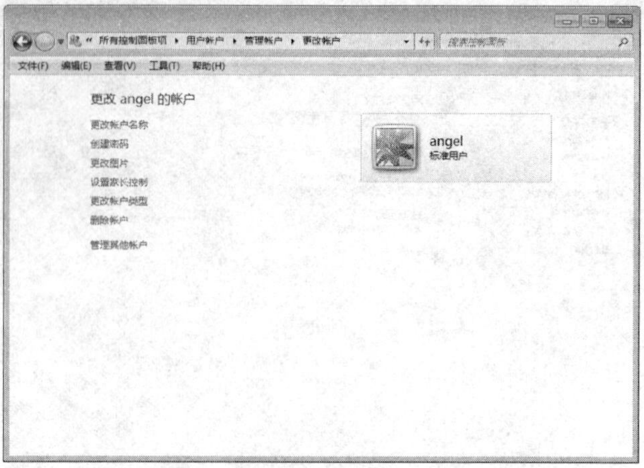

图 4.49 “更改账户”窗口

② 如图 4.50 所示，在“新密码”文本框中输入密码，然后在“确认新密码”文本框中再次输入相同的密码，单击“创建密码”按钮。

③ 如图 4.51 所示，angel 账户显示密码保护。

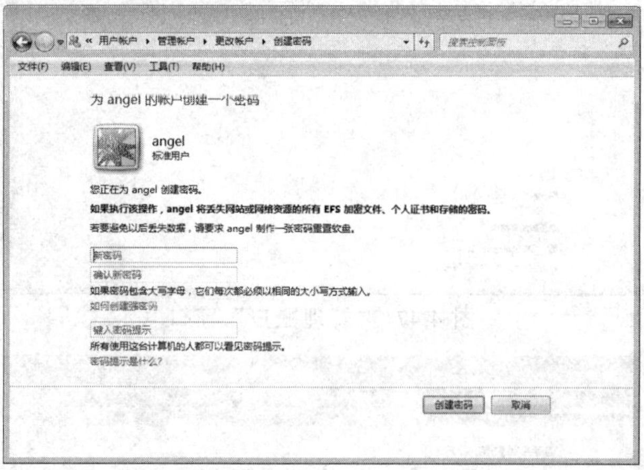

图 4.50 “创建密码”窗口

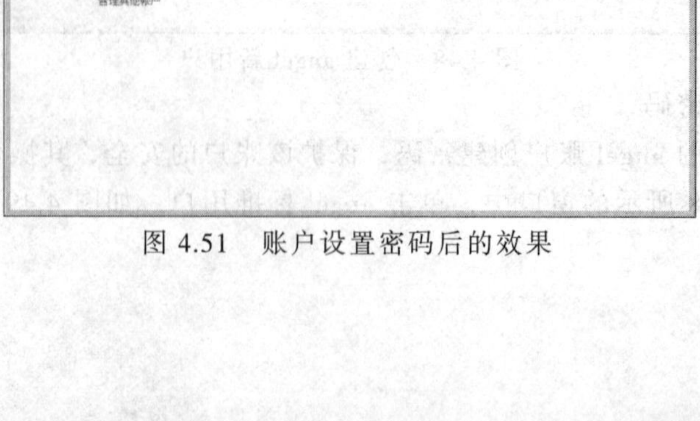

图 4.51 账户设置密码后的效果

4.3.6 附件

1. 画图程序

画图程序是 Windows 7 自带的一款集图形绘制与编辑功能于一身的软件。现在要用画图程序画一幅“群山图”，如图 4.52 所示，并把它保存起来，用它来做桌面的背景墙纸。

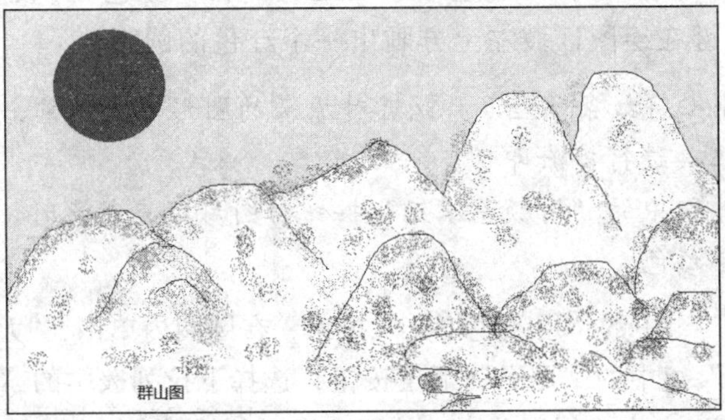

图 4.52 群山图

（1）认识画图程序的界面

选择“开始”→“所有程序”→“附件”→“画图”命令打开画图程序窗口，如图 4.53 所示。

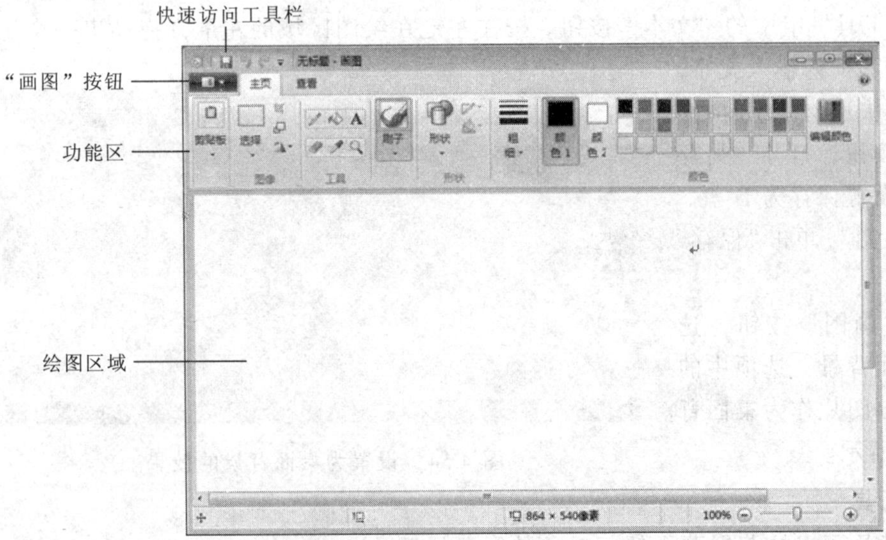

图 4.53 “画图”程序窗口

功能区包括所有的绘图工具，可以方便地使用这些工具绘制图形并向图片中添加各种形状。例如，“图像”组主要用于选择图像。“工具”组提供了绘制图形时所需的各种常用工具。“颜色”组中，“颜色 1”为前景色，用于设置图像的轮廓线颜色；“颜色 2”为背景色，用于设置图像的填充色。

（2）绘制“群山图”

具体操作步骤如下：

① 启动“画图”程序进入画图程序窗口。

② 选择“工具”组中的“铅笔”工具，把鼠标指针移入绘图区域，鼠标指针变成铅笔形状。按下鼠标左键不放，在绘图区域画出一座座山的样子，然后释放左键。

③ 单击“形状”组中的“形状”按钮，选择下拉列表中的“椭圆形”，然后在颜色栏中单击“颜色 1”，再单击右侧颜色块中的红色，将“颜色 1”设置为“红色”；按住【Shift】键用鼠标左键在绘图区域左上方画出一个红色的圆圈。

提示：如果不小心将线条画歪了，或者对原来的图形不太满意，只需要使用“工具”组中的“橡皮擦”工具进行擦除即可。

在选择“工具”组中的“用颜色填充”按钮为图形填充颜色时，单击是用颜色 1 填色，右击是用颜色 2 填色。

④ 单击“工具”组中的“用颜色填充”按钮，在圆圈内单击，“太阳”就成了实心圆。

⑤ 单击“形状”组中的“刷子”下拉按钮，选择下拉列表中的“喷枪”，然后将“颜色 1”设置为“绿色”，在山峰周围单击，不断变换绿色效果会更好，也可以适当喷点红色。

⑥ 为天空填充蓝色。在这之前，必须用铅笔将图画中的山画到绘图区域左右边界，使上下形成封闭区域。

⑦ 单击“工具”组中的“用颜色填充”按钮，将颜色 1 设置为“蓝色”，在山峰上部的空白区域单击。

⑧ 单击“工具”组中的“文本”按钮，按住左键在绘图区域的左下方拖动出一个矩形框，然后在矩形框内输入文字。

⑨ 单击“快速访问工具栏”中的“保存”按钮，打开“另存为”对话框，设置保存为 D 盘，文件名为“群山图”，单击“保存”按钮。

⑩ 单击“画图”按钮，选择“设置为桌面背景”选项中的“填充”，将这幅图片作为桌面背景，如图 4.54 所示。

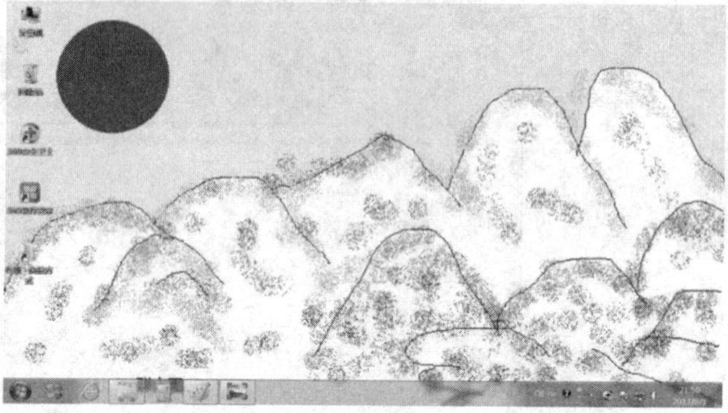

图 4.54 设置为桌面背景的效果

2. 截图工具

使用截图工具可以捕获屏幕上任何对象的屏幕快照或截图。打开截图工具的方法是：选择“开始”→“所有程序”→“附件”→“截图工具”命令，打开“截图工具”窗口，如图 4.55 所示。

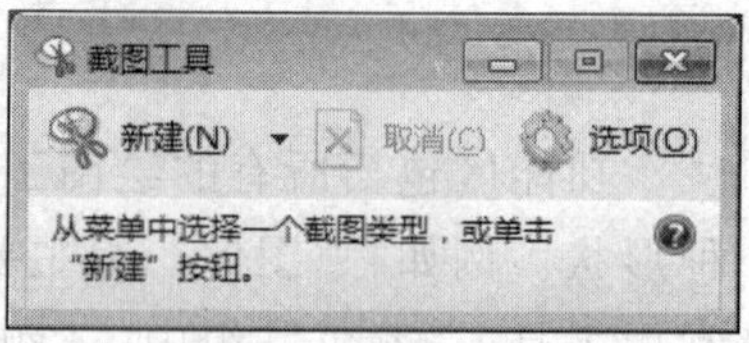

图 4.55 “截图工具”窗口

（1）截图选项

单击“新建”按钮右侧的箭头按钮，打开的下拉列表中有 4 个选项：

①“任意格式截图”：围绕对象绘制任意格式的形状。

②“矩形截图”：在对象的周围拖动鼠标构成一个矩形。

③“窗口截图”：选择一个窗口，例如希望捕获的浏览器窗口或对话框。

④“全屏幕截图”：捕获整个屏幕。

捕获截图后，会自动将其复制到“截图工具”窗口和剪贴板。可在“截图工具”窗口中添加注释、保存或共享该截图；也可以直接将该截图粘贴到目标窗口。

（2）矩形截图

如想获取屏幕中心的徽标图案，操作步骤如下：

① 打开“截图工具”程序，单击“新建”按钮右侧的箭头按钮，从下拉列表中选择“矩形截图”选项。

② 鼠标指针变成“+”形状，将鼠标指针移到所需截图的位置，按住鼠标左键不放拖动鼠标，被选中的区域图像变清晰，选中框呈红色实线显示。

③ 选取好所需截图后释放左键，弹出“截图工具”窗口，如图 4.56 所示。

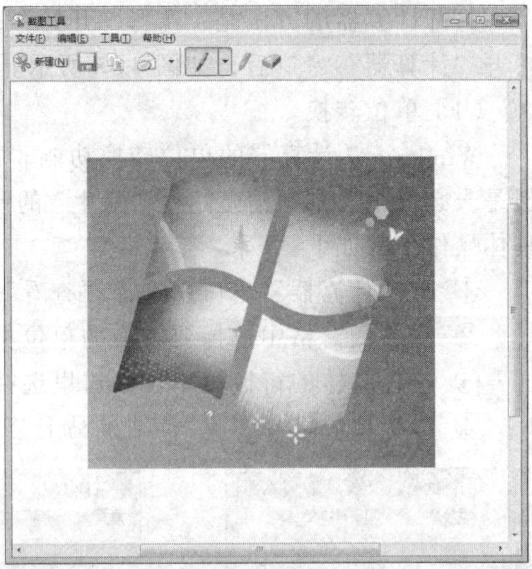

图 4.56　矩形截图

（3）窗口截图

如想捕获计算器操作界面，操作步骤如下：

① 打开“计算器”程序窗口。

② 打开“截图工具”程序，单击“新建”按钮右侧的箭头按钮，从下拉列表中选择“窗口截图”选项。

③ 单击“计算器”窗口的标题栏，此时当前窗口周围出现红色边框，表示该窗口为截图窗口，如图 4.57 所示。单击确定截图。

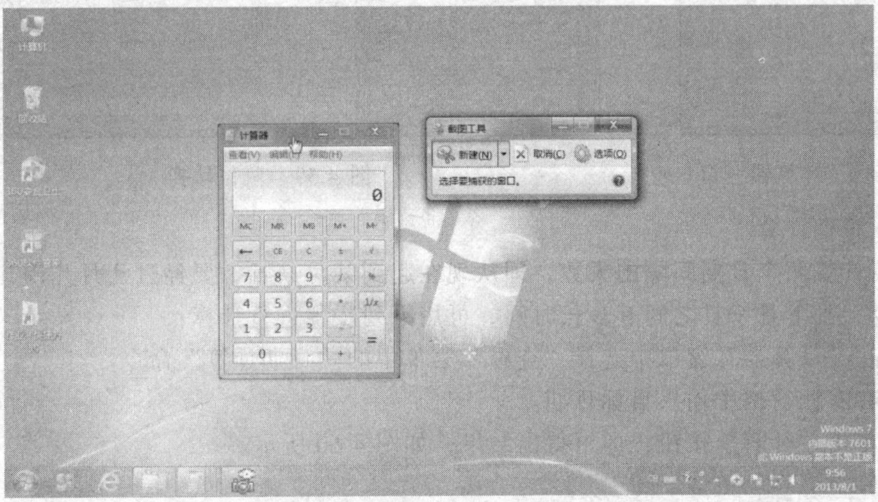

图 4.57　窗口截图

提示：剪贴板是信息的临时存储区域。可以选择文本或图形，然后使用“剪切”或“复制”命令将所选内容移至剪贴板，在使用下一次“复制”或“剪切”命令前，它会一直存储在剪贴板中，供“粘贴”命令使用。

除了使用截图工具截图外，可以通过键盘上的【PrtScn】键获取整个屏幕的截图，可以通过【Alt+PrtScn】组合键获取活动窗口的截图。

3．计算器

Windows 7 中自带的计算器除了具有常规的计算功能之外，还具有日期计算、单位换算、油耗计算、分期付款月供计算等功能。

打开计算器的方法是：选择“开始”→“所有程序”→“附件”→“计算器”命令，打开“计算器”窗口后，如图 4.58 所示。

（1）单位转换

Windows 7 计算器的单位转换功能非常实用。例如，大家经常听到 1 克拉的说法，但是未必每个人都很清楚这个“陌生”的计重单位等于多少，这时可用计算器进行换算，具体操作步骤如下：

① 在“计算器”窗口中选择“查看”菜单中的“单位转换”命令。

② 在右侧窗格中选择要转换的单位类型，这里选择“重量/质量”。

③ 选择具体的待换算单位，这里选择“克拉”，并指定为 1 克拉。

④ 目标单位选择“克”，结果马上会显示出来，如图 4.59 所示。

图 4.58 “计算器”窗口

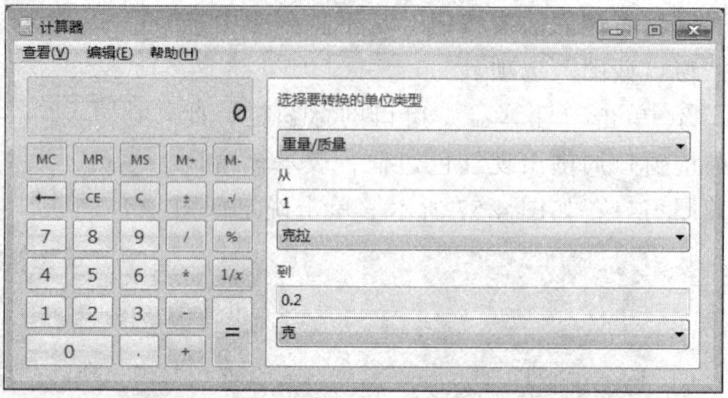

图 4.59 单位转换

（2）日期计算

可以计算两个日期间隔的天数，即从现在起到某月某日，要经过几月几周几天。如想知道今天到下月 9 日之间有多长时间，可用下列步骤进行计算：

① 在“计算器”窗口中选择“查看”菜单中的“日期计算”命令。

② 在右侧窗格中输入目标日期。

③ 单击“计算”按钮，即可得出结果，如图 4.60 所示。

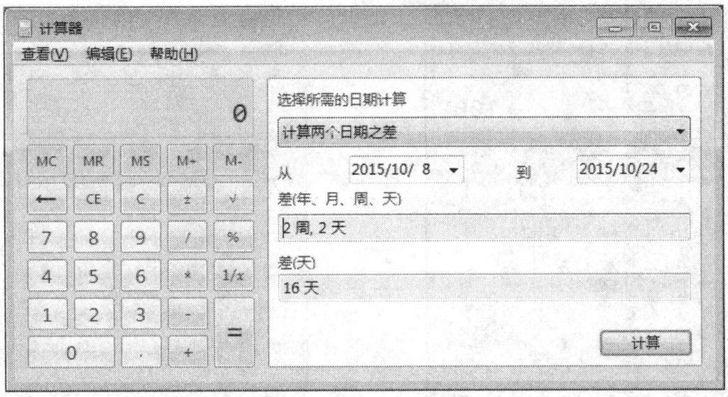

图 4.60　日期计算

（3）计算月供

Windows 7 的计算器还能帮助计算消费信贷的每月还款额。

假设购买一套价值 100 万元的房子，首付款为 30 万元，其他费用采用公积金贷款（设利率为 3.87%）。假设家庭月收入是 7 000 元，现在想计算一下如果还款年限为 30 年，能否满足公积金贷款中心要求月还款额度不超过家庭月收入一半的要求。

① 在“计算器”窗口中选择“查看”→“工作表”→“抵押”命令。

② 在右侧窗格中选择“按月付款”。

③ 在“采购价”文本框中输入购买总金额 1000000，在“定金”文本框中输入房子的首付款 300000，在“期限”文本框中输入还款年限 30，在“利率（%）”文本框中输入公积金贷款利率 3.87，然后单击“计算”按钮，即可计算出每月还款额为 3289.66 元，并没有超出家庭月收入的一半，如图 4.61 所示。

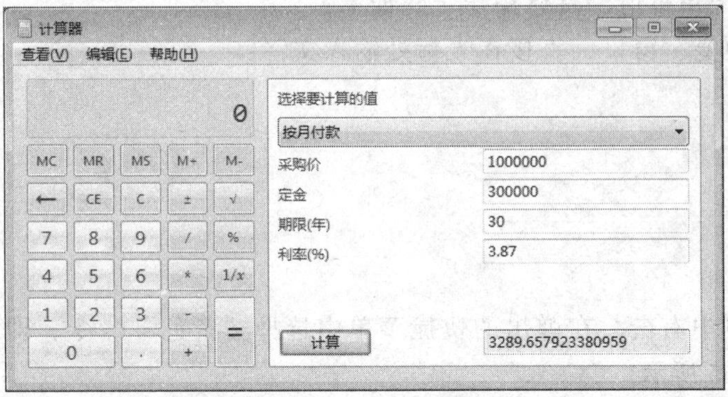

图 4.61　计算月供

（4）各种进制数之间的换算

① 在“计算器”窗口中选择“查看”菜单中的“程序员”命令。

② 在下窗格中选择“十进制”单选按钮，在上窗格中输入 100，如图 4.62 所示。

③ 在下窗格中选中“二进制”单选按钮，即可得到 100 所对应的二进制形式 1100100，如图 4.63 所示。

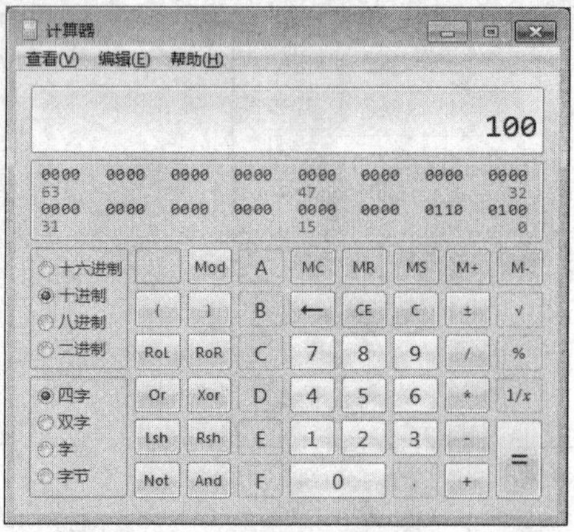

图 4.62 输入十进制数

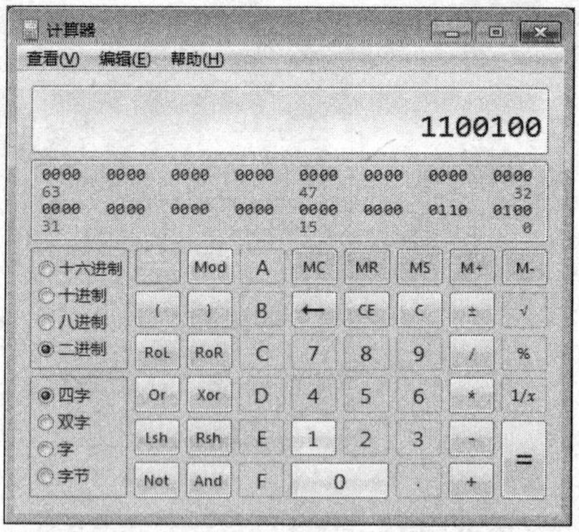

图 4.63 显示对应的二进制数

提示：同理，选择“八进制”单选按钮可得到对应的八进制数，选择“十六进制”单选按钮可得到对应的十六进制数。但是，该计算器不能用于带有小数的各进制数之间的转换。

4．便笺

对于一些办公人士来讲，小便笺具有大用处，把一些重要的事件随手记录是个好习惯，大多数人会借助于那些纸质的便笺，但如果你正在使用 Windows 7 系统，则可以体验一下 Windows 7 桌面上的电子便笺。

使用便笺的方法：选择“开始”→“所有程序”→“附件”→“便笺”命令，打开“便笺”窗口，如图 4.64 所示。

若在便笺中记录事情，具体操作步骤如下：

① 打开“便笺”窗口，直接在光标处输入文字：

明天行程：

1．交报告

2．打印课表

3．银行

4．超市

② 在该窗口中右击，在弹出的快捷菜单中选择“紫色”命令，即可将便笺背景设为紫色，如图 4.65 所示。

图 4.64 “便笺”窗口

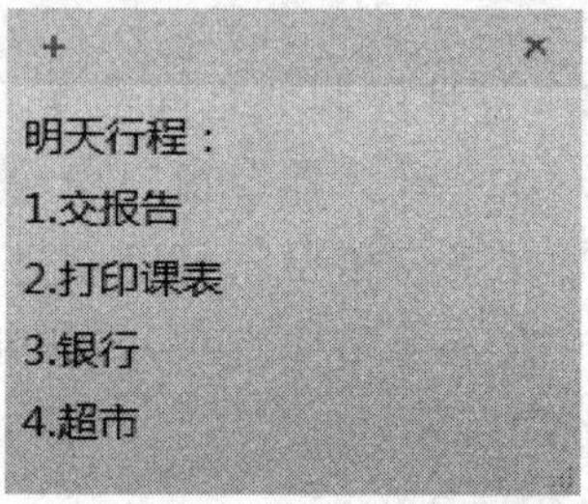

图 4.65 “便笺”的使用

提示：单击“新建便笺”按钮可以新建一个“便笺”窗口，可同时创建多个便笺放置于桌面。

单击“删除便笺”按钮可以删除当前“便笺”窗口。

鼠标指针放在“便笺”窗口的标题栏上，按住鼠标左键不放拖动鼠标可以改变“便笺”窗口的位置。

4.4 当前主流智能手机操作系统

操作系统可以说是手机最重要的组成部分，手机所有的功能都要依靠操作系统来实现，而用户的感知也基本都是来自于与操作系统之间的互动。当前主流的智能手机操作系统如下：

1. iOS

iOS 可以视作 iOperatingSystem（i 操作系统）的缩写，是 iPhone 的操作系统，由美国苹果公司开发，主要是供 iPhone、iPod Touch 以及 iPad 使用。

iOS 最大的特点是“封闭”，苹果公司要求所有对系统做出更改的行为（包括下载音乐、安装软件等）都要经由苹果自有的软件来操作，虽然提高了系统的安全性，但也限制了用户的个性化需求。

2. Android

Android 中文音译为安卓，是由美国 Google（谷歌）公司于 2007 年 11 月 5 日发布的基于 Linux 平台的开源手机操作系统，主要供手机、上网本等终端使用。Android 系统最大的特点是“开放”，它采用了软件堆层的架构，主要分为 3 部分，底层 Linux 内核只提供基本功能，其他应用软件则是由各公司自行开发，这就给了内置该系统的设备厂商很大的自由空间，同时也使得为该系统开发软件的门槛变得极低，这也促进了软件数量的增长。因为安卓系统是开放的，便于生产商进行用户界面的二次开发，所以安卓手机的增长是最快速的。

3. 基于 Android

（1）小米 MIUI 系统

MIUI 是小米公司旗下基于 Android 系统深度优化、定制、开发的第三方手机操作系统，能够给国内用户带来更为贴心的 Android 智能手机体验。MIUI 是一个基于 CyanogenMod 深度定制的 Android 流动操作系统，它大幅修改了 Android 本地的用户接口并移除了其应用程序列表（Application Drawer）以及加入大量来自苹果公司 iOS 的设计元素。MIUI 系统亦采用了和原装 Android 不同的系统应用程序，取代了原装的音乐程序、调用程序、相册程序、相机程序及通知栏，添加了部分原本没有的功能。由于 MIUI 重新制作了 Android 的部分系统数据库表并大幅修改了原生系统的应用程序，因此，MIUI 的数据与 Android 的数据互不兼容，有可能直接导致的后果是应用程序的不兼容。

小米科技在 2011 年 8 月发布推出一部预载 MIUI，名为小米手机的智能手机，2012 年 5 月 15 日发布“青春版”小米手机。

2012 年 8 月 16 日，小米正式宣布 MIUI 中文名为“米柚”，并发布基于 Android 4.1 的 MIUI 4.1 版本，最大特点是“如丝般顺滑”。其具有更安全的操作系统；内置科大讯飞提供的全球最好的中文语音技术；内置由金山快盘提供的云服务；可以在网页上浏览通信录、发送短信具有通过短信和网络找回手机功能；具有大字体模式。

MIUI 是小米公司基于 Android 原生深度优化定制的手机操作系统，对 Android 系统有多项优化和改进。MIUI 还是中国首个基于互联网开发模式进行开发的手机操作系统，根据社区发烧友的反馈意见不断进行改进，并更新迭代。2019 年 9 月 24 日，MIUI 发布 MIUI11。

（2）Emotion UI

Emotion UI 是华为基于 Android 进行开发的情感化操作系统。其具有独创的 Me Widget 整合常用功能，一步到位；快速便捷的合一桌面，减少二级菜单；缤纷海量的主题；触手可及的智能指导；贴心的语音助手。

2014 年 8 月，华为发布 EMUI 3.0，彻底颠覆 EMUI 设计风格，对于杂志锁屏进行了一系列优化。2015 年 4 月发布 EMUI 3.1，首次在 P8 旗舰机相机内使用流光模式。从 EMUI 9.0 开始，华为提出 EMUI“质享生活”的理念。目前主流版本为 EMUI 9.1。

小　结

本章对计算机操作系统的概念、功能进行了阐述。计算机操作系统是计算机的重要组成部分，和计算机硬件系统类似，它为计算机系统提供了软件平台的支持。目前操作系统种类很多，本章仅以大家熟悉的 Windows 为例简要介绍了其功能和操作方法。

实　训

实训 1　文件与文件夹管理

1. 实训目的

① 掌握文件与文件夹的选择、新建、复制、移动、删除、重命名等基本操作。

② 熟悉文件和文件夹的显示方式。

③ 掌握文件属性的设置。

④ 熟悉搜索文件的使用方法。

2. 实训要求及步骤

① 建立一个文件夹，名称为 071041023。

② 在当前文件夹下查找满足下列条件的文件：文件名第 3 个字符为 c，文件大小不超过 500 KB，并复制到 071041023 文件夹下。

③ 在 071041023 文件夹下新建指向 C 盘的快捷方式，名称为“本地磁盘(C)”。

④ 在 071041023 文件夹下新建一个文件名为 071041023.txt 的文本文件，输入以下内容（请正确输入各种符号）后保存，设置该 txt 文件属性为“隐藏”。

归园田居·其一

（陶渊明，365—427）

少无适俗韵，性本爱丘山。
误落尘网中，一去三十年。
羁鸟恋旧林，池鱼思故渊。
开荒南野际，守拙归园田。
方宅十余亩，草屋八九间。
榆柳荫后檐，桃李罗堂前。
暧暧远人村，依依墟里烟。
狗吠深巷中，鸡鸣桑树颠。
户庭无尘杂，虚室有余闲。
久在樊笼里，复得返自然。

实训 2　系统设置

1. 实训目的

① 掌握桌面个性化设置、任务栏和“开始”菜单的设置。

② 熟悉各种附件工具的使用方法。

2. 实训要求及步骤

（1）显示设置

① 设置桌面主题为“风景”。

② 设置桌面背景为放映幻灯片，时间间隔为“1 分钟”；桌面图标中显示“网络”。

③ 设置屏幕保护程序为“三维文字”，等待时间为“5 分钟”。

④ 设置窗口颜色为“太阳”。

⑤ 设置屏幕分辨率为 1 024 × 768。

（2）任务栏与开始菜单设置

① 任务栏设置为使用小图标。

② 通知区域设置音量图标为“隐藏图标和通知”。

③ 使用自定义设置“开始”菜单中的“控制面板”显示为链接。

（3）输入法设置

① 添加“微软拼音输入法”，删除“简体中文-美式键盘输入法”。

② 设置默认的输入语言为“微软拼音输入法”。

③ 隐藏桌面上显示语言栏。

第 5 章

»问题求解

计算机是对数据（信息）进行自动处理的机器系统，从根本上说，计算机是一种工具，人们可以通过使用计算机来解决问题。随着计算机科学的发展，使用计算机进行问题求解已经成为计算机科学最基本的方法。计算机问题求解是以计算机为工具、利用计算思维解决实际问题的实践活动。

问题求解，需要由问题到算法，再到程序。算法被誉为计算学科的灵魂，算法思维是重要的计算思维。算法是计算机求解问题的步骤的表达，会不会编程序本质上还是看能否找出问题求解的算法。本章重点描述计算机求解问题的过程与典型问题的算法设计。

5.1 算法与程序

算法指的是解决问题的方法，而程序是该方法具体的实现。算法要依靠程序来完成功能，程序需要算法作为灵魂。

5.1.1 基本概念

1. 算法

【例 5-1】以黑、蓝两色墨水交换为例说明一个最简单的算法过程。

问题描述：有黑和蓝两个墨水瓶，因为疏漏把黑墨水装在了蓝瓶中，而蓝墨水装在了黑瓶中，要求将其互换。

算法分析：因为两个墨水瓶的墨水不能直接交换，所以引入第三个墨水瓶，假设第三个墨水瓶为白色，其交换步骤如下：

① 将黑瓶中的蓝墨水装入白瓶中。

② 将蓝瓶中的黑墨水装入黑瓶中。

③ 将白瓶中的蓝墨水装入蓝瓶中。

④ 交换结束。

可以看出，算法是对解题方案的准确而完整的描述，即是一组严谨地定义运算顺序的规则，并且每一个规则都是有效的，且是明确的，没有二义性，同时该规则将在有限次运算后终止。

算法可以理解为基本运算及规定的运算顺序所构成的完整的解题步骤，或者按照要求设计好的有限的确切的计算序列，并且这样的步骤和序列可以解决一类问题。

2. 程序

程序是为实现特定目标或解决特定问题而用程序设计语言描述的适合计算机执行的指令（语句）序列。一个程序应该包括以下两方面的内容：

① 对数据的描述。在程序中要指定数据的类型和数据的组织形式，即数据结构。

② 对操作的描述，即操作步骤，也就是算法。

3. 算法与程序的区别

算法不等于程序，也不是计算方法。算法是指逻辑层面上解决问题的方法的一种描述，一个算法可以被多种不同的程序实现，即程序可以作为算法的一种描述，但程序通常还需考虑很多与方法和分析无关的细节问题，这是因为在编写程序时要受到计算机系统运行环境的限制。算法可以被计算机程序模拟出来，但程序只是一个手段，让计算机去机械式地执行，算法才是灵魂，驱动计算机“怎么去”执行。程序的编制不可能优于算法的设计，算法并不是程序或函数本身。程序中的指令必须是机器可执行的，而算法中的指令则无此限制。

5.1.2 算法的基本特征

1. 有效性

算法中的每一步操作都应该能有效执行，一个不可执行的操作是无效的。例如，一个数被 0 除的操作就是无效的，应当避免这种操作。

2. 确定性

算法中每一步的含义必须是确切的，不可出现任何二义性。

3. 有穷性

一个算法必须在执行有限个操作步骤后终止。例如，在数学中的无穷级数，在计算机中只能求有限项，即计算的过程是有穷的。

算法的有穷性还应包括合理的执行时间的含义。因为，如果一个算法需要执行成千上万年，显然失去了实用价值。

4. 有零个或多个输入

这里的输入是指在算法开始之前所需要的初始数据。输入的个数取决于特定的问题，有些特殊算法也可以没有输入。

5. 有一个或多个输出

输出是指与输入有某种特定关系的量，在一个完整的算法中至少会有一个输出。

5.1.3 算法的基本表达方法

算法是需要表达的，算法思维能力的提升也是通过不断地表达训练来完成的。通常有 3 种基本的算法表达方法：自然语言、流程图和伪代码。

1. 自然语言

自然语言是人们日常所用的语言，使用这些语言不用专门训练，所描述的算法自然且通俗易懂。

其缺点也是明显的：

① 由于自然语言容易有歧义性，可能导致算法表达的不确定性。

② 自然语言的语句一般较长，从而导致表达的算法较长。

③ 由于自然语言有串行性的特点，因此当一个算法中循环和分支较多时就很难清晰地表示出来。

④ 自然语言表达的算法不便用程序设计语言翻译成计算机程序。

【例 5-2】用自然语言表达 $sum=1+2+3+4+5+\cdots+(n-1)+n$ 的算法。

用自然语言表达算法如下：

① 输入 n 的值。

② sum←0。

③ i←1。

④ 如果 i<=n，执行第⑤步，否则输出 sum，结束。

⑤ sum←sum+i。

⑥ i←i+1。

⑦ 执行第④步。

2. 流程图

流程图是描述算法的常用工具，采用美国国家标准化协会（American National Standard Institute，ANSI）规定的一组图形符号来表达算法，可以很方便地表示顺序、分支和循环结构的算法。另外，用流程图表达的算法不依赖于任何具体的计算机和计算机程序设计语言，从而有利于不同环境的算法设计。标准流程图符号及功能如表 5.1 所示。

表 5.1 标准流程图符号及功能

符号名称	符　号	功　能
起止框	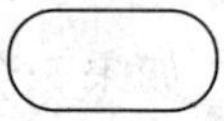	表示算法的开始和结束
输入/输出框	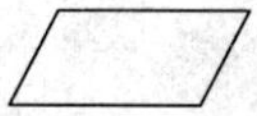	表示算法的输入/输出操作，框内填写需输入或输出的各项
处理框	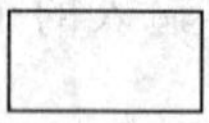	表示算法中的各种处理操作，框内填写处理说明或算式
判断框		表示算法中的条件判断操作，框内填写判断条件
注释框		表示算法中某操作的说明信息，框内填写文字说明
流程线	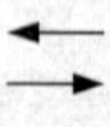 和 	表示算法的执行方向
连接点		表示将画在不同地方的流程线连接起来

【例 5-3】用流程图表达 $sum=1+2+3+4+5+\cdots+(n-1)+n$ 的算法。

这是一个循环结构的问题，程序中使用的各参数和数学表达式相同，流程图如图 5.1 所示。

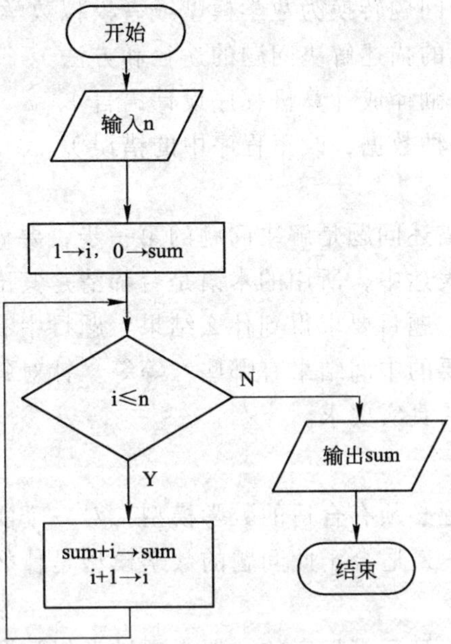

图 5.1　求累加和的算法流程图

3. 伪代码

伪代码是介于计算机语言与自然语言之间的一种语言，通常采用自然语言、数学公式和符号混合使用来描述算法的步骤，并以编程语言的书写形式表达算法的不同结构，既清晰地表达了算法的功能，又忽略了一些语言的细节，使人们可以很清晰地表达算法，同时又能很容易地转换成具体计算机语言所表达的程序，已成为算法表达的一般形式。

【例 5-4】用伪代码表达 $sum=1+2+3+4+5+\cdots+(n-1)+n$ 的算法。

```
算法开始;
输入 n 的值;
i←1;
sum←0;
循环开始 i<=n
{
    sum←sum+i;
    i←i+1;
}
循环结束
输出 sum 的值;
算法结束。
```

5.2　计算机求解问题过程

面对一个问题，不能马上就动手编程，要经历一个思考、设计、编程以及调试的过程，具体分为以下 5 个步骤：

① 分析问题（确定计算机做什么）。

② 建立模型（将原始问题转换为数学模型或者模拟数学模型）。

③ 设计算法（形式化的描述解决问题的途径和方法）。

④ 编写程序（将算法翻译成计算机程序设计语言）。

⑤ 调试测试（通过各种数据，改正程序中的错误）。

1．分析问题

准确、完整地理解和描述问题是解决问题的第一步，要做到这一点，必须注意以下问题：在未经加工的原始表达中，所用的术语是否都清楚其准确定义？题目提供了哪些信息？这些信息有什么用？题目要求得到什么结果？题目中有哪些假定？是否有潜在的信息？判定求解结果所需要的中间结果有哪些？等等。针对每个具体的问题，必须认真审查问题描述，理解问题的真实要求。

2．建立模型

用计算机解决实际问题必须有合适的数学模型。对一个实际问题建立数学模型，可以考虑如下两个基本问题：最适合于此问题的数学模型是什么？是否有已经解决了的类似问题可借鉴？

如果上述第二个问题的答复是肯定的，那么通过类似问题的分析、比较和联想，可加速问题的解决。但上述第一个问题更为重要。选择恰当的数学工具来表达已知的和要求的量受多种因素影响：设计人员的数学知识水平，已知的数学模型是否表达方便，计算是否简单，所要进行的操作种类的多少与功能的强弱等。同一问题可以用不同的数学工具建立不同的模型，因此，要对不同的模型进行分析、比较，从中选出最有效的模型。然后根据选定的数学模型，对问题进行重新描述。

此时，应考虑下列问题：模型能否清楚地表示与问题有关的所有重要信息？模型中是否存在与所期望的结果相关的数学量？能够正确反映输入/输出的关系？用计算机实现该模型是否有困难？如能取得令人满意的回答，那么该数学模型可作为候选模型。

3．设计算法

设计算法是指设计求解某一特定类型问题的一系列步骤，而这些步骤是可以通过计算机的基本操作来实现的。算法设计要同时结合数据结构的设计，数据结构的设计就是选取信息存储方式，如确定问题中的信息是用数组存储还是用普通变量存储。不同的数据结构的设计将导致算法的差异很大。算法的设计与模型的选择密切相关，但同一模型仍然可以有不同的算法，并且它们的有效性可能有相当大的差距。

算法确定之后，可进一步形式化为伪代码或者流程图。

4．编写程序

根据已经形式化的算法，选用一种程序设计语言编程实现。

5．调试测试

上机调试、运行程序，得到运行结果。对于运行结果要进行分析和测试，看看运行结果是否符合预期，如果不符合，要进行判断，找出问题出现的地方，对算法或程序进行修正，直到得到正确的结果。

下面用一个简单的例子来说明问题的求解过程。

【例 5-5】大约在 1 500 年前，我国古代数学名著《孙子算经》中记载了这样一道题目：今有鸡兔同笼，上有三十五头，下有九十四足，问鸡兔各几何。

求解过程：

根据题意建立数学模型，假设鸡数量为 chook，兔数量为 rabbit，因为共有 35 头，所以得到 rabbit+chook=35；因为共有 94 足，鸡有 2 条腿，兔有 4 条腿，所以得到 2*chook+4*rabbit=94。因为 rabbit+chook=35，所以鸡的数量为 0<=chook<=35，那么兔的数量为 rabbit=35-chook，可以使用穷举法对鸡的数量为 0～35 的所有可能情况进行遍历；判断脚数是否等于 94，即判断 2*chook+4*rabbit=94 是否成立，若成立，则表示找到答案。

根据以上分析，得到利用穷举法解决鸡兔同笼问题的算法流程图如图 5.2 所示。

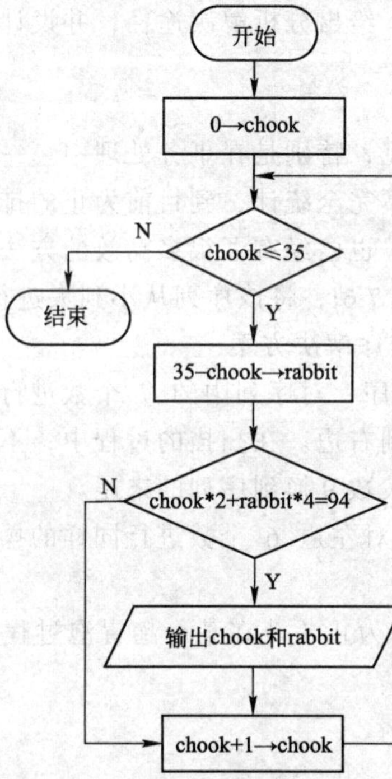

图 5.2　鸡兔同笼流程图

根据鸡兔同笼流程图，用穷举法编写的 C 语言程序如下：

```
#include <stdio.h>
int main()
{
    int chook,rabbit;
    for(chook=0;chook<=35;chook++)
    {
        rabbit=35-chook;
        if(chook*2+rabbit*4==94)
        printf("鸡有: %d 只, 兔子有: %d 只。",chook,rabbit);
    }
```

```
    return 0;
}
```

编译执行以上程序，即可计算得出鸡和兔的数量，具体运行结果如图 5.3 所示。

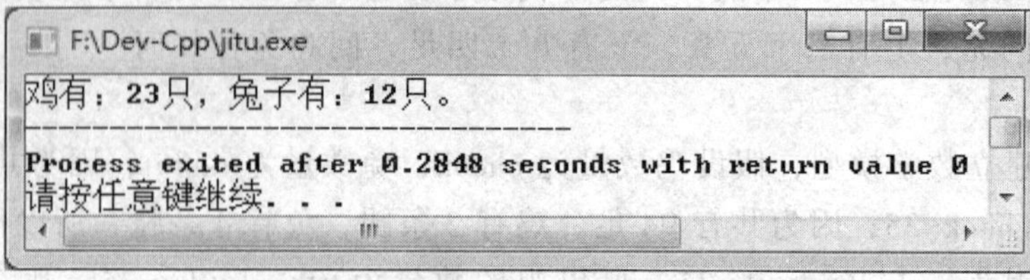

图 5.3　鸡兔同笼程序运行结果

5.3　典型问题的算法设计

下面以几个典型问题为例，给出分析解决途径，并设计所适用的算法。

5.3.1　排序问题

排序在实际生活中非常常见，特别是在事务处理中。一般认为，日常的数据处理中有 1/4 的时间花在排序上。据不完全统计，到目前为止的排序算法有上千种，排序是算法设计中的一个重要研究课题，也已经有了很多高效的方法。

【例 5-6】 有序列{5,2,9,4,1,7,6}，将该序列从小到大进行排列。

（1）算法设计 1：用冒泡排序解决方案

① 首先进行第一趟冒泡排序，对序列中的 7 个数进行如下操作：依次比较相邻的两个数的大小，将较大数交换到右边。在扫描的过程中，不断将相邻两个数中较大的数向后移动，最后将序列中的最大数 9 换到序列的末尾。

② 进行第二趟冒泡排序，对左边 6 个数进行同样的操作，其结果是使次大的数 7 被放在了 9 的左边。

③ 依此类推，直到排好序为止（若在某一趟冒泡过程中，没有发现一个逆序，则可提前结束冒泡排序）。

具体操作步骤如下：

序列长度 n=7

原序列	5	2	9	4	1	7	6
第一趟（从左往右）	5←→	2	9	4	1	7	6
	2	5	9←→	4	1	7	6
	2	5	4	9←→	1	7	6
	2	5	4	1	9←→	7	6
	2	5	4	1	7	9←→	6
	2	5	4	1	7	6	9
第一趟结束后	2	5	4	1	7	6	9
第二趟（从左往右）	2	5←→	4	1	7	6	9
	2	4	5←→	1	7	6	9

	2	4	1	5	7←→	6	9
	2	4	1	5	6	7	9
第二趟结束后	2	4	1	5	6	7	9
第三趟（从左往右）	2	4←→	1	5	6	7	9
	2	1	4	5	6	7	9
第三趟结束后	2	1	4	5	6	7	9
第四趟（从左往右）	2←→	1	4	5	6	7	9
	1	2	4	5	6	7	9
第四趟结束后	1	2	4	5	6	7	9
最后结果	1	2	4	5	6	7	9

（2）算法设计 2：用选择排序解决方案

① 找到序列中的最小数 1，使其与左边第 1 个数 5 进行交换，1 被排在左边第 1 位。

② 在剩下的 6 个数中再找最小数 2，使其与左边第 2 个数 2 进行交换，2 被排在左边第 2 位。

③ 依此类推，直至所有的数都排完。

具体操作步骤如下（有方框的元素是刚被选出来的最小元素）：

原序列	5	2	9	4	1	7	6
第一趟选择（从左往右）	5	2	9	4	1	7	6
	[1]	2	9	4	5	7	6
第二趟选择（从左往右）	1	[2]	9	4	5	7	6
第三趟选择（从左往右）	1	2	9	4	5	7	6
	1	2	[4]	9	5	7	6
第四趟选择（从左往右）	1	2	4	9	5	7	6
	1	2	4	[5]	9	7	6
第五趟选择（从左往右）	1	2	4	5	9	7	6
	1	2	4	5	[6]	7	9
第六趟选择（从左往右）	1	2	4	5	6	[7]	9

（3）算法设计 3：用简单插入排序解决方案

① 将序列中的第 1 个数 5 放在一个队列中。

② 将序列中第 2 个数与队列中第 1 个数进行比较，如果比其小，则放在左边，如果比其大，则放在右边，2 比 5 小，所以将 2 放在 5 的左边。

③ 将序列中第 3 个数与队列中的两个数进行比较，找到一个插入后仍保持有序的位置，将第 3 个数插入该位置，9 大于 5，应放到 5 的右边。

④ 依此类推，直至将所有的数都插入相应位置。

具体操作步骤如下：

	5	2	9	4	1	7	6	j=2
	2	5	9	4	1	7	6	j=3
	2	5	9	4	1	7	6	j=4
	2	4	5	9	1	7	6	j=5
	1	2	4	5	9	7	6	j=6
	1	2	4	5	7	9	6	j=7
插入排序后的结果	1	2	4	5	6	7	9	

5.3.2 汉诺塔问题——递归算法

【例5-7】问题描述：据传说，古印度贝拿勒斯（在印度北部）圣庙里的僧侣们闲暇时会在 3 个黑木杆间移动厚重的金圆盘，这就是汉诺塔问题。圆盘大小都不相同，按照大小分别标号为 1～n，1 号盘最小。每个圆盘正中留有和木杆粗细相匹配的洞口。一开始，他们把圆盘按一定次序叠放，最小的 1 号放最上面，最大的 n 号在最下面，如图 5.4 所示。接下来的任务就是把盘子一个一个地从第一个柱子移动到第三个柱子，如果必要的话，中间的柱子可以用来过渡。此处要遵循的准则只有 3 条：

① 只能移动最上面的圆盘，一次只能移动一个圆盘。

② 移动圆盘时，只能从一个柱子直接移动到另一个柱子，不可放到其他地方。

③ 大圆盘不能放在小圆盘上面。

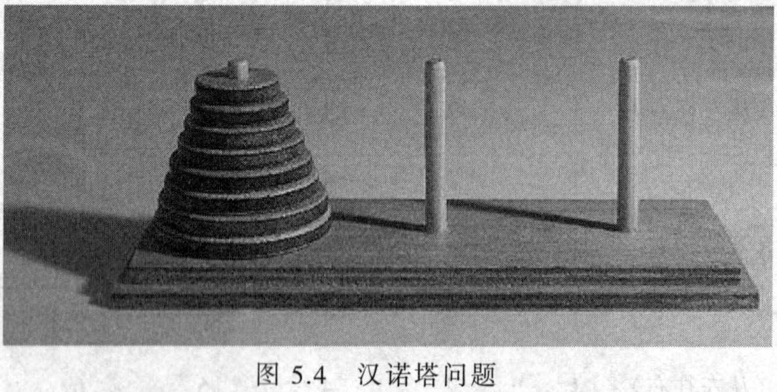

图 5.4 汉诺塔问题

问题分析：为了讨论方便，我们且将第一个柱子标记为柱 A（起始柱），第二个柱子为柱 B（过渡柱），第三个柱子为柱 C（目标柱）。将问题的规模（即盘子的数量 n）缩小，首先看 5 个盘子的汉诺塔问题的求解思路。

① 假设要将 A 柱上的 5 个盘子移到 C 柱，则需要首先将其上面的 4 个盘子移到 B 柱，然后将最下面的盘子由 A 柱移到 C 柱，再将 B 柱上的 4 个盘子移到 C 柱，如图 5.5（a）所示，此时的前提是能够将 4 个盘子从一个柱子移到另一个柱子，问题转换为 4 个盘子

的汉诺塔问题。

② 要将 A 柱上的 4 个盘子移到 C 柱，则需要首先将其上面的 3 个盘子移到 B 柱，然后将最下面的盘子由 A 柱移到 C 柱，再将 B 柱上的 3 个盘子移到 C 柱，如图 5.5（b）所示，此时的前提是能够将 3 个盘子从一个柱子移到另一个柱子，问题转换为 3 个盘子的汉诺塔问题。

③ 要将 A 柱上的 3 个盘子移到 C 柱，则需要首先将其上面的 2 个盘子移到 B 柱，然后将最下面的盘子由 A 柱移到 C 柱，再将 B 柱上的 2 个盘子移到 C 柱，如图 5.5（c）所示，此时的前提是能够将 2 个盘子从一个柱子移到另一个柱子，问题转换为 2 个盘子的汉诺塔问题。

④ 2 个盘子的汉诺塔问题如此类似，即转换为 1 个盘子的汉诺塔问题，如图 5.5（d）所示，而对于 1 个盘子的汉诺塔问题，直接从一个柱子移到目标柱即可。

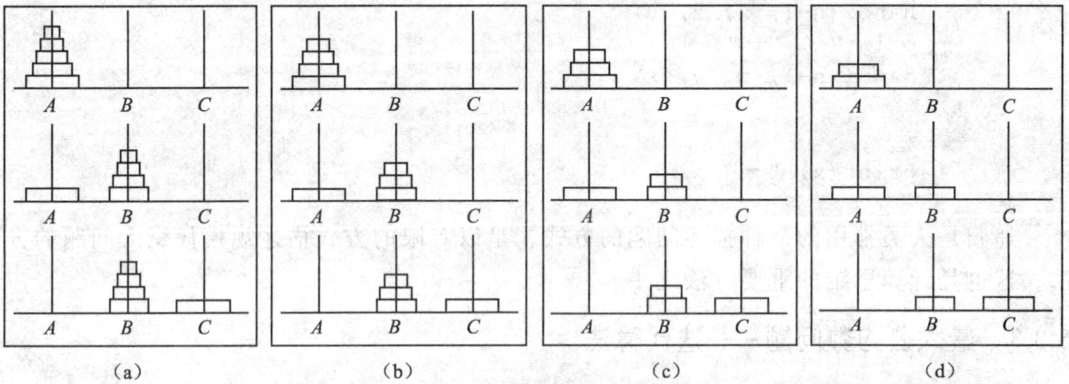

图 5.5　汉诺塔问题的递归求解思维示意图

根据以上分析可见，汉诺塔问题可采用递归算法求解。

算法设计：递归算法就是把问题转换为规模缩小了的同类问题的子问题，对这个子问题用函数（或过程）来描述，然后递归调用该函数（或过程）以获得问题的最终解。递归算法描述简洁而且易于理解，所以使用递归算法的计算机程序也清晰易读。递归算法的应用一般有以下 3 个要求。

① 每次调用在规模上都有所缩小。

② 相邻两次重复之间有紧密的联系，前一次要为后一次做准备（通常前一次的输出就作为后一次的输入）。

③ 在问题的规模最小时，必须直接给出解答而不再进行递归调用，因而每次递归调用都是有条件的（以规模未达到直接解答的大小为条件）。

通常，设计递归算法需要关键的两步：

① 确定终止条件。终止条件一般来说就是该问题的最初项的条件，比如在汉诺塔问题中，1 个盘子的汉诺塔问题，直接将其从一个柱子移到目标柱子上，不是通过递归公式计算得到，而是直接给出，因此 $n=1$ 就是该问题的终止条件，记为 $h(1,x,y,z)$，将 1 个盘子从 x 柱借助于 z 柱移到 y 柱上（此时可能不需要 z 柱，但为保持与后面的一致性，需要保留参数 z）。

② 确定递归公式。确定该问题的递归关系是怎样的，比如在汉诺塔问题中，当 $n>1$ 时，假设 n 个盘子能够从一个柱子移到另一个柱子上，记为 $h(n,x,y,z)$，将 n 个盘子从 x 柱借助于 z 柱移到 y 柱上，则 $n+1$ 个盘子的移动问题就是 $h(n+1,x,y,z)$，可借助于 $h(n,x,y,z)$ 求解：

- 将 n 个盘子由 x 柱借助于 y 柱移到 z 柱上，即 $h(n,x,z,y)$。
- 将 x 柱上的一个盘子移到 y 柱上。
- 将 n 个盘子由 z 柱借助于 x 柱移到 y 柱上，即 $h(n,z,y,x)$。

根据以上分析，有了递归算法的思维，递归函数用伪代码描述如下：

```
void hanoi(n, x, y, z)
{
    if(n>1)
    {
        hanoi(n-1, x, z, y)
        print(x, "→", y)
        hanoi(n-1, z, y, x)
    }
    else
        print(x, "→", y)
}
```

递归是人类常用的一种描述问题的方式，是以有限的方式描述规模任意大问题的方法，这也是计算思维的重要方法之一。

5.3.3 最大公约数问题——迭代算法

【例 5-8】问题描述：公约数又称“公因数”。如果一个整数同时是几个整数的约数，称这个整数为它们的公约数；公约数中最大的称为最大公约数。

问题分析：欧几里得算法（又称辗转相除法）是求解最大公约数的传统方法，其算法的核心基于这样一个原理：如果有两个正整数 a 和 b（$a \geqslant b$），r 为 a 除以 b 的余数，则有 a 和 b 的最大公约数与 b 和 r 的最大公约数是相等的这一结论。经过反复迭代执行，直到余数 r 为 0 时结束迭代，此时的除数便是 a 和 b 的最大公约数。

欧几里得算法是经典的迭代算法。迭代计算过程是一种不断用变量的旧值递推新值的过程，是用计算机解决问题的一种基本方法。它利用计算机运算速度快、适合做重复性操作的特点，让计算机对一组指令（或一定步骤）重复执行，在每次执行这组指令（或这些步骤）时都从变量的原值推出它的一个新值。

利用迭代算法解决问题，需要考虑以下 3 个问题：

① 确定迭代变量。在可以用迭代算法解决的问题中，至少存在一个可直接或间接地不断由旧值递推出新值的变量，这个变量就是迭代变量。

② 建立迭代关系式。所谓迭代关系式，指如何从变量的前一个值推出其下一个值的公式（或关系）。迭代关系式的建立是解决迭代问题的关键，通常可以使用递推或倒推的方法来完成。

③ 对迭代过程进行控制。在什么时候结束迭代过程是编写迭代程序必须考虑的问题，不能让迭代过程无休止地执行下去。迭代过程的控制通常可分为两种情况：一种是

所需的迭代次数是个确定的值，可以计算出来；另一种是所需的迭代次数无法确定。对于前一种情况，可以构建一个固定次数的循环来实现对迭代过程的控制；对于后一种情况，需要进一步分析得出可用来结束迭代过程的条件。

算法设计：用迭代算法求解最大公约数的流程图如图 5.6 所示，以求 112 和 24 的最大公约数为例，其步骤如下。

第 1 步：112 ÷ 24=4，余 16。

第 2 步：24 ÷ 16=1，余 8。

第 3 步：16 ÷ 8=2，余 0。

算法结束，最大公约数为 8。

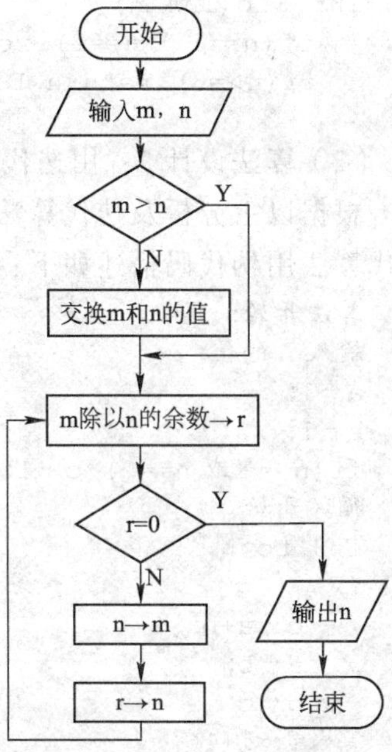

图 5.6　欧几里得算法流程图

5.3.4　斐波那契数列问题

【例 5-9】问题描述：著名意大利数学家列昂纳多·斐波那契（Leonardo Fibonacci）于 1202 年提出一个有趣的数学问题、假定一对雌雄的大兔每月能生一对雌雄的小兔，每对小兔过一个月能长成大兔再生小兔，假定在不发生死亡的情况下，由一对初生的兔子开始，一年后能繁殖出多少对兔子？于是得到一个数列：

1，1，2，3，5，8，13，21，34，55，89，144，233，377，610，…

这就是著名的斐波那契数列。由于斐波那契数列有系列奇妙的性质，所以在现代物理、生物、化学等领域都有直接的应用。为此，美国数学学会从 1963 年起还专门出版了以《斐波那契数列季刊》为名的杂志，用于刊载这方面的研究成果。这里我们讨论的问题是：求出该数列的前 n 项。

问题分析：题目中的数列有十分明显的特点，即当前项数据（从第 3 个数开始）为前面相邻两项之和。该问题看似简单，但实际做起来就会遇到问题。比如，如果要计算第 30 项是多少，那么必须知道第 29 项和第 28 项是多少，如此下来，将不得以此计算第 4 项、第 5 项、第 6 项……第 28 项、第 29 项，然后才能得到第 30 项的数据。所以在数学上，斐波那契数列是以递归的方法来定义的。

数学方法：根据以上分析，斐波那契数列可以如下递归方法定义。

$$\begin{cases} F_1=1 \\ F_2=1 \\ F_n = F_{n-1} + F_{n-2} \end{cases}$$

（1）算法设计 1：用递归算法解决方案

按照递归算法的计算思维方法，该问题可用递归算法来解决。

① 终止条件：n=1 或 n=2。

② 递归公式：$F_n = F_{n-1} + F_{n-2}$（$n \geqslant 3$）。

该问题的递归函数用伪代码描述为：

```
int Fib(int n)
{  if(n==1 或 n==2) return 1;                  //终止条件，不需要递归
   if(n>=3) return Fib(n-1)+Fib(n-2);          //通过递归公式求解
}
```

（2）算法设计 2：用迭代算法解决方案

根据以上分析及迭代算法的计算思维方法，该问题可用迭代算法来解决，该问题的迭代算法用伪代码描述如下：

```
算法开始;
输入 n 的值;
a←1;
b←1;
if(n==1 或 n==2) c←1;
循环开始
i=3 to n
{
    c←a+b;
    a←b;
    b←c;
    i←i+1;
}
循环结束
输出 c 的值;
算法结束。
```

下面以计算斐波那契数列的第 6 项为例，对递归算法与迭代算法执行过程进行比较。

递归算法程序简洁，但是其计算量较大。当计算高阶 Fib 时，始终要计算低阶的 Fib，由于低阶的 Fib 未能保留，因此重复计算频繁出现，故此计算量大增，如图 5.7 所示。

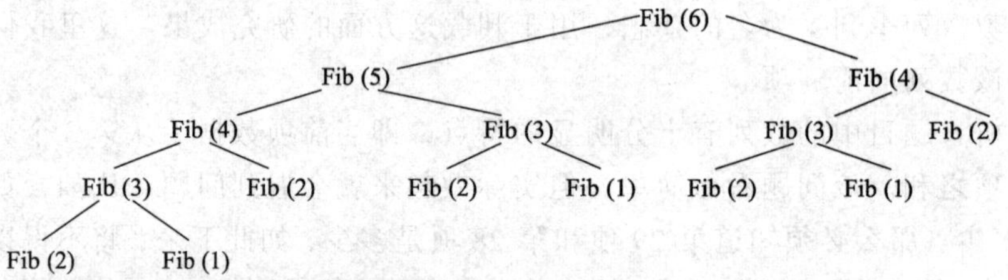

图 5.7　斐波那契数列递归模拟计算的重复性示意图

表 5.2 所示为斐波那契数列的计算过程及其中的“迭”与“代”。每次迭代时，a 被前次的 b 替换，b 被 c（前次的 a+b）替换，i 逐次加 1。当 i=n 时，c 为 F_n。可以看出此程序只是一个循环，计算量有限。因此，迭代算法比递归算法要快得多。

由以上可以看出，迭代与递归有着密切的联系，甚至一类如“$F_1=1$，$F_2=1$，$F_n=F_{n-1}+F_{n-2}$”的递归关系也可以看作数列的一个迭代关系。可以证明：迭代程序都可以转换为与其等价的递归程序，反之则不然，如汉诺塔问题，便很难用迭代方法求解。就效率而言，递归程序的实现要比迭代程序的实现耗费更多的时间和空间，因此在具体实现时又希望尽可能地将递归程序转换为等价的迭代程序。

表 5.2 斐波那契数列的迭代过程示意

a	b	c	i
1	1	2	3
1	2	3	4
2	3	5	5
3	5	8	6

小 结

本章首先介绍了算法的概念、基本特征和表达方法，然后以鸡兔同笼为例介绍了计算机求解问题的过程，最后通过典型问题的算法设计介绍了排序算法、递归算法和迭代算法的基本概念和简单设计，培养学生进行算法设计的计算思维能力，要求学生能够通过设计算法解决实际问题，并能正确地表达算法。

实 训

实训 1 算法相关概念及典型问题的算法设计思想

1. 实训目的

① 了解算法与程序的关系。

② 熟悉算法的基本特征。

③ 掌握算法的 3 种基本表达方法。

④ 了解计算机求解问题的过程。

⑤ 掌握典型问题的算法设计思想。

2. 实训要求及步骤

完成下面理论知识题：

① 算法与程序的关系是（　　）。

A. 算法是对程序的描述　　B. 算法决定程序，是程序设计的核心

C. 算法与程序之间无关系　　D. 程序决定算法，是算法设计的核心

② 在流程图中，表示算法中的条件判断时使用（　　）图形框。

A. 菱形　　B. 矩形　　C. 圆形　　D. 平行四边形

③ 下面不属于算法应该具备的基本特征的是（　　）。

A. 输入/输出　　B. 有穷性　　C. 确定性　　D. 执行性

④ 某食品连锁店 5 位顾客贵宾消费卡的积分依次为 905、587、624、750、826，若采用选择排序算法对其进行从小到大排序，则第二趟的排序结果是（　　）。

A. 587　624　750　905　826　　B. 587　826　624　905　750

C. 587　905　624　750　826　　D. 587　624　905　750　826

⑤ 用计算机解决问题时，首先应该确定程序“做什么”，然后再确定程序“如何做”，那么，“如何做”属于用计算机解决问题的（　　）步骤。

A. 分析问题　　B. 设计算法　　C. 编写程序　　D. 调试程序

⑥ 下列关于算法的叙述中错误的是（　　）。

A. 一个算法至少有一个输入和一个输出

B. 算法的每一个步骤必须确切地定义

C. 一个算法在执行有穷步之后必须结束

D. 算法中有待执行的运算和操作必须是相当基本的

⑦ 有 5 位运动员 100 m 成绩依次为 13.8、12.5、13.4、13.2、13.0，若采用冒泡排序算法对其进行从小到大排序，则第一趟的排序结果是（　　）。

A. 12.5　13.8　13.2　13.0　13.4　　B. 12.5　13.4　13.2　13.0　13.8

C. 12.5　13.0　13.4　13.2　13.8　　D. 12.5　13.2　13.0　13.4　13.8

⑧ 在某赛季中，某球队 5 场比赛得分依次为 90、89、97、70、114，若采用选择排序算法对其进行从大到小排序，则第二趟的排序结果是（　　）。

A. 114　97　70　89　90　　B. 114　89　97　70　90

C. 114　97　90　89　70　　D. 114　97　89　70　90

⑨ 下列关于递归的说法不正确的是（　　）。

A. 程序结构更简洁

B. 占用 CPU 的处理时间更多

C. 要消耗大量的内存空间，程序执行慢，甚至无法执行

D. 递归法比递推法的执行效率更高

⑩下列关于“递归”的说法不正确的是（　　）。

A. “递归”源自于数学上的递推式和数学归纳法

B. “递归”与递推式一样，都是自递推基础计算起，由前项（第 n-1 项）计算后项（第 n 项），直至最终结果的获得

C. “递归”是自后项（即第 n 项）向前项（第 n-1 项）代入，直到递归基础获取结果，再从前项计算后项获取结果，直至最终结果的获得

D. “递归”是由前 n-1 项计算第 n 项的一种方法

实训 2　算法设计

1. 实训目的

① 熟悉算法的 3 种基本表达方法。

② 掌握实际问题的算法设计方法。

2. 实训要求及步骤

完成以下算法设计题：

① 两个旅行者计划到一个城市去旅行。从他们的旅馆开始，他们想去参观如下地点：一家书店、一家科技馆、一家风味餐厅和一个超级市场。通过城市的地图可以查到这些地点的位置。根据地图的比例尺，我们知道地图上的 1 cm 代表实际上的 1 km 的路

程。这两个旅行者想知道自己的旅行总路程是多长（提示：可以利用一张地图、一个计算器和一把尺子）。用自然语言或流程图描述解决这个问题的算法。

② 设计求 $n!$ 的算法。（要求用递归与迭代两种方法）

③ 相传韩信才智过人，从不直接清点自己军队的人数，只要让士兵先后以 3 人一排、5 人一排、7 人一排地变换队形，而他每次只掠一眼队伍的排尾就知道总人数了。输入 3 个非负整数 a、b、c，表示每种队形排尾的人数（$a<3$，$b<5$，$c<7$），输出总人数的最小值（或报告无解）。已知总人数不小于 10，不超过 100。设计算法求总人数。

第二篇

应 用 技 能

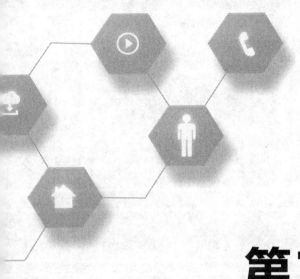

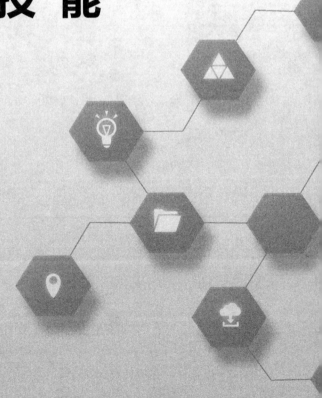

第 6 章

Word 文字处理软件

Office 2010 是 Microsoft 公司推出的 Office 系列集成办公软件，主要包括 Word、Excel、PowerPoint、Access、Visio 等应用软件。Word 2010 是专门用来进行文字处理和排版的软件，集文本编辑、图文混排、表格处理、文档打印等功能于一体，具有所见即所得的特点，是现今广为使用的文字处理软件。

6.1 认 识 Word

6.1.1 启动与退出

1. 启动 Word 2010 常用方式

方法 1：利用“开始”菜单启动。操作方法为：选择“开始”→“所有程序”→“Microsoft Office”→“Microsoft Word 2010”命令。

方法 2：通过桌面快捷方式快速启动。操作方法为：双击桌面的 Word 2010 快捷图标。

方法 3：通过打开计算机中的 Word 文档启动。操作方法为：双击计算机中任一 Word 文档。

2. 退出 Word 2010 常用方式

方法 1：通过“关闭”按钮退出。

方法 2：利用标题栏中左上角控制菜单中的“关闭”命令。

方法 3：通过“文件”菜单中的“退出”命令。

方法 4：通过按【Alt+F4】组合键完成退出。

6.1.2 窗口组成

Word 2010 窗口主要由标题栏、功能区、文档编辑区和状态栏等组成，如图 6.1 所示。

1. 标题栏

标题栏位于窗口最上方，从左到右依次为控制菜单图标、快速访问工具栏、文档名称、程序名称和窗口控制按钮。

① 控制菜单图标。单击该图标弹出窗口控制菜单，包括移动、最小化、关闭等命令。

② 快速访问工具栏。显示常用的工具按钮，包括保存、撤销、恢复按钮，也可单击▼按钮，完成工具栏的自定义设置。

③ 窗口控制按钮。从左到右依次为最小化、最大化、关闭按钮。

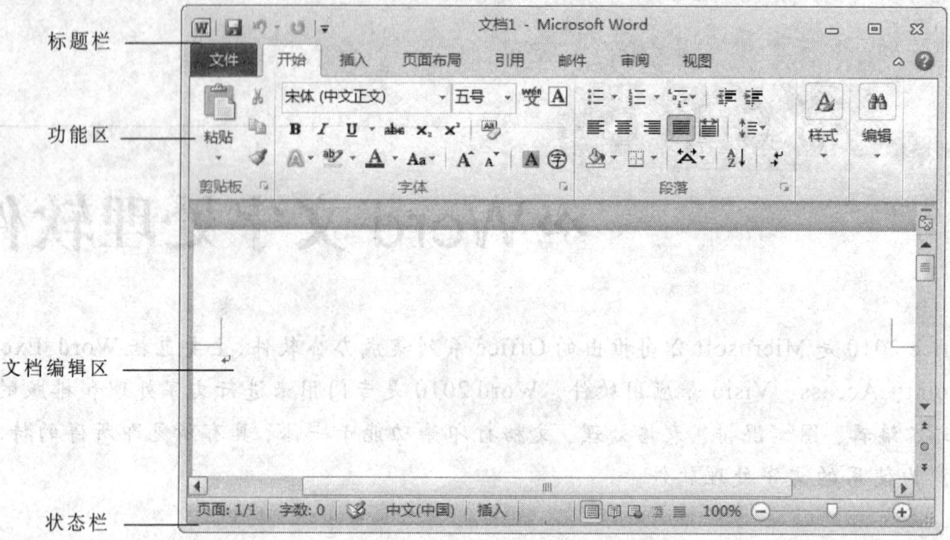

图 6.1　Word 2010 窗口组成

2. 功能区

功能区位于标题栏下方，默认包含“文件”“开始”“插入”“页面布局”“引用”“邮件”“审阅”和“视图”8 个选项卡。每个选项卡由多个组构成，各功能按钮依据功能分类放置在各组中；单击各组右下角的“功能扩展”按钮，可在弹出的对话框或窗格中完成该组对应的高级功能设置。

3. 文档编辑区

文档编辑区位于窗口中央，是输入文字、编辑文本和处理各种对象的工作区域。当文档内容超过窗口的显示范围时，编辑区域的右侧和底端会分别显示垂直与水平滚动条。

4. 状态栏

状态栏位于窗口底端，用于显示当前文档的页数/总页数、字数、输入语言及输入状态等信息。右侧的视图模式按钮组用于选择文档的视图方式；显示比例调节工具，用于调整文档的显示比例。

6.2　制作求职简历

杨晓燕是文学院即将毕业的大四学生，需要制作一份求职简历。这份求职简历主要包括个人介绍、学习与实践经历、获奖情况、兴趣爱好等信息，需要使用 Word 2010 软件完成文本的输入、编辑和排版，使简历文档内容完整、结构清晰，并能展示出自己的亮点。

杨晓燕上网搜索并学习了制作求职简历的注意事项和格式要求，确定了简历内容和文档风格，最后结合所学的 Word 知识，得出如下设计思路：

① 启动 Word，新建一个空白文档，保存为“求职简历.docx”。

② 根据确定好的简历内容，输入文本并进行编辑。

③ 进行字符格式、段落格式和特殊格式排版，美化文档，突出重点。

④ 添加封面。

最终效果如图 6.2 所示。

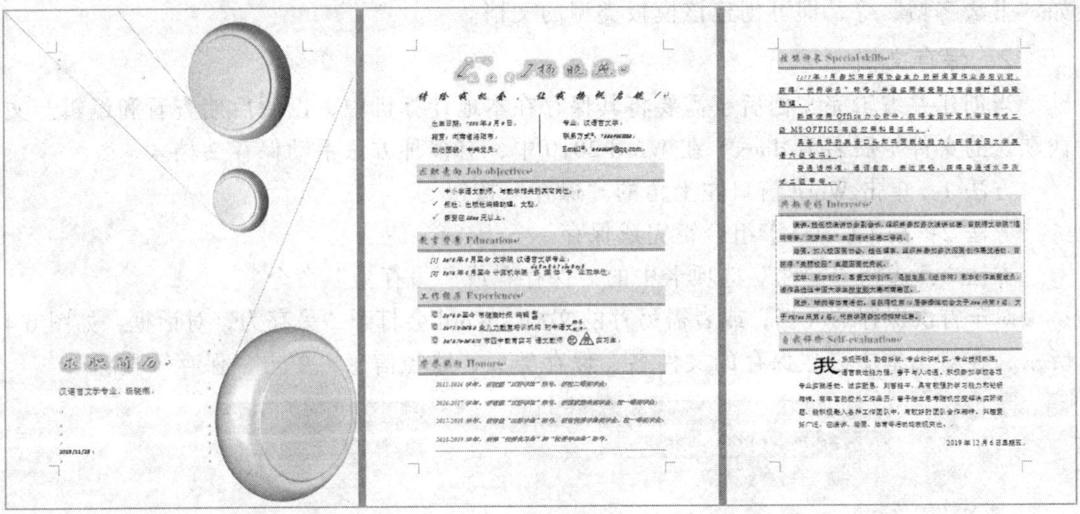

图 6.2 求职简历样张

6.2.1 文档的建立与保存

1. 创建新文档

Word 2010 中，可以创建空白文档，也可以根据模板创建带格式的文档。

（1）新建空白文档

方法 1：启动 Word 2010，系统自动创建一个名为“文档 1”的空白文档。

方法 2：选择“文件”选项卡中的“新建”命令，在“可用模板”组中选择“空白文档”，单击窗口右下角的“创建”按钮，如图 6.3 所示。

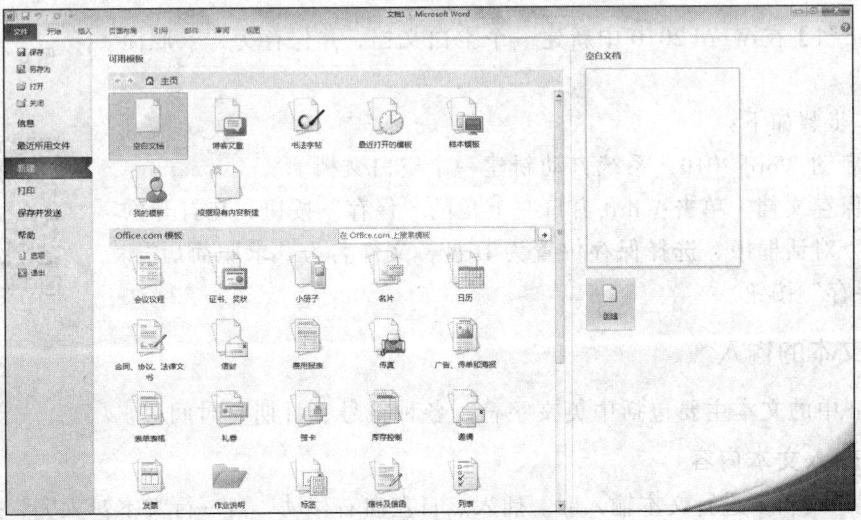

图 6.3 新建空白文档窗口

（2）根据模板创建文档

Word 2010 提供了多种模板类型，可快速创建各种专业的文档。

方法：选择“文件”选项卡中的“新建”命令，在“可用模板”组中选择模板类型，如“书法字帖”等，即可创建该模板类型的文档。

2．保存文档

当创建并编辑完文档后，需要将其保存在本地计算机中，以便后期查看和编辑。文档默认的文件扩展名为.docx。在 Word 2010 中，有多种方法手动保存文档。

方法 1：单击 Word 窗口左上角的“保存”按钮。

方法 2：按【Ctrl+S】组合键完成保存。

方法 3：选择“文件”选项卡中的“保存”或“另存为”命令。

对于首次保存的文档，或者需另存的文档，Word 会打开“另存为”对话框，如图 6.4 所示，在对话框中设置保存的文件名、保存类型、路径信息，单击“保存”按钮。

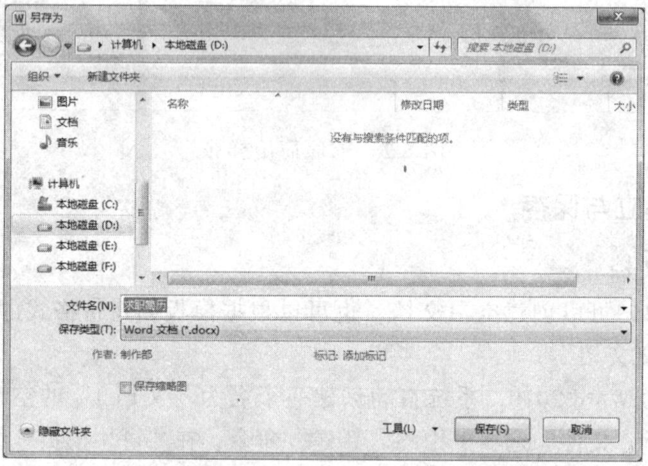

图 6.4 “另存为”对话框

【例 6-1】在 Word 2010 中新建一个空白文档，并保存为“求职简历.docx”。

例 6-1：操作视频

操作步骤如下：

① 启动 Word 2010，系统自动新建一个空白文档。

② 保存文档。单击 Word 窗口左上角的“保存”按钮，在打开的“另存为”对话框中，选择保存位置为 D 盘，文件名为“求职简历”，单击“保存”按钮。

6.2.2 文本的输入

Word 中的文本主要包括中英文字符、各种符号、日期与时间等。

1．输入文本内容

在窗口编辑区进行文本输入时，插入点自左向右移动。当一行文本输入完，插入点会自动跳转到下一行；按【Enter】键可结束本段落开启新段落，插入点即定位于新段落继续完成输入。文档中每一段落结束位置，均有一个段落标记“↵”，标识着本段落结束。

2. 在文档中插入符号

Word 中可以输入多种特殊文本，如“@”“★”“※”“≮”等，统称“符号”。

方法：插入点定位，单击“插入”选项卡“符号”组的“符号”按钮，选择“其他符号”命令，打开如图 6.5 所示的“符号”对话框，选择需要的符号，单击“插入”按钮。

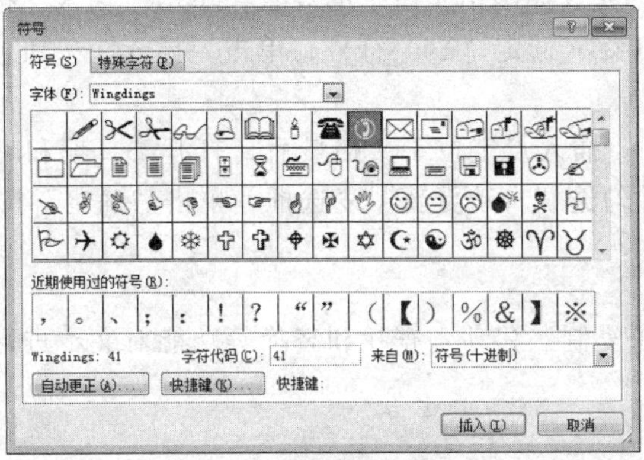

图 6.5 “符号”对话框

提示：在“符号”对话框中，可通过字体和子集的设置快速查找符号，也可以通过“特殊字符”选项卡中列出的常用字符名称和快捷键完成输入。或者通过键盘或者输入法浮动工具栏中的软键盘功能完成各种符号的输入。

3. 输入日期和时间

Word 2010 提供输入系统日期和时间文本的功能，以减少用户的手动输入量。

方法：插入点定位，单击“插入”选项卡“文本”组中的“日期和时间”按钮，打开如图 6.6 所示的“日期和时间”对话框，选择语言类型、可用格式等选项，单击“确定”按钮。

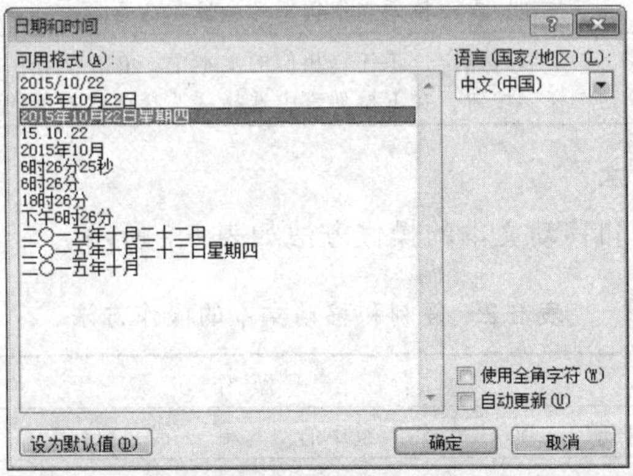

图 6.6 “日期和时间”对话框

提示：当输入当前年份，比如“2020 年”时，Word 自动给出当前系统日期和时间提示，按【Enter】键即可完成输入；插入时间的方法与上述方式步骤一样，只需选择相应的时间格式即可；勾选“自动更新”复选框，则插入的日期和时间会随系统日期和时间实时更新。

【例 6-2】在文档“求职简历.docx”中，输入文本内容，插入符号、日期和时间。

例 6-2：操作视频

操作步骤如下：

① 输入文本内容。插入点定位，输入求职简历所需的文本内容。

② 插入符号“✆”和“✉”。插入点定位于文本“联系方式”后，打开“符号”对话框，完成如图 6.5 所示的设置，单击“插入”按钮；继续定位于文本 Email 后，选定“✉”符号，单击“插入”按钮。关闭“符号”对话框。

③ 插入当前日期。插入点定位于文档最后，打开“日期和时间”对话框，完成如图 6.6 所示的设置，并勾选“自动更新”复选框，单击“确定”按钮。

6.2.3 文本的编辑

Word 2010 提供了复制、移动、查找和替换等功能对文本进行编辑，使文档准确、完善。

1. 选定文本

文本的选定是对文本编辑的前提。选定文本的操作方法如表 6.1 所示。

表 6.1 选定文本的操作方法

选定文本类型	操作步骤
任意文本	插入点定位于文本起始处，按住鼠标左键不放拖动至文本结束处松开
选定一行或多行文本	鼠标指向行左侧空白处，指针变成↗形状时单击，选定整行文本；若按住鼠标左键不放，向下或向上拖动鼠标，即选中多行文本
多个文本区域	按住【Ctrl】键，拖动鼠标选定多个不相邻的文本区域
垂直（矩形）文本区域	按住【Alt】键，拖动鼠标左键选定一块矩形文本区域
整篇文档	按【Ctrl+A】组合键；或者单击“开始”选项卡“编辑”组中的“选择”按钮，在下拉列表中选择“全选”命令
多个格式相似的文本	插入点定位于任一相似的文本中，单击“开始”选项卡“编辑”组中的“选择”按钮，在下拉列表中选择“选择格式相似的文本”命令，即可

2. 复制和移动文本

选定文本后，复制和移动文本的操作方法如表 6.2 所示。

表 6.2 复制和移动文本的操作方法

操作类型	操作步骤
功能区按钮	单击“开始”选项卡“编辑”组中的“复制”（或“剪切”）和“粘贴”按钮
快捷菜单命令	右击，在弹出的快捷菜单中选择“复制”（或“剪切”）和“粘贴”命令
组合键	【Ctrl+C】（复制）、【Ctrl+X】（剪切）、【Ctrl+V】（粘贴）

提示：Word 2010 提供了多种粘贴操作，常用的有“保留源格式”“合并格式”“仅保留文本”3 个命令操作。

① “保留源格式”命令：被粘贴内容保留原本的格式。

② “合并格式”命令：被粘贴内容既保留原本格式，也合并应用目标位置的格式。

③ “仅保留文本”命令：被粘贴内容清除原本格式，应用目标位置的格式。

3. 删除文本

插入点定位，按【Delete】键删除插入点左侧内容；按【Backspace】键删除插入点右侧内容。

4. 查找和替换文本

Word 2010 的查找和替换功能可以实现在文档中快速查找相关内容，也可以将查找的内容替换成其他内容和格式。

例 6-3：操作视频

【例 6-3】 在文档“求职简历.docx”中查找文本内容“英语”。

操作步骤如下：

① 查找文本“英语”。插入点定位于文档中任意位置，单击“开始”选项卡“编辑”组中的“查找”按钮，在窗口左侧打开的导航窗格中，输入搜索文本“英语”，查找的内容以黄底黑字突出显示在文档中，如图 6.7 所示。

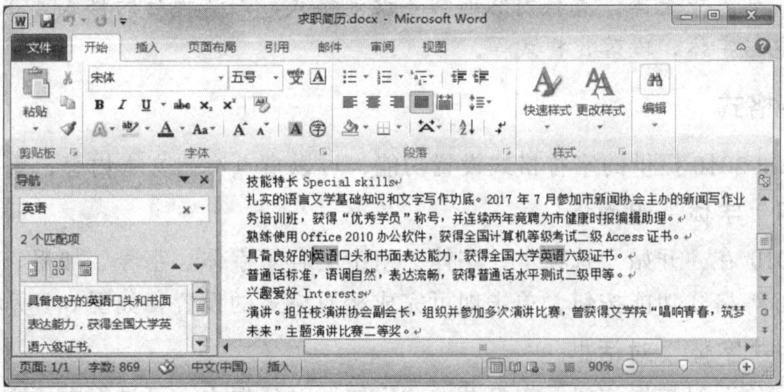

图 6.7 “导航”窗格完成查找

② 单击搜索输入框右侧的“关闭”按钮可结束查找。

例 6-4：操作视频

【例 6-4】 在文档“求职简历.docx”中，使用替换功能为所有数字添加格式。

操作步骤如下：

① 打开“替换”选项卡。插入点定位于文档中，单击“替换”按钮，打开“查找和替换”对话框的“替换”选项卡，单击“更多”按钮展开功能界面。

② 设置查找内容。定位于“查找内容”文本框，单击“特殊格式”按钮，在列表中选择“任意数字”命令。

③ 设置替换内容和格式。定位于“替换为”文本框，单击“格式”按钮，选择“字体”命令，打开“字体”对话框，设置格式：西文字体为 Freestyle Script、小三号字，红色、加粗，如图 6.8 所示。

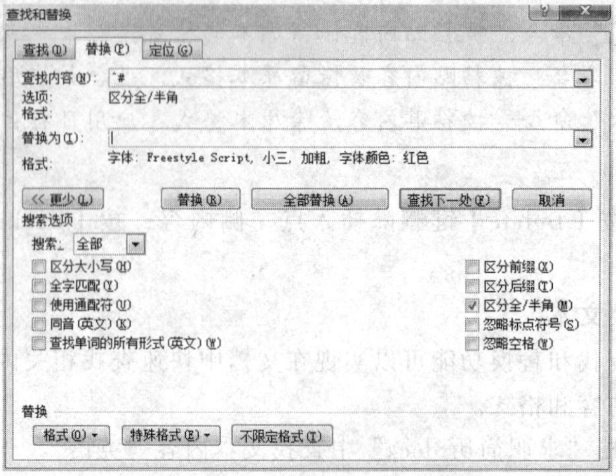

图 6.8 “查找和替换”对话框

④ 完成替换。单击“全部替换”按钮，即完成了文档中所有数字格式的替换操作。最后，关闭“查找和替换”对话框。

提示：在文档中做替换操作时，查找内容和替换后的内容均可以用户自己输入或在“特殊格式”列表中选择；查找内容通常不设定格式，而替换后的格式可在“格式”列表中设置，包括字体、段落、样式等。

6.2.4 字符格式

应用 Word 2010 提供的字符格式设置功能，可以重点突出文本内容，美化文档。

1．使用“字体”组面板

Word 2010 在“开始”选项卡“字体”组中集合了字体、字号、加粗、下画线、字体颜色、上标等格式功能按钮，单击即可完成相应格式的设置，如图 6.9 所示。

2．使用“字体”对话框

单击“字体”组扩展按钮，在打开的“字体”对话框中，可进行中西文字体、下画线颜色、字符间距等详细、高级格式设置，如图 6.10 所示。

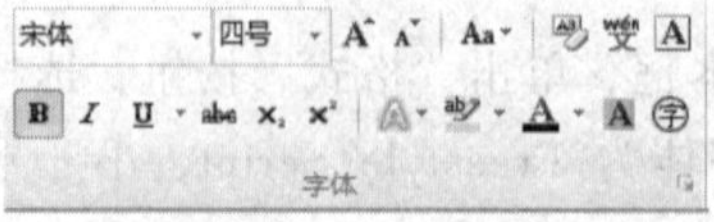

图 6.9 “字体”组

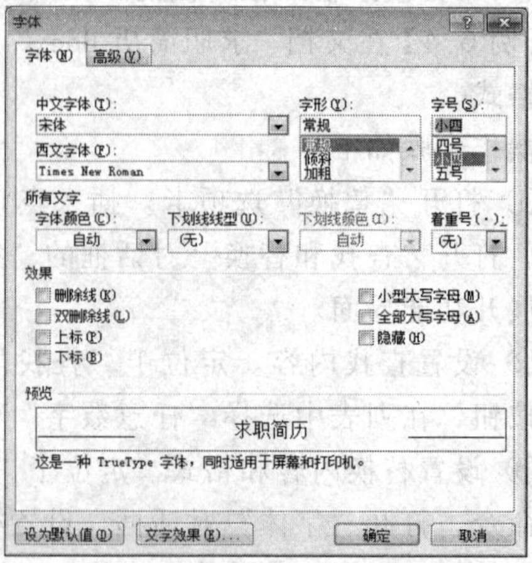

图 6.10 “字体”对话框

3．文本效果的设置

Word 2010 新增了文本效果功能，单击“字体”组中的“文本效果”按钮，在打开的文本效果列表中，可以使用预设好的多种文本效果，也可以自定义文本效果，包括文本轮廓、阴影、映像及发光等设置，如图 6.11 所示。

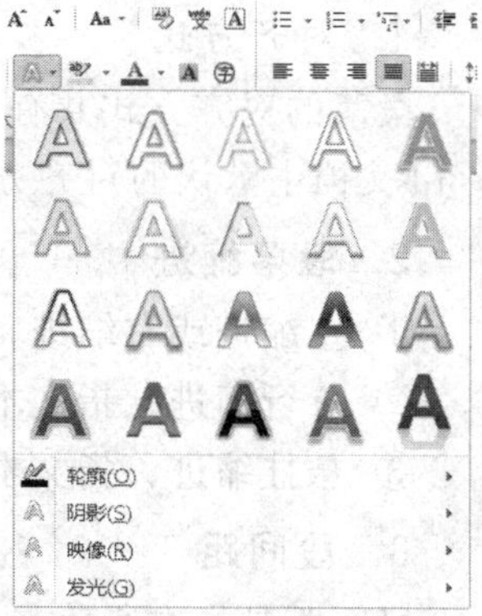

图 6.11 “文本效果”列表

例 6-5：操作视频

【例 6-5】对文档中的文本进行字符格式设置。

操作步骤如下：

① 标题文本格式。选定标题文本，在“字体”组中，设置华文行楷、一号字，加粗；在“字体”对话框中，设置字符放大 150%；应用第 4 行第 1 列的文本效果，添加“紧密映像，接触”映像效果和第 4 行第 5 列的发光效果。

② 其余文本格式。第 2 段文字设置为华文行楷，小二号，倾斜；其余文字为小四号字；🖂、➀符号设置为上标；“技能特长”主题内容设置为字符间距加宽 2 磅，添加红色单线的下画线。

提示：选中文本，单击“字体”组中的“清除格式”按钮，可清除当前文本格式。

6.2.5 段落格式

通过 Word 2010 中对段落格式的合理设置，可以使文档层次分明、结构清晰。

常用的段落格式包括对齐方式、段落缩进、段间距和行间距等，可以利用如图 6.12 所示的“开始”选项卡“段落”组中的各功能按钮完成设置，也可以单击“段落”组扩展按钮，在打开的“段落”对话框中完成高级设置，如图 6.13 所示。

图 6.12 “段落”组

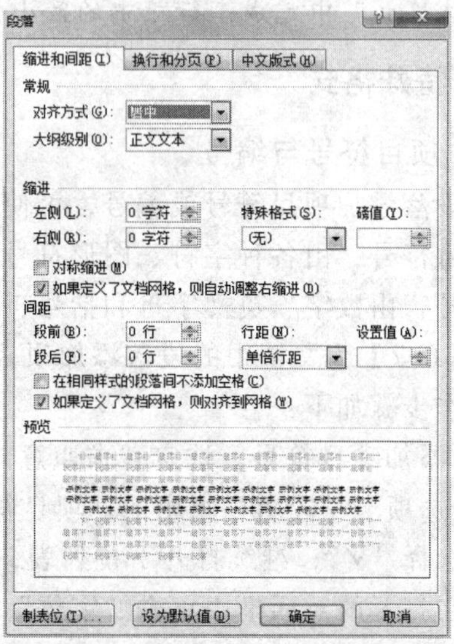

图 6.13 “段落”对话框

1. 对齐方式

段落的对齐方式共有 5 种，分别是左对齐、居中、右对齐、两端对齐和分散对齐。Word 文档中默认的对齐方式是两端对齐。

2. 段落缩进

① 左缩进或右缩进，指文本段落与文本编辑区左侧边缘或者右侧边缘的距离。

② 首行缩进，指文本段落中第一行从左向右缩进距离。

③ 悬挂缩进，指文本段落中除第一行外其余各行从左向右缩进距离。

3. 段间距

段间距是指本段落与上方段落或下方段落的间距量，包括段前间距和段后间距。

4. 行间距

行间距是指段落中各行文字之间的垂直距离，包括单倍行距、1.5 倍行距、最小值、固定值、多倍行距，默认的行间距是单倍行距。

例 6-6：操作视频

【例 6-6】为文档中的各段落，设置段落格式。

操作步骤如下：

① 设置标题段落格式。选定标题段落，在“段落”组中设置居中对齐、2 倍行距。

② 设置第二段段落格式。选定第二段，单击“段落”组扩展按钮，打开“段落”对话框，设置为分散对齐、段后间距 1 行，单击“确定”按钮。

③ 设置其余段落格式。选定余下所有正文段落，设置首行缩进为 2 字符，行间距为固定值 22 磅；选定“自我评价”主题内容段落，设置左右均缩进 3 字符；选定日期段落，设置段前间距为 1 行，右对齐。

提示：段落格式的计量单位有字符、厘米、行、磅；首行缩进和悬挂缩进的设置均在“特殊格式”中完成；行距中的最小值或固定值，需在“设置值”中给出具体的磅值。

6.2.6 特殊格式

1. 项目符号与编号

为段落添加项目符号或编号，可使文档条理清楚，便于阅读和理解。

项目符号，由各种字符、图形符号、图片等组成，添加后可更改符号的字体格式。

编号，由数字、英文字母和括号、点等各种符号组成，添加后可更改编号格式。

例 6-7：操作视频

【例 6-7】为文档中的段落添加项目符号和编号。

操作步骤如下：

① 添加项目符号。选定“求职意向”主题下的 3 个段落，单击“开始”选项卡“段落”组中的“项目符号”按钮 ☷，在打开的下拉列表中选择“✓”；继续打开下拉列表，选择“定义新项目符号列表”命令，在打开的对话框中单击“字体”按钮，设置字体格式：蓝色、四号字大小，单击“确定”按钮，如图 6.14 所示。

② 添加图片项目符号。选定“工作经历”主题下的 3 个段落，单击“项目符号”

按钮，在下拉列表中选择“定义新项目符号列表”命令，选择对话框中的“图片”按钮，打开“图片项目符号”对话框；单击“导入”按钮，将保存在本地计算机中的图片“工作图标.jpg”添加进管理器中，如图 6.15 所示。单击“确定”按钮。

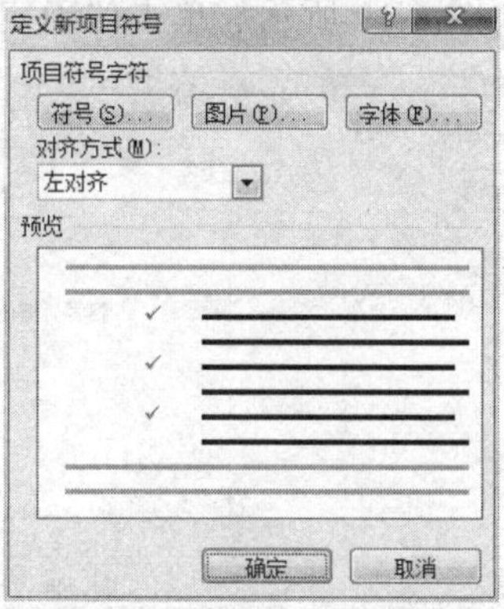

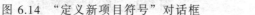

图 6.14 “定义新项目符号”对话框

图 6.15 “图片项目符号”对话框

③ 添加编号。选定“教育背景”主题下的 2 个段落，单击“段落”组中的“编号”按钮 ，打开“编号”下拉列表，如图 6.16 所示；选择“定义新编号格式”命令，在打开的对话框中选择编号样式，设置编号格式；单击“字体”按钮，设置字体格式：五号、倾斜，如图 6.17 所示。单击“确定”按钮。

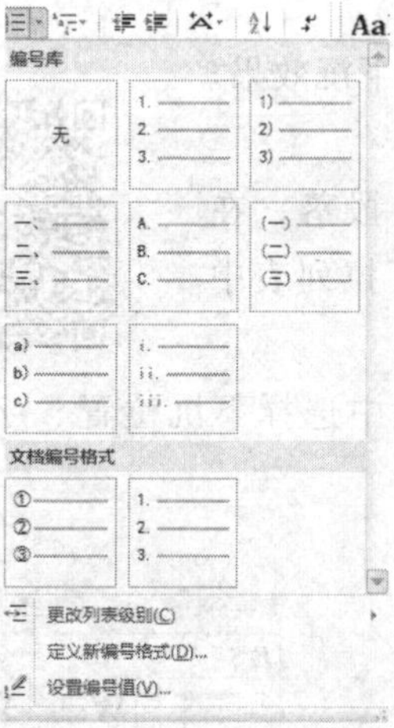

图 6.16 “编号”下拉列表

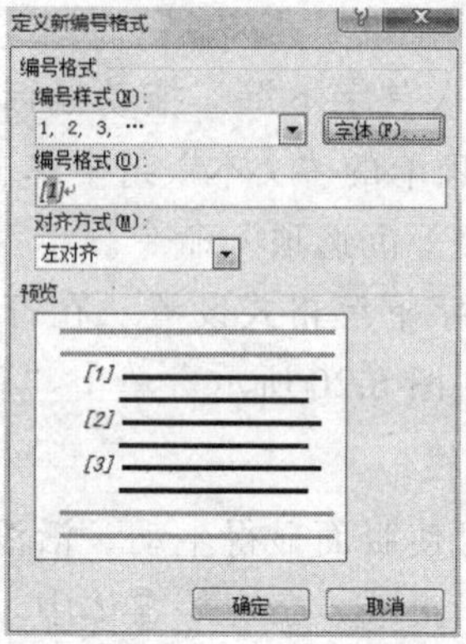

图 6.17 “定义新编号格式”对话框

2. 边框和底纹

为文字、段落添加边框和底纹，可以突出内容，美化文档。

例 6-8：操作视频

【例 6-8】为文档中的段落和文字添加边框和底纹。

操作步骤如下：

① 为段落添加边框。选定“兴趣爱好”主题下的 4 个段落，单击“段落”组的“边框”按钮 ，在下拉列表中选择“边框和底纹”命令；打开“边框和底纹”对话框，选择边框样式、线条样式、颜色、

宽度，应用于段落，如图 6.18 所示。单击“确定”按钮。

② 为文本添加底纹。选定“兴趣爱好”主题下的 4 个段落，单击“段落”组中的“底纹”按钮，在颜色面板中选择颜色；或者在“边框和底纹”对话框“底纹”选项卡中选择填充颜色和图案样式，应用于“文字”，如图 6.19 所示。单击“确定”按钮。

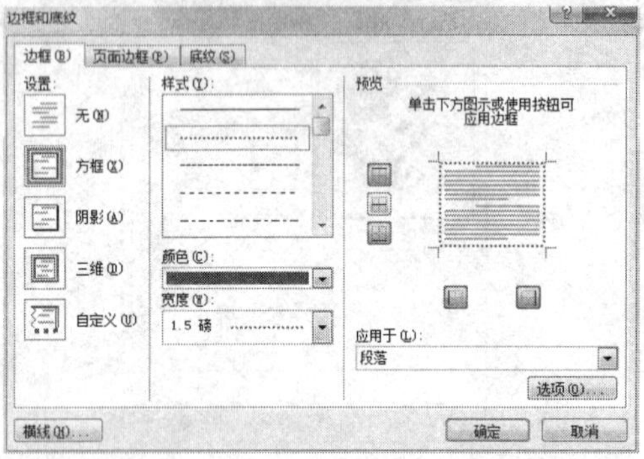

图 6.18 “边框和底纹”对话框

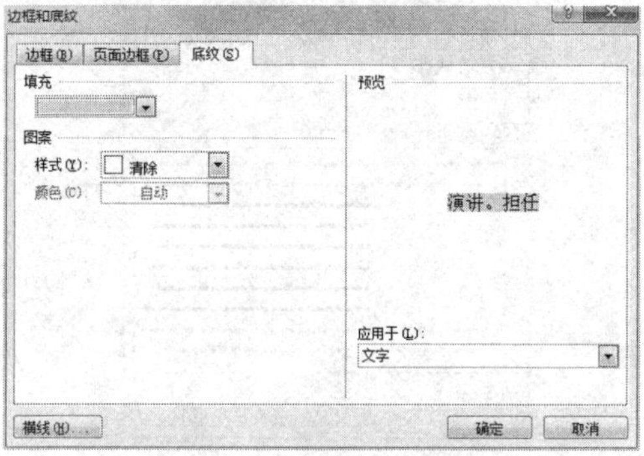

图 6.19 “底纹”选项卡

提示： 同样的边框和底纹格式设置，应用于段落或应用于文字，会呈现不同的效果；单击“边框”按钮，在下拉列表中可以选择各种边框添加在选定文字或段落上。

3．首字下沉

首字下沉是指将段落中的第一个文字进行下沉或悬挂设置，以凸显段落的开始位置。

例 6-9：操作视频

【例 6-9】为文档中的“自我评价”主题内容段落设置首字下沉效果。

操作步骤如下：

① 插入首字下沉。拖动鼠标选定“我乐观开朗……”段落，在“插入”选项卡的“文本”组中单击“首字下沉”按钮，在下拉列表中选择“首字下沉选项”命令。

② 首字下沉格式设置。在打开的“首字下沉”对话框中选择下沉位置、字体、下沉行数，如图 6.20 所示。单击“确定”按钮。

4．分栏

分栏可使版面显得生动、活泼，增强文档可读性，被广泛应用于报纸、杂志等媒体中。

例 6-10：操作视频

【例 6-10】为文档中的个人信息内容设置分栏效果。

操作步骤如下：

① 添加分栏。选定描述个人信息的 6 个段落，单击“页面布局”选项卡“页面设置”组中的“分栏”按钮，在下拉列表中选择“更多分栏”命令。

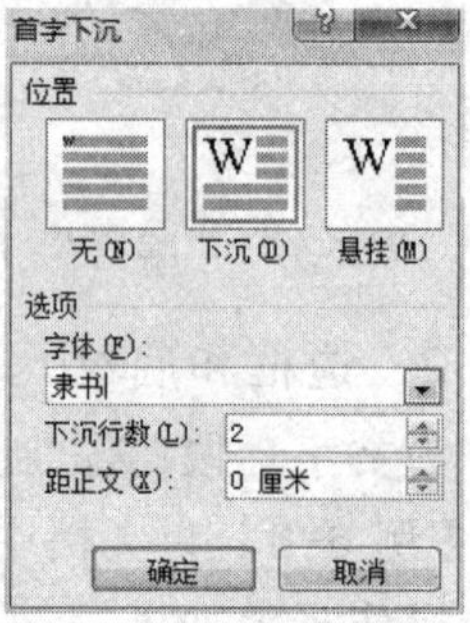

图 6.20 “首字下沉”对话框

② 分栏选项设置。在打开“分栏”对话框中，设置栏数、分隔线、栏宽和间距等选项，如图 6.21 所示。单击“确定”按钮。

提示：取消分栏，可在“分栏”对话框中选择预设“一栏”即可；对文档最后一段文字进行分栏时，需在文档末尾新增一空段落，再进行分栏。

5．中文版式设置

中文版式指拼音指南、纵横混排、合并字符等特殊的中文版式效果，如图 6.22 所示。

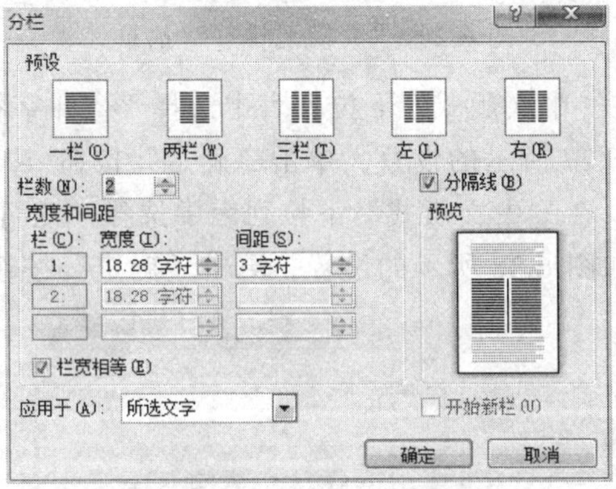

图 6.21 “分栏”对话框

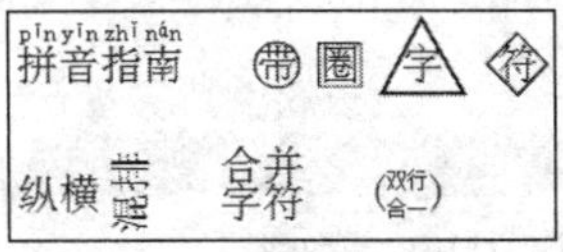

图 6.22 中文版式效果

【例 6-11】为文档中的文本设置中文版式效果。

例 6-11：操作视频

操作步骤如下：

① 设置拼音指南。选定文本“多媒体专业”，单击“开始”选项卡“字体”组中的“拼音指南”按钮，打开“拼音指南”对话框，完成如图 6.23 所示的设置，单击“确定”按钮。

② 设置带圈字符。选定文本“优”，单击“字体”组的“带圈字符”按钮，打开“带圈字符”对话框，完成如图 6.24 所示的设置，单击“确定”按钮。使用同样的方法，为文本“秀”设置带圈字符“△”。

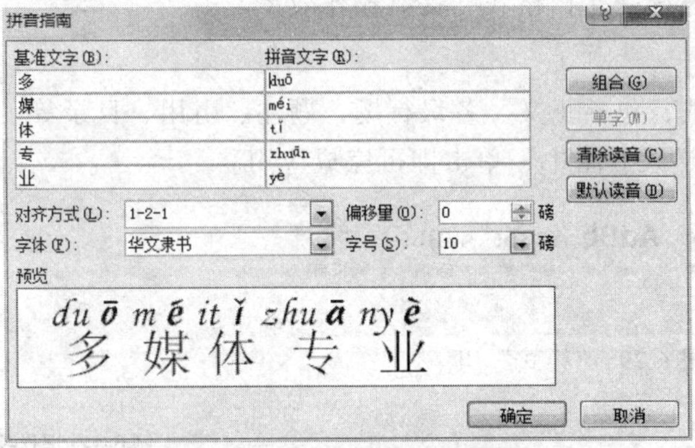

图 6.23 “拼音指南”对话框

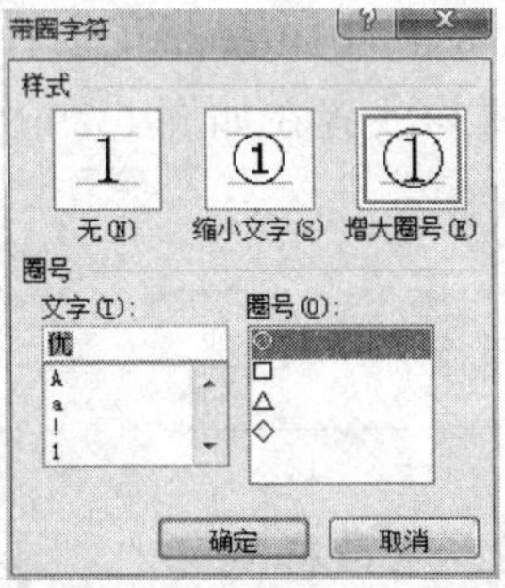

图 6.24 “带圈字符”对话框

③ 设置纵横混排。选定文本“助理”，单击“段落”组的“中文版式”按钮，在如图 6.25 所示的下拉列表中选择“纵横混排”命令，打开“纵横混排”对话框，完成如图 6.26 所示的设置，单击“确定”按钮。

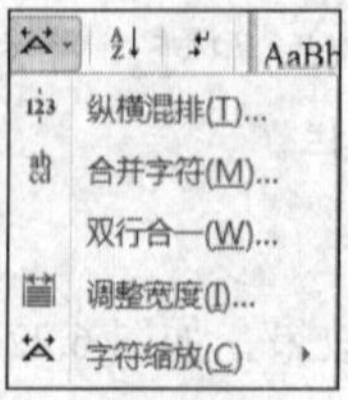

图 6.25 “中文版式”下拉列表

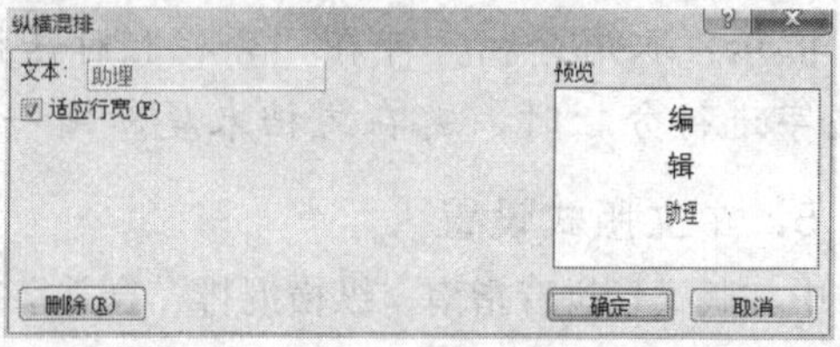

图 6.26 “纵横混排”对话框

④ 合并字符。选定文本“辅导教师”，在“中文版式”下拉列表中选择“合并字符”命令，打开“合并字符”对话框，完成如图 6.27 所示的设置，单击“确定”按钮。

⑤ 双行合一。选定文本“**师范大学”，在“中文版式”下拉列表中选择“双行合一”命令，打开“双行合一”对话框，完成如图 6.28 所示的设置，单击“确定”按钮。

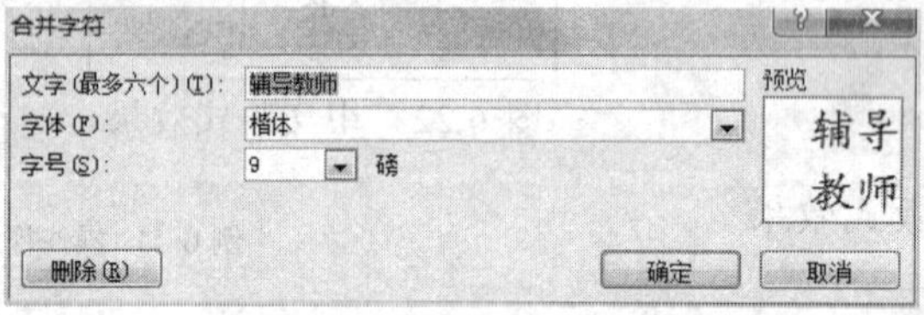

图 6.27 “合并字符”对话框

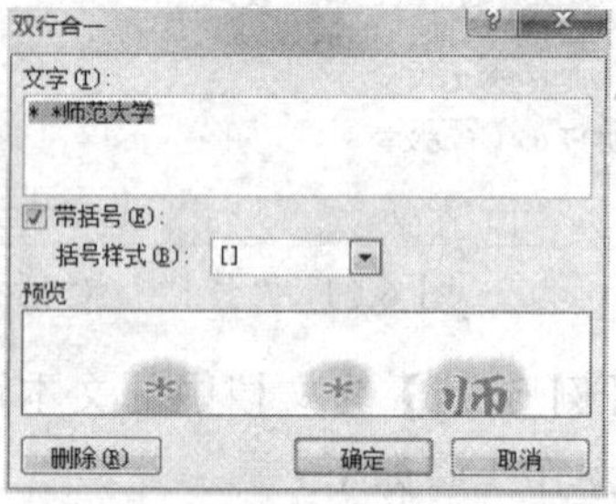

图 6.28 “双行合一”对话框

提示：拼音指南一次最多对 6 个汉字添加拼音；纵横混排、合并字符和双行合一效果，均可在相应的对话框中选择“删除”按钮，将效果清除。

6.2.7 样式

样式是一组已命名的字符、段落、编号、边框、文字效果、制表位等格式的组合。文档中使用样式进行排版，可以快速统一文档格式，提高操作效率。

1. 应用内置样式

Word 2010 提供了多种内置样式，包括正文、各级标题、题注、引用、目录等。这些样式均放置在如图 6.29 所示的“样式”组中，单击即可完成应用。

图 6.29 “样式”组

2. 修改样式

例 6-12：操作视频

文档的多个段落应用了内置样式后，可以对该样式进行修改。修改后的样式格式会自动更新在所有带此样式的段落中，极大地提高了格式操作效率。

【例 6-12】为文档内容应用样式，并修改样式格式。

操作步骤如下：

① 应用样式。选定“荣誉奖励”主题下的 4 个段落，单击“开始”选项卡“样式”组中的“其他”按钮，在“快速样式列表”中选择“明显引用”样式。

② 修改样式。指向“明显引用”样式，右击，在弹出的快捷菜单中选择“修改”命令，打开“修改样式”对话框。勾选“自动更新”复选框；通过“格式”下拉列表设置段落格式：段前段后间距均为 0 行，左缩进为 1 cm，右缩进为 0 cm，如图 6.30 所示，单击“确定”按钮。

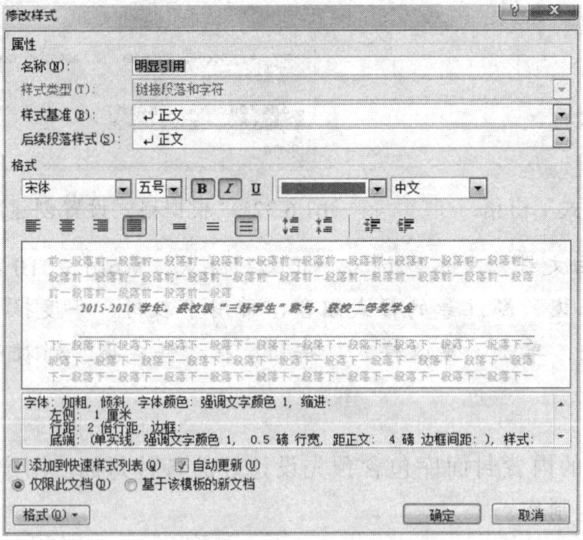

图 6.30 “修改样式”对话框

3. 新建样式

当 Word 2010 中提供的内置样式不能满足排版需要时，用户可以新建样式并应用。

【例 6-13】为文档内容新建样式，并应用。

例 6-13：操作视频

操作步骤如下：

① 新建样式。插入点定位在“求职意向”主题标题段落中，单击“样式”组扩展按钮，在弹出的“样式”窗格中单击“新建样式”按钮，如图 6.31 所示。在打开的“根据格式设置创建新样式”对话框中，设置样式名称、样式基准和后续段落样式；设置字体格式：华文行楷、小二、加粗，如图 6.32 所示。

② 样式高级格式设置。单击“格式”下拉列表，设置段落格式：无首行缩进，段前间距 1 行、单倍行距；设置边框和底纹格式：蓝色、0.5 磅的双线下边框，“水绿色 强调颜色 5 淡色 80%”的底纹；设置文字效果：文本填充为“深蓝 文字 2”的纯色填充，文本边框为雨后初晴渐变线效果。单击“确定”按钮，完成样式的新建。此时，“主题标题”样式已添加进“快速样式”列表中。

③ 样式应用。选定所有主题标题，应用“主题标题”样式；或使用格式刷功能，完成标题段落样式的快速应用。

图 6.31 “样式”窗格

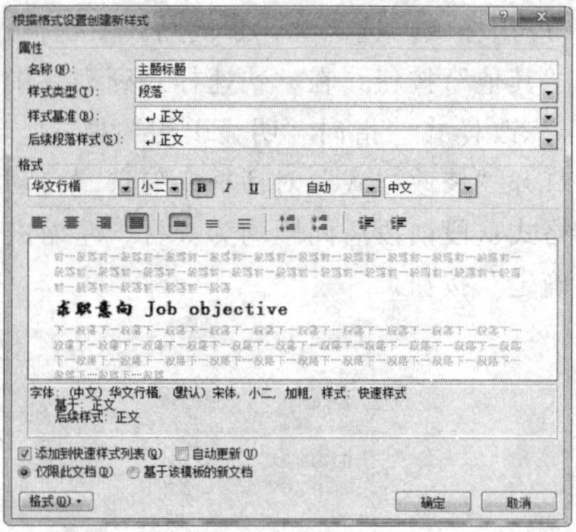

图 6.32 “根据格式设置创建新样式”对话框

提示：新建空白文档，文本默认为“正文”样式。Word 2010 提供了多种样式集，是包含各级标题、正文、题注等的样式组合，常用于教材、年度报告、杂志等长文档快速排版操作中，方法：单击“更改样式”按钮，在“样式集”列表中选择即可。

6.2.8 封面

Word 2010 提供的内置封面库包含预先设计好的各种封面。用户可选择并简单编辑，完成文档封面的快速制作。

【例 6-14】为文档制作封面。

例 6-14：操作视频

操作步骤如下：

① 插入封面。插入点定位文档任意位置，单击“插入”选项卡“页”组中的“封面”按钮，在如图 6.33 所示的下拉列表中，选择“现代型”封面，即插入在文档的首页位置。

② 编辑封面。输入封面的标题、副标题，选择日期，删除摘要、作者栏目，适当调整格式。封面制作完毕，效果如图 6.34 所示。

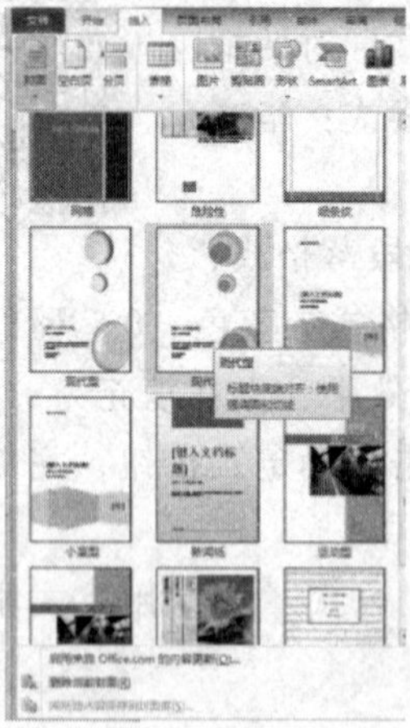

图 6.33 “内置封面”下拉列表

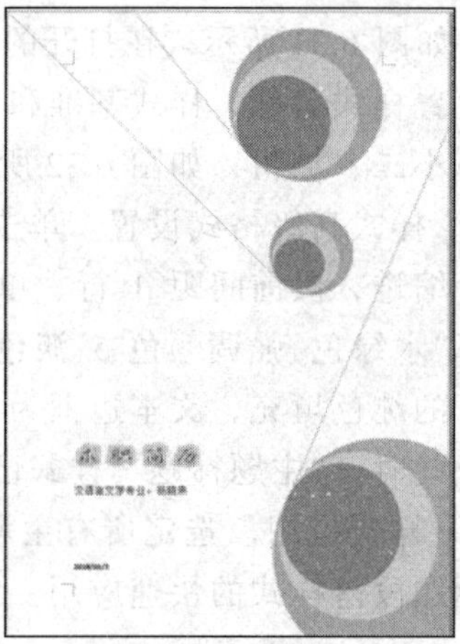

图 6.34 封面最终效果

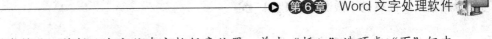

提示：删除封面，将插入点定位在文档任意位置，单击“插入”选项卡“页”组中的“封面”按钮，在弹出的下拉列表中选择“删除当前封面”命令即可。

至此，求职简历文档制作完毕。

6.3 制作社团招新海报

海报是信息传递的一种宣传工具。成功的海报设计，应主题明确、内容简洁，图形、文字、色彩等元素组合得当，既要有强烈的视觉效果，也要能准确表达所要传达的信息。

在 9 月开学，新生报到之际，杨晓燕作为社团宣传委员，需为舞蹈社团设计招新海报。依据社团招新资料，杨晓燕确定海报文本、图形、色彩等元素；结合所学的 Word 知识，得出如下设计思路：

① 新建一空白文档，保存为“社团招新海报.docx”。

② 版面设计，包括纸张大小、页边距、方向等页面设置，版面文本编辑，以及页面颜色、边框、水印等页面背景设计。

③ 各图形对象编排，包括各种图片、文本框、艺术字、形状、SmartArt 图形等对象的插入与编辑。

最终效果如图 6.35 所示。

图 6.35　社团招新海报样张

6.3.1 版面设计

社团招新海报共划分为 3 个版面，整体的版面布局如图 6.36 所示。

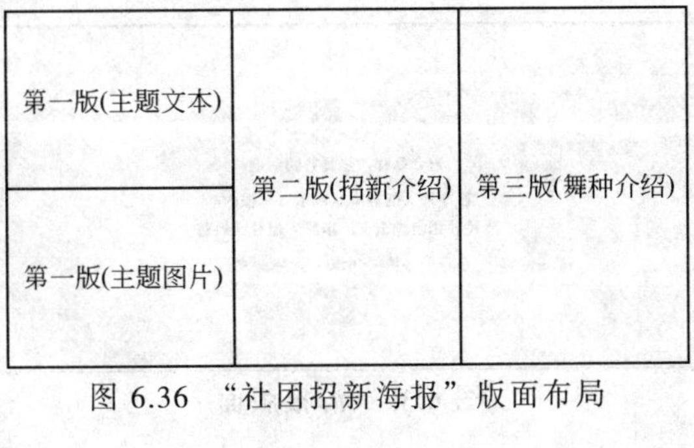

图 6.36　“社团招新海报”版面布局

Word 2010 中实现版面设计，主要包括页面设置、版面添加和页面背景设计 3 部分。

1. 页面设置

页面设置，指根据文档的打印或排版要求对文档进行页边距、纸张、页面版式、文档网格等格式设置。各功能按钮均集合在如图 6.37 所示的“页面布局”选项卡“页面设置”组中；单击组扩展按钮，打开如图 6.38 所示的“页面设置”对话框，能进行更详细、高级的格式设置。

图 6.37 “页面设置”组

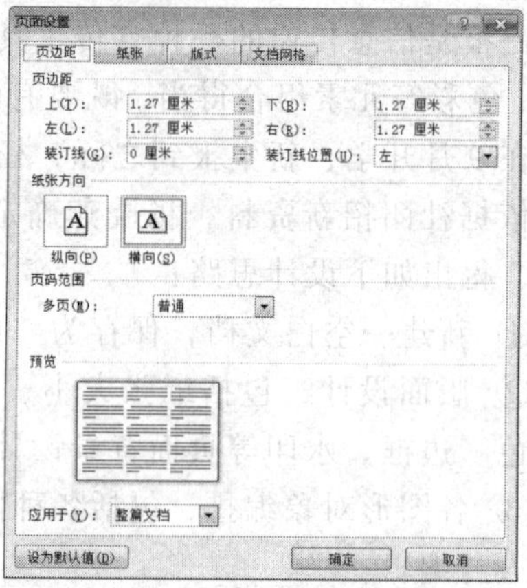

图 6.38 “页面设置”对话框

【例 6-15】创建文档，进行页面设置。

例 6-15：操作视频

操作步骤如下：

① 创建文档。新建一空白文档，保存为“社团招新海报.docx”。

② 页面设置。在“页面设置”组中，设置纸张大小为 A3，纸张方向为横向；单击组扩展按钮，在打开的“页面设置”对话框中，设置上、下、左、右页边距均为 2 cm。

提示：*在“页面设置”对话框中，“页边距”选项卡可以自定义上下左右页边距、装订线和纸张方向等；“纸张”选项卡可以自定义纸张大小等；“版式”选项卡可以自定义页眉、页脚距边界的距离，页面垂直对齐方式等；“文档网格”选项卡可以自定义文字方向、行网格、字符数和行数等。*

2. 添加版面

海报页面需划分为 3 个版面，并在每个版面中添加文本内容，可以使用分栏功能完成，如图 6.39 所示。

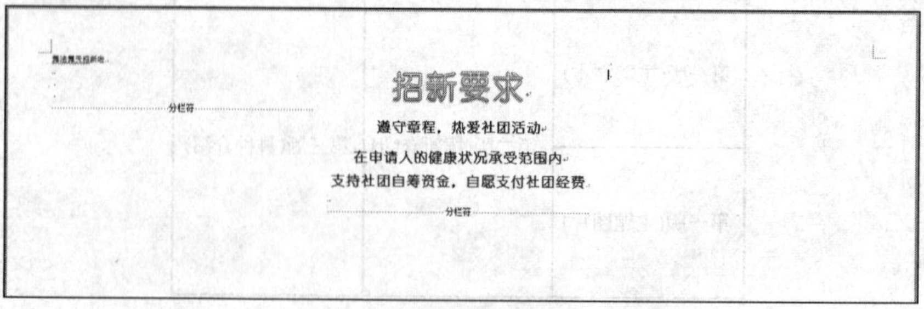

图 6.39 海报版面

【例 6-16】为文档划分版面，并添加相应的文本内容。

例 6-16：操作视频

操作步骤如下：

① 分栏。定位于文档中，将文档分为栏宽相等的 3 栏，即宽度相等的 3 个版面。

② 插入分栏符。定位于第 1 版中，单击“页面布局”选项卡“页面设置”组的“分隔符”按钮 分隔符，在下拉列表中选择“分栏符”命令，则插入点定位至第 2 版；再次插入分栏符，将插入点定位至第 3 版。此时，版面划分完毕。

③ 添加文本内容。定位于第 1 版，输入文字：“舞法舞天招新啦”；在第 2 版中，添加文字（来自于“文字素材.docx”文档中），居中对齐。

提示： 文档中显示格式标记，便于浏览、操作，具体方法为：单击“文件”选项卡“选项”按钮，在打开的对话框中选择“显示”选项卡，在右侧窗格中勾选“显示所有格式标记”，单击“确定”按钮。此时，文档中所有格式标记均显示。

3．页面背景

页面背景，包括水印、页面颜色和页面边框，是针对整个页面进行的美化操作。3 个功能按钮均集合在“页面布局”选项卡的“页面背景”组中，如图 6.40 所示。

水印，是纸面上一种特殊的暗纹。现代社会，通常在人民币、证券、机密文档中采用此方式，用以防止造假。Word 2010 提供的水印功能，包含文字水印和图片水印。

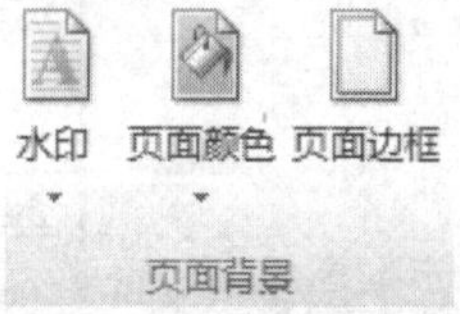

图 6.40 “页面背景”组

页面颜色，是纸面的背景颜色，包括纯色、渐变、纹理、图案、图片等效果。

页面边框，是整个页面的边框效果，默认应用于整篇文档。

【例 6-17】为文档设计页面背景，效果参考海报样张。

例 6-17：操作视频

操作步骤如下：

① 添加文字水印。单击“水印”按钮，在下拉列表中选择“自定义水印”命令，打开“水印”对话框，完成如图 6.41 所示的设置，单击“确定”按钮。

② 设置页面颜色。单击“页面颜色”按钮，在下拉列表中选择“填充效果”命令，打开“填充效果”对话框，完成如图 6.42 所示的设置，单击“确定”按钮。

③ 添加页面边框。单击“页面边框”按钮，打开“边框和底纹”对话框，完成如图 6.43 所示的设置，单击“确定”按钮。

提示： Word 提供了多种预设的文字水印，图片水印则需用户自定义；选择“水印”下拉列表中的“删除水印”命令，可取消水印效果；单击“页面边框”下拉列表中的“无颜色”命令，可取消页面颜色效果：在“页面边框”对话框中选择“无”，可取消边框效果。

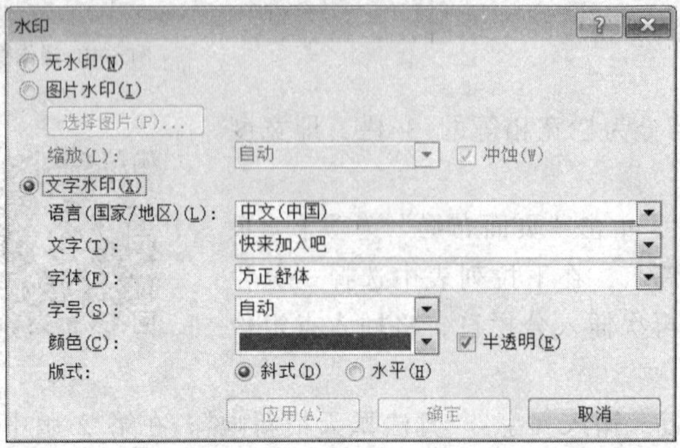

图 6.41 “水印”对话框

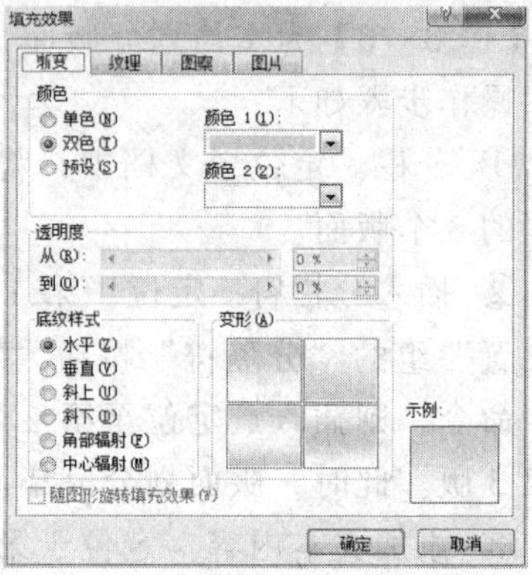

图 6.42 “填充效果”对话框

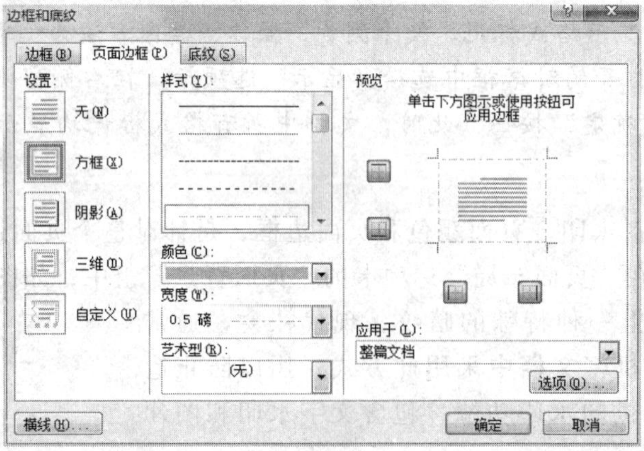

图 6.43 “边框和底纹”对话框

6.3.2 剪贴画和图片

Word 2010 中可以插入各种来源的图片和剪贴画，实现图文混排。图片和剪贴画的插入功能按钮，均集合在如图 6.44 所示的“插入”选项卡“插图”组中。

图 6.44 “插图”组

对于已插入的图片和剪贴画，可以使用“图片工具|格式”上下文选项卡中的各功能按钮完成编辑，包括调整图片颜色和艺术效果，设置图片样式，图片排列对齐方式，以及裁剪和更改大小等，如图 6.45 所示。

图 6.45 “图片工具|格式”上下文选项卡

1. 插入剪贴画

剪贴画是媒体文件的总称。Office 2010 提供了丰富的剪贴画，包括插图、照片、动画、声音或电影。

例 6-18：操作视频

【例 6-18】在文档第一版中插入剪贴画，效果参考海报样张。

操作步骤如下：

① 打开剪贴画窗格。插入点定位于文档第一版的段落中，单击“插入”选项卡“插图”组的“剪贴画”按钮，窗口右侧弹出“剪贴画”窗格。

② 选定剪贴画插入。单击“搜索”按钮，在下方列表中找到如图 6.46 所示的横线型线条，单击即完成插入。

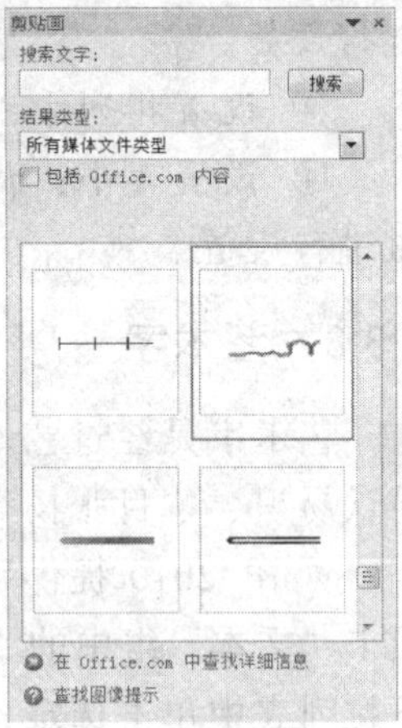

图 6.46 “剪贴画”窗格

2. 插入图片

Word 2010 中可以插入的图片有 JPG、GIF、BMP 等格式。

例 6-19：操作视频

【例 6-19】在文档中插入并编辑图片，效果参考海报样张。

操作步骤如下：

① 插入图片：“舞 logo.jpg”。插入点定位于文档第二版，单击“插入”选项卡“插图”组的“图片”按钮，在打开的“插入图片”对话框中选择图片“舞 logo.jpg”，单击“确定”按钮。

② 图片大小、环绕方式和位置。单击“图片工具|格式”选项卡“大小”组扩展按钮，打开“布局”对话框的“大小”选项卡，完成如图 6.47 所示的设置，单击“确定”按钮；单击“排列”组中的“自动换行”按钮，在下拉列表中选择“四周型”环绕；拖动图片放置于第二版和第三版上方。

③ 图片背景透明化。单击“调整”组中的“颜色”按钮，在如图 6.48 所示的下拉列表中选择“设置透明色”命令，鼠标指针变为状态，在图片白色背景区域单击。

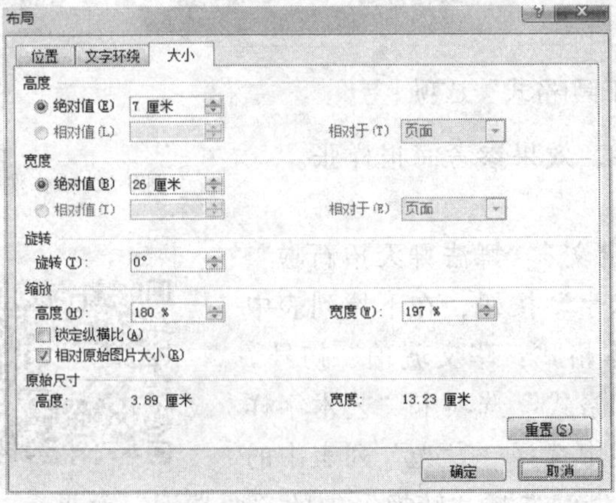

图 6.47 “大小”选项卡

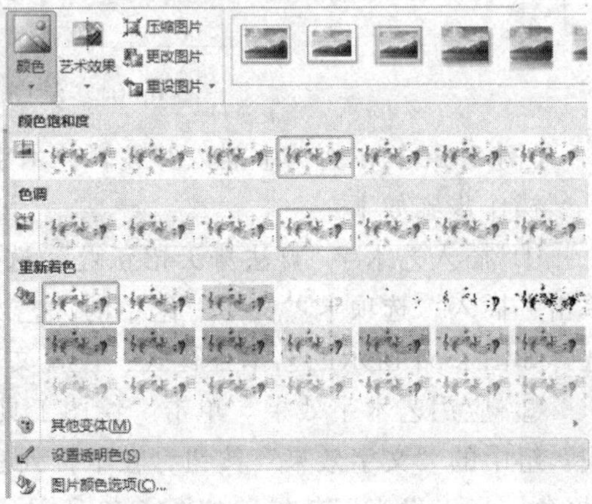

图 6.48 “颜色”下拉列表

④ 插入并编辑图片“二维码.jpg”。插入点定位于文档第二版，插入图片“二维码.jpg”；设置图片为“浮于文字上方”；使用“剪裁”按钮将图片多余部分去掉；应用“简单框架，黑色”图片样式，“右下对角”透视阴影效果；适当调整图片大小和位置。

提示：

剪贴画或图片格式的编辑，主要考虑以下几个方面：

① 应用各种效果：亮度和对比度、颜色效果、艺术效果等，可通过“调整”组进行设置。

② 应用图片样式：外观样式、图片边框和图片效果等，可通过“图片样式”组进行设置。

③ 设置排列方式：文字环绕、对齐、组合、旋转等，可通过“排列”组进行设置。

④ 设置大小：裁剪、高度、宽度等，可通过“大小”组进行设置。

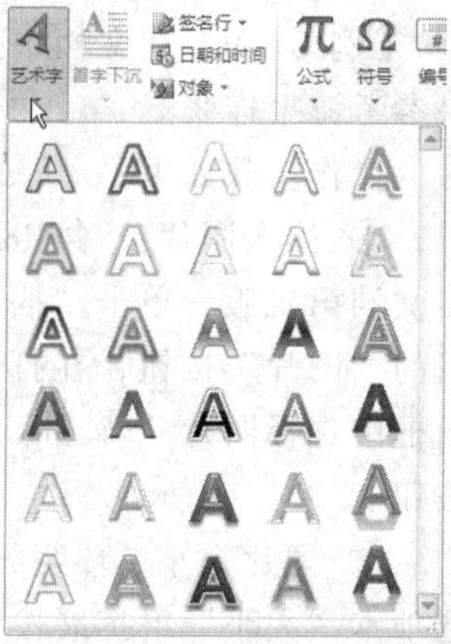

图 6.49 “艺术字”下拉列表

6.3.3 艺术字

艺术字是经过艺术加工的变形字体，具有美观有趣、易认易识、醒目张扬等特性。

Word 2010 提供了多种艺术字效果，单击“插入”选项卡“文本”组中的“艺术字”按钮，在如图 6.49 所示的下拉列表中单击选定，完成插入。

对已插入的艺术字，可以使用“绘图工具|格式”上下文选项卡中的各功能按钮完成编辑，包括更改艺术字外框形状，设置外框形状样式和艺术字样式，更改文字方向，排列对齐，以及调整大小等，如图 6.50 所示。

图 6.50 “绘图工具|格式”选项卡

【例 6-20】在文档中插入并编辑艺术字，效果参考海报样张。

例 6-20：操作视频

操作步骤如下：

① 插入艺术字“舞法舞天招新啦”。选定文本“舞法舞天招新啦”，单击“插入”选项卡“文本”组中的“艺术字”按钮，在下拉列表中选择如图 6.51 所示的艺术字样式；设置文本格式：华文琥珀、初号。

② 应用艺术字效果。单击“绘图工具|格式”选项卡“艺术字样式”组中的“文字效果”按钮，在下拉列表中选择“发光”列表中的“橙色，18pt 发光”效果，如图 6.52 所示；继续选择“转换”中的“两端近”效果。

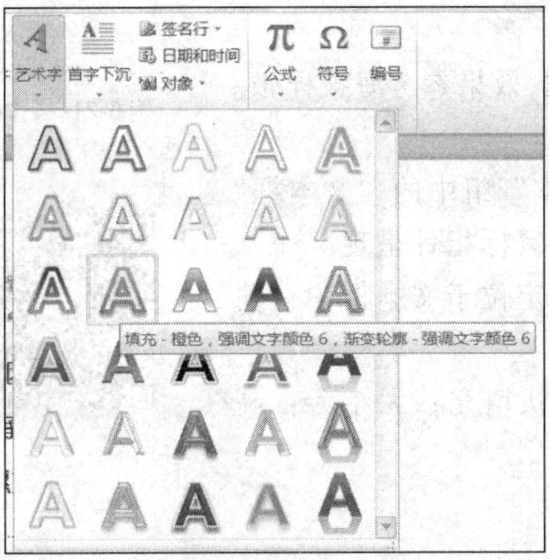

图 6.51　艺术字样式

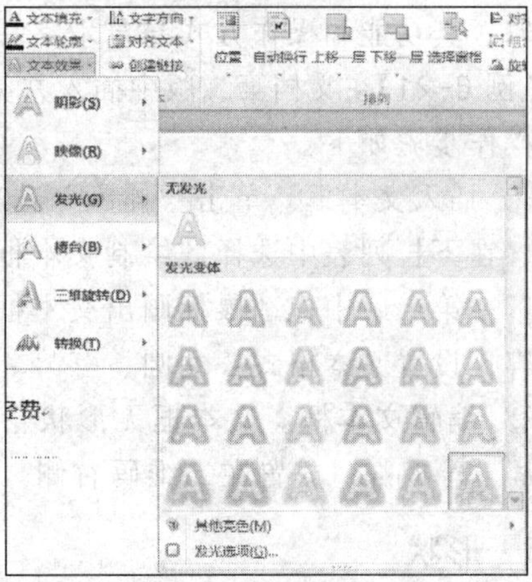

图 6.52　艺术字转换效果

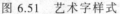

③ 设置环绕方式、大小和位置。单击“排列”组中的“自动换行”按钮，在列表中选择“上下型环绕”；适当调整艺术字大小，并放置在横线线条上方。

④ 插入并编辑艺术字“社团”。插入第 5 行第 3 列艺术字样式，输入内容为“社团”；设置文本格式：幼圆、一号字；应用第 1 行第 6 列形状样式，无形状填充颜色；更改形状为“星与旗帜”类的“六角星”形；设置艺术字旋转 330°；适当调整大小和位置。

提示：

艺术字（以及后文的文本框和形状）格式的编辑，主要考虑以下几个方面：

① 插入形状：更改和编辑形状、插入文本框等，可通过“插入形状”组进行设置。

② 设置形状效果：形状样式、轮廓、填充和效果等，可通过“形状样式”组进行设置。

③ 设置艺术字效果：艺术字样式、填充、轮廓和效果等，可通过“艺术字样式”组进行设置。

④ 设置文本格式：文字方向、文本对齐方式等，可通过“文本”组进行设置。

⑤ 设置排列方式：文字环绕、对齐、组合、旋转等，可通过“排列”组进行设置。

⑥ 设置大小：高度、宽度等，可通过“大小”组进行设置。

6.3.4　文本框

文本框是一种可以调整大小的文本或图片容器，可以放置在页面的任何位置。

Word 2010 提供了多种预设文本框，均集合在“插入”选项卡“文本”组的“文本框”下拉列表中；用户也可以根据需要自定义文本框，如图 6.53 所示。

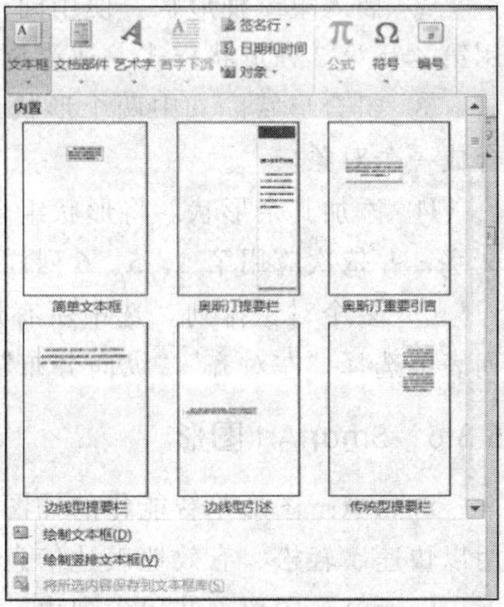

图 6.53　“文本框”下拉列表

对已插入的文本框，可以使用如图 6.50 所示的“绘图工具|格式”上下文选项卡中的各功能按钮完

成编辑，其功能和操作方式与艺术字一致。

【例 6-21】在文档第二版中插入并编辑文本框，效果参考海报样张。

例 6-21：操作视频

操作步骤如下：

① 插入文本框。单击“插入”选项卡“文本”组中的“文本框”按钮，在下拉列表中选择“绘制文本框”命令，鼠标指针呈现“十”状态，在第二版中拖动鼠标画出文本框；插入点定位于文本框中，输入内容；设置文本格式：幼圆、三号、加粗。

② 编辑文本框。文本框无形状轮廓、无形状填充；大小为：高 5.5 cm、宽 8 cm；放置在二维码右侧。

6.3.5 形状

Word 2010 提供了各种形状，包括线条、基本形状、箭头总汇、流程图、标注、星与旗帜 6 大类，均集合在“插入”选项卡“插图”组的“形状”列表中，如图 6.54 所示。

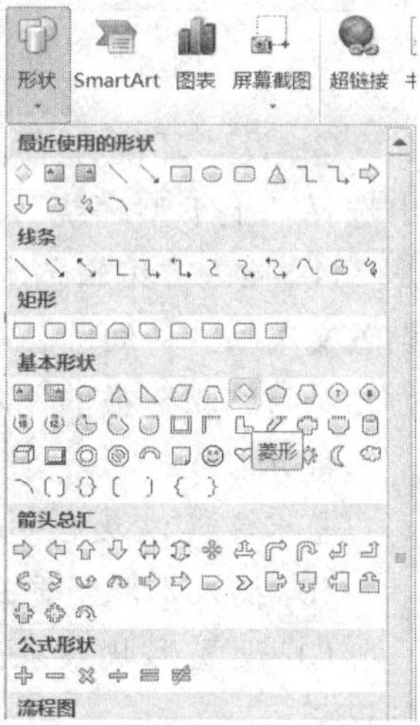

图 6.54 “形状”列表

对已插入的形状，可以使用如图 6.50 所示的“绘图工具|格式”上下文选项卡中的各功能按钮完成编辑，其功能和操作方式与艺术字和文本框一致。

【例 6-22】在文档第三版中插入并编辑形状，效果参考海报样张。

例 6-22：操作视频

操作步骤如下：

① 插入第一种形状。单击“插入”选项卡“插图”组中的“形状”按钮，在下拉列表中选择基本形状类的“泪滴形”，鼠标指针呈现“十”状态，在第三版中拖动鼠标拉出形状；右击，在弹出的快捷菜单中选择“添加文字”命令，输入内容；应用第 4 行第 3 列形状样式，适当调整大小。

② 插入第二种形状。使用同样方法，插入矩形类的“圆角矩形”，添加文本，并应用第 4 行第 3 列形状样式，适当调整大小。

③ 组合形状。选中两个形状，单击“排列”组中的“组合”按钮，即两个形状组合成一个对象。

④ 添加其余形状。将形状组合复制粘贴 3 次，得到其余 3 个形状组合；添加相应文字，并依次应用第 4、5、6 列样式。

⑤ 多个对象排列。选中所有形状组合，单击“排列”组的“对齐”按钮，在下拉列表中选择“左对齐”“纵向分布”，实现多个对象的快速排列。

6.3.6 SmartArt 图形

SmartArt 图形是智能化的插图功能，将各种形状、内容以不同的布局排列并组合，用以快速、轻松、有效地表达信息。

SmartArt 图形，共包含列表、流程、循环、层次结构、关系、矩阵、棱锥图和图片等 8 大类，如图 6.55 所示。其插入功能按钮集合在“插入”选项卡的“插图”组中。

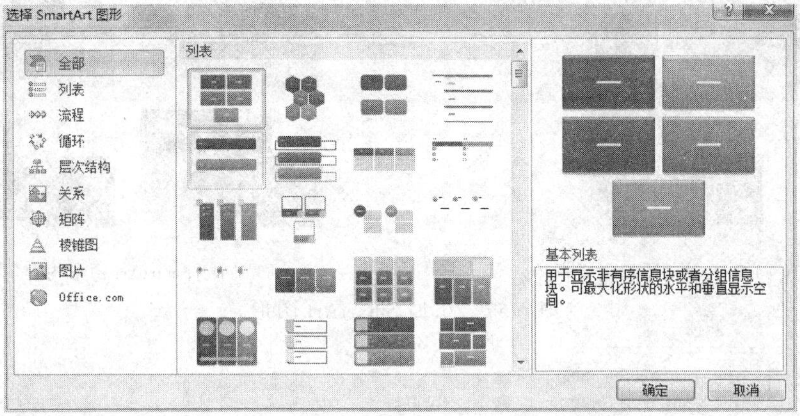

图 6.55　SmartArt 图形类别

对已插入的 SmartArt 图形，可以使用“SmartArt 工具|设计”和“SmartArt 工具|格式”上下文选项卡中的各功能按钮完成编辑，包括添加形状、更改布局、应用 SmartArt 样式，应用形状样式、艺术字样式，调整排列方式、大小等，如图 6.56 所示。

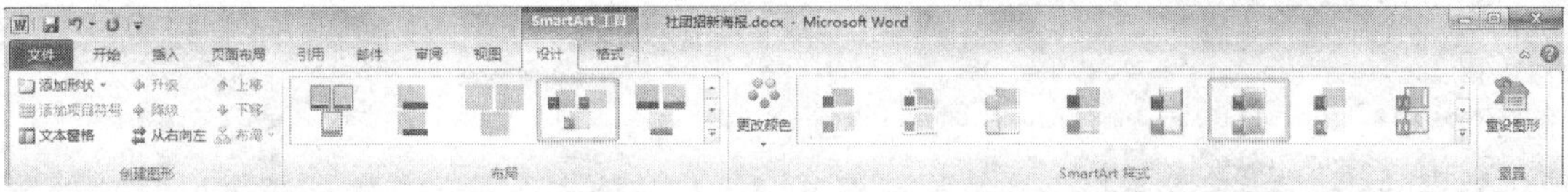

（a）“SmartArt 工具|设计”上下文选项卡

（b）“SmartArt 工具|格式”上下文选项卡

图 6.56　“SmartArt 工具”选项卡

【例 6-23】在文档第一版中插入并编辑 SmartArt 图形，效果参考海报样张。

例 6-23: 操作视频

操作步骤如下：

① 插入 SmartArt 图形。单击“插入”选项卡“插图”组中的 SmartArt 按钮，在打开的对话框中选择图片类的“蛇形图片块”，文档中显示如图 6.57（a）所示的图形编辑框。

② 添加内容。在编辑框中，输入文本“韩舞”“爵士”“拉丁”“街舞”，单击图形按钮依次添加对应的图片，效果如图 6.57（b）所示。（可单击“创建图形”组的“添加形状”按钮，用以增加形状和文本）

③ 设计 SmartArt 图形效果。单击“SmartArt 工具|设计”选项卡“SmartArt 样式”组中的“更改颜色”按钮，在下拉列表中选择第一种彩色，如图 6.58（a）所示；继续单击“快速样式”按钮，选择三维优雅样式，如图 6.58（b）所示。

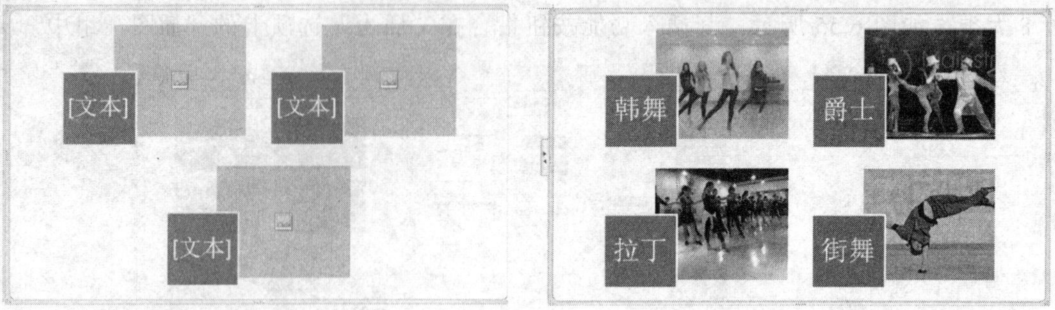

（a）SmartArt 图形编辑框　　（b）SmartArt 图形内容

图 6.57　添加 SmartArt 图形

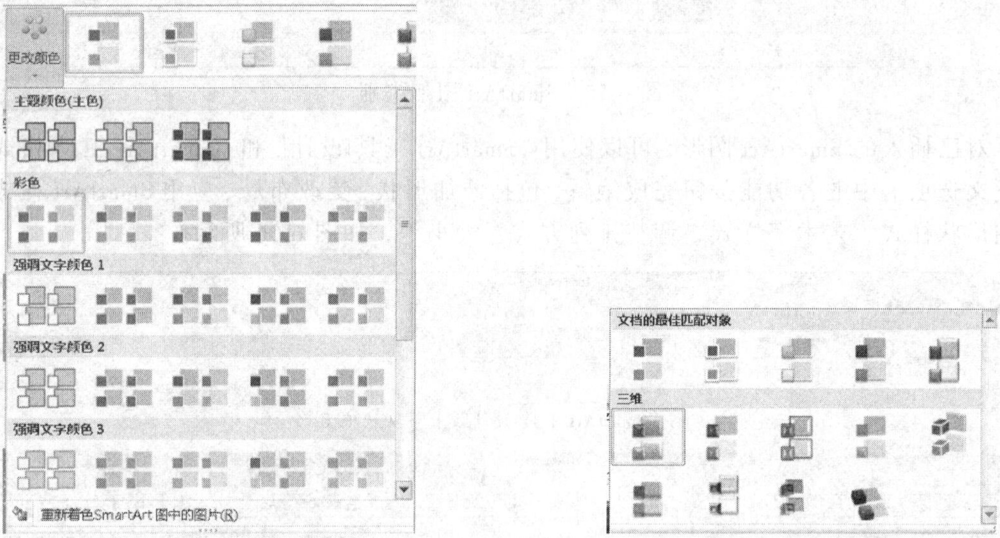

（a）“更改颜色”下拉列表　　（b）“SmartArt 样式”下拉列表

图 6.58　设置 SmartArt 图形

④ 设置 SmartArt 图形格式。选定“韩舞”和“街舞”两个文本图形，单击“SmartArt 工具|格式”选项卡“形状”组中的“更改形状”按钮，选择“椭圆”形；选定整个 SmartArt 图形，单击“排列”组中的“自动换行”按钮，选择“浮于文字上方”；在“大小”组中设置图形高 9 cm、宽 12 cm，放置在第一版最后。

提示：SmartArt 图形的格式功能和操作方式与形状一致；其设计功能和操作方式，主要考虑以下几个方面：

① 创建图形：添加形状、更改内容级别、调整内容布局等，可通过“创建图形”组进行设置。

② 设置布局效果：更改布局即更改 SmartArt 图形类型，可通过“布局”组进行设置。

③ 设置 SmartArt 图形效果：更改颜色、应用 SmartArt 样式等，可通过“SmartArt 样式”组进行设置。

至此，社团招新海报制作完毕。

6.4 批量制作寒假通知书

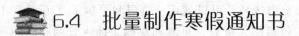

在教育实习中，杨晓燕需为学校制作一份寒假通知书，包含考试情况分析、假期建议、温馨提示和家长回执单4部分内容。通知书要求内容准确、形式规范、排版合理，并能根据个人信息、成绩等数据批量生成对应每位学生信息的通知书文档，打印发放给家长。

杨晓燕参考学校通知书范例，确定了通知书内容、形式和排版风格，确定了使用Word 2010中的邮件合并功能来批量生成通知书文档；结合所学的Word知识，得出如下设计思路：

① 新建一空白文档，输入内容，进行文字和段落基本排版，保存为“寒假通知书.docx”。

② 插入页眉和页脚，添加文档相关信息。

③ 插入OLE对象、超链接、公式、表格、图表等对象，以各种形式准确表达内容。

④ 使用邮件合并功能，链接学生数据，批量生成包含每位学生信息的通知书文档。

批量制作的寒假通知书最终效果如图6.59所示。

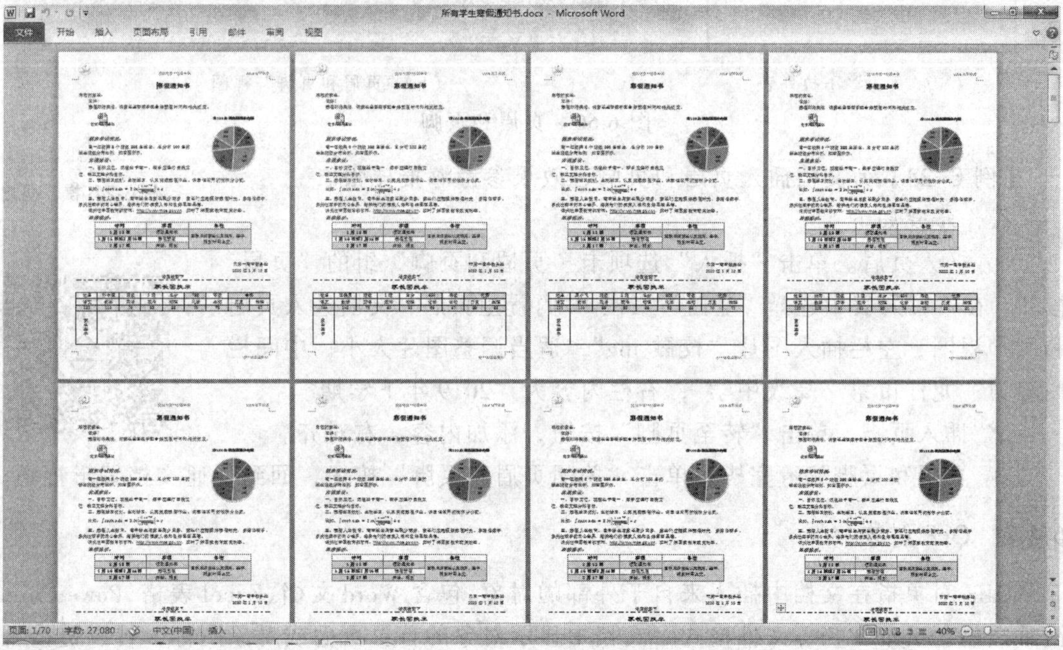

图 6.59 寒假通知书样张

6.4.1 页眉和页脚

页眉和页脚位于文档页面的顶部和底部区域，用于显示文档的附加或注释信息，例如页码、日期、作者名称等，还可以根据需要插入图形等对象。

系统提供多种内置页眉（或页脚），如图6.60（a）所示，用户可以根据需要选择，也可以自定义。

插入页眉或页脚后，文档会切换至“页眉和页脚”视图，文档编辑区域呈灰白色，

不允许编辑；页眉和页脚区域，可以使用“页眉和页脚工具|设计”上下文选项卡中的各功能按钮完成编辑，包括插入页眉、页脚和页码，插入日期和时间、图片等对象，切换页眉和页脚，设置选项和位置等，如图 6.60（b）所示。

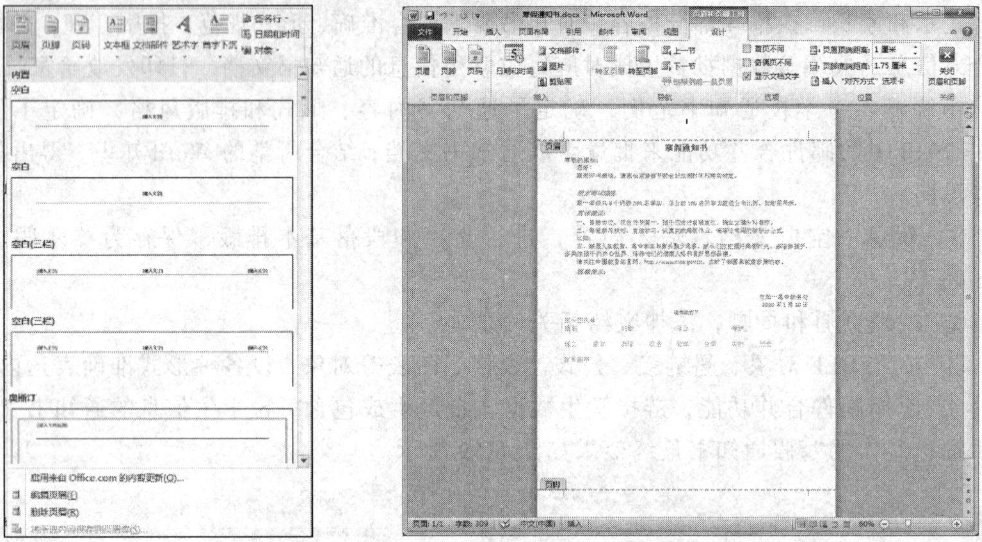

（a）“页眉”下拉列表　　（b）“页眉和页脚”视图

图 6.60　页眉和页脚

【例 6-24】为文档插入页眉和页脚，效果参考海报样张。

例 6-24：操作视频

操作步骤如下：

① 插入页眉。单击“插入”选项卡“页眉和页脚”组的“页眉”按钮，在下拉列表中选择“空白（三栏）”内置型页眉，文档进入页眉和页脚视图；左栏插入图片“校徽.jpg”，适当调整图片大小；中间栏内容为“龙江市第一高级中学”；右栏内容为“2019 年下学期”。

② 插入页脚。单击“转至页脚”按钮，添加内容，右对齐。

③ 页眉和页脚编辑完毕，单击“关闭页眉和页脚”按钮，回到普通文档编辑视图。

6.4.2　OLE 对象

OLE 对象指在文档中插入来自于外部的对象，包含 Word 文档、Excel 表格、PowerPoint 演示文稿、文本文档等文件格式。文档中显示对象的首页页面或对象图标，可以链接至对象文件，实现对源文件的更改能自动反映在本文档中。

6.4.3　超链接

例 6-25：操作视频

Word 2010 中，可以为文本和对象创建指向文件或网页、图片、电子邮件地址和程序的链接。

【例 6-25】为文档插入 OLE 对象和超链接，效果参考海报样张。

操作步骤如下：

① 插入 OLE 对象。插入点定位，单击“插入”选项卡“文本”

组中的“对象”按钮，打开“对象”对话框选择“由文件创建”标签，浏览选定“市教育局 45 号文件.docx”，勾选“显示为图标”复选框，如图 6.61 所示，单击“更改图标”按钮，在打开的对话框中修改题注为“教育局放假通知”，单击“确定”按钮。

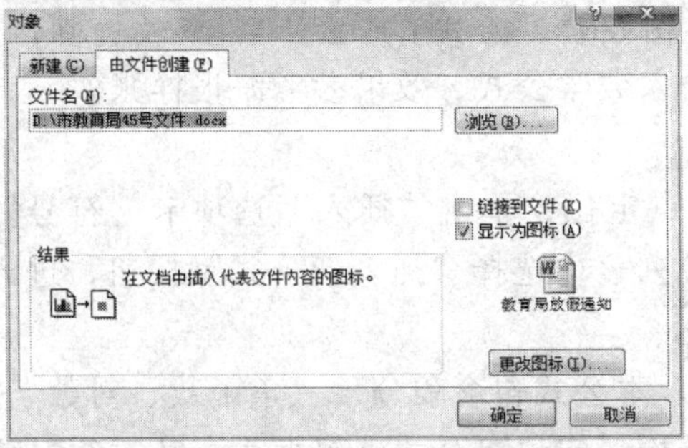

图 6.61 “对象”对话框

② 插入超链接。选定网站地址文本，单击“插入”选项卡“链接”组中的“超链接”按钮，打开“超链接”对话框，在“现有文件或网页”选项卡的地址栏中输入网址，如图 6.62 所示。单击“确定”按钮。

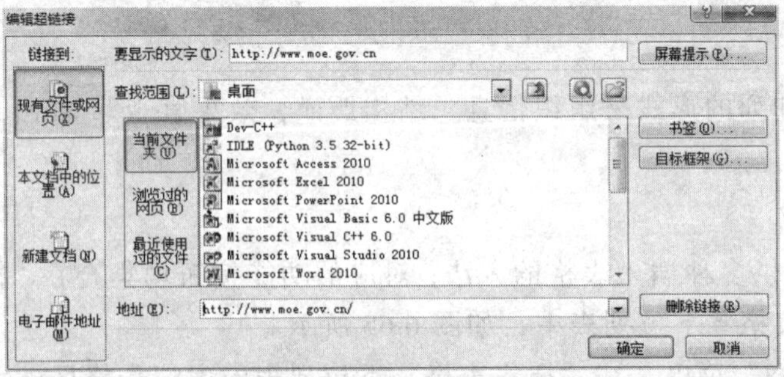

图 6.62 “超链接”对话框

提示：双击插入的 OLE 对象，可以打开对象文件进行浏览和编辑；为文本创建超链接后，文本和自动添加的下画线会统一更改颜色（系统默认为蓝色），按【Ctrl】键单击超链接，可打开链接对象；指向超链接并右击，在弹出的快捷菜单中可以编辑、选定、打开、复制、取消超链接。

6.4.4 数学公式

Word 2010 提供了数学公式的插入与编辑功能，可以单击“插入”选项卡“符号”组的“公式”按钮，在下拉列表中选择系统提供的多种内置公式，如图 6.63 所示；也可以通过“插入新公式”按钮自定义。

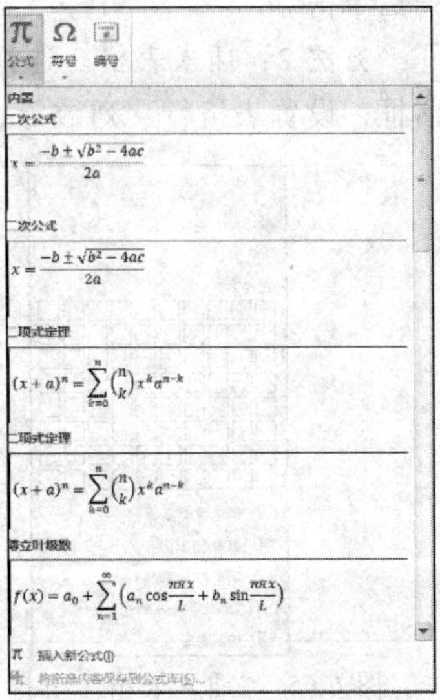

图 6.63 “公式”下拉列表

插入数学公式后，文档中出现公式编辑框，可以使用“公式工具|设计”上下文选项卡中的各功能按钮编辑公式，包括格式工具、各种符号以及算式结构等设置，如图 6.64 所示。

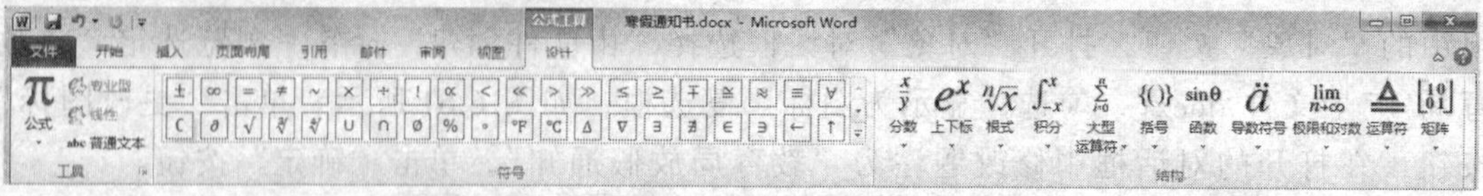

图 6.64 “公式工具|设计”上下文选项卡

【例 6-26】为文档插入数学公式，效果参考海报样张。

例 6-26：操作视频

操作步骤如下：

① 插入公式。插入点定位，单击“插入”选项卡“符号”组中的“公式”按钮，在下拉列表中选择“插入新公式”按钮，进入公式编辑状态。

② 分析并编辑公式。本公式包含积分、三角函数、对数、括号、分数、根式和上下标等结构；定位于公式编辑框中，从左往右依次添加各种结构和符号，插入点定位可以按左右方向键或单击完成。

③ 设置公式格式。单击选定公式标签，在“开始”选项卡“字体”组中设置倾斜效果。

6.4.5 表格

表格通过行和列的形式来组织信息，结构严谨，效果直观。Word 2010 具有强大的表格编排能力。

1. 插入表格

Word 2010 提供多种插入表格的方法，对应的功能按钮均集合在“插入”选项卡“表格”组的“插入表格”下拉列表中，如图 6.65 所示。

方法 1：“表格”菜单。在“插入表格”下拉列表的虚拟表格区，移动鼠标选择行、列后单击。

方法 2：插入表格。选择“插入表格”命令，打开如图 6.66 所示的“插入表格”对话框，设置表格行、列数等，单击“确定”按钮。

图 6.65 “插入表格”下拉列表

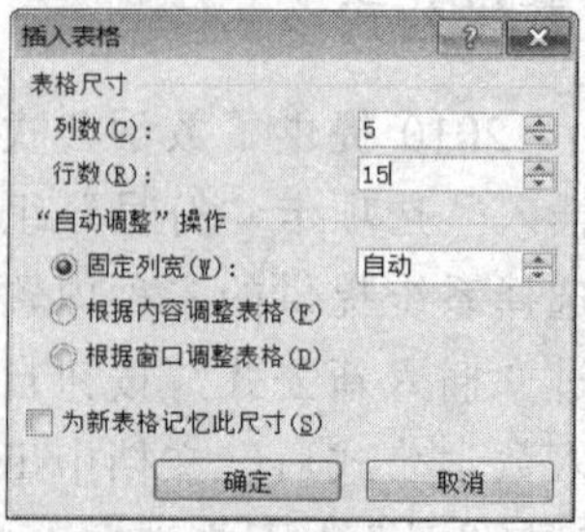

图 6.66 “插入表格”对话框

方法 3：绘制表格。单击“绘制表格”命令，鼠标指针变为铅笔状“”，拖动鼠标绘制。此方法常用于制作行列分布不规范的表格。

方法 4：文本转换成表格。选定文本内容，选择“文本转换成表格”命令，打开如图 6.67 所示的“将文字转换成表格”对话框，按段落识别成行，按选择的文字分隔方式识别成列，单击“确定”按钮。

方法 5：内置表格模板。选择“快速表格”命令，在打开的内置模板列表中单击选择模板。

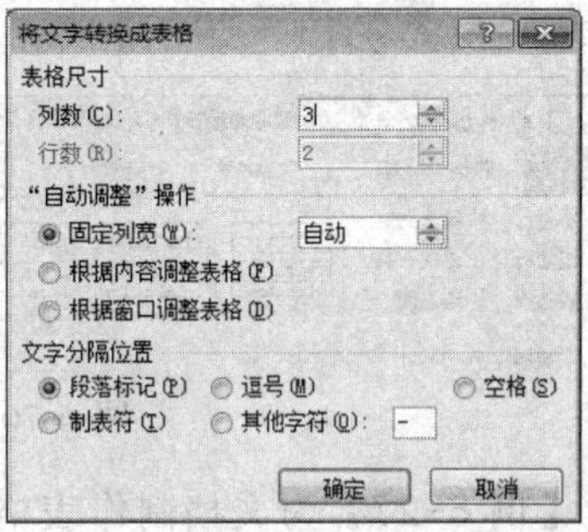

图 6.67 “将文字转换成表格”对话框

2. 输入内容

表格的行、列交叉处形成的格子称为“单元格”。每个单元格中均有一个段落标记，可单击或按上下左右方向键或按【Tab】键进行插入点定位，输入文本、图形等内容。

3. 编辑表格

在对表格编辑之前，首先要选定对象，具体方法如表 6.3 所示。

表 6.3 选定表格对象的操作方法

选定文本类型	操 作 步 骤
整个表格	单击表格左上角的按钮
一个或多个单元格	单击选定一个单元格内容；或按住【Ctrl】键，单击选定多个单元格内容
单元格区域	鼠标选定左上角单元格，拖动至右下角单元格
整行或整列	鼠标指针移至行左侧，变成形状时单击；或移至列顶部，变成⬇形状时单击

表格的编辑主要包括对表格、行、列、单元格的删除和插入，以及合并、拆分单元格等操作。各功能按钮均集合在“表格工具|布局”上下文选项卡的“行和列”组、“合并”组中，如图 6.68 所示。

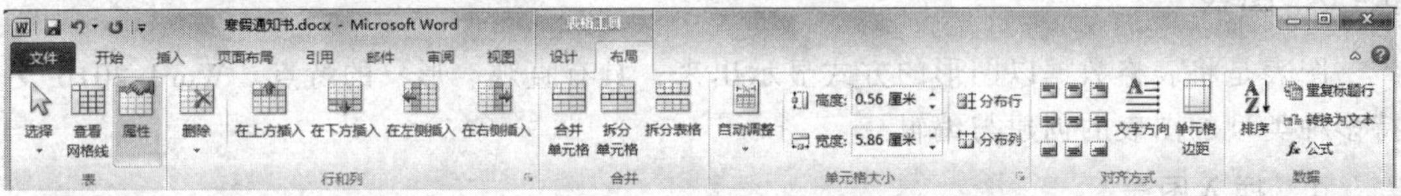

图 6.68 “表格工具|布局”上下文选项卡

4. 格式化表格

（1）设置行高、列宽、表格尺寸、表格对齐方式

方法 1：单击如图 6.68 所示的“属性”按钮，在打开如图 6.69 所示的“表格属性”对话框中，完成设置。

方法 2：利用如图 6.68 所示的“单元格大小”组中各功能按钮，完成设置。

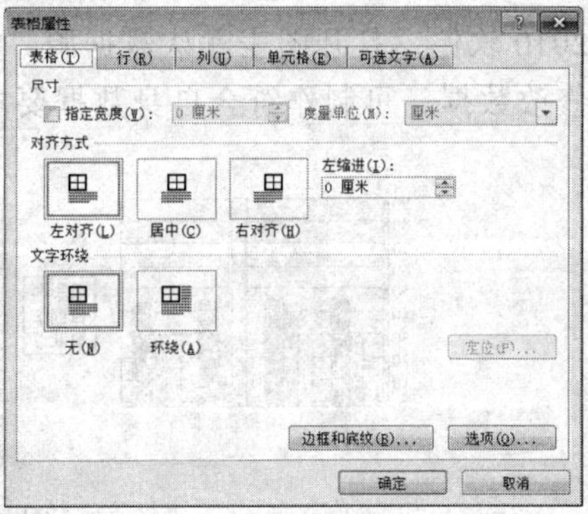

图 6.69 “表格属性”对话框

（2）表格内容对齐方式

方法：利用如图 6.68 所示的“对齐方式”组中各功能按钮，完成设置。

（3）应用表格样式、添加表格边框与底纹

方法：单击“表格工具|设计”上下文选项卡的各功能按钮，完成设置，如图 6.70 所示。

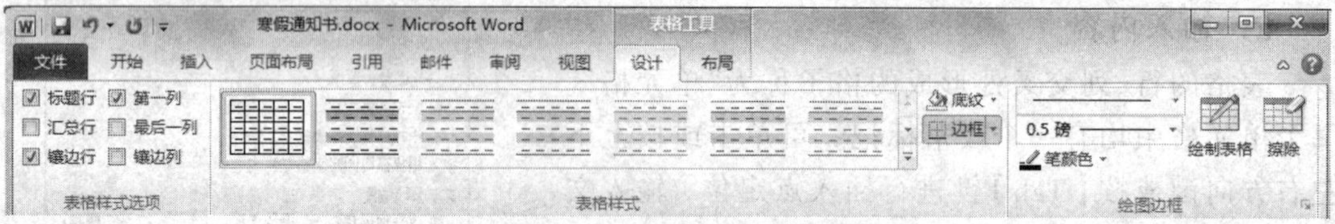

图 6.70 “表格工具|设计”上下文选项卡

【例 6-27】为文档制作表格，效果参考海报样张。

例 6-27：操作视频

操作步骤如下：

① 插入第一个表格。插入点定位，插入 3 列 4 行的表格，合并单元格，输入内容。

② 编辑和格式化表格。表格宽度为页面宽度的 80%、表格水平居中，应用“浅色网格-强调文字颜色 4”内置表格样式，文本在单元格内水平和垂直方向均居中。

③ 制作第二个表格。选中绿色文本段落，利用“文本转换成表格”命令插入表格，删除行、增加列，合并单元格，补充文本内容。

④ 编辑和格式化表格。第 1 行行高为 1 cm，文字格式为隶书、小二；最后一行行高为 3 cm，竖向文字；表格内文本为黑色、水平和垂直居中；添加边框和底纹：边框粗细均为 0.5 磅，底纹颜色为“紫色 强调文字颜色 4 淡色 80%”。

6.4.6 图表

图表是将表格数据以图形的方式显示出来，具有直观、形象的特点。Word 2010 支持多种类型的图表的创建与编辑。

1. 插入图表

单击“插入”选项卡“插图”组中的“图表”按钮，即插入默认图表，同时启动 Excel 2010 软件，打开图表默认数据源，如图 6.71 所示。通过拖动蓝色框线调整数据源区域、修改数据，可制作符合自身数据要求的图表，最后关闭 Excel 数据源。

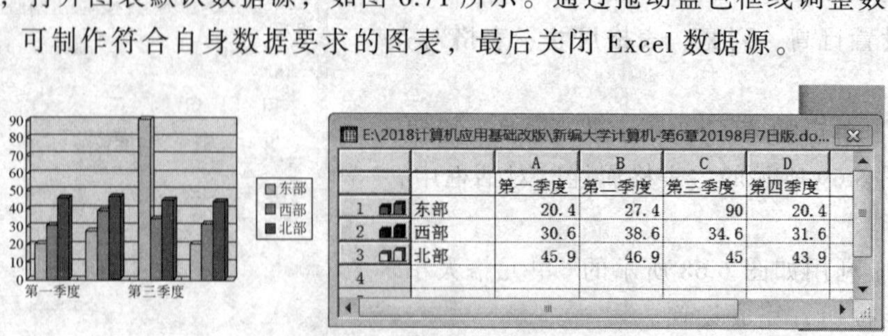

图 6.71 图表数据源窗口

2. 编辑图表

新插入的图表已应用了默认的图表样式，可以对图表进行设计、布局和格式的编辑。

可以通过如图 6.72 所示的“图表工具|设计”上下文选项卡，完成对图表的设计，包括更改图表类型、数据编辑、应用图表布局样式、应用图表样式等。

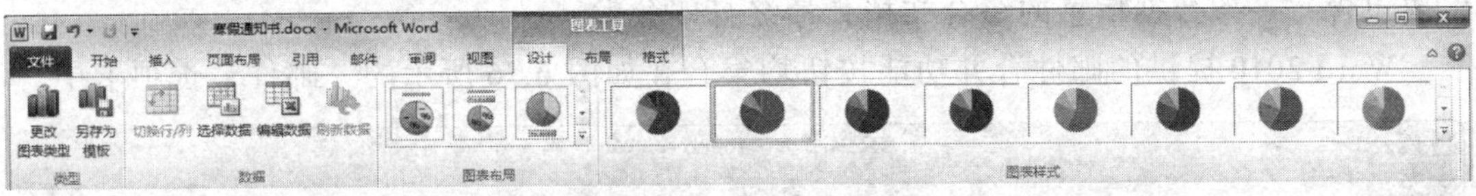

图 6.72 “图表工具|设计”上下文选项卡

可以通过如图 6.73 所示的“图表工具|布局”选项卡，完成对图表的布局设置，包括选择图表对象、插入对象、各种标签设置、坐标轴设置、背景设置、插入快速分析图表等。

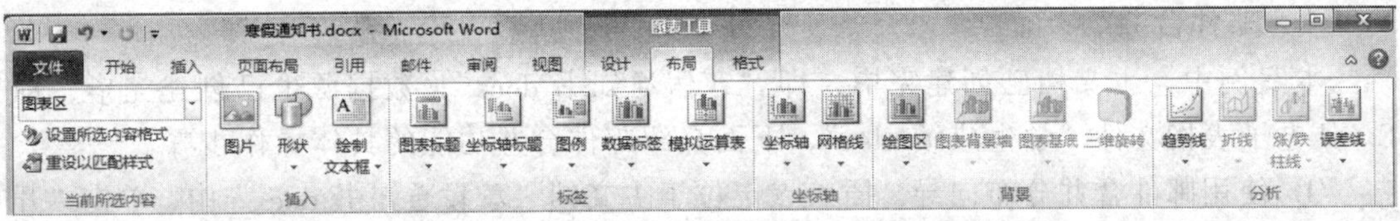

图 6.73 “图表工具|布局”上下文选项卡

还可以通过如图 6.74 所示的“图表工具|格式”选项卡，完成对图表中各对象外观的设置，包括应用与自定义形状样式、应用与自定义艺术字样式、排列方式、大小等。

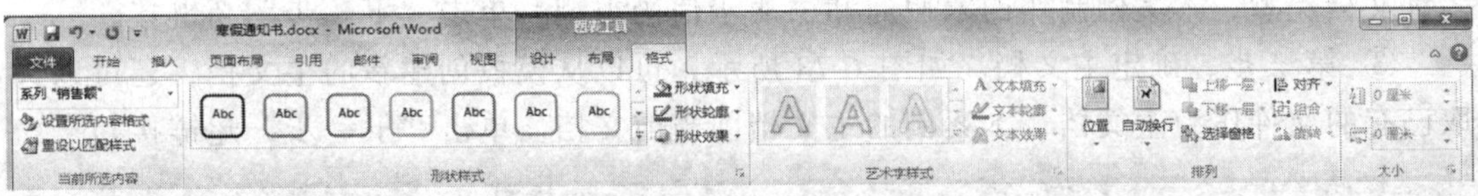

图 6.74 “图表工具|格式”上下文选项卡

【例 6-28】为文档制作图表，效果参考海报样张。

例 6-28：操作视频

操作步骤如下：

① 插入图表。插入点定位，插入图表，修改数据源（见图 6.75），更改图表类型为“饼图”。

	A	B
1	班级	人数
2	1班	11
3	2班	12
4	3班	28
5	4班	22
6	5班	11
7	6班	16

图 6.75 图表数据源

② 格式化图表。图表应用“样式 10”，字号为 8；高为 5.5 cm，宽为 7 cm，无形状轮廓，四周型环绕。放置在合适位置。

③ 设置图表布局。修改图表标题，取消图例，设置数据标签：类别名称、百分比、无引导线、数据标签内。

6.4.7 邮件合并

邮件合并是指在文档的固定位置合并相关的变化信息，批量生成每一条信息对应的邮件综合文档。常用于批量制作信封、请柬、学生成绩单、工资条、录取通知书、获奖证书等。

首先，建立包含所有文件共同内容的主文档；其次，创建包含所有变化信息的数据源，可以是含表格数据的 Word 文档、Excel 电子表格、Access 数据库表等；最后，使用 Word 2010 提供的邮件合并功能，在主文档的相应位置插入来自数据源的合并域，批量生成包含每一条数据信息的综合文档，最终打印分发。

Word 2010 提供的邮件合并功能按钮均集合在如图 6.76 所示的“邮件”选项卡中。

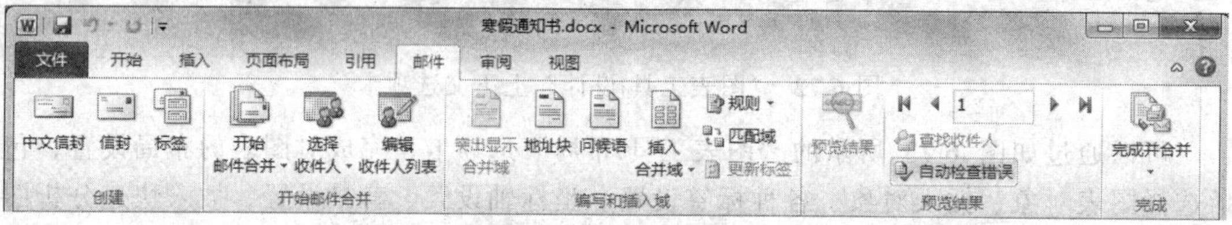

图 6.76 “邮件”选项卡

1. 邮件合并

本案例中，主文档已创建完毕，即“寒假通知书.docx”；数据源也已创建完毕，即 Excel 电子表格文件“学生成绩.xlsx”，下面介绍邮件合并功能的具体操作步骤。

① 使用邮件合并分布向导。插入点定位于主文档“寒假通知书.docx”中，单击“开始邮件合并”按钮，在下拉列表中选择“邮件合并分布向导”命令，打开“邮件合并”窗格，开始邮件合并。

② 第 1 步，选取文档类型。如图 6.77 所示，系统提供了信函、电子邮件、信封等多种文档类型，本案例制作的寒假通知书属于信函类型。单击“下一步”超链接。

③ 第 2 步，确定主文档。如图 6.78 所示，可以从模板创建新的主文档，还可以选取已有的文件作为主文档，本案例的主文档即当前文档。单击“下一步”超链接。

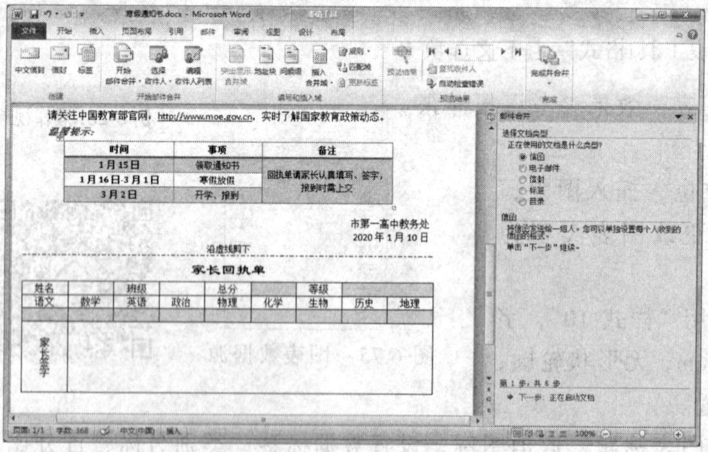

图 6.77 邮件合并-选择文档类型

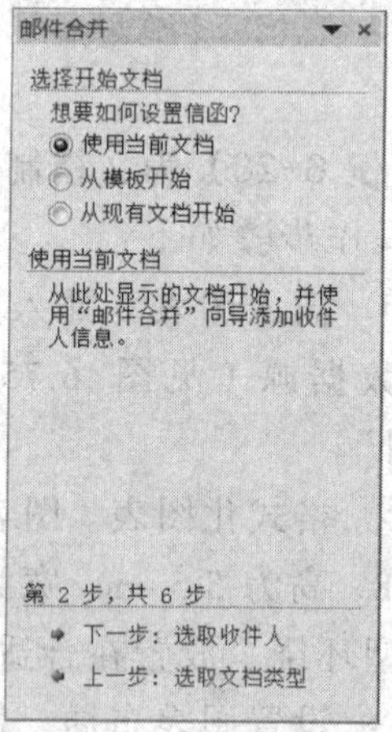

图 6.78 邮件合并-确定主文档

④ 第 3 步，选择收件人。如图 6.79 所示，可以创建新的收件人列表，也可以从 Outlook 联系人中选择，本案例使用现有列表。单击“浏览”按钮选定打开“学生成绩.xlsx”文件后，打开“邮件合并收件人”对话框，显示来自数据源中的所有数据，如图 6.80 所示，

单击“确定”按钮。单击“下一步”超链接。

⑤ 第 4 步，撰写信函。如图 6.81 所示，将数据源中的信息依次添加至文档中各位置。插入点定位于表格中，单击“其他项目”超链接，打开如图 6.82 所示的“插入合并域”对话框，选择“姓名”域，单击“插入”按钮，文档中显示域标记。或者单击“编写和插入域”组中的“插入合并域”按钮，在下拉列表中单击选择域，完成快速插入。单击“下一步”超链接。

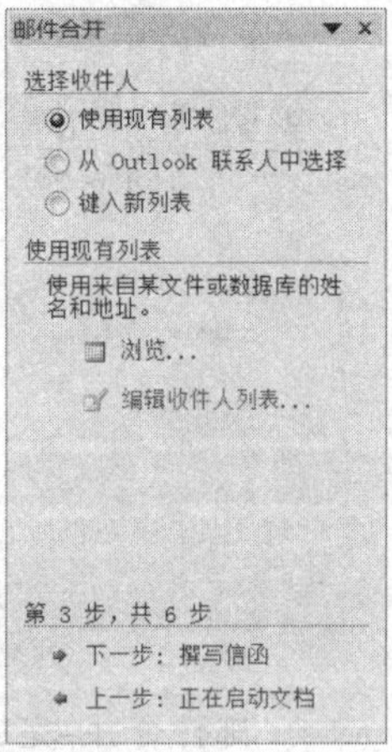

图 6.79　邮件合并-选择收件人

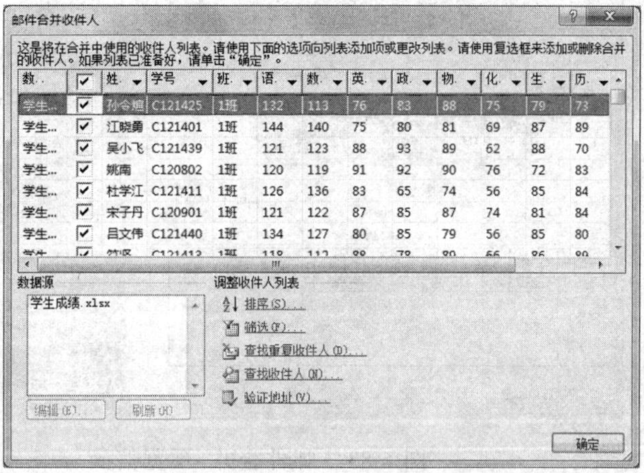

图 6.80　“邮件合并收件人”对话框

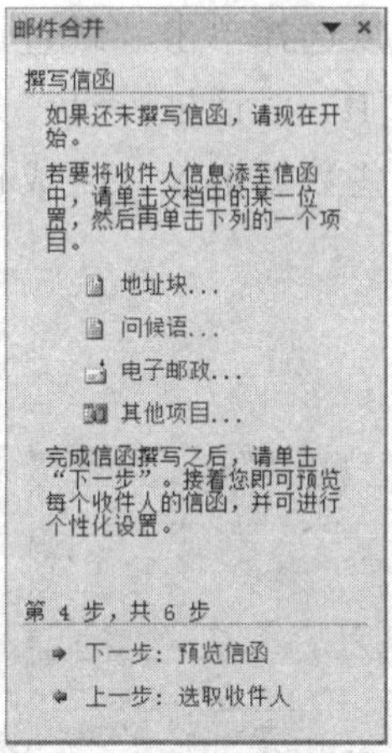

图 6.81　邮件合并-撰写信函

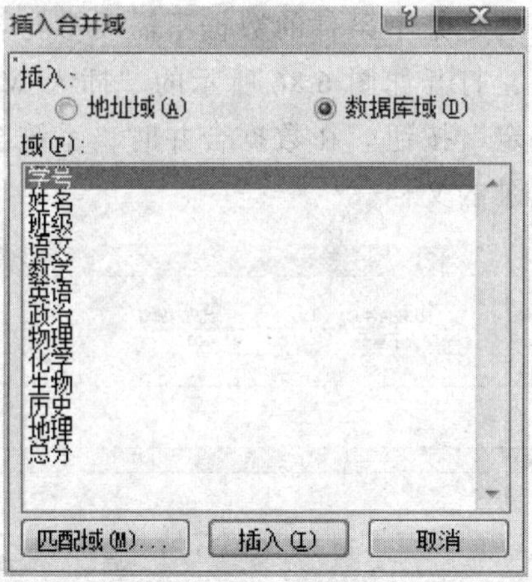

图 6.82　“插入合并域”对话框

⑥ 第 5 步，预览信函。如图 6.83 所示，单击“预览信函”选项区域的“<”或“>”按钮，可查看每位收件人对应的页面信息。

⑦ 第 6 步，完成合并。如图 6.84 所示。单击“编辑单个信函”超链接，打开“合并到新文档”对话框，选中“全部”选项，单击“确定”按钮。Word 会将收件人信息逐个与主文档合并，生成一个新的包含所有收件人数据的新文档，保存。

2. 规则和筛选功能

添加了邮件合并功能后的文档可以利用规则功能和筛选功能动态添加信息内容或

编辑数据源中的收件人信息，进行多次合并生成满足各种需求的合并新文档。

（1）“如果……那么……否则”规则

撰写信函时，主文档中某个位置需根据情况判断选择性添加内容。可以单击“编写和插入域”组中的“规则”按钮，在下拉列表中选择“如果……那么……否则”规则，打开如图 6.85 所示的“插入 Word 域：IF”对话框，设置规则，单击“确定”按钮。

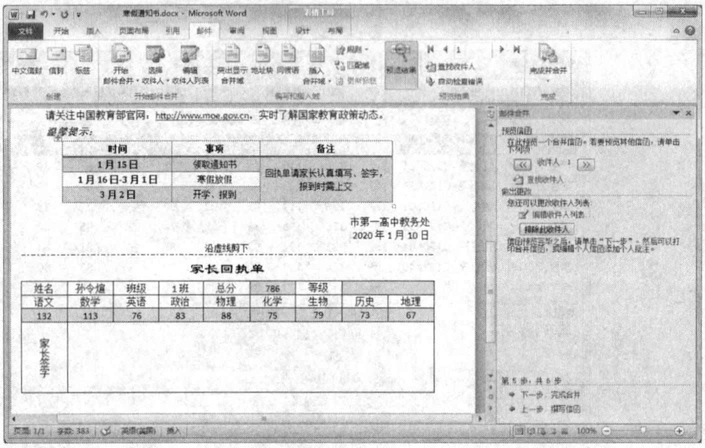

图 6.83　邮件合并-预览信函

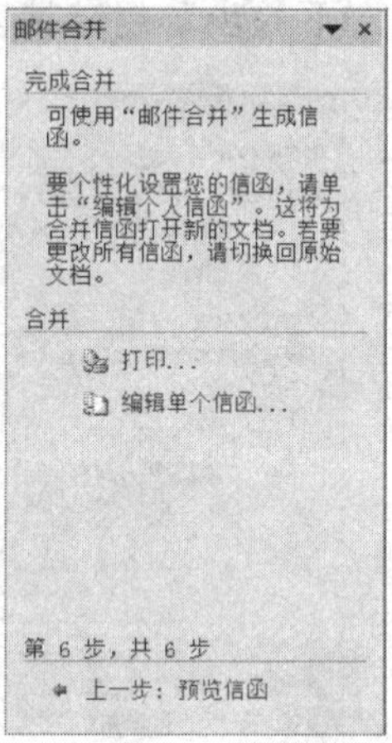

图 6.84　邮件合并-完成合并

（2）“跳过记录条件”规则

如果满足某个条件的数据不需要参与合并，生成文档，可以选择单击“跳过记录条件”按钮，打开如图 6.86 所示的“插入 Word 域：Skip Record If”对话框，设置条件，单击“确定”按钮。在数据合并时，系统会跳过满足条件的那些数据记录，生成包含其余数据记录的文档。

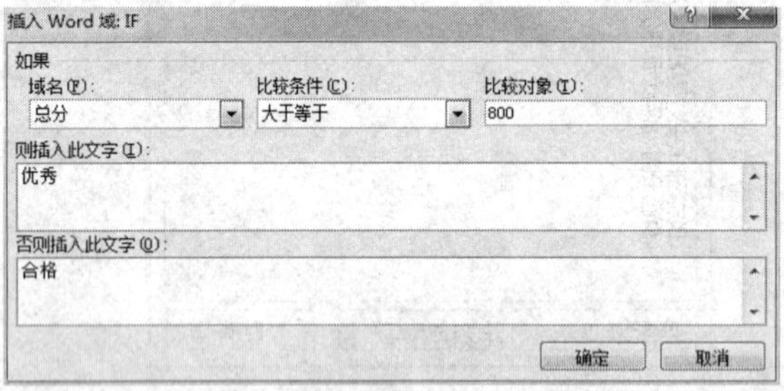

图 6.85　“插入 Word 域：IF”对话框

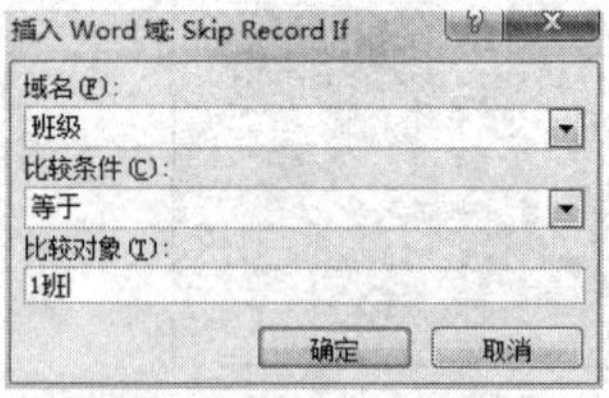

图 6.86　“插入 Word 域：Skip Record If”对话框

【例 6-29】使用邮件合并功能批量制作寒假通知书。

例 6-29：操作视频

操作步骤如下：

① 邮件合并。以“寒假通知书.docx”为主文档，开始信函类型的邮件合并，收件人列表数据在“学生成绩.xlsx”中。在表格对应位置，插入合并域（姓名、班级、总分、语文等）；设置“如果……那么……否则”规则添加等级内容，如图 6.85 所示。合并生成第一个新文档，

保存为“所有学生寒假通知书.docx”。

② 为所有非 1 班的学生制作通知书。在“跳过记录条件”规则对话框中完成如图 6.86 所示的设置，合并生成第二个新文档，保存为“非 1 班学生寒假通知书.docx”。保存主文档。

（3）筛选

Word 提供的筛选功能可以将收件人列表中符合条件的数据记录筛选出来，完成合并，生成满足用户各种需求的合并文档。单击“开始邮件合并”组中的“编辑收件人列表”按钮，打开如图 6.80 所示的“邮件合并收件人”对话框，单击“筛选”超链接，打开如图 6.87 所示的“筛选和排序”对话框，设置筛选条件，单击“确定”按钮。

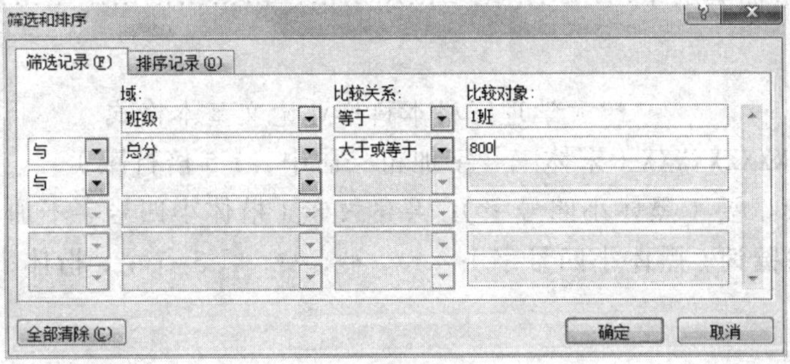

图 6.87 “筛选和排序”对话框

例 6-30：操作视频

【例 6-30】使用邮件合并功能继续为 1 班优秀的学生制作寒假通知书。

操作步骤如下：

① 取消“跳过记录条件”规则。定位于主文档，按【Alt+F9】组合键，切换至代码状态，删除“跳过记录条件”规则代码；继续按【Alt+F9】组合键切回至值显示状态。

② 设置条件筛选。使用筛选功能，设置如图 6.87 所示的筛选条件。

③ 合并生成第三个新文档，保存为“1 班优秀学生通知书.docx”。保存主文档。

至此，寒假通知书制作完毕。

6.5 毕业论文排版

杨晓燕是一名大四的学生，正在撰写毕业论文，现在需要按学校毕业论文格式规范进行排版。学校毕业论文的部分格式要求如下：

**大学理工科本科毕业论文目录格式

目（空四格）录（黑体三号字加粗 居中）

（空 1 行）

（以下内容行间距离 1.5 倍行距）

摘　要（宋体四号字）……………………………………………………x

**大学理工科本科毕业论文基本格式

标题 XXXXXXXXXXXXXX（宋体三号字加粗，居中，1.5 倍行距）

（空两格）**摘　要**（黑体小四号字）：具体内容（楷体小四号字不加粗，1.5 倍行距）

（空两格）**关键词**（黑体小四号字）： **；**；** （3~5 个，楷体小四号字不加粗，1.5 倍行距）

（空一行）

英文标题（四号 Times New Roman 加黑）题目中的首英文字母大写，介词除外。

Abstract（Times New Roman 小四号字加粗）：具体内容（Times New Roman 小四号字不加粗，1.5 倍行距）

Key words（Times New Roman 小四号字加粗）：**；**；** （Times New Roman 小四号字不加粗，1.5 倍行距，首英文字母大写）

（空两格）**引言**（一级标题宋体四号字加粗 1.5 倍行距）

引言内容（宋体小四号字不加粗，1.5 倍行距）

1. XXXXXX（一级标题宋体四号字加粗，1.5 倍行距，顶格）

1. 1XXXXXX（二级标题宋体小四号字加粗，1.5 倍行距，顶格）

1. 1. 1XXXXX（三级标题仿宋体小四号字，1.5 倍行距，顶格）

（空两格）正文内容（宋体小四号字不加粗 1.5 倍行距）

（空段落）

参考文献（一级标题宋体四号字加粗，1.5 倍行距，居中）

致谢（内容单独一页）（一级标题宋体四号字加粗，1.5 倍行距，居中）

如果出现图和表，可以参考下列格式：

表 1 （5 号宋体） 标题（居中，5 号宋体）

文字（5 号宋体）				
	数字（5 号 Times New Roman）			

（空两格）注：XX（宋体小五号字）（对表格没有需要说明解释的，这项可以不写。）

（顶线和底线均为 1.5 磅，或者加粗）

全文的表格统一编序，也可以逐章编序，不管采用哪种方式，表序必须连续。

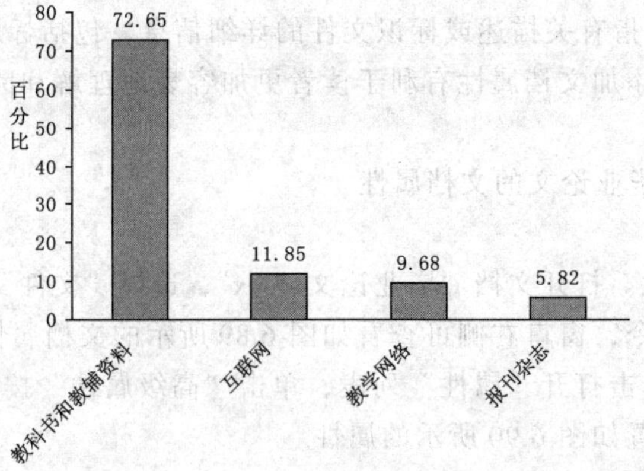

图 2　标题（5 号宋体、居中）

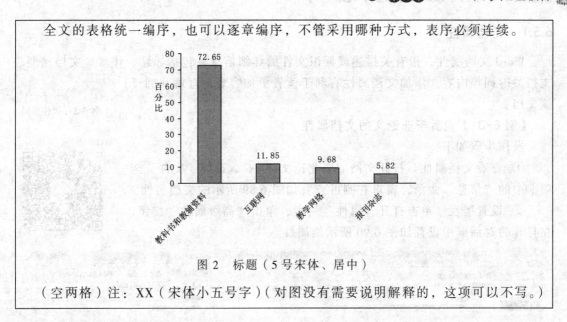

（空两格）注：XX（宋体小五号字）（对图没有需要说明解释的，这项可以不写。）

杨晓燕已完成论文的文本、图、表格等格式设置，现需对文档进行整体排版，具体思路如下：

① 设置文档属性，应用样式，规范文档标题格式。

② 为图、表添加题注，实现交叉引用；插入脚注和尾注，提供注释信息。

③ 使用分节符和分页符，有效组织文档结构，设置不同节的页眉和页脚。

④ 根据现有样式创建目录。

⑤ 依据实际需要对文档进行修订、添加批注等。

最终效果如图 6.88 所示。

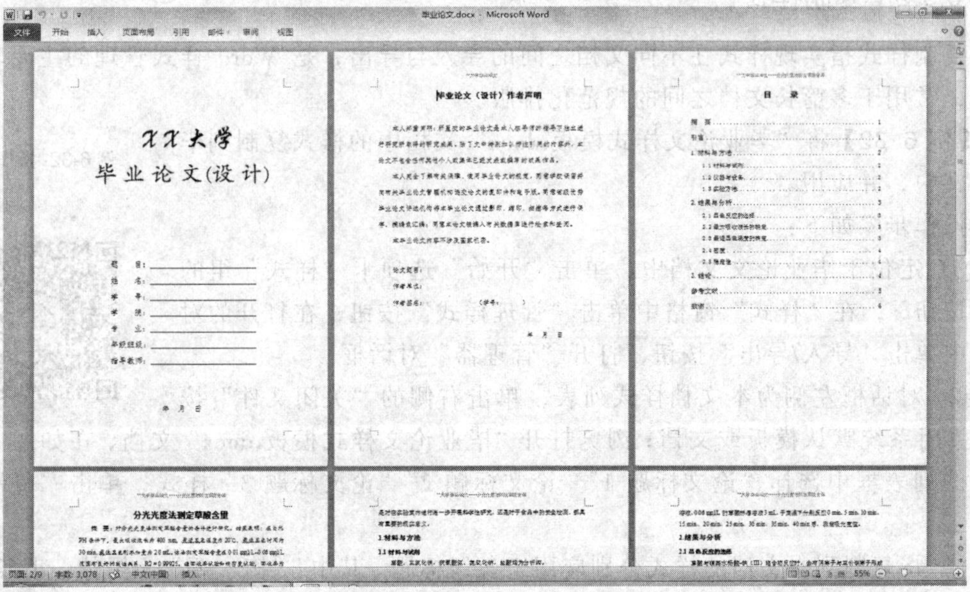

图 6.88　毕业论文排版样张

6.5.1 文档属性

Word 文档属性，指有关描述或标识文件的详细信息，包括标题、作者、文档摘要、文档关键词等内容。添加文档属性有利于读者更加容易地理解和阅读该文档。

例 6-31：操作视频

【例 6-31】设置毕业论文的文档属性。

操作步骤如下：

① 查看文档属性。打开文档“毕业论文.docx”，选择“文件”选项卡中的“信息”命令，窗口右侧可查看如图 6.89 所示的文档属性。

② 设置属性。单击打开“属性”列表，单击“高级属性”按钮，在打开的对话框中设置如图 6.90 所示的属性。

图 6.89 文档属性

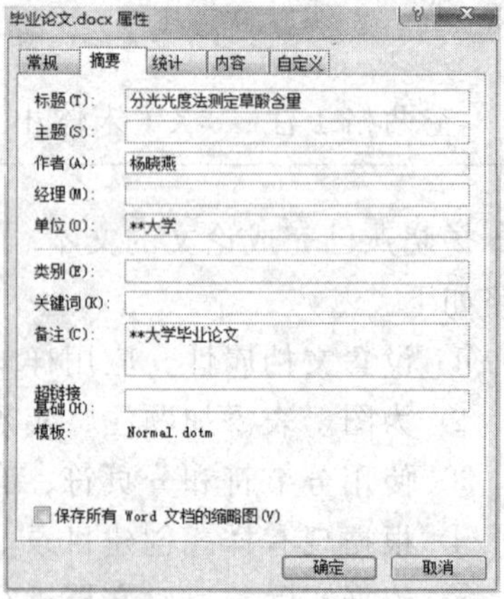

图 6.90 “毕业论文.docx 属性”对话框

6.5.2 复制样式

复制样式指实现样式在不同文档之间的导入与导出，是 Word 样式管理的主要功能之一，常用于多篇长文档之间的规范化排版。

例 6-32：操作视频

【例 6-32】将“毕业论文样式模板.docx”文档中的样式复制到毕业论文中，并应用。

操作步骤如下：

① 定位于毕业论文文档中，单击“开始”选项卡“样式”组的扩展按钮，在“样式”窗格中单击“管理样式”按钮，在打开的对话框中单击“导入/导出”按钮，打开“管理器”对话框。

② 对话框左侧为本文档样式列表，单击右侧的“关闭文件”按钮，关闭系统默认模板或文档；浏览打开“毕业论文样式模板.docx”文档，在如图 6.91 所示的列表框中选择“论文标题 1”“论文标题 2”“论文标题 3”样式，单击“复制”按钮。

③ 将复制到本文档的样式分别应用于各级标题。其中，“摘　要”为黑体、小四号、不加粗；“引言”首行缩进 2 字符；“参考文献”和“致谢”段落居中对齐。

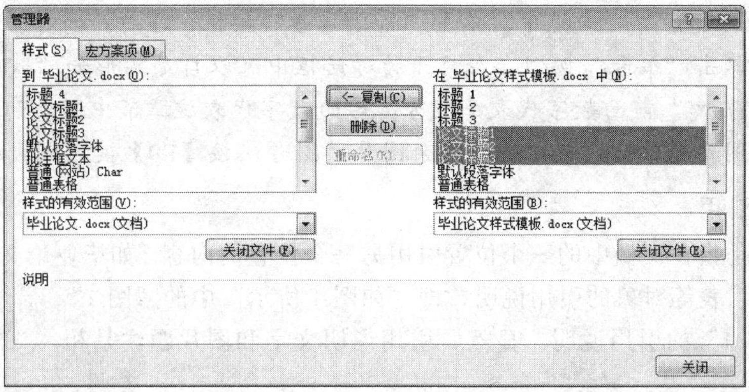

图 6.91 “管理器”对话框

提示：在“管理器”对话框中，还能删除、重命名已有的样式；在样式复制时，如果选择的是*.dotm 类型文件，样式会复制到对应的模板中，而不会局限于某个文档。

6.5.3 题注

针对文档中的图、表格等对象添加的注释信息，统称题注，由类型、编号、内容三大部分组成。题注按图、表等分类，又分为图注、表注等。

Word 2010 提供的题注功能可以实现长文档中各类图、表按顺序自动编号以及引用。

1. 添加题注

【例 6-33】为毕业论文中的图、表添加题注，应用并修改“题注”样式。

例 6-33：操作视频

操作步骤如下：

① 添加图注。定位于第一张图片下方的注释文字前，单击“引用”选项卡“题注”组中的“插入题注”按钮，打开“插入题注”对话框，选择“标签”下拉列表框中的“图”；系统自动编号为“图 1”，如图 6.92 所示，单击“确定”按钮。使用同样方法为第二张图片添加题注“图 2”。

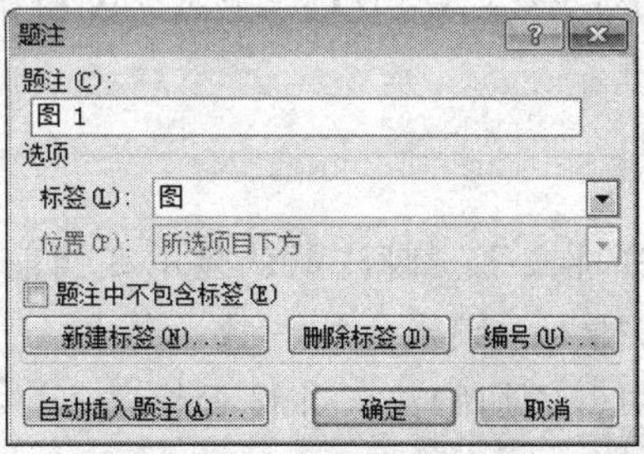

图 6.92 “题注”对话框

② 添加表注。定位于表格上方的注释文字前，使用①的方法，添加题注“表 1”。

③ 应用并修改题注样式。添加题注后的段落会自动应用题注样式，可通过修改题注样式来快速统一题注格式：宋体、五号、居中。

提示：在“题注”对话框中，单击“新建标签”按钮，在打开的对话框中可以自定义题注标签；单击“编号”按钮，在打开的对话框中可以自定义形如“1-1”“2-1”的编号，其中连字符“-”前面数字代表章节号，后面数字代表该章节中图表的序号。删除其中部分图片及图片题注后，可以选中其余图片的图号，按【F9】键完成更新。

2. 交叉引用

交叉引用是指在文档中的一个位置引用另一个位置的内容。如毕业论文中，要求在正文中设置对图、表等对象的引用说明，即“如图 1 所示”中的“图 1”是对题注“图 1”的引用说明。显然，引用说明文字和图片题注是相互对应的。

例 6-34：操作视频

【例 6-34】在毕业论文中实现图注、表注的交叉引用。

操作步骤如下：

① 插入点定位，单击“引用”选项卡“题注”组中的“交叉引用”按钮，在打开的“交叉引用”对话框中选择引用类型和引用内容，如图 6.93 所示，单击“插入”按钮。

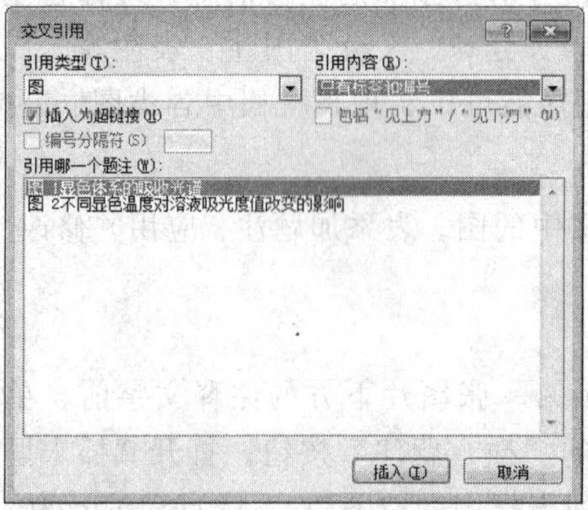

图 6.93 “交叉引用”对话框

② 继续定位，依次为所有图、表插入交叉引用。最后，关闭对话框。

提示：设置完交叉引用后，按住【Ctrl】键单击“如图 1 所示”的“图 1”文字，可直接跳转至所引用的图注位置。

6.5.4 脚注和尾注

脚注和尾注是文档的注释性文字。脚注默认显示在当前页面底部；尾注默认显示在文档结尾处（尾部）。两者的插入、编辑方法一致。

例 6-35：操作视频

【例 6-35】在毕业论文中，添加脚注，并设置格式。

操作步骤如下：

① 添加脚注。插入点定位，单击“引用”选项卡“脚注”组中的“插入脚注”按钮，系统自动在当前页面底部生成脚注，输入内容即可。

② 设置脚注格式。单击“脚注”组扩展按钮，在打开的“脚注和尾注”对话框中完成如图 6.94 所示的设置，单击“应用”按钮；选

中脚注文字，在“字体”组中设置格式：楷体、五号字。

提示：脚注、尾注之间可以相互转换；删除脚注或尾注，只需删除对应的编号即可。

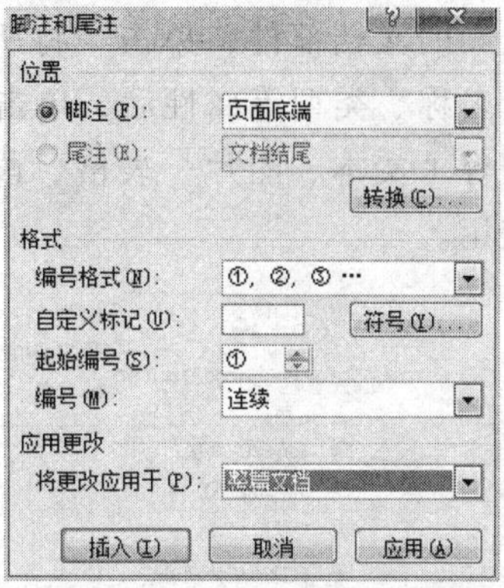

图 6.94 “脚注和尾注”对话框

6.5.5 分节与分页

分节指将文档分成若干小节（通过插入分节符实现），每一个小节都可以进行独立的页面设置、页眉和页脚、页码等格式排版。

分页指对文档部分内容强制分页（通过插入分页符实现），使部分内容在单独页面显示。

【例 6-36】将毕业论文分为“封面、作者声明”“目录”“摘要、正文”3 个小节，参考文献和致谢内容均在单独页面显示。

例 6-36：操作视频

操作步骤如下：

① 插入分节符。插入点定位于声明页最后，单击“页面布局”选项卡“页面设置”组的“分隔符”按钮，在如图 6.95 所示的下拉列表中，单击“分节符：下一页”选项。此时，插入点前面的内容为文档第 1 节，插入点后面的内容为文档第 2 节。

② 定位于文档正文标题前，继续插入“分节符：下一页”，为文档分出第 3 节。其中，第 2 节是空白节，用于输入文档的目录。

③ 插入分页符。插入点定位于“致谢”前，单击图 6.95 中的“分页符”。此时，插入点后的文档内容从新的页面开始，实现了致谢内容单独一页的效果。

提示：分节符包括下一页、连续、偶数页、奇数页 4 种类型，可根据需要选择插入。

① 下一页：用于插入一个分节符，并在下一页开始新的节。

② 连续：用于插入一个分节符，并在同一页上开始新节。

③ 偶数页：表示分节之后的文本在下一偶数页上进行显示。

④ 奇数页：表示分节之后的文本在下一奇数页上进行显示。

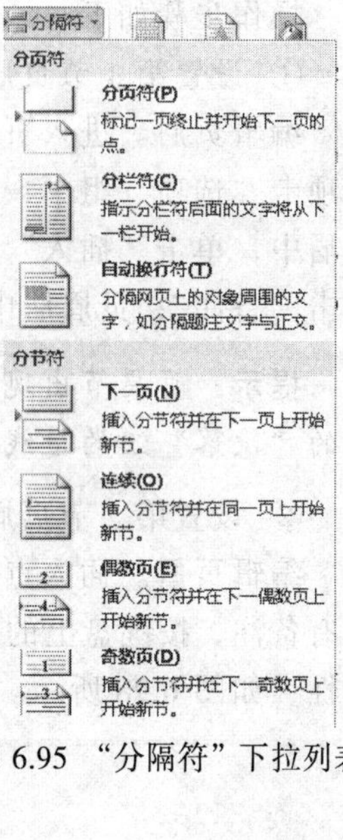

图 6.95 “分隔符”下拉列表

6.5.6 文档部件

文档部件指可在其中创建、存储和查找可重复使用的内容片段的库。内容片段包括自动图文集、文档属性（如标题和作者）和域，均集合在“插入”选项卡“文本”组中的“文档部件”下拉列表中，如图 6.96 所示。

其中，单击“构建基块管理器”选项，可以查看当前文档中的各种内置样式以及自定义的文档部件；单击“将所选内容保存到文档部件库中”选项，在打开的对话框中设置名称、类型等属性后，单击“确定”按钮，如图 6.97 所示，可实现将某一段指定文档内容（文本、图片、表格、段落等文档对象）添加到文档部件库中保存，以及后续重复使用。

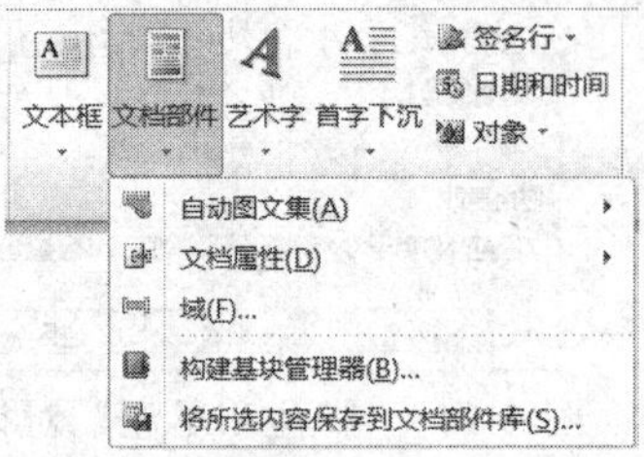

图 6.96 “文档部件”下拉列表

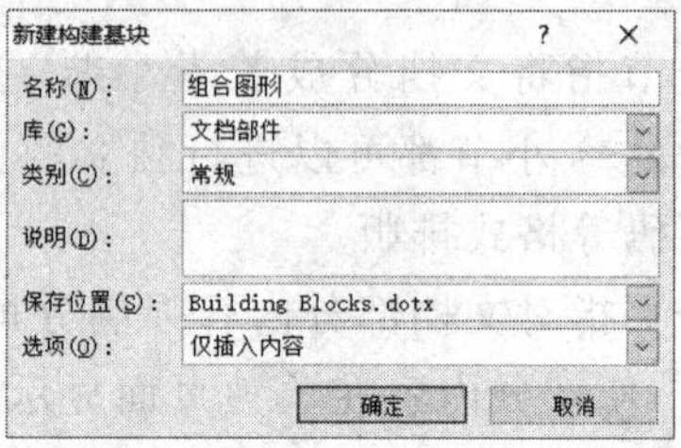

图 6.97 “新建构建基块”对话框

6.5.7 不同节的页眉与页脚

文档分为若干小节后，可以为不同节设置各自的页眉和页脚，便于文档的阅读和理解。页码即每一页面上标明次序的编码，由各种数字编码格式组成。页码是页眉和页脚中的组成部分，常用于长文档排版中。

例 6-37：操作视频

【例 6-37】毕业论文文档分为 3 节，需为各节添加不同的页眉和页脚内容。

操作步骤如下：

① 设置第 1 节页眉为文档备注属性，首页不显示，无页脚。

编辑页眉。进入页眉页脚编辑状态，在“页眉和页脚工具|设计”选项卡“选项”组中，勾选“首页不同”选项；定位于本节的第 2 页页眉中，单击“插入”组“文档部件”按钮，在“文档属性”列表中单击“备注”；页眉居中对齐。

提示：页眉节出现的横线是段落的默认下框线，可选定页眉段落，在“开始”选项卡的“段落”组的框线列表中取消。

② 设置第 2 节页眉为“备注——标题”、居中；页脚居中处添加页码“I、II、III……”。

编辑页眉。插入点定位于“页眉-第 2 节”，单击取消“链接到前一条页眉”选项；已有备注，按键盘上的右方向键，插入点跳出属性编辑栏，输入“——”，继续插入标题属性，如图 6.98 所示。

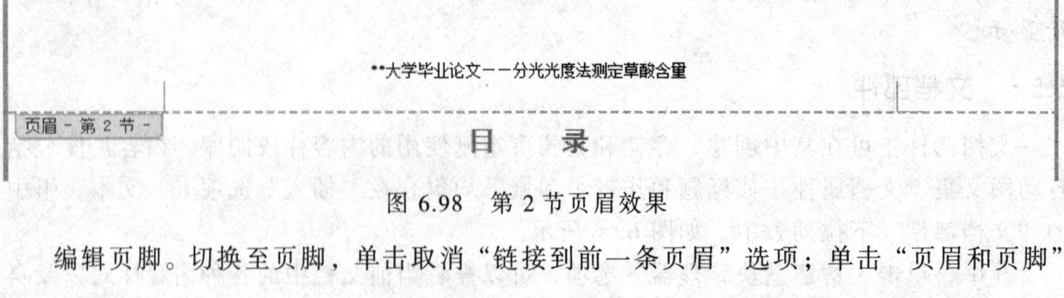

图 6.98 第 2 节页眉效果

编辑页脚。切换至页脚，单击取消“链接到前一条页眉”选项；单击“页眉和页脚”

组中的“页码”按钮，在“当前位置”下拉列表中单击“普通数字”；继续单击“页码”按钮，选择“设置页码格式”命令，打开“页码格式”对话框，完成如图 6.99 所示的设置，单击“确定”按钮；设置段落居中。

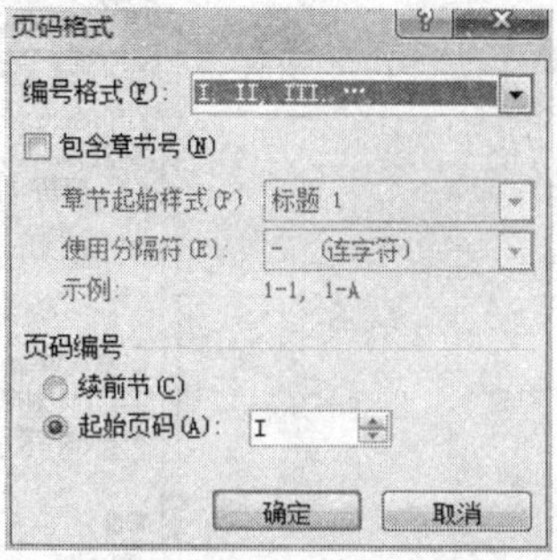

图 6.99 “页码格式”对话框

③ 设置第 3 节页眉与第 2 节相同，页脚居中处添加格式为“1、2、3……”的页码。

编辑页眉。定位至“页眉-第 3 节”，系统默认当前节页眉与前一节页眉相同，无须更改。

编辑页脚。切换至“页脚-第 3 节”，单击取消“链接到前一条页眉”选项，默认页码格式为“1、2、3、……”，起始页码为 1。

6.5.8 创建目录

当编写书籍、论文、报告等长文档时，均需生成目录，用以全貌反映文档的内容和层次结构，便于阅读。Word 2010 提供了多种创建和编辑目录的方法，功能按钮均集合在“引用”选项卡“目录”组中的“目录”按钮列表中，如图 6.100 所示。

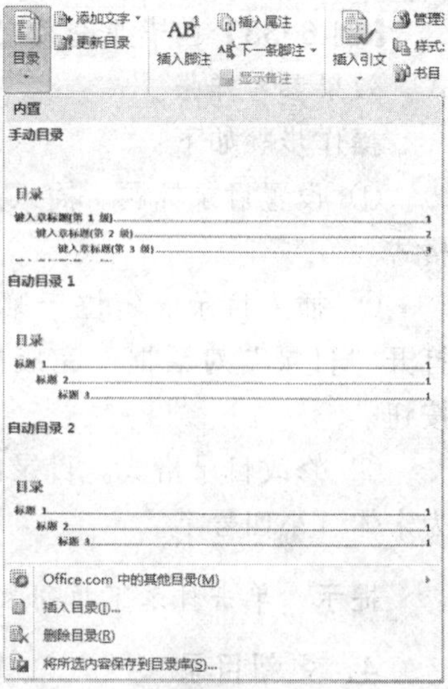

图 6.100 “目录”按钮列表

1. 手动创建目录

单击“手动目录”选项，可在文档中生成需用户手动填写各级标题的目录。这种方法创建的目录与文档内容标题之间无链接关系。

2. 自动创建目录

单击“自动目录”选项，系统自动生成如图 6.101 所示的包含文档 1～3 级标题的目录。这种方法创建的目录，各级标题与文档内容标题之间有链接关系，避免了手动输入的错误，提高了工作效率。

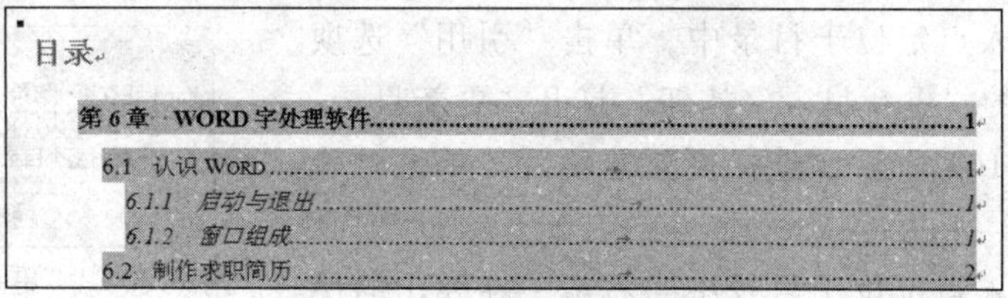

图 6.101 自动创建目录

3. 自定义目录

单击“插入目录”按钮，可在打开的如图 6.102 所示的“目录”对话框中可以完成目录的自定义设计。包括设置目录的标题级别、页码、格式等选项，通过“选项”按钮设置各级标题，通过“修改”按钮设置目录样式。

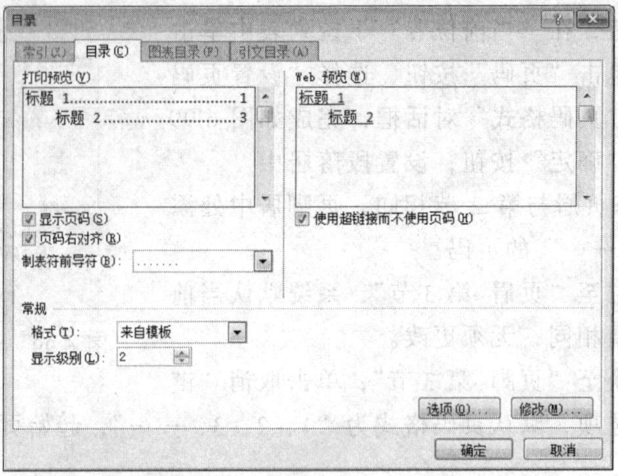

图 6.102 “目录”对话框

【例 6-38】在毕业论文文档的第 2 节中创建论文目录，并设置格式。效果参考样张。

例 6-38：操作视频

操作步骤如下：

① 设置目录标题。插入点定位，输入“目（空四格）录”，设置格式。

② 插入目录。定位于第 2 个空段落，单击“插入目录”命令，打开“目录”对话框，完成如图 6.102 所示的设置。单击“确定”按钮。

③ 修改目录格式。目录内容均为 1.5 倍行距；1 级标题为宋体、四号字，2 级标题为宋体、小四号字。

提示：单击目录下拉列表中的“删除目录”选项，可以删除当前目录。

4. 更新目录

文档创建目录后，当文档结构和内容再次被编辑，均会引起标题、页码等也发生变化，可以利用更新目录功能实现目录内容的自动更新。

方法 1：插入点定位于目录中，单击“引用”选项卡“目录”组中的“更新目录”按钮，打开“更新目录”对话框，如图 6.103 所示，选择更新选项后，单击“确定”按钮即可。

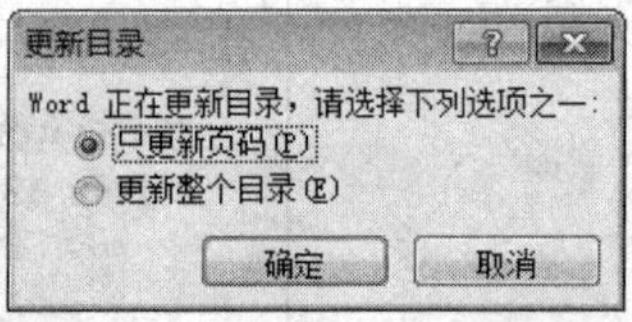

图 6.103 “更新目录”对话框

方法 2：插入点定位于目录中，右击，在弹出的快捷菜单中选择“更新域”命令，打开“更新目录”对话框，实现目录的更新。

6.5.9 批注、修订和更改

Word 2010 提供了批注、修订和更改功能，以便多个操作者对文档进行协同处理，功能按钮均集合在“审阅”选项卡的“批注”组、“修订”组和“更改”组中，如图 6.104 所示。审阅者对文档进行审阅时，可插入、编辑批注，也可在修订状态下完成对文档的修改；被审阅者可根据批注和修订标记，进行接受或拒绝更改。

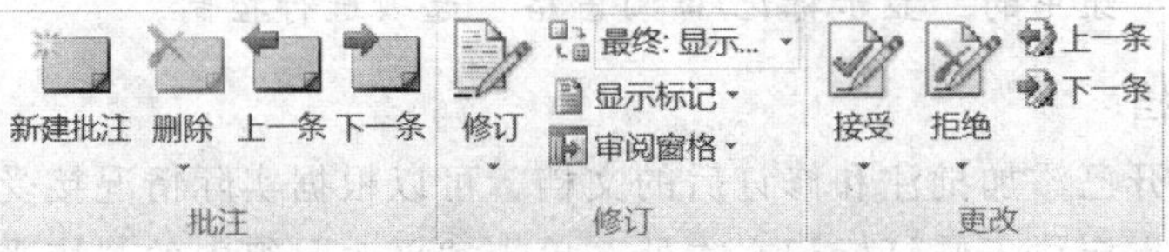

图 6.104 “批注”组、“修订”组和“更改”组

1. 批注文档

批注是为了帮助阅读者理解文档内容或跟踪文档的修改情况而添加的一些注释文字。

方法：选中文本或对象，单击“新建批注”按钮，则在窗口右侧插入一条批注，在批注框中输入内容，效果如图 6.105 所示。定位于批注，单击“删除”按钮，可选择删除当前批注或文档中所有批注。

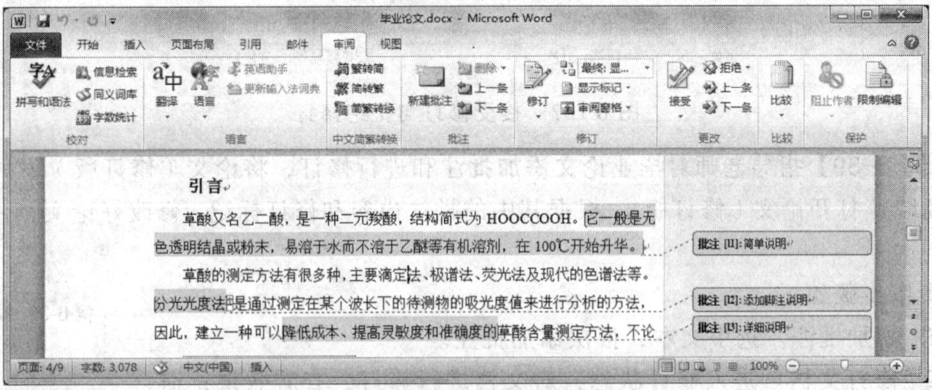

图 6.105 文档批注效果

2. 修订文档

方法：审阅者单击“修订”按钮，进入文档修订状态。在修订状态下，系统会跟踪对文档的修改、删除等编辑，并以修订标记状态显示（插入内容以下画线效果显示，删除内容以删除线效果显示），如图 6.106 所示。单击“修订”按钮退出修订状态，修订标记会继续保留。

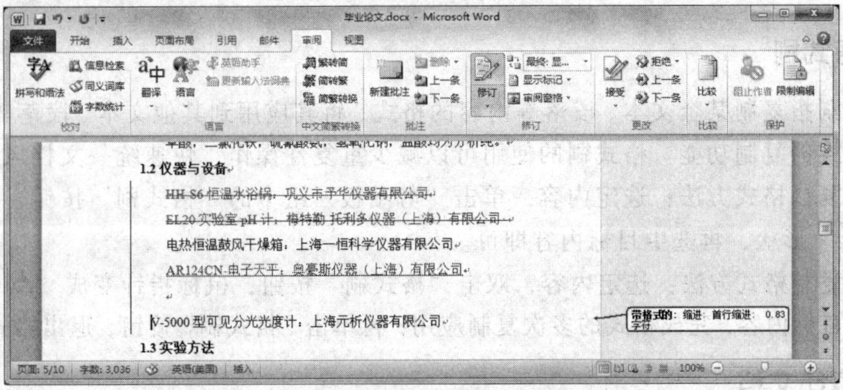

图 6.106 文档修订效果

提示：批注默认随文档一起打印出来；修订、批注效果可在“审阅窗格”中显示，主要通过“修订”组中的“显示标记/审阅窗格”选项进行控制。

3. 更改文档

被审阅者打开已添加批注和修订后的文档，可以根据实际情况接受或拒绝修订。

方法：插入点定位于修订标记文本处，单击“更改”组中的“接受”按钮，可选择接受当前修订或文档所有修订；单击“拒绝”按钮，可选择拒绝当前修订或文档所有修订。如图 6.107 所示。

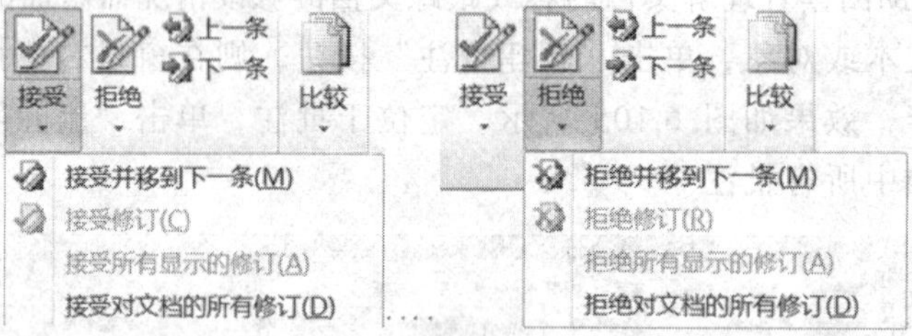

图 6.107　接受修订与拒绝修订

【例 6-39】指导老师对毕业论文添加批注和进行修订，将论文（修订版）发回杨晓燕；杨晓燕打开论文（修订版），根据其中的批注内容和修订标记，修改好论文，并进行保存。

例 6-39：操作视频

操作步骤如下：

① 添加批注。选中文本，依次添加批注。

② 修订文档。进入修订状态，对文档进行修订，查看效果；退出修订状态，文档另存为“毕业论文-修订版.docx”。

③ 更改文档。打开文档“毕业论文-修订版.docx”，根据情况接受或拒绝更改。保存文档。

至此，毕业论文排版完毕。

6.6 知识拓展

6.6.1 格式刷

格式刷指复制某个文本、段落等内容的格式，将其应用到其他文本、段落等内容上，即实现格式的复制功能。格式刷的使用可以减少重复性操作，快速统一文档风格。

单次复制格式方法：选定内容，单击“剪贴板”组中的“格式刷”按钮，鼠标指针变成“ ”形状，再选中目标内容即可。

多次复制格式方法：选定内容，双击“格式刷”按钮，鼠标指针变成“ ”形状，选中多个目标内容，完成格式的多次复制应用；再单击“格式刷”按钮，退出格式刷状态。

6.6.2 打印文档

文档制作完毕，可以选择“文件”选项卡的“打印”命令，在“打印”选项窗口中，完成文档的打印，如图 6.108 所示。

图 6.108 “打印”选项窗口

“打印预览”窗格位于窗口右侧，显示模拟文档被打印在纸张上的效果。单击“下一页”与“上一页”按钮，可以实现多页之间的翻页预览；拖动“显示比例”滚动条的滑块能够调整文档的显示大小。

“打印设置”列表位于窗口中间，用于设置打印份数，选择打印机，设置打印页数、打印方式，调整纸张方向、大小、页边距、缩放版式等；单击“打印”按钮，完成打印。

6.6.3 表格的排序和计算

1. 数据排序

表格的数据排序，是按照数字大小、字母顺序、汉字拼音顺序或笔画大小、日期先后等规则进行升序或降序排列的。

方法：插入点定位于表格中，单击“表格工具|布局”选项卡“数据”组的“排序”按钮，打开“排序”对话框，设置排序关键字、类型、排序方式等，单击“确定”按钮，如图 6.109 所示。

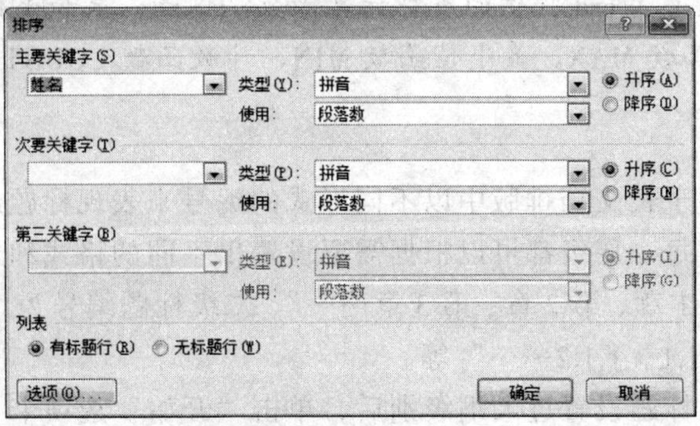

图 6.109 “排序”对话框

2. 数据计算

Word 表格中的数据计算，主要有求和、求平均值、求最大值等基本计算，使用表格自带的公式功能完成。公式即以“=”开头的表达式，包含运算符、函数、单元格、单元格区域等组成元素。Word 表格中行、列、单元格、单元格区域的表示方法，如表 6.4 所示。

表 6.4　Word 表格中各对象的表示方法

操作类型	操 作 步 骤
行	数字（1、2、3……）表示
列	字母（A、B、C……）表示
单元格	列行号表示。例如，第 1 行第 1 列单元格，表示为 A1；第 1 行第 2 列单元格，表示为 B1
单元格区域	左上角单元格:右下角单元格表示。例如，第 1 行第 1 列到第 3 行第 2 列的单元格区域，表示为 A1:B3

计算方法：求杨晓燕同学的总分，插入点定位于结果单元格，单击“表格工具 | 布局”选项卡“数据”组中的“f_x公式”按钮，打开“公式”对话框，输入以“=”开头的公式，如图 6.110 所示，单击“确定”按钮。

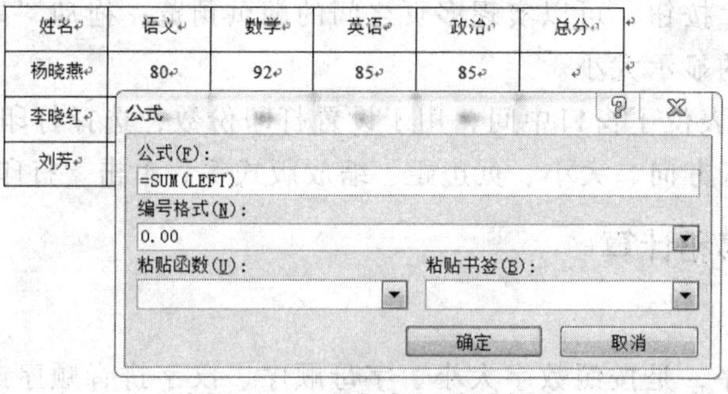

图 6.110　“公式”对话框

提示：公式“=SUM(LEFT)”中，LEFT 指结果单元格所在行左侧的所有纯数字单元格；此处，可以使用公式“=SUM(B2:E2)”，即指定 B2:E2 单元格区域参加计算。

编号格式用于设置数字格式，“0.00”表示结果保留两位小数。

粘贴函数用于选定 Word 提供的多种计算函数，例如：求和函数 SUM、平均值函数 AVERAGE、最大值函数 MAX、最小值函数 MIN、计数函数 COUNT 等。

6.6.4　多级列表

多级列表，常用于长文档排版中以不同形式的编号来表现标题或段落的层次，最多可以具有 9 个层级，每一层级都可以根据需要设置出不同的格式和形式。例如，本书中一级标题编号为“第 1 章、第 2 章、第 3 章……”，二级标题编号为“1.1、1.2、1.3……”，三级标题编号为“1.1.1、1.1.2……”等。

方法：文档各级标题设置过大纲级别后，单击“开始”选项卡“段落”组中的“多级列表”按钮，在下拉列表中选择列表类型，单击应用，如图 6.111 所示；还可以单击

“定义新的多级列表”选项，在打开的“定义新多级列表”对话框中，根据需要设置列表的链接样式、显示级别、编号格式、编号样式、字体等选项，完成列表格式的自定义，如图 6.112 所示。

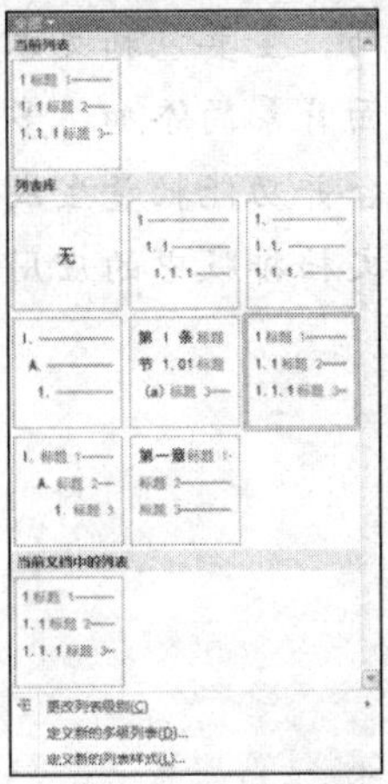

图 6.111　多级列表

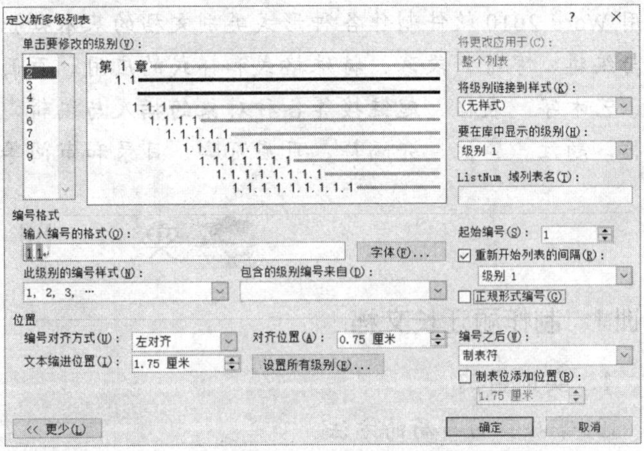

图 6.112　“自定义新多级列表”对话框

6.6.5　校对

1. 拼写和语法检查

Word 2010 提供的拼写和语法检查，在用户输入文本时系统自动根据 Word 内置字典检查并标示含有拼写或语法错误的单词或短语。其中，用红色波浪线表示有拼写错误，用绿色波浪线表示语法错误。

方法：单击“审阅”选项卡“校对”组中的“拼写和语法”按钮，在如图 6.113 所示的对话框中，查看并按照建议更改；如果是某些特定单词或短语（包括中文），可以忽略甚至添加至词典。

2. 字数统计

字数统计实现快速地统计文本字数、段落字数、行数和字符数等功能。

方法：选定需统计的文本内容（统计整篇文档的字数，只需定位于文档），单击“字数统计”按钮，在如图 6.114 所示的“字数统计”对话框中，查看统计结果。

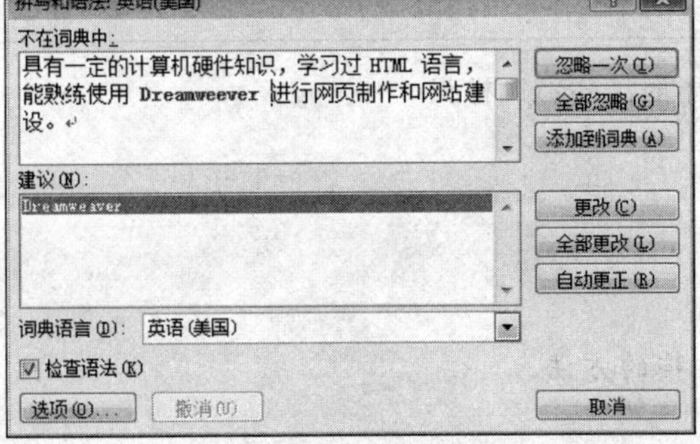

图 6.113　“拼写和语法：英语（美国）”对话框

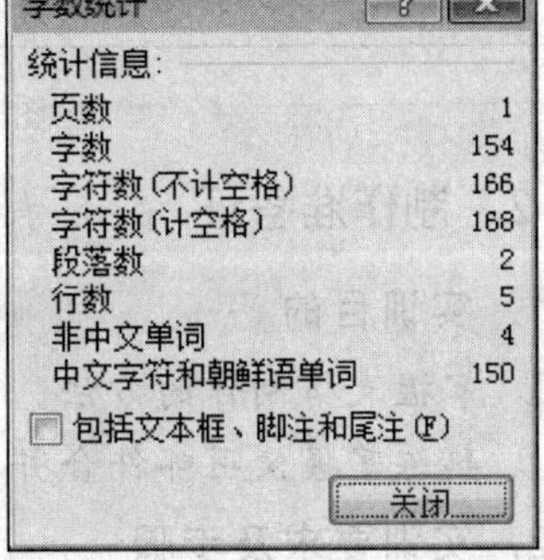

图 6.114　“字数统计”对话框

小 结

本章通过求职简历、社团招新海报、寒假通知书和毕业论文4个典型案例，讲述了使用Word 2010软件制作各种形式类别文档的基本知识和操作技巧，主要包括文本的输入与编辑，字符、段落、特殊格式和样式的应用，页面设置和页面背景的添加，多种图形、艺术字、表格、超链接等各种对象的插入与编辑，利用邮件合并功能批量生成综合文档，题注、脚注、分隔符、页眉页脚、目录和审阅等功能在长文档排版中的应用。

实 训

实训1 制作丽江长文档

1. 实训目的

① 掌握页面布局的方法。

② 熟练掌握字符、段落和特殊格式的设置。

③ 熟练掌握各种类型对象的插入与编辑。

2. 实训要求及步骤

参考如图6.115所示的样张，使用素材制作出“美丽丽江.docx”文档。

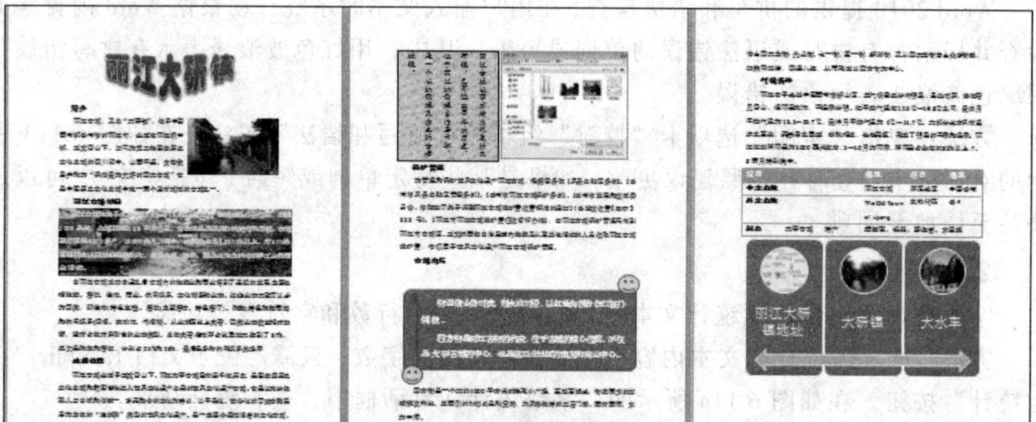

图6.115 “美丽丽江.docx”样张

实训2 制作准考证

1. 实训目的

① 掌握表格制作的方法。

② 熟练掌握使用邮件合并批量生成文档的方法。

2. 实训要求及步骤

参考如图6.116所示的样张，使用素材文件批量生成“准考证.docx”文档。

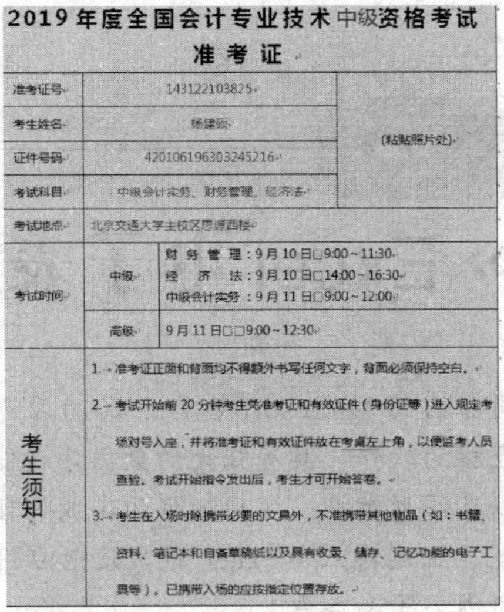

2019年度全国会计专业技术中级资格考试 准考证			
准考证号	143122103825		(粘贴照片处)
考生姓名	杨建颖		
证件号码	420106196303245216		
考试科目	中级会计实务、财务管理、经济法		
考试地点	北京交通大学主校区思源西楼		
考试时间	中级	财务管理：9月10日□9:00~11:30 经济法：9月10日□14:00~16:30 中级会计实务：9月11日□9:00~12:00	
	高级	9月11日□□9:00~12:30	
考生须知	1. 准考证正面和背面均不得额外书写任何文字，背面必须保持空白。 2. 考试开始前20分钟考生凭准考证和有效证件（身份证等）进入规定考场对号入座，并将准考证和有效证件放在考桌左上角，以便监考人员查验。考试开始指令发出后，考生才可开始答卷。 3. 考生在入场时除携带必要的文具外，不准携带其他物品（如：书籍、资料、笔记本和自备草稿纸以及具有收发、储存、记忆功能的电子工具等），已携带入场的应按指定位置存放。		

图 6.116 “准考证.docx”样张

实训3 批量制作准考证

1. 实训目的

① 掌握各级标题样式的应用、长文档分节和不同节页眉页脚的设置。

② 掌握脚注、尾注的使用，题注及交叉引用功能。

③ 掌握目录的生成和更新。

2. 实训要求及步骤

参考如图 6.117 所示的样张，为书稿“会计电算化.docx”排版。

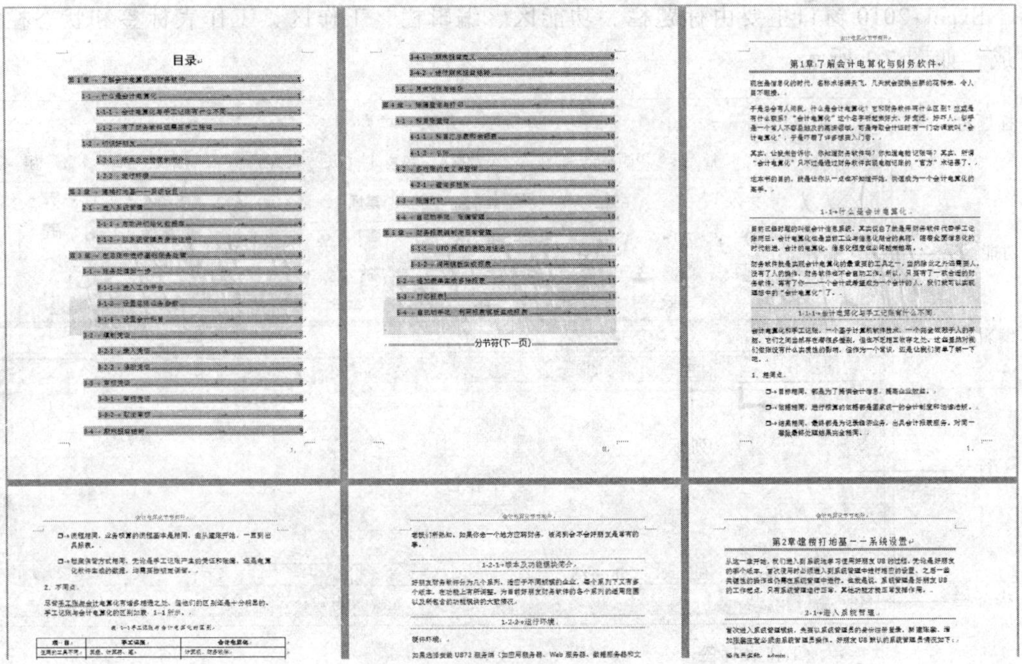

图 6.117 “会计电算化.docx”样张

第 7 章

Excel 电子表格处理软件

Excel 2010 是微软公司推出的 Microsoft Office 2010 系列套装软件中的重要组成部分，是专门用来制作电子表格的软件，具有强大的数据处理能力。使用 Excel 可以方便地输入数据、公式、函数以及图形对象，实现数据的高效管理、计算和分析，生成直观的图形、专业的图表等。基于上述特点，Excel 被广泛地应用于文秘办公、财务管理、市场营销、行政管理和协同办公等事务中。

7.1 认　识　Excel

7.1.1 Excel 启动与窗口组成

1. 启动与退出

Excel 2010 的启动与退出与 Word 2010 的操作类似，可以参考前文启动与退出 Excel 2010。

2. 窗口组成

Excel 2010 窗口主要由标题栏、功能区、编辑栏、工作区、工作表标签和状态栏等组成，如图 7.1 所示。

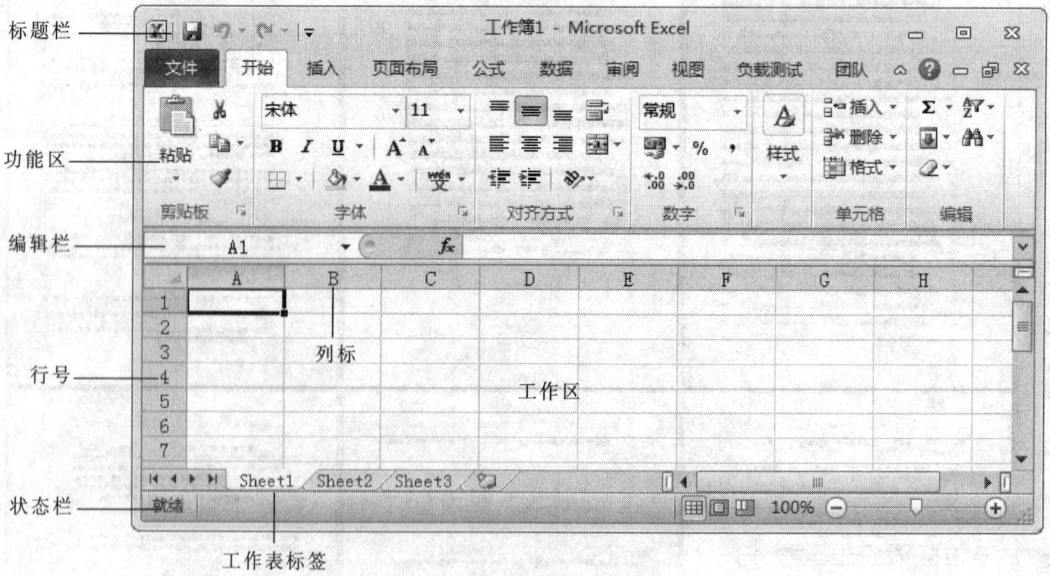

图 7.1　Excel 2010 工作窗口

（1）标题栏、功能区和状态栏

标题栏位于窗口最上方，功能区位于标题栏下方，状态栏位于窗口底端，三者的布局结构和操作方法与 Word 2010 相同。

（2）编辑栏

编辑栏位于功能区下方，主要用于显示、编辑活动单元格中的数据和公式。编辑栏从左到右依次是单元格名称框、操作按钮和编辑区。

（3）工作区

工作区位于编辑栏下方，由行号、列标、单元格和工作表标签组成。工作区是输入数据和公式，编辑电子表格的区域。

（4）列标

列标是用于显示列号的字母，单击列标按钮可选择整列。在 Excel 2010 中，工作表的最大列号为 XFD（A~Z，AA~XFD，即 16 384 列）。

（5）行号

行号是用于显示行号的数字，单击行号按钮可选择整行。在 Excel 2010 中，工作表的最大行号为 1 048 576（即 1 048 576 行）。

（6）工作表标签

工作表标签位于工作区下方，显示工作表名称。单击标签名称，可切换到对应的工作表。

7.1.2 Excel 2010 常用术语

1. 工作簿

Excel 文件通常称为工作簿，是用户进行 Excel 操作的主要对象和载体。用户在启动 Excel 时，系统自动创建一个 Excel 文件，即工作簿，扩展名为.xlsx。默认情况下一个工作簿中包含名称为 Sheet1、Sheet2、Sheet3 的 3 个工作表。

2. 工作表

Excel 窗口中由若干行、若干列组成的表格称为工作表，可用于输入、显示和分析数据。工作表左下角的工作表标签显示工作表的名称，单击工作表标签可切换工作表。

3. 单元格

工作表的行列交叉处小方格即是单元格，是 Excel 中最小单位，用于输入数据。

在 Excel 中，一个工作簿包含多个工作表，一个工作表中有多个单元格。

4. 单元格地址

每个单元格由唯一地址进行标识，即列标行号。图 7.2 中，活动单元格的列号为 B，行号为 2，则单元格地址为 B2。

5. 活动单元格

活动单元格是当前正在使用的单元格，用黑色加粗方框标出。

6. 单元格区域

单元格区域是指相邻多个单元格组成的区域，表示方法是“区域左上角单元格地址:区域右下角单元格地址”，其中“:”是西文状态下冒号。图 7.3 中选中的区域为“B2:C5”。

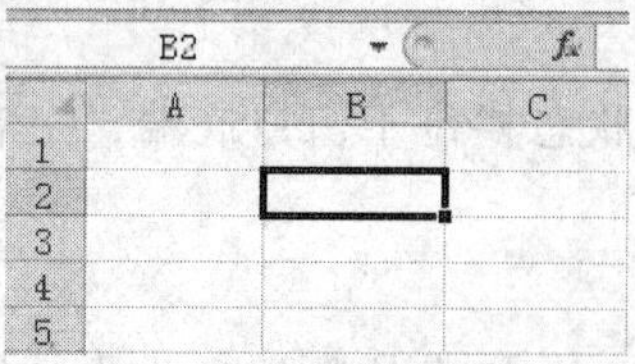

图 7.2　单元格地址

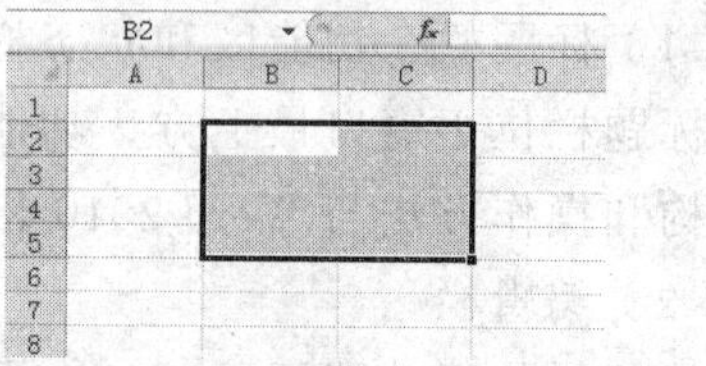

图 7.3　单元格区域

7.2　制作城市降水量数据表

李萌萌是新闻系的学生，在大三期间找了一份报社新闻编导的兼职工作。现在接到一个案例，需要使用 Excel 来分析我国主要城市的降水量情况。在制作表格之前，需要先收集我国 31 个城市去年每月的降水量，然后对降水量进行简单的统计分析，并制作北京市的单独报告，最后对表格布局和格式进行设计，使表格内容简单明了，重点突出，样式美观。

根据案例要求，完成该项案例的设计思路如下：

① 启动 Excel 2010，新建一个工作簿，保存为“城市降水量.xlsx”。

② 按设计好的布局，输入表格数据。

③ 完成表格中的计算。

④ 制作北京市单独报告。

⑤ 单元格格式化和工作表美化。

最终结果如图 7.4 所示。

	A	B	C	D	E	F	G	H	I	J	K	L	M	N
1	月份 （毫米） 城市	1月	2月	3月	4月	5月	6月	7月	8月	9月	10月	11月	12月	全年合计降水量
2	北京市	干旱	干旱	干旱	63.6	64.1	125.3	79.3	132.1	118.9	31.1	干旱	干旱	
3	天津市	干旱	干旱	干旱	48.8	21.2	131.9	143.4	71.3	68.2	48.5	干旱	干旱	
4	石家庄市	干旱	干旱	22.1	47.9	31.5	97.1	129.2	238.6	116.4	16.6	干旱	干旱	
5	太原市	干旱	干旱	20.9	63.4	17.6	103.8	23.9	45.2	56.7	17.4	干旱	干旱	
6	呼和浩特市	干旱	干旱	20.3	干旱	干旱	137.4	165.5	132.7	54.9	24.7	干旱	干旱	
7	沈阳市	干旱	干旱	37.2	71	79.1	88.1	221.1	109.3	70	17.9	干旱	18.7	
8	长春市	干旱	干旱	32.5	22.3	62.1	152.5	199.8	150.5	63	17	干旱	干旱	
9	哈尔滨市	干旱	干旱	21.8	31.3	71.3	57.4	94.8	46.1	80.4	18	干旱	干旱	
10	上海市	90.9	32.3	30.1	55.5	84.5	300	105.8	113.5	109.3	56.7	81.6	26.3	
11	南京市	110.1	18.9	32.2	90	81.4	131.7	193.3	191	42.4	38.4	27.5	18.1	
12	杭州市	91.7	61.4	37.7	101.9	117.7	361	114.4	137.5	44.2	67.4	118.5	20.5	
13	合肥市	89.8	干旱	37.3	59.4	72.5	203.8	162.3	177.7	干旱	50.4	28.3	干旱	
14	福州市	70.3	46.9	68.7	148.3	266.4	247.6	325.6	104.4	40.8	118.5	35.1	干旱	
15	南昌市	75.8	48.2	145.3	157.4	104.1	427.6	133.7	68	31	16.6	138.7	干旱	
16	济南市	干旱	干旱	干旱	53.5	61.6	27.2	254	186.7	73.9	18.6	干旱	干旱	
17	郑州市	17	干旱	干旱	90.8	59.4	24.6	309.7	58.5	64.4	干旱	干旱	干旱	
18	武汉市	72.4	20.7	79	54.3	344.2	129.4	148.1	240.7	40.8	92.5	39.1	干旱	
19	长沙市	96.4	53.8	159.9	101.6	110	116.4	215	143.9	146.7	55.8	243.9	干旱	
20	广州市	98	49.9	70.9	111.7	285.2	834.6	170.3	188.4	262.6	136.4	61.9	干旱	
21	南宁市	76.1	70	18.7	45.2	121.8	300.6	260.1	317.4	187.6	47.6	156	23.9	
22	海口市	35.5	27.7	干旱	53.9	193.3	227.3	164.7	346.7	337.5	901.2	20.9	68.9	
23	重庆市	16.2	42.7	43.8	75.1	69.1	254.4	55.1	108.4	54.1	154.3	59.8	29.7	
24	成都市	干旱	16.8	33	47	69.7	124	235.8	147.2	267	58.8	22.6	干旱	
25	贵阳市	15.7	干旱	68.1	62.1	156.9	89.9	275	364.2	98.9	106.1	103.3	17.2	
26	昆明市	干旱	干旱	15.7	干旱	94.5	133.5	281.5	203.4	75.4	49.4	82.7	干旱	
27	拉萨市	干旱	干旱	干旱	干旱	64.1	63	162.3	161.9	49.4	干旱	干旱	干旱	
28	西安市	19.1	干旱	21.7	55.6	22	59.8	83.7	87.3	83.1	73.1	干旱	干旱	
29	兰州市	干旱	干旱	干旱	22	28.1	30.4	49.9	72.1	61.5	23.5	干旱	干旱	
30	西宁市	干旱	干旱	干旱	32.2	48.4	60.9	41.6	99.7	62.9	19.7	干旱	干旱	
31	银川市	干旱	干旱	干旱	16.3	干旱	干旱	79.4	35.8	44.1	干旱	干旱	干旱	
32	乌鲁木齐市	干旱	干旱	17.8	21.7	15.8	干旱	20.9	17.1	16.8	干旱	干旱	干旱	

图 7.4　城市降水量样张

7.2.1 工作簿的建立与保存

1. 创建工作簿

使用 Excel 2010 制作电子表格，首先要新建一个工作簿。

（1）新建空白工作簿

新建空白工作簿的方法有以下几种：

方法 1：启动 Excel 2010，系统自动创建新工作簿“工作簿 1”。

方法 2：单击“自定义快速访问工具栏”按钮，在弹出的工具栏中单击“新建”命令选项，在“快速访问工具栏”中添加“新建”按钮，如图 7.5 所示。单击该按钮即可新建一个空白工作簿。

方法 3：选择“文件”选项卡中的“新建”命令，在“可用模板”中选择“空白工作簿”。

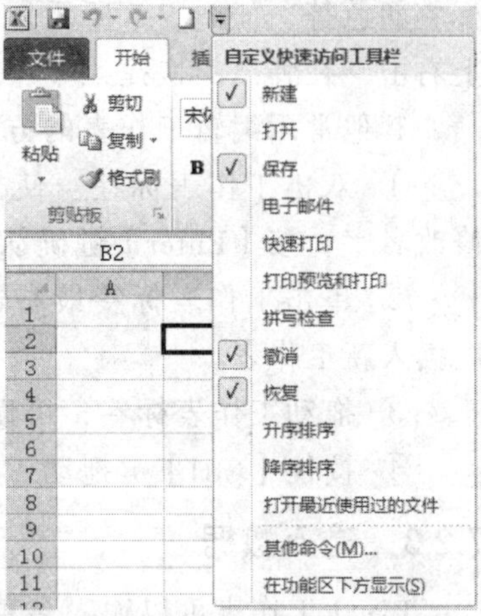

图 7.5 自定义快速访问工具栏

（2）根据模板创建工作簿

Excel 2010 为用户提供了多种模板类型，利用这些模板，用户可以快速的创建自己需要的工作簿。具体方法参考 Word 2010。

2. 保存工作簿

在 Excel 2010 中，保存工作簿的操作与 Word 类似。

用户在使用 Excel 编辑工作簿时，可能会遇到计算机故障或意外断电的情况，此时，就要用到系统提供的自动保存和自动恢复功能。选择“文件”选项卡的“选项”命令，在打开的对话框中选择“保存”选项卡，可设置自动恢复时间间隔、自动恢复文件位置等，如图 7.6 所示。

图 7.6 “Excel 选项”对话框

7.2.2 工作表的编辑

对工作表的编辑，可利用工作表标签的快捷菜单进行插入、删除、重命名、移动或复制工作表以及设置工作表标签颜色等，如图 7.7 所示。方法是：在相应工作表标签上右击，在弹出的快捷菜单中选择相应命令。

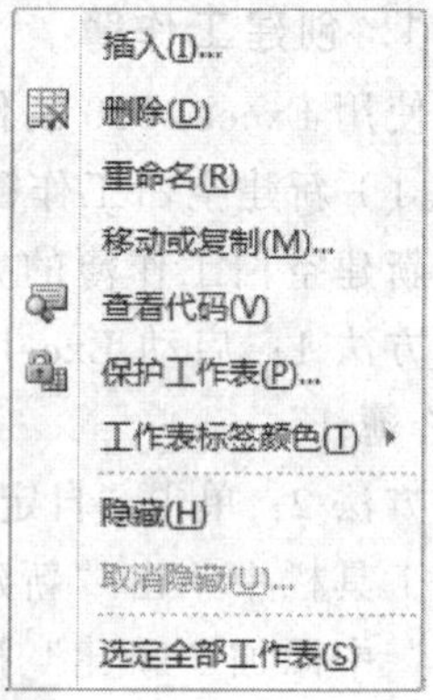

图 7.7 工作表标签快捷菜单

其他常用编辑工作表的方法有：

① 双击工作表标签，使标签名进入编辑状态，然后修改名字，按【Enter】键确认。

② 单击工作表标签最右边“插入工作表”按钮，可以插入新工作表。

③ 拖动工作表标签，可以移动工作表。

④ 按住【Ctrl】键拖动工作表标签，可以复制工作表。

7.2.3 输入数据

Excel 工作表可以输入多种类型的数据，不同类型数据的输入方法不完全一样。

1. 数据类型

在 Excel 中，常见的数据类型有文本、数值、日期/时间和逻辑值。

（1）文本型数据

文本型数据包括汉字、英文字母、空格、可打印字符等。例如：“张文”“ABC”“李*”等。文本型数据默认左对齐。

对于全部由数字组成的文本型数据，如邮政编码、电话号码、身份证号等，为了避免被 Excel 认为是数值，可以先输入一个西文单引号“'”，再输入数据；或者先将单元格的数字格式设置为“文本”，然后再输入数据。

（2）数值型数据

数值型数据包括 0~9 中的数字以及含有正号、负号、货币符号、百分号等任一种符号的数据。例如：100、-20、10%等。数值型数据默认右对齐。

当输入的数值型数据超过 11 位时，Excel 会自动用科学计数法显示，例如“1.5E+10”。

输入分数时，1/3 的输入方法是“0 1/3”（注意 0 后有一个空格）。

（3）日期/时间型数据

日期/时间型数据主要用于表示日期或时间。例如：2015/10/1、10:30:00、2015-10-1 10:30 等。

输入日期时，用斜杠“/”或“-”作为年月日的分隔符。输入时间时，用冒号“:”作为小时、分钟、秒的分隔符。

（4）逻辑型数据

逻辑值是比较特殊的一类数据，它只有 True（真）和 False（假）两种取值。

2. 输入数据

（1）单个单元格数据的输入

在单元格中输入数据时，应先选中目标单元格，输入完毕后按【Enter】键或者单击其他单元格确认完成输入，也可以通过按钮或快捷键完成或取消数据的输入，对应操作如表 7.1 所示。

表 7.1 常用按钮或快捷键操作

操作	功能
按【Enter】键	确认输入，并将插入点转移到下一个活动单元格
按【Tab】键	确认输入，并将插入点转移到右侧活动单元格
按【Esc】键	取消输入的文本
按【BackSpace】键	删除插入点前一个字符
按【Delete】键	删除插入点后一个字符
单击×✓按钮	编辑栏取消和确认输入按钮

（2）自动填充数据

要输入的数据本身具有某些顺序上的关联特性，则可以使用 Excel 所提供的自动填充功能进行快速的批量录入。例如，输入“1 2 3 …”“星期一 星期二 …”“甲 乙 丙 …”等。自动填充数据可以在列的方向填充，也可以在行的方向填充。

方法 1：使用填充句柄。

【例 7-1】在城市降水量工作表中输入列标题 1 月、2 月……12 月。

例 7-1：操作视频

操作步骤如下：

① 输入初始数据。在 B1 单元格输入“1 月”。

② 填充数据。单击选中 B1，鼠标指向黑框右下角，注意鼠标指针形状变成+，按住左键拖动到 M1，放开鼠标。

提示：

使用填充句柄填充单个单元格数据时，如果该数据不是某种序列的数据，例如单元格数据是“男”，则默认复制单元格。

自动填充完成后，填充区域的右下角会显示“自动填充选项”按钮，将鼠标指针移至按钮上，在其扩展菜单中可显示更多的填充选项，如图 7.8 所示。

方法 2：选择要填充的区域，单击“编辑”组“填充”命令，在打开的下拉列表中选择所需的命令，如图 7.9 所示。

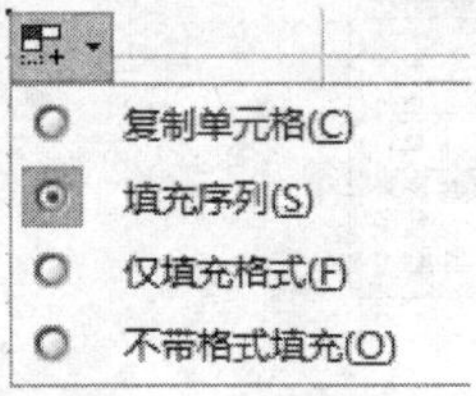

图 7.8 自动填充选项

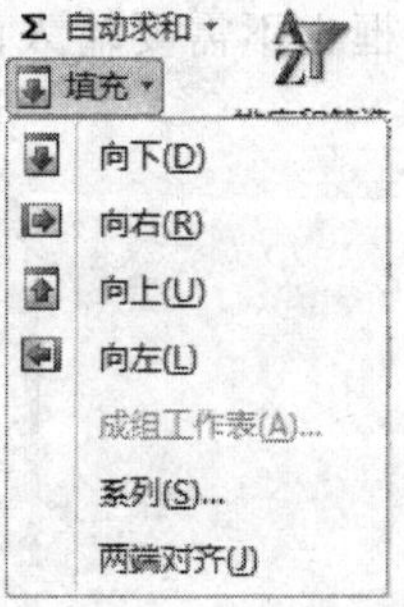

图 7.9 “填充”下拉列表

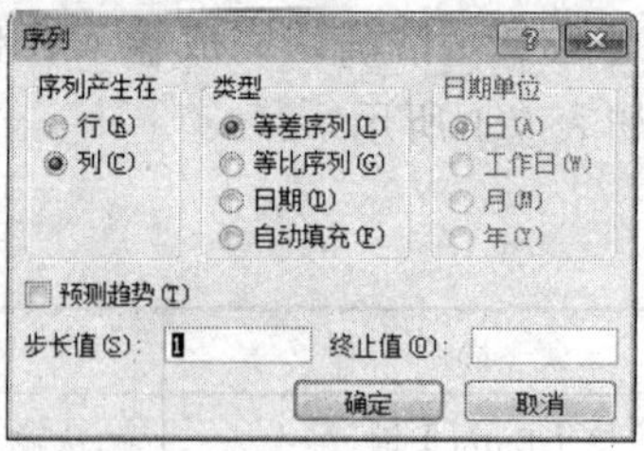

图 7.10　“序列”对话框

选择“系列”命令，在打开的如图 7.10 所示的对话框中，选择序列产生在行或列，序列类型是等差序列、等比序列、日期或自动填充。其中“步长值”表示相邻的两个单元格之间数据递增或递减的幅度，其默认值为 1；“终止值”表示填充的序列最大或最小（递增或递减）不超过终止值。

7.2.4　编辑单元格和区域

Excel 中编辑单元格或区域包括选定、修改、移动、复制、清除、插入和删除等操作。

1. 单元格和单元格区域的选定

要对单元格或单元格区域进行编辑、格式化等操作，需要先选定对象，常用选定方法如表 7.2 所示。

表 7.2　单元格和单元格区域选定方法

操　作	方　法
选定单元格	鼠标单击
选定区域	鼠标拖动，从左上角单元格到右下角单元格
选定不连续的多个单元格或区域	按住【Ctrl】键依次选定每个单元格或区域
选定整行或整列	鼠标单击行号或列标
选定多行或多列	鼠标指向行号或列标，拖动

2. 修改单元格数据

方法 1：单击选中单元格，此时输入数据将覆盖原有数据。

方法 2：双击单元格使单元格处于编辑状态，可局部修改单元格内数据。

方法 3：使用查找和替换功能批量修改数据。

【例 7-2】在城市降水量工作表中，将所有空单元格填入 0。

例 7-2：操作视频

操作步骤如下：

① 选择目标区域。选择单元格区域 B2:M32。

② 打开“查找和替换”对话框的“替换”选项卡。在“编辑”组单击“查找和选择”按钮，在打开的下拉列表中选择“替换”命令。

③ 设置查找和替换内容。在打开的“替换”对选项卡中，“查找内容”文本框中不需要输入内容，“替换为”文本框中输入 0，如图 7.11 所示。

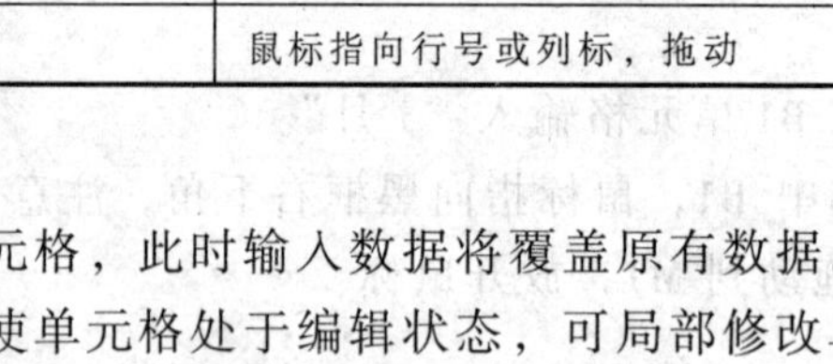

7.11　“查找和替换”对话框

④ 完成替换。单击“全部替换”按钮即可。

3．移动、复制数据

Excel 中移动、复制数据的方法与 Word 的操作类似，用户可以参考前文来移动或复制数据。

单击“粘贴”按钮下部，在打开的下拉列表中显示多种粘贴选项，例如，可选择粘贴公式或只粘贴值，粘贴时是否带格式等，如图 7.12 所示。

【例 7-3】从“城市降水量”工作表中复制得到“北京市”工作表 B 列各月降水量。

例 7-3：操作视频

操作步骤如下：

① 复制数据。选择“城市降水量”工作表中单元格区域 B2:M2，复制。

② 设置选择性粘贴。单击“北京市”工作表中 B3 单元格，单击“剪贴板”组中的“粘贴”按钮，在打开的下拉列表中选择“选择性粘贴”命令，在打开的对话框中，选择“数值”单选按钮，勾选“转置”复选框，如图 7.13 所示。

图 7.12　粘贴选项

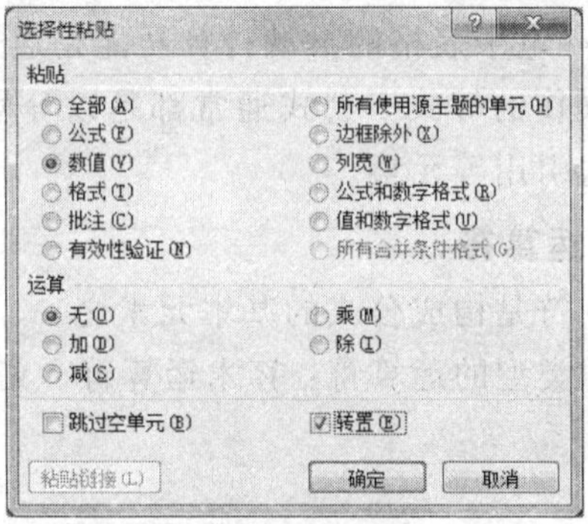

图 7.13　“选择性粘贴”对话框

③ 完成粘贴。单击“确定”按钮。转置后效果如图 7.14 所示。

4．清除数据

Excel 清除数据功能，包含只清除格式或内容、批注、超链接等，也可全部清除。清除方法：选中要清除数据的单元格或单元格区域，单击“开始”选项卡，在“编辑”组中单击“清除”按钮，在打开的下拉列表中选择相应命令，如图 7.15 所示。

	A	B	C
1	北京市		
2		各月降水量	全年占比
3	1月	0.2	
4	2月	0	
5	3月	11.6	
6	4月	63.6	
7	5月	64.1	
8	6月	125.3	
9	7月	79.3	
10	8月	132.1	
11	9月	118.9	
12	10月	31.1	
13	11月	0	
14	12月	0.1	
15			

图 7.14　转置后效果图

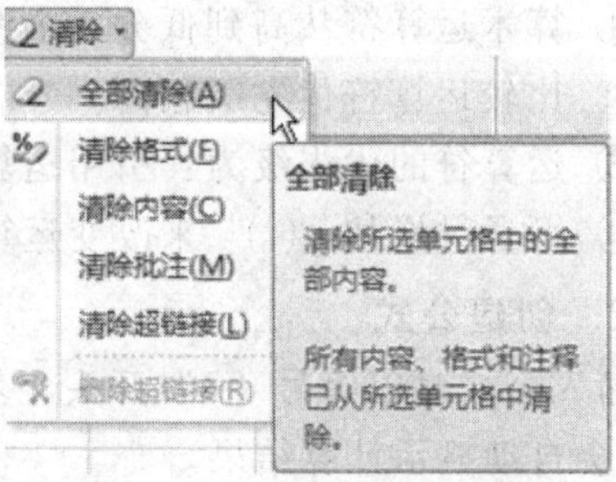

图 7.15　“清除”下拉列表

5．插入或删除单元格、行、列、工作表

Excel 提供了单元格、行、列、工作表自由插入或删除的功能。方法：选定目标位置，在“单元格”组中单击“插入”按钮或“删除”按钮，在打开的下拉列表中选择相应命令，如图 7.16 所示。

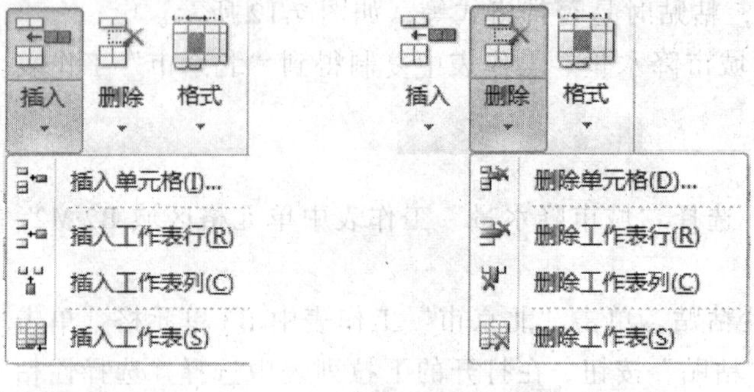

图 7.16 “插入”下拉列表和“删除”下拉列表

7.2.5 使用公式和函数

Excel 电子表格的自动计算功能是通过公式来实现的。公式是对工作表中的数据进行计算和操作的等式。公式通常都是以等号“=”开头，包含各种运算符、常量、函数和单元格的引用等元素。

1．运算符

运算符是构成公式的基本元素之一，每个运算符分别代表一种运算。Excel 2010 中包含 4 种类型的运算符：算术运算符、文字连接符、比较运算符和引用运算符，如表 7.3 所示。

表 7.3 Excel 2010 中常用运算符

运 算 符	说 明
算术运算符	+（加）、-（减）、*（乘）、/（除）、%（百分比）、^（求幂）
文字连接符	&（字符串连接）
比较运算符	=、>、<、>=、<=、<>（不等于）
引用运算符	:（冒号）、,（逗号）、（空格）

运算符的优先级顺序如下：

① 算术运算符从高到低分 3 个级别：百分比和幂、乘除、加减。

② 比较运算符优先级相同。

③ 运算符的优先级为：引用运算符>算术运算符>文字连接符>比较运算符。

④ 可通过增加“( )”来改变运算符的顺序。

2．创建公式

输入公式时以等号“=”开头，然后输入公式的表达式，最后按【Enter】键确认，Excel 会自动显示计算结果。

3. 编辑公式

选择含有公式的单元格，在编辑栏修改；或者双击单元格，直接修改公式。

4. 移动和复制公式

在 Excel 中可以移动和复制公式，当移动公式时，公式内的单元格引用不会更改；而当复制公式时，单元格引用将根据所用引用类型而变化。移动和复制公式可以采用我们前面学习的移动、复制数据的方法。

提示：使用填充句柄可以复制公式。

【例 7-4】在“城市降水量”工作表中，将 A 列的城市名称后面添加文本“市”。

例 7-4：操作视频

操作步骤如下：

① 插入空白列。右击 B 列，在弹出的快捷菜单中选择“插入”命令。

② 输入公式。单击 B2 单元格，输入公式： =A2&"市"，复制公式到 B32。

③ 复制公式。选择 B2:B32，复制。

④ 选择性粘贴。单击 A2 单元格，在“剪贴板”组单击“粘贴”按钮，在打开的下拉列表中选择“粘贴数值”组中的“值”命令。

⑤ 删除 B 列。右击 B 列，选择“删除”命令。

提示：公式“=A2&"市"”中，A2 是单元格的引用，可以通过单击对应单元格实现输入。

5. 使用函数

函数是系统预定义的特殊公式，通过使用一些称为参数的特定数值按特定的顺序或结构执行计算。函数的结构一般为“函数名(参数 1,参数 2,...)”，其中函数名为函数的名称，是每个函数的唯一标识；参数规定了函数的运算对象、顺序和结构等，是函数中最复杂的组成部分。Excel 2010 为用户提供了几百个函数，分为财务、逻辑、文本、日期和时间、查找和引用、数学和三角函数等类别。

在 Excel 中有多种输入函数的方法，常用的有 3 种方法：

方法 1：利用“开始”选项卡中的“自动求和”命令。

方法 2：利用编辑栏中的“插入函数”按钮 f_x。

方法 3：利用“公式”选项卡中“函数库”组中命令，可以按类别查找函数，如图 7.17 所示。

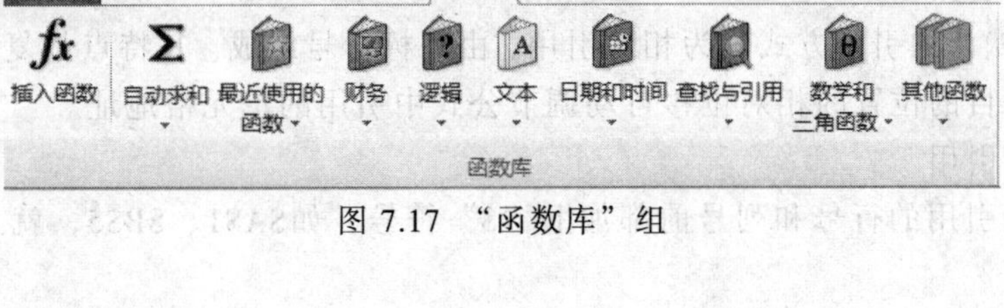

图 7.17 “函数库”组

方法 4：手动输入函数。

表 7.4 列出了几个常用函数及其功能。

表 7.4　Excel 2010 中常用函数及其功能

函 数 名	参　数	功　能
SUM	(number1,[number2],...)	求和
AVERAGE	(number1,[number2],...)	求平均值
COUNT	(value1,[value2],...)	计数
MAX	(number1,[number2],...)	求最大值
MIN	(number1,[number2],...)	求最小值

【例 7-5】在城市降水量工作表中，计算全年合计降水量。

例 7-5：操作视频

操作步骤如下：

① 单击 N2 单元格。

② 单击“开始”选项卡“编辑”组中的“自动求和”按钮，选择“求和”命令，即出现 SUM(B2:M2) 函数，如图 7.18 所示。

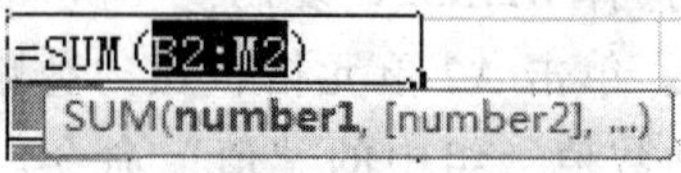

图 7.18　输入函数

③ 按【Enter】键或单击编辑栏中的✓按钮，显示函数计算结果。利用自动填充的方法复制公式到 N3:N32 单元格。

6．单元格引用

单元格引用是指对工作表中单元格或单元格区域的引用，通常在公式中使用，以便 Excel 系统找到公式中需要使用的数据。单元格引用一般使用单元格地址表示。常用引用方式如表 7.5 所示。

表 7.5　常用引用方式

引　用	含　义
A2	A 列和第 2 行交叉处单元格
A3:D5	列 A 到列 D 和第 3 行到第 5 行之间的单元格区域
15:15	第 15 行的全部单元格
15:16	第 15 行到第 16 行的全部单元格
A:A	A 列的全部单元格
A:D	A 列到 D 列的全部单元格

单元格引用有 3 种方式：相对引用、绝对引用和混合引用。

（1）相对引用

Excel 中默认的引用方式称为相对引用，由列标行号组成。其特点是复制公式时，相对引用会根据目的位置的相对位移自动调节公式中引用的单元格地址。

（2）绝对引用

在单元格引用的行号和列号前都加上“$”符号，如$A$1、$B$5，就是绝对引用。

其特点是复制公式时，绝对引用单元格不会随目的位置的变化而变化。

（3）混合引用

在单元格引用的行号或列号前加上“$”符号，如$A1、B$5，就是混合引用。其特点是复制公式时，行号或列号中加上“$”符号的方向绝对位置不变，没有加上“$”符号的方向绝对位置相对位移。

提示： Excel 中默认为相对引用，鼠标定位在单元格引用处，按【F4】键，可在 3 种引用之间转换。

7. 对其他工作表和工作簿的引用

在公式中引用其他工作表中的单元格区域，可在公式编辑状态下单击相应的工作表标签，然后选取相应的单元格区域。引用格式：工作表名！引用区域。当引用的工作表名是以数字开头或者包含空格及以下特殊字符：

$ % ` ~ ! @ # ^ & ( ) + - = , | " ; { }

则公式中被引用的工作表名称将被一对半角单引号包含。

当引用的单元格和公式所在单元格不在一个工作簿中时，其引用格式为：[工作簿名称] 工作表名！引用区域。当被引用的单元格所在工作簿关闭时，公式中将在工作簿名称前自动加上文件路径。

例 7-6：操作视频

【例 7-6】在北京市工作表中，计算全年占比。

操作步骤如下：

① 输入公式。全年占比=各月降水量÷全年合计降水量，即在 C3 单元格输入图 7.19 所示的公式。

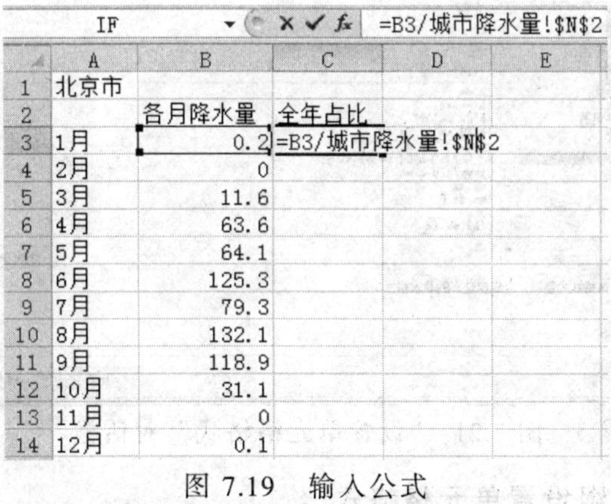
IF　=B3/城市降水量!$N$2

	A	B	C	D	E
1	北京市				
2		各月降水量	全年占比		
3	1月	0.2	=B3/城市降水量!$N$2		
4	2月	0			
5	3月	11.6			
6	4月	63.6			
7	5月	64.1			
8	6月	125.3			
9	7月	79.3			
10	8月	132.1			
11	9月	118.9			
12	10月	31.1			
13	11月	0			
14	12月	0.1			

图 7.19　输入公式

② 复制公式。利用自动填充的方法复制公式到 C4:C15。

7.2.6　单元格格式化

单元格格式化主要包括对单元格文本、数字的格式化，设置对齐方式，设置样式等操作，达到美化工作表和突出重点内容的效果。可以利用“开始”选项卡“字体”、“对齐方式”、“数字”、“样式”和“单元格”组中的功能按钮完成单元格格式的设置，如图 7.20 所示。

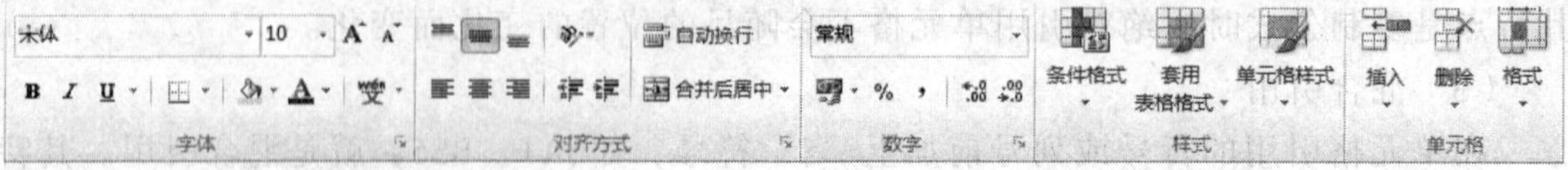

图 7.20 “字体”“对齐方式”“数字”“样式”“单元格”组

1．使用“字体”组设置字体格式

常用字体格式包括字体、字号、文字颜色、加粗、加下画线等。

2．使用“对齐方式”组设置单元格格式

常用对齐方式有水平方向靠左、居中、靠右，垂直方向靠上、居中、靠下，单元格合并后居中等。

3．使用“数字”组设置单元格格式

常用数字格式包括常规、数字、货币、长日期、百分比、文本等。

例 7-7：操作视频

【例 7-7】设置“城市降水量”工作表中 B2:M32 区域的单元格数字小于 15 的单元格仅显示文本“干旱”。

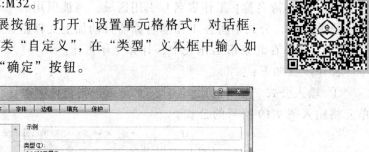

操作步骤如下：

① 选定单元格区域 B2:M32。

② 单击“数字”组扩展按钮，打开“设置单元格格式”对话框，在“数字”选项卡中选择分类“自定义”，在“类型”文本框中输入如图 7.21 所示字符串。单击“确定”按钮。

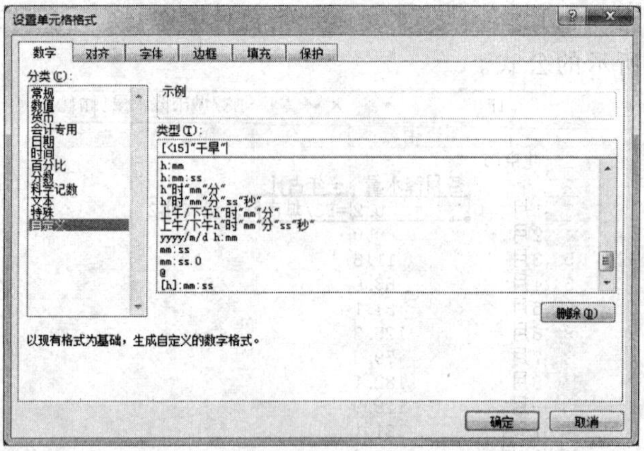

图 7.21 “设置单元格格式”对话框

4．使用“样式”组设置单元格格式

使用“样式”组可以设置条件格式、套用表格格式和单元格样式。

条件格式是基于条件更改单元格区域的外观，如果条件为 True，则应用基于该条件的格式；如果条件为 False，则不应用该格式。

套用表格格式可以快速为表格设置格式，既方便又美观。

Excel 单元格样式类似于 Word 的样式，是一组单元格格式的组合，用于快速格式化表格。单元格样式分为 5 种类型：①好、差和适中；②数据和模型；③标题；④主题单元格样式；⑤数字格式。

例 7-8：操作视频

【例 7-8】在“城市降水量”工作表中突出显示干旱情况和全年降水量情况。

操作步骤如下：

① 选择单元格区域 B2:M32，单击“样式”组中的“条件格式”按钮，在下拉列表中选择“突出显示单元格规则”→“小于”命令，在如图 7.22 所示对话框中完成设置。单击“确定”按钮。

② 选择单元格区域 N2:N32，单击“样式”组中“条件格式”按钮，在打开的下拉列表中选择蓝色数据条实心填充，如图 7.23 所示。

图 7.22 “小于”对话框

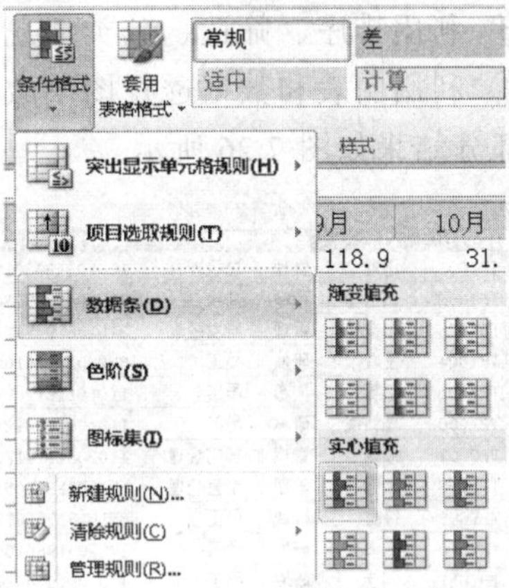

图 7.23 “条件格式”下拉列表

③ 继续单击“样式”组中的“条件格式”按钮，在打开的下拉列表中选择“管理规则”，在打开的对话框中单击“编辑规则”，打开如图 7.24 所示对话框，勾选“仅显示数据条”。单击“确定”按钮。

5. 使用“单元格”组设置单元格格式

Excel 中插入或删除单元格、工作表行、工作表列，甚至整个工作表，设置单元格行高、列宽等功能可以使用图 7.25 所示的“单元格”组中相应命令设置。

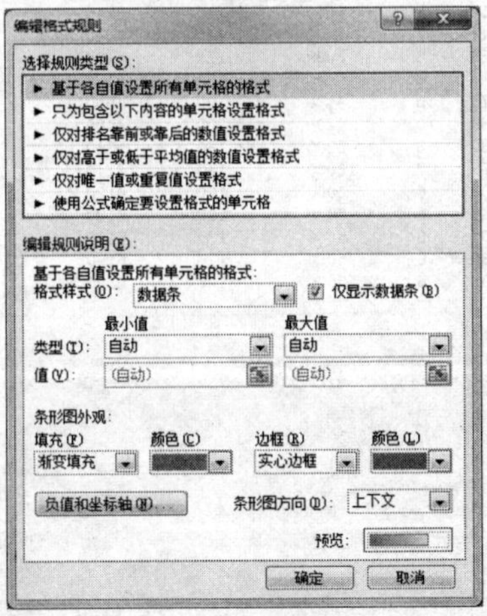

图 7.24 “编辑格式规划”对话框

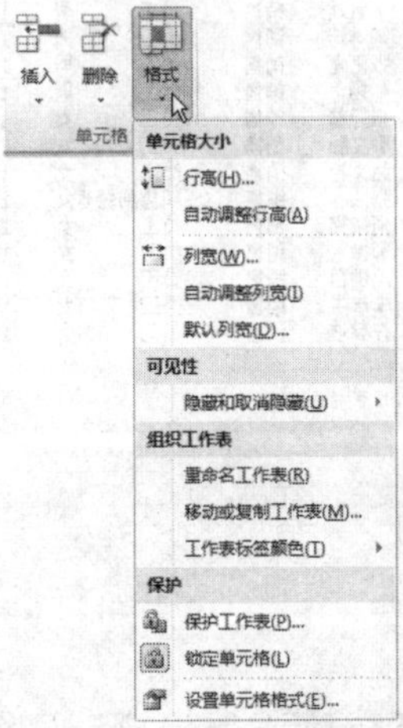

图 7.25 “单元格”组

7.3 公司事务管理

Excel的表格不仅可以人工输入，还可以利用已有数据文件进行导入。在公司日常事务管理过程中，数据表创建好后，还需要对表格数据进行计算、分析和统计。

李萌萌同学利用大三暑假在某公司找了一份行政助理的实习工作，在工作过程中，经常需要用Excel软件对各种表格进行处理。完成本节案例的设计思路如下：

① 利用Excel的数据导入功能可以直接导入文本文件生成员工档案表。

② 用公式和函数完成员工档案表、员工培训考核成绩表和部门统计表中的计算。

③ 利用排序、筛选、分类汇总和数据透视表对数据进行分析和汇总。

④ 利用图表和数据透视图使数据以图形化展示。

部分结果如图7.26所示。

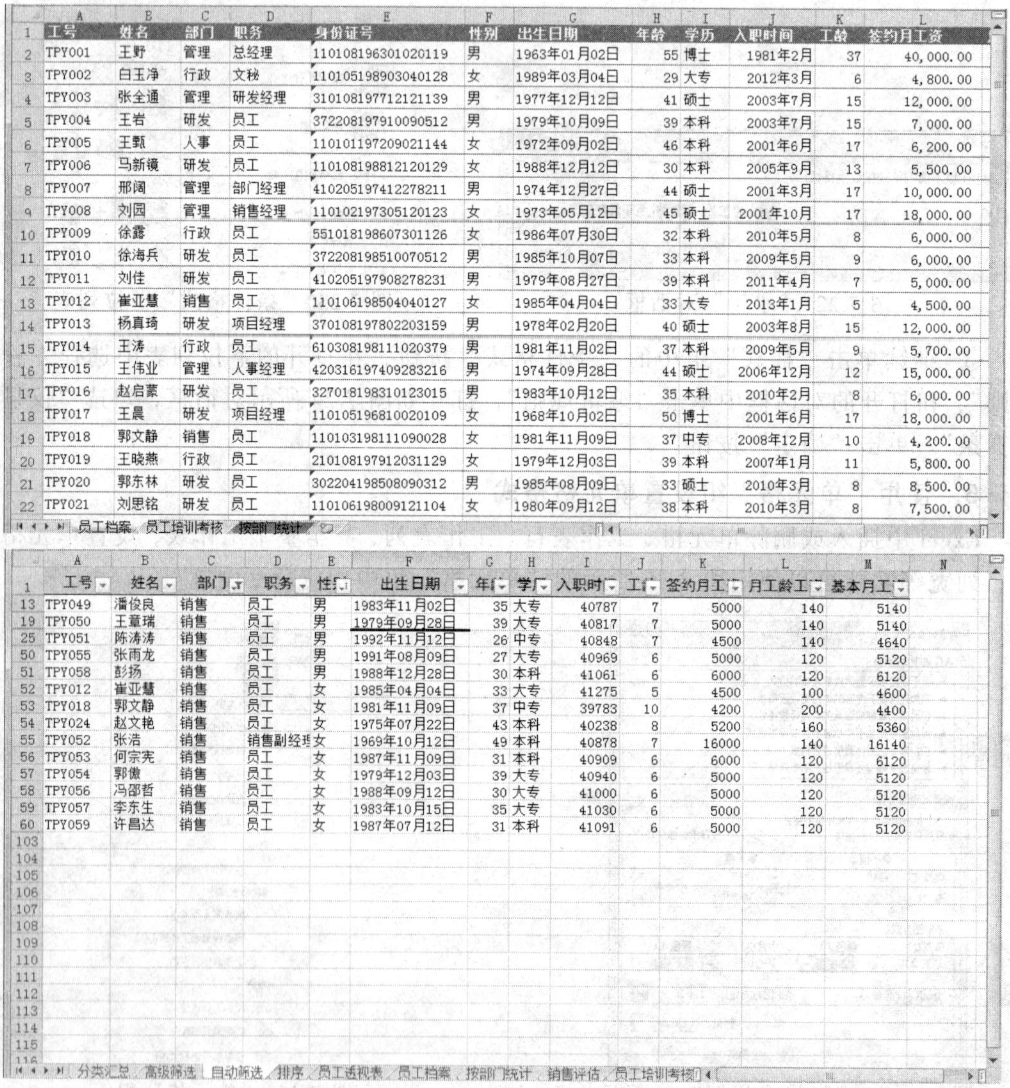

	A	B	C	D	E	F	G	H	I	J	K	L
1	工号	姓名	部门	职务	身份证号	性别	出生日期	年龄	学历	入职时间	工龄	签约月工资
2	TPY001	王野	管理	总经理	110108196301020119	男	1963年01月02日	55	博士	1981年2月	37	40,000.00
3	TPY002	白玉净	行政	文秘	110105198903040128	女	1989年03月04日	29	大专	2012年3月	6	4,800.00
4	TPY003	张全通	管理	研发经理	310108197712121139	男	1977年12月12日	41	硕士	2003年7月	15	12,000.00
5	TPY004	王岩	研发	员工	372208197910090512	男	1979年10月09日	39	本科	2003年7月	15	7,000.00
6	TPY005	王甄	人事	员工	110101197209021144	女	1972年09月02日	46	本科	2001年6月	17	6,200.00
7	TPY006	马新镜	研发	员工	110108198812120129	女	1988年12月12日	30	本科	2005年9月	13	5,500.00
8	TPY007	邢阔	管理	部门经理	410205197412278211	男	1974年12月27日	44	硕士	2001年3月	17	10,000.00
9	TPY008	刘园	管理	销售经理	110102197305120123	女	1973年05月12日	45	硕士	2001年10月	17	18,000.00
10	TPY009	徐露	行政	员工	551018198607301126	女	1986年07月30日	32	本科	2010年5月	8	6,000.00
11	TPY010	徐海兵	研发	员工	372208198510070512	男	1985年10月07日	33	本科	2009年5月	9	6,000.00
12	TPY011	刘佳	研发	员工	410205197908278231	男	1979年08月27日	39	本科	2011年4月	7	5,000.00
13	TPY012	崔亚慧	销售	员工	110106198504040127	女	1985年04月04日	33	大专	2013年1月	5	4,500.00
14	TPY013	杨真琦	研发	项目经理	370108197802203159	男	1978年02月20日	40	硕士	2003年8月	15	12,000.00
15	TPY014	王涛	行政	员工	610308198111020379	男	1981年11月02日	37	本科	2009年5月	9	5,700.00
16	TPY015	王伟业	管理	人事经理	420316197409283216	男	1974年09月28日	44	硕士	2006年12月	12	15,000.00
17	TPY016	赵启蒙	研发	员工	327018198310123015	男	1983年10月12日	35	本科	2010年2月	8	6,000.00
18	TPY017	王晨	研发	项目经理	110105196810020109	女	1968年10月02日	50	博士	2001年6月	17	18,000.00
19	TPY018	郭文静	销售	员工	110103198111090028	女	1981年11月09日	37	中专	2008年12月	10	4,200.00
20	TPY019	王晓燕	行政	员工	210108197912031129	女	1979年12月03日	39	本科	2007年1月	11	5,800.00
21	TPY020	郭东林	研发	员工	302204198508090312	男	1985年08月09日	33	硕士	2010年3月	8	8,500.00
22	TPY021	刘思铭	研发	员工	110106198009121104	女	1980年09月12日	38	本科	2010年3月	8	7,500.00

员工档案 员工培训考核 按部门统计

	A	B	C	D	E	F	G	H	I	J	K	L	M
1	工号	姓名	部门	职务	性	出生日期	年	学	入职时	工	签约月工	月工龄工	基本月工
13	TPY049	潘俊良	销售	员工	男	1983年11月02日	35	大专	40787	7	5000	140	5140
19	TPY050	王章瑞	销售	员工	男	1979年09月28日	39	大专	40817	7	5000	140	5140
25	TPY051	陈涛涛	销售	员工	男	1992年11月12日	26	中专	40848	7	4500	140	4640
50	TPY055	张雨龙	销售	员工	男	1991年08月09日	27	大专	40969	6	5000	120	5120
51	TPY058	彭扬	销售	员工	男	1988年12月28日	30	本科	41061	6	6000	120	6120
52	TPY012	崔亚慧	销售	员工	女	1985年04月04日	33	大专	41275	5	4500	100	4600
53	TPY018	郭文静	销售	员工	女	1981年11月09日	37	中专	39783	10	4200	200	4400
54	TPY024	赵文艳	销售	员工	女	1975年07月22日	43	本科	40238	8	5200	160	5360
55	TPY052	张浩	销售	销售副经理	女	1969年10月12日	49	本科	40878	7	16000	140	16140
56	TPY053	何宗宪	销售	员工	女	1987年11月09日	31	本科	40909	6	6000	120	6120
57	TPY054	郭傲	销售	员工	女	1979年12月03日	39	大专	40940	6	5000	120	5120
58	TPY056	冯部哲	销售	员工	女	1988年09月12日	30	大专	41000	6	5000	120	5120
59	TPY057	李东生	销售	员工	女	1983年10月15日	35	大专	41030	6	5000	120	5120
60	TPY059	许昌达	销售	员工	女	1987年07月12日	31	本科	41091	6	5000	120	5120

分类汇总 高级筛选 自动筛选 排序 员工透视表 员工档案 按部门统计 销售评估 员工培训考核

图7.26 公司事务管理样张

7.3.1 获取外部数据和分列

Excel 2010 可以直接获取外部数据，比如 Access 数据库中的数据、网页中的数据、文本数据等。功能按钮均集合在“数据”选项卡的“获取外部数据”组中，如图 7.27 所示。

图 7.27 “获取外部数据”组

导入的原始数据如果有两列数据合并在一列中，可使用分列功能，将其分成两列。

【例 7-9】将以分隔符分隔的文本文件“员工信息.txt”导入工作表“员工档案”中，并将第 1 列数据从左到右分成“工号”和“姓名”两列显示。

例 7-9：操作视频

操作步骤如下：

① 导入文本文件。单击“获取外部数据”组中的“自文本”按钮，打开“导入文本文件”对话框，选择文件“员工信息.txt”，打开文本导入向导。

② 设置向导。向导第 1 步，选择分隔符号，设置文件原始格式为“简体中文（GB2312-80）”；第 2 步，分隔符号为 Tab 符；第 3 步，设置“身份证号”的列数据格式为文本，其他列默认为常规格式。完成后，选择导入数据放置在现有工作表的$A$1 单元格。

③ 分列。在 B 列前插入空白列；在 A1 单元格的工号和姓名中插入 2 个空格；选中 A 列，单击“数据”选项卡中“数据工具”组“分列”按钮，打开文本分列向导。

④ 设置向导。向导第 1 步，选择固定宽度；第 2 步，在工号和姓名之间加分列线；第 3 步，列数据格式默认为常规，完成分列。

提示：用户在导入文本文件时可以将不需要的列删除，还能够设置导入列的数据类型，主要为常规、文本、日期类型。

7.3.2 表格和结构化引用

通过“开始”选项卡“样式”组的“套用表格格式”功能给工作表套用某种表格格式后，除了表格外观格式发生变化之外，还创建了“表格”对象，同时表格的引用方法也会变化，这种方法称为“结构化引用。”

一般结构化引用包含以下几个元素：

① 表名称：例如，员工档案表的表名称设置为“员工档案”，则可以单独使用表名称“员工档案”来引用除标题行和汇总行以外的“表”区域。

② 列标题：例如，[工号]，用方括号包含，引用的是该列除标题和汇总以外的数据区域。

③ 表字段：共有 4 项，即[#全部]、[#数据]、[#标题]、[#汇总]，其中[#全部]引用“表”区域中的全部（包含标题行、数据区域和汇总行）单元格。

给“员工档案”工作表中的数据套用某种的表格格式，同时修改表名称为“员工档案”，然后，再输入公式时，如果引用表格中某单元格或区域，将自动转换成结构化引用，如图 7.28 中@ [签约月工资]表示引用 L2 单元格。

图 7.28　结构化引用

提示：结构化引用的区域会随着表格区域的变化而自动变化。

创建“表格”后，在“表格工具|设计”选项卡中单击“转换为区域”按钮，能将表格转换成普通区域。

7.3.3　常用函数

下面介绍几个常用函数的典型应用。

1. IF()函数

IF 表示如果、假设，IF()函数用于判断条件的真假，然后根据逻辑计算的真假值返回不同的结果。其语法结构为：

```
IF(logical_test, [value_if_true], [value_if_false])
```

包含 3 个参数：logical_test 为判断条件，条件为真，返回 value_if_true 值，为假返回 value_if_false 值。

【例 7-10】员工培训考核表中，要求根据平均成绩计算考核等级，计算规则为：平均成绩达到（≥）80 分，考核等级为“优秀”；平均成绩达到（≥）60 分，考核等级为“合格”；其余为“不合格”。

例 7-10：操作视频

操作步骤如下：

① 插入函数。单击编辑栏中的“插入函数”按钮，选择 IF()函数，打开函数参数对话框。

② 设置参数。设置 IF()函数的前 2 个参数如图 7.29 所示。设置第 3 个参数时，单击编辑栏 IF，插入第 2 个 IF()函数，函数参数设置如图 7.30 所示。

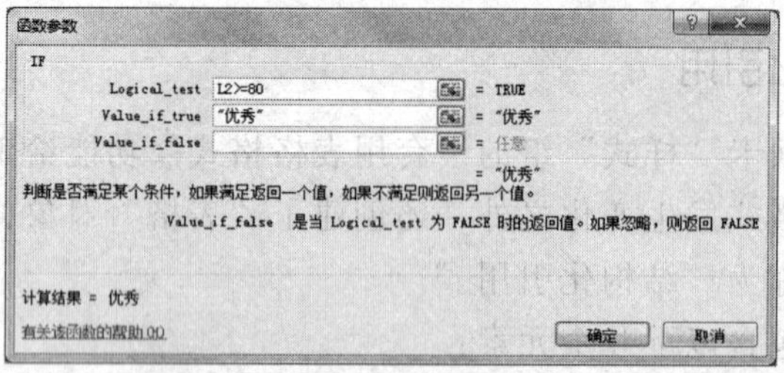

图 7.29　IF()函数参数（一）

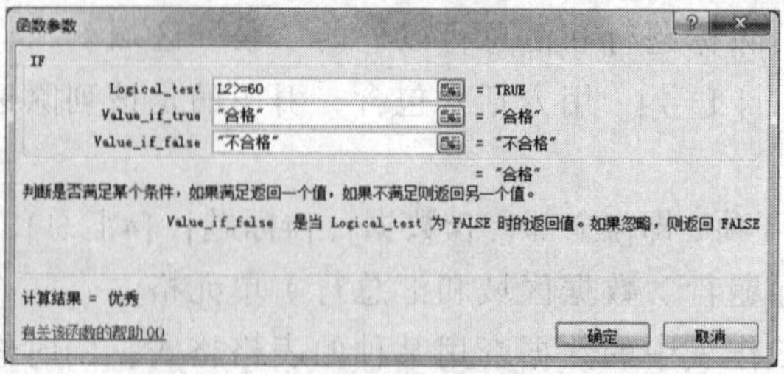

图 7.30　IF()函数参数（二）

最终公式为：

```
=IF(L2>=80,"优秀",IF(L2>=60, "合格","不合格"))
```

这种一个函数作为另一个函数的参数的现象称为函数的嵌套。

提示：对于这种比较复杂的公式，可以利用“公式”选项卡中的“公式求值”命令，逐步求值，便于检查公式正确性。

2. RANK()排名函数

RANK()函数返回一个数字在数字列表中的排位。其语法结构为：

```
RANK(number,ref, [order])
```

包含 3 个参数：number 是需要排位的数字；ref 是数字列表；order 为可选参数，为 0 或省略时表示按照降序排位，不为 0 时表示按照升序排位。

【例 7-11】员工培训考核表中，使用 RANK()函数根据总成绩的降序计算每位员工的考核排名。函数参数如图 7.31 所示。

例 7-11：操作视频

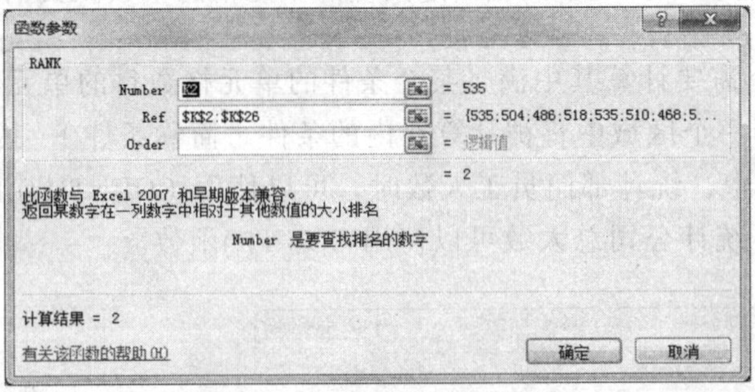

图 7.31 RANK()函数参数

3. VLOOKUP()垂直搜索函数

VLOOKUP ()函数搜索指定单元格区域的第一列，然后返回该区域相同行上指定单元格中的值。其语法结构为：

```
VLOOKUP(lookup_value, table_array, col_index_num, [range_lookup])
```

包含 4 个参数：lookup_value 指定要在表格或区域的第 1 列搜索到的值；table_array 指定要搜索的区域；col_index_num 指定最终返回值在 table_array 中的列号；range_lookup 是一个逻辑值，如果值为 TRUE 或被省略，则返回近似匹配值，并且 table_array 中第一列的值必须按升序排序，如果值为 FALSE，则返回精确匹配值，并且 table_array 中第一列的值不用排序。

【例 7-12】员工培训考核表中，根据员工的工号，使用 VLOOKUP()函数从员工档案表中查找到对应员工的姓名、身份证号填入表中。

例 7-12：操作视频

使用 VLOOKUP()函数查找员工姓名的函数参数如图 7.32 所示。查找身份证号与此类似。

4. COUNTIF()和 COUNTIFS()条件计数函数

COUNTIF()函数对区域中满足指定条件的单元格进行计数。其语法结构为：

```
COUNTIF(range, criteria)
```

包含 2 个参数：range 表示计数的区域；criteria 表示计数的条件。

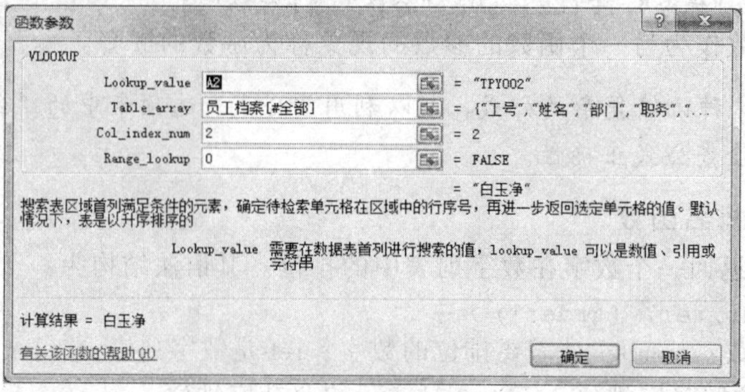

图 7.32　VLOOKUP()函数参数

如果有多个条件，则使用 COUNTIFS()函数。

COUNTIFS()函数用来统计多个区域中满足给定条件的单元格的个数。其语法结构为：

```
COUNTIFS(criteria _range1, criteria1, [criteria _range2, criteria2]…)
```

criteria_range1 为第一个需要计算其中满足某个条件的单元格数目的单元格区域（简称条件区域）；criteria1 为第一个区域中将被计算在内的条件（简称条件），其余类推。

【例 7-13】部门统计表中，统计部门员工人数时，可以使用 COUNTIF()函数，对应的参数设置如图 7.33 所示，统计公司总人数可以使用 COUNT()函数。

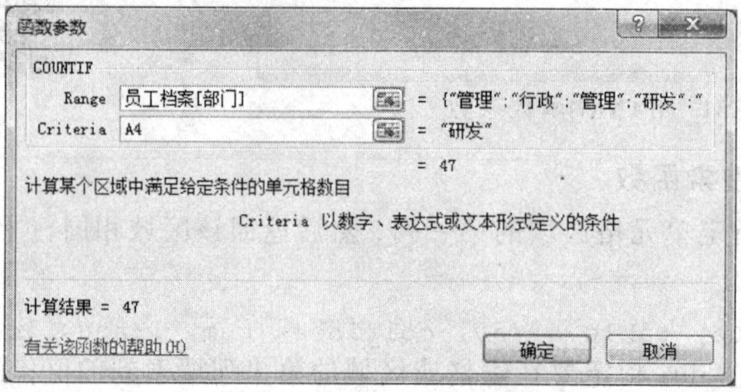

图 7.33　COUNTIF()函数参数

例 7-13：操作视频

5．SUMIF()和 SUMIFS()条件求和函数

SUMIF()函数对指定区域中满足指定条件的单元格进行求和。其语法结构为：

```
SUMIF(range, criteria, [sum_range])
```

包含 3 个参数：range 指定用于条件判断的单元格区域；criteria 指定条件；sum_range 指定要求和的单元格区域，省略时则求和区域也是 range。

如果求和区域需满足多个条件，则使用 SUMIFS()函数。

SUMIFS()函数对区域中满足多个条件的单元格求和。其语法结构为：

```
SUMIFS(sum_range, criteria_range1, criteria1, [criteria_range2, criteria2], ...)
```

【例 7-14】部门统计表中，计算该部门员工签约月工资总计时即可使用 SUMIF()函数，对应的参数设置如图 7.34 所示。

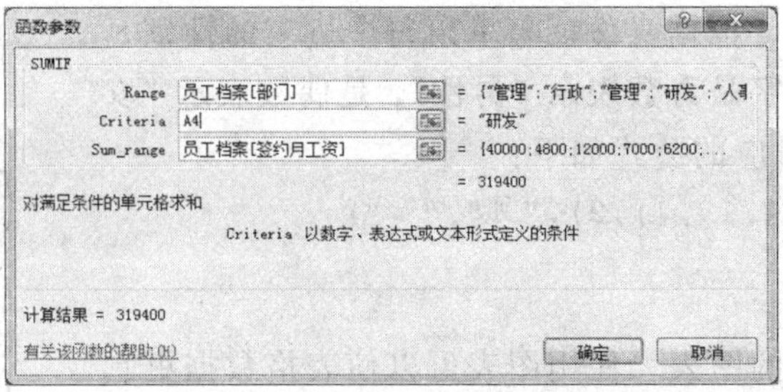

图 7.34　SUMIF()函数参数

例 7-14：操作视频

6. MID()截取字符串函数

MID()函数返回文本字符串中从指定位置开始特定个数的字符串。其语法结构为：

```
MID(text, start_num, num_chars)
```

包含 3 个参数：text 指定文本字符串；start_num 指定从第几个字符开始截取；num_chars 指定返回的字符个数。

【例 7-15】员工档案表中，要求根据员工身份证号求出生日期，可以使用 MID()函数获取年月日数值，然后使用运算符“&”连接出生日期。

例 7-15：操作视频

求年、月、日对应的函数分别为：

```
=MID([@身份证号],7,4)
=MID([@身份证号],11,2)
=MID([@身份证号],13,2)
```

使用运算符“&”连接出生日期，对应公式如下：

```
=MID([@身份证号],7,4)&"年"&MID([@身份证号],11,2)&"月"&MID([@身份证号],13,2)&"日"
```

提示：例题中[@身份证号]参数对应的单元格地址为 E2。

7. YEAR()求年份函数

YEAR ()函数返回指定日期对应的年份，返回值为 1900 ~ 9999 之间的整数。其语法结构为：

```
YEAR(serial_number)
```

参数 serial_number 是一个日期值。

【例 7-16】在员工档案表中，根据员工出生日期求员工年龄，即用今年的年份减去出生的年份，对应的公式如下：

例 7-16：操作视频

```
=YEAR(NOW())-YEAR([@出生日期])
```

提示：类似的还有 MONTH()和 DAY()函数，分别用于求日期对应的月份和日。

8. MOD()求余函数

MOD ()函数返回两个数相除的余数。其语法结构为：

```
MOD(number, divisor)
```

包含 2 个参数：number 是被除数；divisor 是除数。

【例 7-17】员工档案表中，根据身份证号求出每个员工的性别，即根据身份证号倒数第 2 位数字是奇数表示“男性”，是偶数表示“女性”，需要使用 MOD()函数，对应的公式如下：

例 7-17：操作视频

```
=IF(MOD(MID([@身份证号],17,1),2),"男","女")
```

7.3.4 图表

Excel 2010 支持多种类型的图表，使用图表可以使表格数据更具有层次性与条理性，并能及时反映数据之间的关系和变化趋势。

1. 认识图表

Excel 2010 为用户提供了 11 种标准的图表类型，每种图表类型的功能不一样。例如：Excel 默认的图表类型是柱形图，适用于比较和显示数据之间的差异；折线图适用于显示某段时间内数据的变化及变化趋势等。

图表中有许多元素，例如，图 7.35 是一个二维簇状柱形图，该图表由图表区、绘图区、数据系列、水平（类别）轴、垂直（值）轴、图例、图表标题等元素构成。

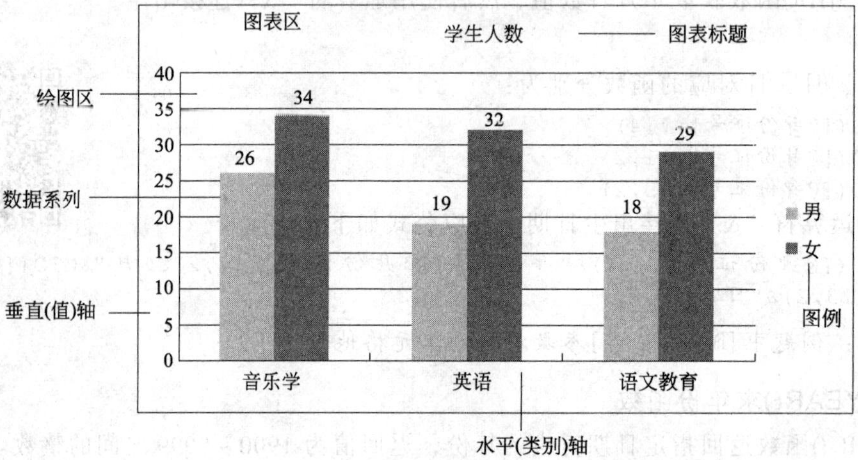

图 7.35　图表和图表元素

在 Excel 中创建图表，首先要在工作表中输入图表的数值数据，这些数值数据称为图表的数据源。若数据源发生变化，图表中的对应项会自动更新。

【例 7-18】“销售评估”工作表中记录公司上半年一类产品、二类产品以及计划销售额情况，如图 7.36 所示。为了更好地显示实际销售额与计划销售额的对比情况，以此为数据源创建一个堆积柱形图。

例 7-18：操作视频

操作步骤如下：

① 选数据源。选中数据区域 A2:G5。

② 插入图表。选择“插入”选项卡“图表”组“柱形图”中的“堆积柱形图”命令，即可创建一个堆积柱形图，如图 7.37 所示。

公司上半年销售评估

	一月份	二月份	三月份	四月份	五月份	六月份
一类产品销售额	¥ 1,650,000,.00	¥ 1,850,000,.00	¥ 2,000,000,.00	¥ 1,850,000,.00	¥ 1,900,000,.00	¥ 1,300,000,.00
二类产品销售额	¥ 2,100,000,.00	¥ 2,500,000,.00	¥ 1,400,000,.00	¥ 1,800,000,.00	¥ 2,200,000,.00	¥ 2,300,000,.00
计划销售额	¥ 3,500,000,.00	¥ 3,600,000,.00	¥ 4,200,000,.00	¥ 3,300,000,.00	¥ 4,500,000,.00	¥ 3,000,000,.00

图 7.36　图表数据源

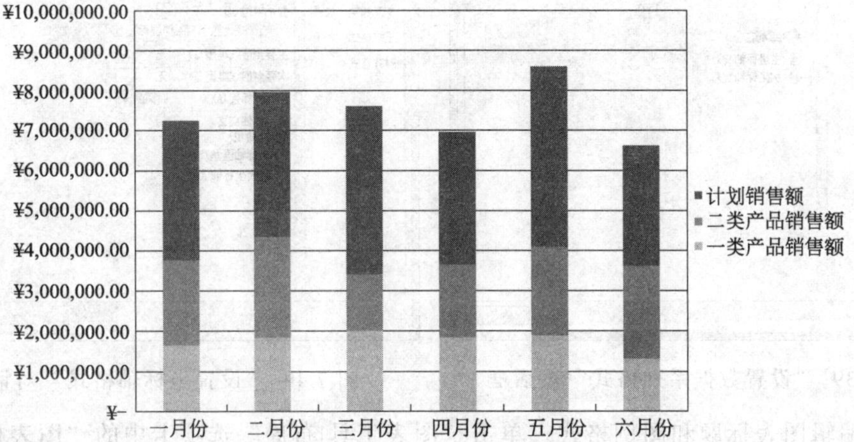

图 7.37　堆积柱形图

2. 编辑图表

Excel 提供了图表编辑功能，例如，更改图表类型、添加/删除图表数据、更改对象格式以及调整图表的大小和位置等，利用图表工具中“设计”、“布局”和“格式”选项卡中相应命令即可，如图 7.38 所示。

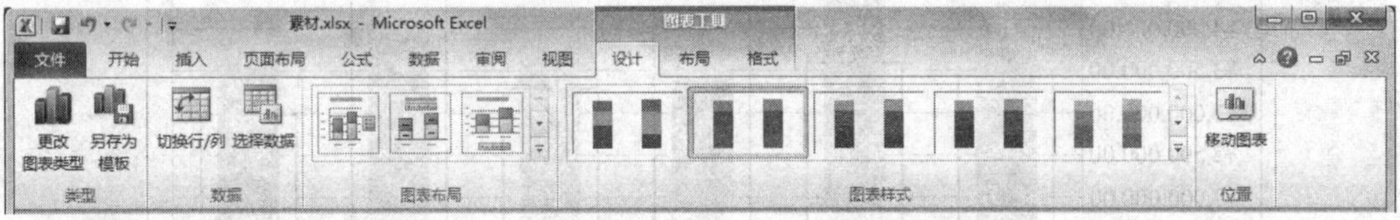

图 7.38　“图表工具”选项卡

【例 7-19】编辑柱形图。

例 7-19：操作视频

操作步骤如下：

① 编辑“计划销售额”柱形格式。选中计划销售额柱形；右击，在弹出的快捷菜单中选择“设置数据系列格式”命令，打开如图 7.39 所示的“设置数据系列格式”对话框。在“系列选项”选项卡中，设置“系列绘制在”为“次坐标轴”，“分类间距”为 60%；在“填充”选项卡中设置“无填充”；在“边框颜色”选项卡中，设置“实线、绿色”；在“边框样式”选项卡中，设置“宽度”为 1.5 磅。

② 编辑“次坐标轴垂直轴”格式。右击次坐标轴垂直轴，在弹出的快捷菜单中选择“设置坐标轴格式”命令，打开如图 7.40 所示“设置坐标轴格式”对话框。设置“主要刻度线类型”为“无”，“坐标轴标签”为“无”。

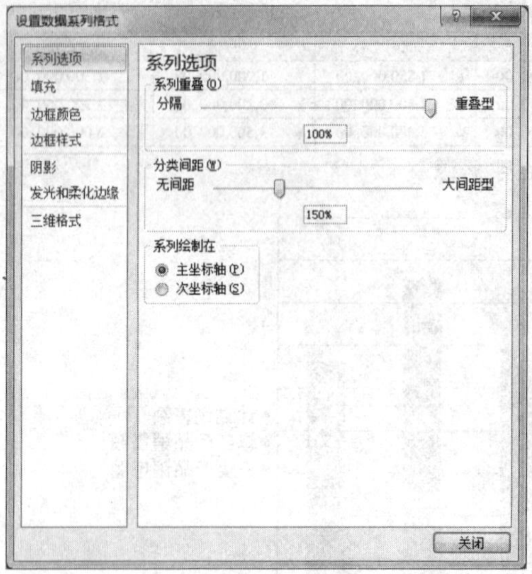

图 7.39 “设置数据系列格式”对话框　　　　图 7.40 “设置坐标轴格式”对话框

③ 编辑图表标题和图例格式。单击“图表工具|布局”选项卡中的“图表标题”按钮，在下拉列表中选择“图表上方”命令，设置图表标题为“销售评估”；单击“图表工具|布局”选项卡中的“图例”按钮，在打开的下拉列表中选择“在底部显示图例”命令。

最终的图表如图 7.41 所示。

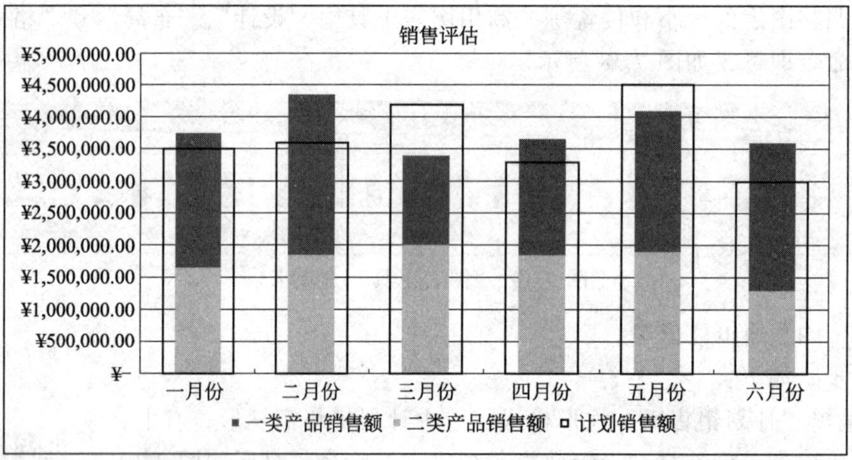

图 7.41 堆积柱形图结果

3．迷你图

例 7-20：操作视频

Excel 2010 中的迷你图是工作表单元格中的一个微型图表，可以显示一系列数值的趋势（例如季节性增加或减少、经济周期等），也可以突出显示最大值和最小值。迷你图有折线图、柱形图、盈亏 3 种类型，一般放置在数据旁边的单元格中，可达到最佳效果。

【例 7-20】在“销售评估”工作表中，使用迷你图显示一类产品和二类产品 1~6 月的销售额的对比情况，效果将更突出，如图 7.42 所示。

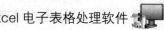

公司上半年销售评估

	一月份	二月份	三月份	四月份	五月份	六月份
一类产品销售额	¥ 1,650,000,.00	¥ 1,850,000,.00	¥ 2,000,000,.00	¥ 1,850,000,.00	¥ 1,900,000,.00	¥ 1,300,000,.00
二类产品销售额	¥ 2,100,000,.00	¥ 2,500,000,.00	¥ 1,400,000,.00	¥ 1,800,000,.00	¥ 2,200,000,.00	¥ 2,300,000,.00
计划销售额	¥ 3,500,000,.00	¥ 3,600,000,.00	¥ 4,200,000,.00	¥ 3,300,000,.00	¥ 4,500,000,.00	¥ 3,000,000,.00

图 7.42　迷你图

操作步骤如下：

① 插入迷你图。选定单元格 H3；单击“插入”选项卡“迷你图”组中的“柱形图”按钮，打开如图 7.43 所示的对话框；选择数据范围 B3:G3，位置范围$H$3，单击“确定”按钮。

② 编辑迷你图。在“迷你图工具|设计”选项卡中，勾选“高点”复选框，拖动填充柄向下填充。

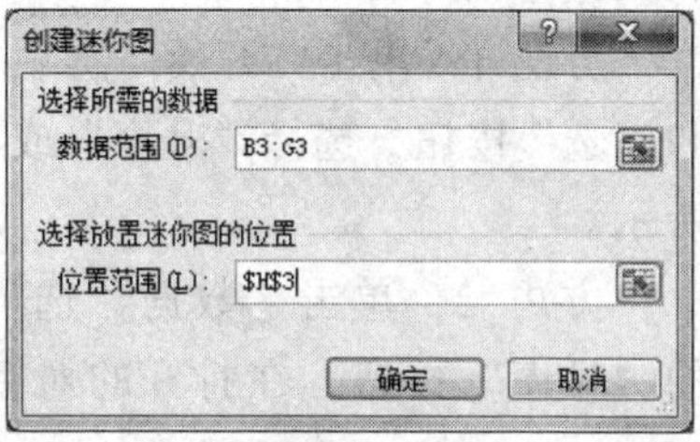

图 7.43　“创建迷你图”对话框

7.3.5　数据有效性

在工作表中，对于某些特定的字段增加数据输入的有效性验证，不仅可以在很大程度上提高数据录入的效率，而且还可以最大限度地减少输入错误。

【例 7-21】在“按部门统计”工作表中，为 A4 单元格设置一个下拉列表，从列表中选择部门名称。

例 7-21：操作视频

操作步骤如下：

① 设置数据有效性。选择 A4 单元格，单击“数据”选项卡“数据工具”组中的“数据有效性”按钮；在打开的“数据有效性”对话框中，设置有效性条件，如图 7.44 所示。注意：各选项值之间用英文逗号或分号分隔。单击“确定”按钮。

② 单击 A4 单元格即可打开一个下拉列表，如图 7.45 所示。

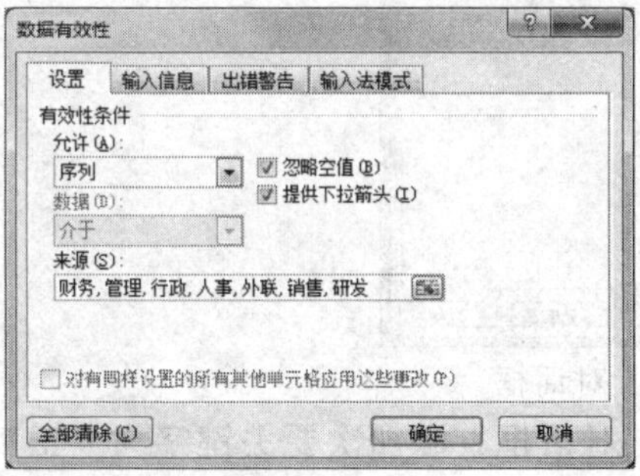

图 7.44　“数据有效性”对话框

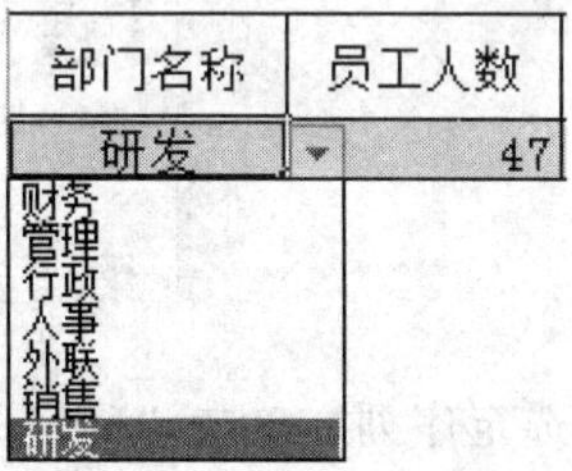

图 7.45　选择部门名称

提示：在“数据有效性”对话框中，还可以设置输入提示信息和出错警告信息；单击“全部清除”按钮，可删除“数据有效性”设置。

7.3.6　排序

排序是将工作表中的数据按照一定的规律进行显示。在 Excel 2010 中用户可以使用默认的排序命令，对文本、数字、时间、日期等数据进行排序，也可以根据排序需要对数据进行自定义排序。

1. 简单排序

排序顺序有两种：升序和降序。升序是对单元格区域中的数据按照从小到大的顺序排列；降序则相反，按从大到小的顺序排列。

方法 1：单击“开始”选项卡“编辑”组中的“排序和筛选”按钮，选择“升序”或“降序”命令，如图 7.46 所示。

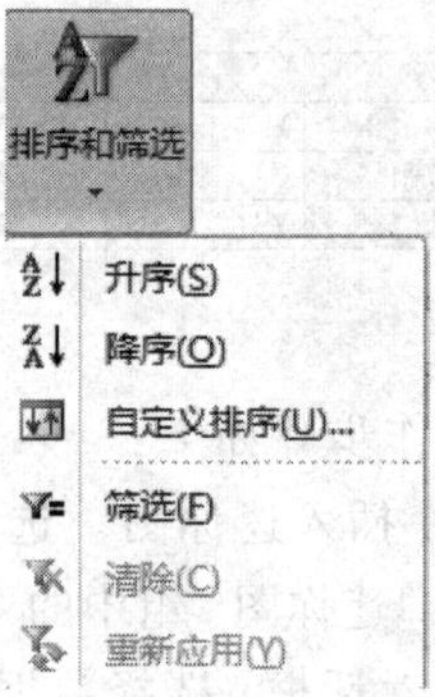

图 7.46 “排序和筛选”下拉列表

方法 2：单击“数据”选项卡“排序和筛选”组中的“排序”按钮，在打开的对话框中设置主要关键字和次要关键字。

2. 自定义排序

在实际应用中，按照“升序”或“降序”并不能完全满足用户的需求，例如将员工档案按学历高低的顺序排序，则可以采用自定义排序来实现。

例 7-22：操作视频

【例 7-22】工作表“排序”中，先按学历高低的顺序，再按工龄降序排序。

操作步骤为如下：

① 选定“排序”工作表中数据区域中任意单元格。

② 单击“数据”选项卡“排序和筛选”组中的“排序”按钮，在打开的“排序”对话框中设置主要关键字为“学历”，次序为“自定义序列”，在打开的如图 7.47 所示的对话框输入序列，单击“添加”按钮，添加到自定义序列中。

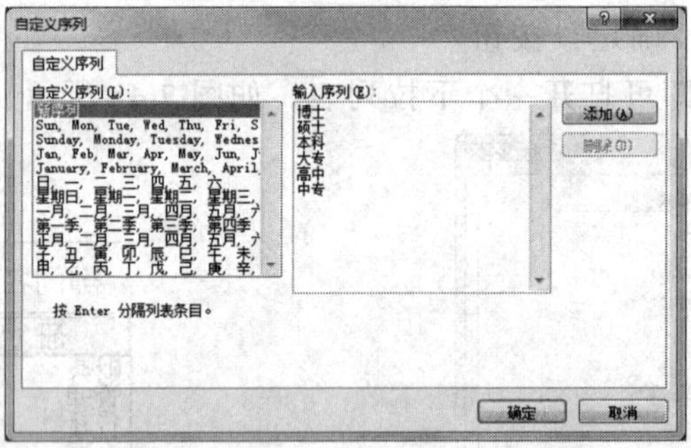

图 7.47 “自定义序列”对话框

③ 选定序列，单击“确定”按钮返回“排序”对话框，添加次要关键字为“工龄”，选择“降序”，如图 7.48 所示。单击“确定”按钮即可完成排序。

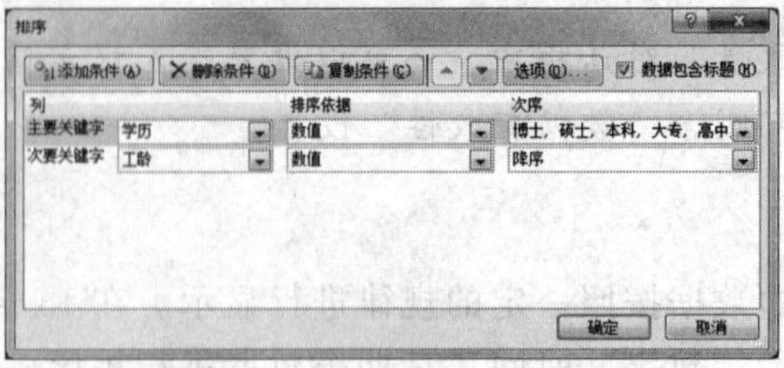

图 7.48 “排序”对话框

7.3.7 筛选

数据筛选是将数据清单中不符合条件的记录隐藏起来，只显示符合条件的记录，得到用户需要的记录的一个子集，从而帮助用户快速、准确地查找与显示有用数据。筛选结果不需要重新排列或移动就可以复制、查找、编辑、设置格式、制作图表和打印。

在 Excel 2010 中，用户可以使用自动筛选或高级筛选功能来处理数据表中复杂的数据。

1. 自动筛选

自动筛选是 Excel 2010 中最简单、最常用的筛选表格的方法，可以按列表值、按颜色或者按条件进行筛选，也可以排序。

例 7-23：操作视频

【例 7-23】在“自动筛选”工作表中筛选出销售部门的员工记录，并按性别分组显示。

操作步骤如下：

① 单击“自动筛选”工作表中数据区域任意单元格。

② 单击“数据”选项卡中的“筛选”按钮，表格列标题旁出现“排序/筛选”按钮，如图 7.49 所示。

工号	姓名	部门	职务	性	出生日期	年	学	入职时	工	签约月工	月工龄工	基本月工
TPY049	潘俊良	销售	员工	男	1983年11月02日	35	大专	40787	7	5000	140	5140
TPY050	王章瑞	销售	员工	男	1979年09月28日	39	大专	40817	7	5000	140	5140
TPY051	陈涛涛	销售	员工	男	1992年11月12日	26	中专	40848	7	4500	140	4640
TPY055	张雨龙	销售	员工	男	1991年08月09日	27	大专	40969	6	5000	120	5120

图 7.49 自动筛选

③ 单击“部门”旁按钮，展开如图 7.50 所示快捷菜单，勾选“销售”复选框。

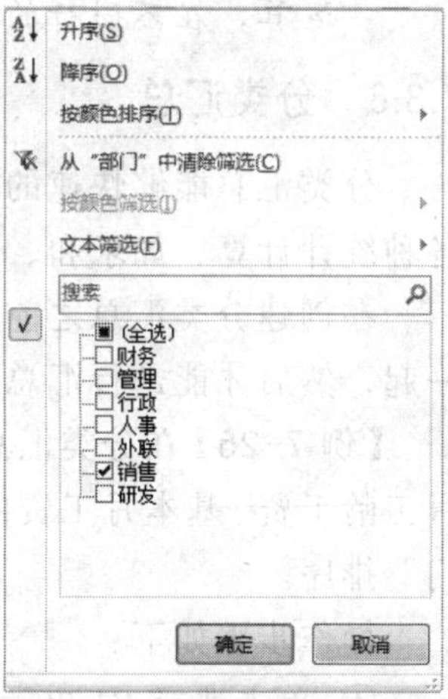

图 7.50 设置筛选条件

④ 单击“性别”旁按钮，在弹出的快捷菜单中选择“升序”命令，即可得到排序结果。

提示：

- 注意应用过筛选条件的按钮与未设置筛选条件的按钮的区别。
- 注意筛选结果行号为蓝色显示，其他不符合筛选条件的行隐藏起来。
- 在自动筛选中，按多个列进行筛选时，筛选器是累加的，即筛选条件间是用“与”运算连接。
- 单击图 7.51 中的“清除”按钮，可以删除筛选条件；再次单击“筛选”按钮，可退出“自动筛选”；如果表中数据有变化，可单击“重新应用”按钮更新筛选结果。

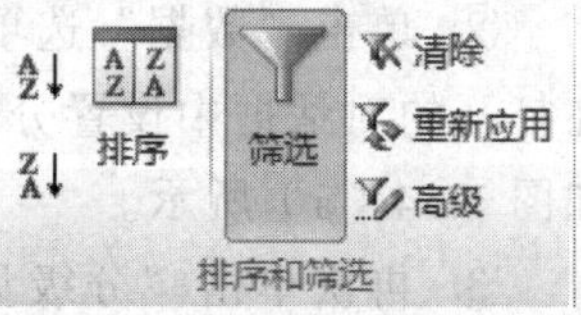

图 7.51 排序和筛选

2. 高级筛选

在实际应用中，如果筛选条件包含“或”，则必须采用高级筛选来实现。

【例 7-24】在“高级筛选”工作表中，筛选出职务为“经理”或学历为“博士”的员工信息。

例 7-24：操作视频

操作步骤如下：

① 设置筛选条件。在“高级筛选”工作表中，复制标题行区域 A1:M1 到 P1 单元格处；完成如图 7.52 所示的条件设置。（注意：*表示模糊匹配）

P	Q	R	S	T	U	V	W	X	Y	Z	AA	AB
工号	姓名	部门	职务	性别	出生日期	年龄	学历	入职时间	工龄	签约月工资	月工龄工资	基本月工资
			*经理									
							博士					

图 7.52　条件区域

② 在成绩表中单击“数据”选项卡“排序和筛选”组中的“高级”按钮，打开如图 7.53 所示的“高级筛选”对话框，选择列表区域和条件区域。单击“确定”按钮。

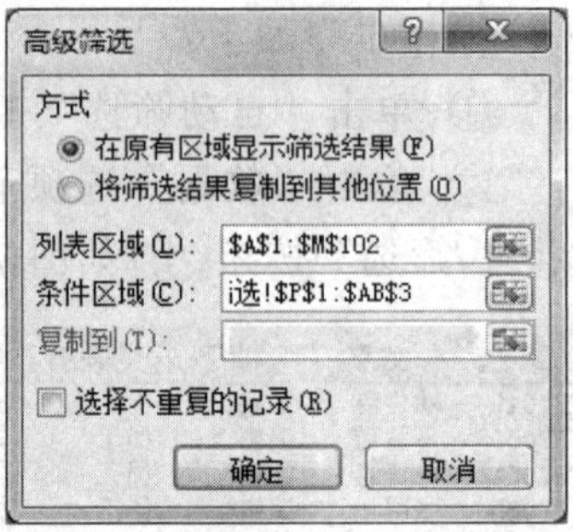

图 7.53　“高级筛选”对话框

提示：

- 放置筛选条件的条件区域与数据区域之间至少要留有 1 个空白行或空白列。
- 添加筛选条件时，作为条件的字段名必须与工作表中的字段名完全相同。
- 设置条件时，在同一行的两个条件之间是“与”运算，在不同行的两个条件之间是“或”运算。

7.3.8 分类汇总

分类汇总能够快速的以某一个字段为分类项，对数据列表中的其他字段的数值进行各种统计计算，如求和、计数、平均值、最大值、最小值、乘积等。

在创建分类汇总之前，需要按分类字段对数据进行排序，以便将同一组数据集中在一起，然后才能进行汇总计算。

【例 7-25】在分类汇总工作表中，统计各部门人数和签约月工资、月工龄工资、基本月工资的平均值。其分类字段为“部门”，则先按“部门”排序。

例 7-25：操作视频

操作步骤如下：

① 单击选择 C1 单元格，单击“数据”选项卡“排序和筛选”组中的 A↓Z 按钮，即按部门升序排序。

② 单击“数据”选项卡“分级显示”组中的“分类汇总”按钮，在打开的对话框中设置分类字段为“部门”，汇总方式为“计数”，选定汇总项为“姓名”，如图 7.54（a）所示。

③ 再次单击“分级显示”组中的“分类汇总”按钮，在打开的对话框中设置分类字段为“部门”，汇总方式为“平均值”，选定汇总项为“签约月工资”“月工龄工资”“基

本月工资”，同时取消勾选“替换当前分类汇总”复选框，然后隐藏工作表中所有明细数据，如图 7.54（b）所示。

④ 单击“确定”按钮，汇总结果如图 7.55 所示。

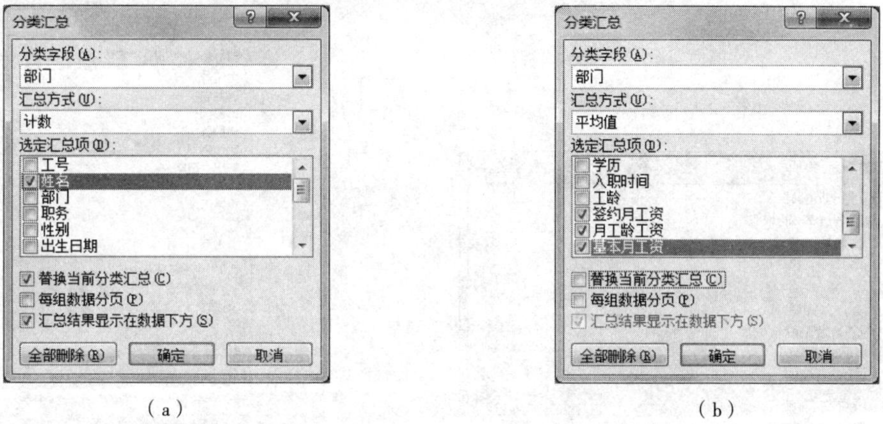

图 7.54 “分类汇总”对话框

	A	B	C	D	E	F	G	H	I	J	K	L	M	N
1	工号	姓名	部门	职务	性别	出生日期	年龄	学历	入职时间	工龄	签约月工资	月工龄工资	基本月工资	
9			财务 平均值								10385.7143	185.714286	10571.4286	
10		7	财务 计数											
20			管理 平均值								13555.5556	333.333333	13888.8889	
21		9	管理 计数											
33			行政 平均值								5709.09091	160	5869.09091	
34		11	行政 计数											
41			人事 平均值								5816.66667	183.333333	6000	
42		6	人事 计数											
50			外联 平均值								6071.42857	145.714286	6217.14286	
51		7	外联 计数											
66			销售 平均值								5814.28571	132.857143	5947.14286	
67		14	销售 计数											
116		47	研发 计数											
117			总计平均值								7284.15842	176.237624	7460.39604	
118		101	总计数											
119														

图 7.55 汇总结果

提示：在“分类汇总”对话框中单击“全部删除”按钮，可以删除分类汇总。

7.3.9 数据透视表

数据透视表是一种交互式表格，能够通过转换行和列显示源数据的不同汇总结果，也能显示不同页面的筛选数据，还能根据用户的需要显示区域中的细节数据。

数据透视表有机地综合了数据排序、筛选、分类汇总等数据分析的优点，可方便地调整分类汇总的方式，灵活地以多种不同方式展示数据的特征。一张“数据透视表”仅靠移动字段位置，即可变换出各种类型的报表。因此，该工具是最常用、功能最全的 Excel 数据分析工具之一。

例 7-26：操作视频

【例 7-26】用数据透视表统计各部门男、女员工的人数。

操作步骤如下：

① 创建数据透视表。在员工档案表中单击“插入”选项卡“表格”组中的“数据透视表”按钮，打开“创建数据透视表”对话框，选择数据区域，选择放置数据透视表的位置为“新工作表”，如图 7.56

所示。单击“确定”按钮，并修改新工作表的名称为“数据透视表”。

② 设置字段。系统新建一个空白工作表，右边显示“数据透视表字段列表”案例窗格。拖动字段至各区间，如图 7.57 所示。

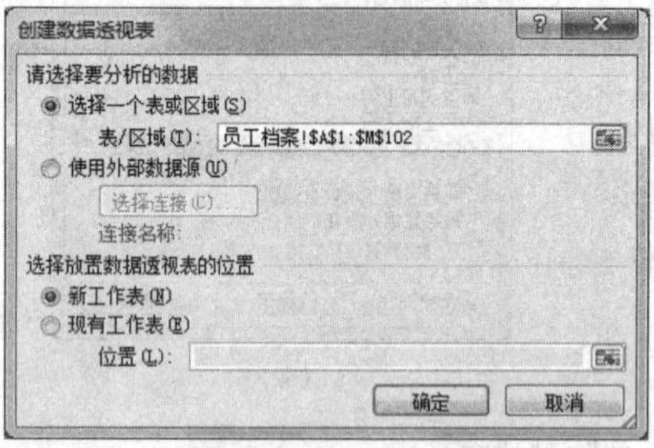

图 7.56 “创建数据透视表”对话框

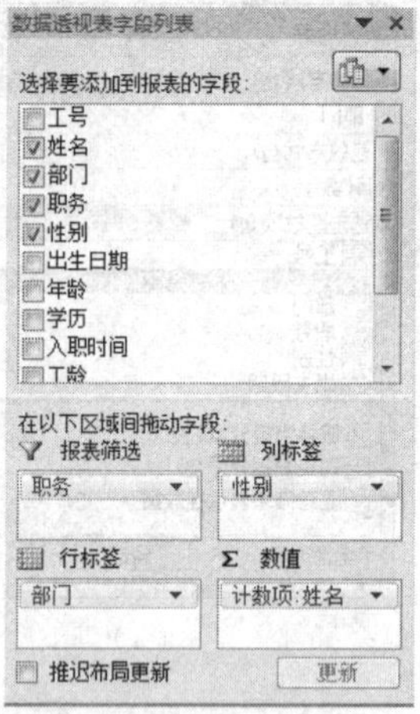

图 7.57 报表字段设置

③ 编辑数据透视表。在“数据透视表工具|选项”选项卡中修改数据透视表名称为“统计人数”。在“数据透视表工具|设计”选项卡中设置数据透视表样式为“数据透视表样式中等深浅 7”，修改各标签文字，结果如图 7.58 所示。

提示：图 7.57 中报表筛选、列标签、行标签、数值 4 个列表框中显示的字段可以拖动改变位置，也可以拖动到列表框外删除该字段。

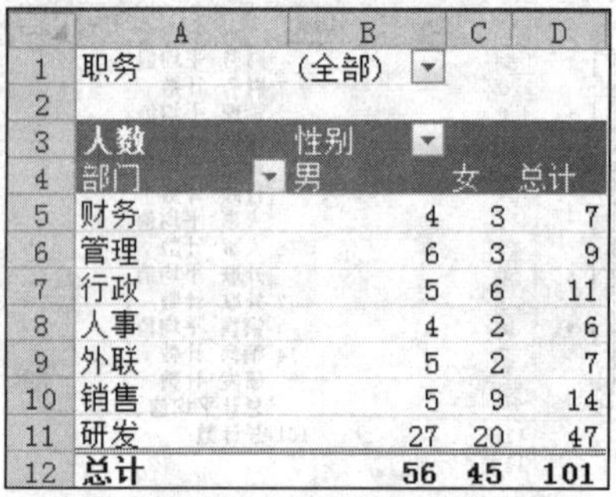

	A	B	C	D
1	职务	(全部)		
2				
3	人数	性别		
4	部门	男	女	总计
5	财务	4	3	7
6	管理	6	3	9
7	行政	5	6	11
8	人事	4	2	6
9	外联	5	2	7
10	销售	5	9	14
11	研发	27	20	47
12	**总计**	**56**	**45**	**101**

图 7.58 统计人数数据透视表

7.3.10 数据透视图

数据透视图建立在数据透视表基础之上，以图形方式展示数据，使数据透视表更加生动。数据透视图也是 Excel 创建动态图表的主要方法之一，可以通过更改报表布局或明细数据以不同的方式查看数据。

创建数据透视图有两种方法：

方法 1：可以根据已经创建好的数据透视表来创建数据透视图。

方法 2：直接根据数据表创建数据透视图。

【例 7-27】根据员工档案表中的数据明细，创建数据透视图，显示员工年龄分布与比例情况，其中人数用柱形图显示，所占比例用折线图显示。

例 7-27：操作视频

操作步骤如下：

① 创建数据透视图。以员工档案表为数据源，在新工作表中创建数据透视表和数据透视图，并修改新工作表名称为“数据透视图”，将“年龄”字段拖到轴字段处，再将“年龄”字段拖到数值处两次，修改

计算类型为“计数”，如图 7.59 所示。

② 编辑数据透视表。在数据透视表选中年龄列，单击“数据透视表工具|选项”选项卡“分组”组中的“将所选内容分组”按钮，打开“组合”对话框完成如图 7.60 所示的设置，单击“确定”按钮；右击“计数项：年龄 2”，在弹出的快捷菜单中选择“值显示方式”为“列汇总的百分比”，数字格式为 0 位小数；修改数据透视表中标签文字。

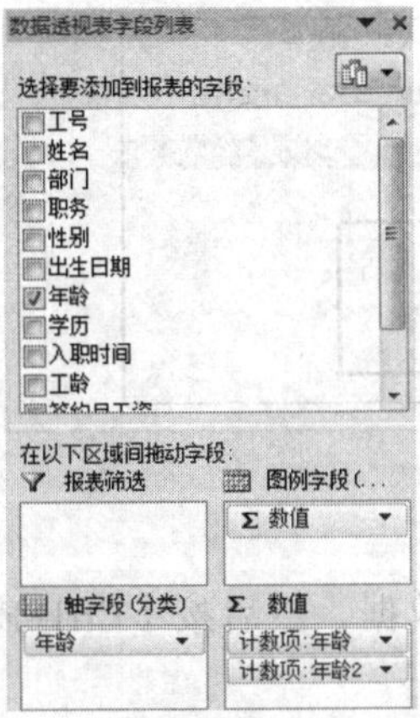

图 7.59 数据透视图字段设置

图 7.60 “组合”对话框

③ 格式化数据透视图。在数据透视图中选中“所占比例”柱形，打开“设置数据系列格式”对话框，设置系列绘制在“次坐标轴”，更改其图表类型为“带数据标记的折线图”，在底部显示图例，最终结果如图 7.61 所示。

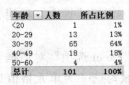

年龄	人数	所占比例
<20	1	1%
20-29	13	13%
30-39	65	64%
40-49	18	18%
50-60	4	4%
总计	101	100%

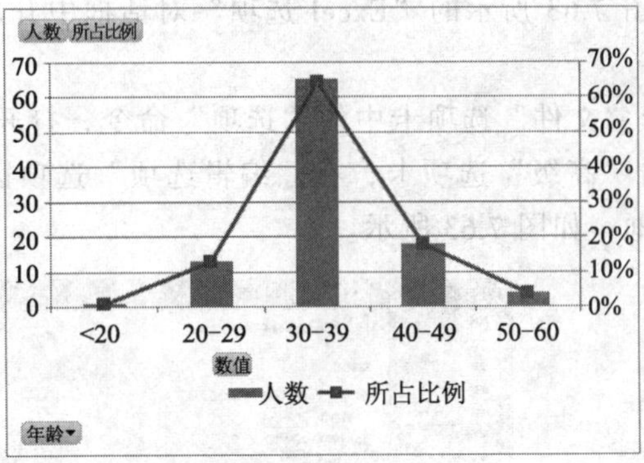

图 7.61 数据透视表和数据透视图

提示：数据透视图与普通图表的区别是，在数据源不变的情况下，数据透视图能通过设置字段筛选值得到不同图表，而普通图表不会变化。

7.4 知识拓展

7.4.1 数据输入实用技巧

数据输入是日常工作中使用 Excel 的一项必不可少的工作，在某些特定行业或者特定岗位，学习和掌握一些数据输入方面的技巧，可以极大地简化数据输入操作，提高工作效率。

1. 强制换行

如果希望控制单元格中文本的换行位置，可以使用“强制换行”功能。“强制换行”即当单元格处于编辑状态时，在需要换行的位置按【Alt+Enter】组合键为文本添加强制换行符。图 7.62 所示为一段文字使用强制换行后的编排效果。

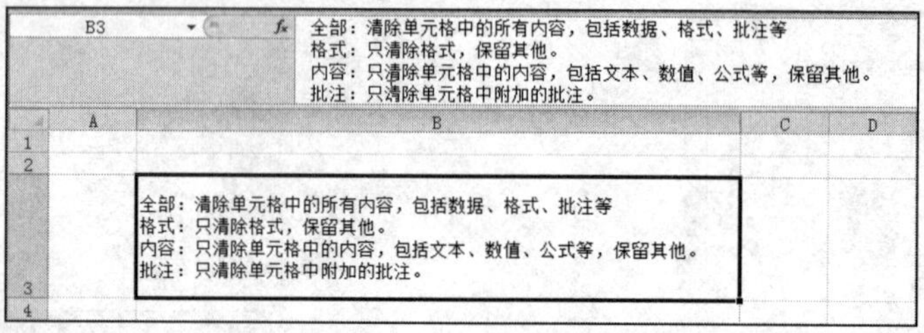

图 7.62　强制换行效果

2. 在多个单元格同时输入数据

选中需要输入相同数据的多个单元格，输入所需的数据，然后按【Ctrl+Enter】组合键确认输入，此时选定的单元格中都会出现输入的数据。

3. 记忆式键入

有时用户输入的数据中包含较多的重复性文字，例如，输入学历时总是会在“中专学历”“大专学历”“大学本科”“硕士研究生”“博士研究生”等几个固定词汇之间来回地重复输入。Excel 提供的“记忆式键入”功能可以简化这样的输入过程。

首先在图 7.63 所示的“Excel 选项”对话框中开启“记忆式键入”功能，操作步骤如下：

① 选择“文件”选项卡中的“选项”命令，打开“Excel 选项”对话框。

② 单击“高级”选项卡，在“编辑选项”选项区域勾选“为单元格值启用记忆式键入”复选框，如图 7.63 所示。

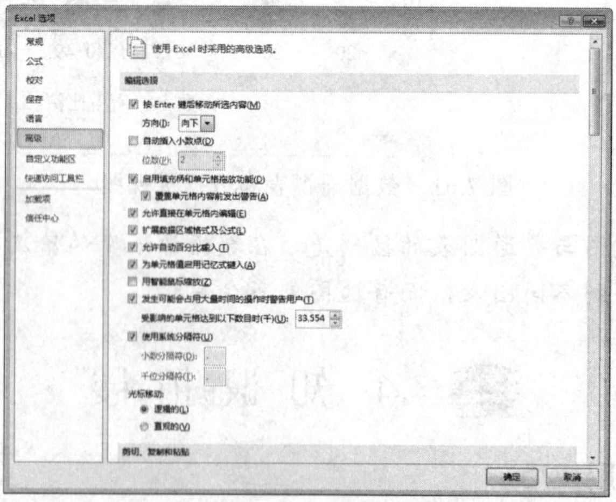

图 7.63　“Excel 选项”对话框

启动此项功能后，当用户在同一列输入相同的信息时，就可以利用“记忆式键入”

来简化输入。

记忆式键入功能除了能够帮助用户减少输入以外，还可以自动帮助用户保持输入的一致性。例如，前面输入 Excel，当用户再输入小写字母 e 时，记忆功能会帮助用户找到 Excel，只要此时用户按【Enter】键确认输入，第一个字母 e 会自动变成大写，保持与前面输入一致。

7.4.2 常见错误及解决办法

输入 Excel 公式时，有时会产生错误值。表 7.6 列出了常见公式中的错误信息及解决方法。

表 7.6 Excel 常见公式中的错误信息及解决方法

名 称	原 因	解决方法
#VALUE!	公式中使用标准算术运算符（+、-、*、/）对文本或文本单元格引用进行算术运算	不要使用算术运算符，而是使用函数对可能包含文本的单元格执行算术运算
	公式中使用了数学函数（如 SUM、AVERAGE 等），其包含的参数是文本字符串，而不是数字	检查数学函数的任何参数有没有文本型数值或引用
#NAME?	公式引用了一个不存在的名称	打开“名称管理器”，检查该名称是否存在
	公式中使用的函数的名称不正确	检查输入的函数名
	公式中输入的文本没有放在双引号中	检查公式中的文本
	区域引用中漏掉冒号（:）	检查区域引用
#REF!	单元格引用无效	检查引用的单元格是否删除
#DIV/0!	将数字除以零（0）或除以不含数值的单元格	检查公式中除法
#NULL!	可能使用了错误的区域运算符	检查区域运算符
#NUM!	可能在需要数字参数的函数中提供了错误的数据类型	启用错误检查，检查参数是否正确
	公式产生的结果数字太大或太小	更改公式，以使其结果介于 -1×10^{307} 到 1×10^{307} 之间
#####	列宽不足以显示所有内容	调整列宽

小　结

本章通过制作城市降水量数据表和公司日常事务管理两个典型案例，讲述了 Excel 2010 中工作簿、工作表、单元格的常见操作和数据的计算、汇总、分析、统计等功能，主要包括制作表格的各种技巧，表格格式化，利用公式实现简单计算，利用排序、筛选、分类汇总、数据透视表等工具处理公司日常事务，利用图表和数据透视图实现表格的图形化等。

实 训

实训 1　制作费用报销单

1．实训目的

① 掌握在单元格中输入各种类型数据的方法。

② 掌握简单公式的输入。

③ 掌握单元格格式化操作。

2．实训要求及步骤

根据图 7.64 所示的效果，制作 Excel 文件“费用报销单.xlsx”。

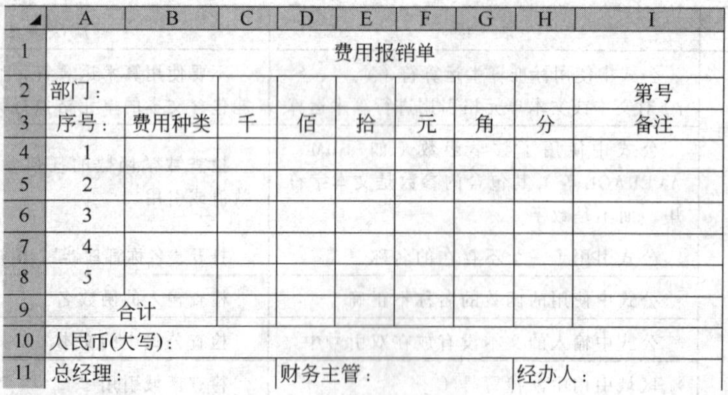

	A	B	C	D	E	F	G	H	I
1	费用报销单								
2	部门：								第号
3	序号：	费用种类	千	佰	拾	元	角	分	备注
4	1								
5	2								
6	3								
7	4								
8	5								
9	合计								
10	人民币(大写)：								
11	总经理：			财务主管：				经办人：	

图 7.64　费用报销单样张

实训 2　制作员工工资表

1．实训目的

① 掌握常用函数的使用。

② 掌握图表的创建和编辑方法。

2．实训要求及步骤

① 在 Sheet1 中选择 A1:J1 区域，合并后居中，输入“员工工资表”，隶书、24 号。

② 设置 I2:J2 合并后居中，输入日期，长日期格式；设置第 1、2 行行高为 25。

③ 计算工资总额、应扣所得税和实发工资，其中工资总额=基本工资+住房补贴-应扣请假费，应扣所得税=工资总额*10%-105，实发工资=工资总额-应扣所得税-应扣劳保金额。

④ 设置 A3:J20 的框线和底纹。

⑤ 计算工资总额和实发工资列的总和、最高工资、最低工资，放在相应的单元格。

⑥ 以员工工资表的员工姓名和工资总额两列为数据源，生成饼图，放在新工作表中。最终效果如图 7.65 所示。

	A	B	C	D	E	F	G	H	I	J
1		员工工资表								
2									2013年8月27日	
3	员工编号	员工姓名	所属部门	基本工资	住房补贴	应扣请假费	工资总额	应扣所得税	应扣劳保金额	实发工资
4	000001	王华林	秘书部	3000	300	0	3300	225	200	2875
5	000002	张敏	拓展部	3500	500	50	3950	290	300	3360
6	000003	刘东	拓展部	3800	500	100	4200	315	400	3485
7	000004	李家丽	拓展部	3800	500	0	4300	325	400	3575
8	000005	杨春灵	销售部	2000	300	0	2300	125	100	2075
9	000006	周杰	销售部	2400	300	0	2700	165	100	2435
10	000007	胡志伟	销售部	2000	300	50	2250	120	100	2030
11	000008	王燕	秘书部	3200	300	0	3500	245	300	2955
12	000009	张海潮	拓展部	3500	500	0	4000	295	300	3405
13	000010	杨四方	销售部	2800	300	0	3100	205	200	2695
14	000011	胡伟	销售部	3000	300	0	3300	225	200	2875
15	000012	钟鸣	销售部	2000	300	50	2250	120	100	2030
16	000013	陈琳	秘书部	3000	300	0	3300	225	200	2875
17	000014	江洋	销售部	2400	300	0	2700	165	100	2435
18	000015	杨柳	销售部	3500	500	150	3850	280	300	3270
19	000016	刘丽	秘书部	3000	300	0	3300	225	200	2875
20	000017	秦岭	销售部	2400	300	0	2700	165	100	2435
21										
22				合计：			55000			47685
23				最高工资：			4300			3575
24				最低工资：			2250			2030

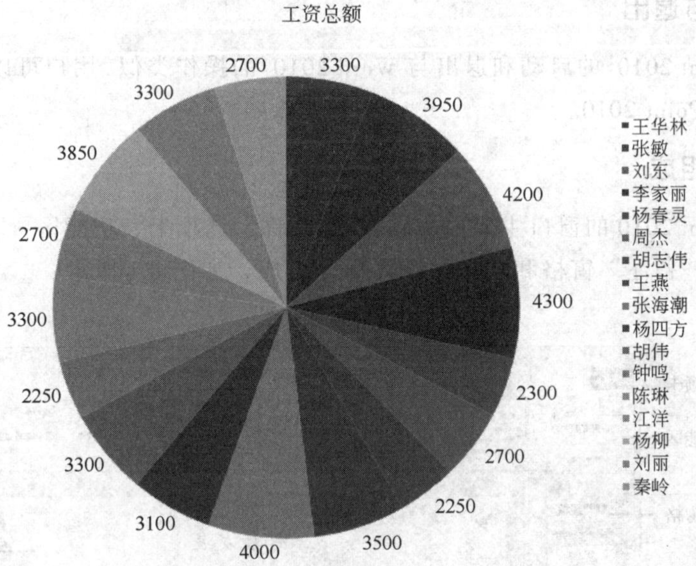

图 7.65　实训 2 样张

第 8 章

PowerPoint 演示文稿制作软件

PowerPoint 2010 是微软公司出品的演示文稿制作软件，可以在演示文稿的幻灯片中加入各种颜色、图形、声音、影片剪辑等，具有相册制作、文稿合并、动画控制等功能，利用 PowerPoint 制成的演示文稿可以通过不同的方式播放，广泛应用于工作汇报、企业宣传、产品推介、婚礼庆典、项目竞标、管理咨询、教育培训等领域。

8.1 认识 PowerPoint

8.1.1 启动与退出

PowerPoint 2010 的启动和退出与 Word 2010 的操作类似，用户可以参考前文来启动与退出 PowerPoint 2010。

8.1.2 窗口组成

PowerPoint 2010 的窗口主要由标题栏、“文件”选项卡、功能区、“大纲/幻灯片”窗格、工作区、“备注”窗格和状态栏等几部分组成，如图 8.1 所示。

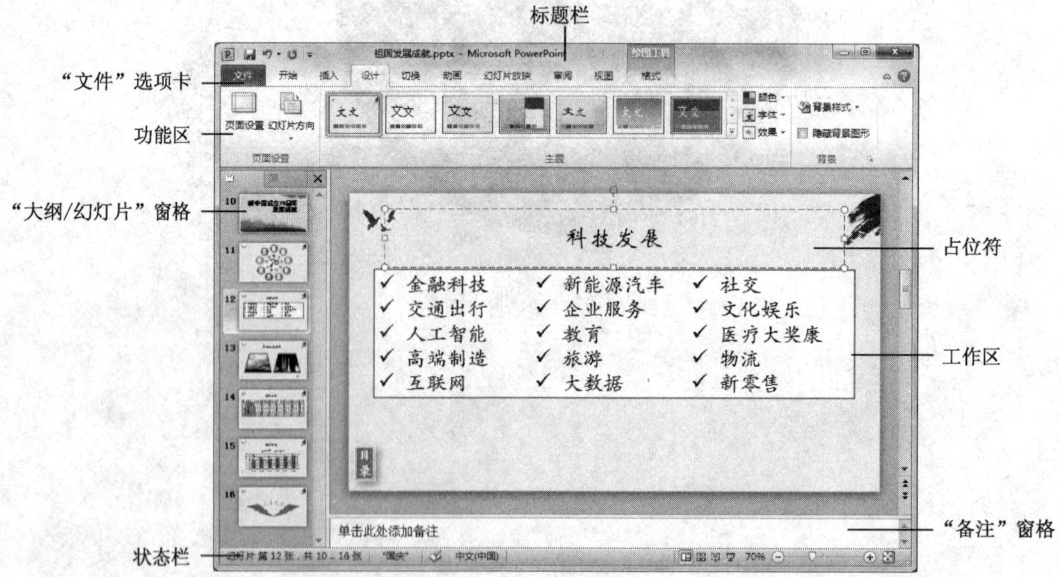

图 8.1 PowerPoint 2010 窗口组成

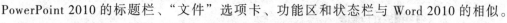

PowerPoint 2010 的标题栏、“文件”选项卡、功能区和状态栏与 Word 2010 的相似。

（1）“大纲/幻灯片”窗格

“大纲/幻灯片”窗格位于功能区的左下方，包含“幻灯片”选项卡和“大纲”选项卡，单击选项卡进入相应的窗格，分别显示幻灯片缩略图和大纲缩略图。

（2）工作区

工作区位于窗口中央，默认显示正在操作的单张幻灯片，可编辑幻灯片。幻灯片包含若干占位符，即带有提示说明性文字的虚线框部分，起到内容（包括文字、表格、图表、各种图片图形、媒体剪辑等）的快速定位和插入作用。

提示：

- 占位符默认的提示说明性文字在放映时不会显示，只起到提示信息的作用。
- 占位符中有默认的文字字体、字号等格式，直接应用在输入的文字上。

（3）“备注”窗格

“备注”窗格输入当前幻灯片的备注信息，以便在演示过程中为用户提供帮助。

（4）视图区

PowerPoint 2010 提供了普通、幻灯片浏览、备注页和阅读视图 4 种演示文稿视图模式，可单击“视图”选项卡“演示文稿视图”组的按钮或状态栏右边区域中的视图按钮来切换视图方式。

① 普通视图，系统默认视图，一次只能显示一张幻灯片，完成幻灯片的操作。

② 幻灯片浏览视图，显示多张幻灯片缩略图，可快速预览演示文稿整体内容，不能对幻灯片内容进行修改。

③ 备注页视图，显示幻灯片缩略图和备注编辑框，方便为当前幻灯片添加和编辑备注信息。

④ 阅读视图，以窗口的形式放映幻灯片，能方便快速地观看演示文稿播放效果。

8.2 制作工作汇报演示文稿

刘海就职于某中学，需制作一份新中国成立 70 周年工作汇报演示文稿，用于对学生的爱国主义教育。该文稿包括新中国成立以来的国家发展状况，要求结合表格、图形、图片等各种元素显示，演示文稿结构清晰、重点突出、图文并茂。

刘海上网搜索学习了新中国成立以来的社会经济发展成就，确定了内容和文档风格，最后结合所学的演示文稿知识，得出如下设计思路：

① 启动 PowerPoint，新建一个空白文稿，保存为“祖国发展成就.pptx”。

② 添加幻灯片，应用主题、背景等，对幻灯片进行统一规划设计。

③ 插入各种对象并进行各种格式设置，美化文档，突出重点。

④ 添加超链接，实现演示文稿、幻灯片间的交叉链接。

最终效果如图 8.2 所示。

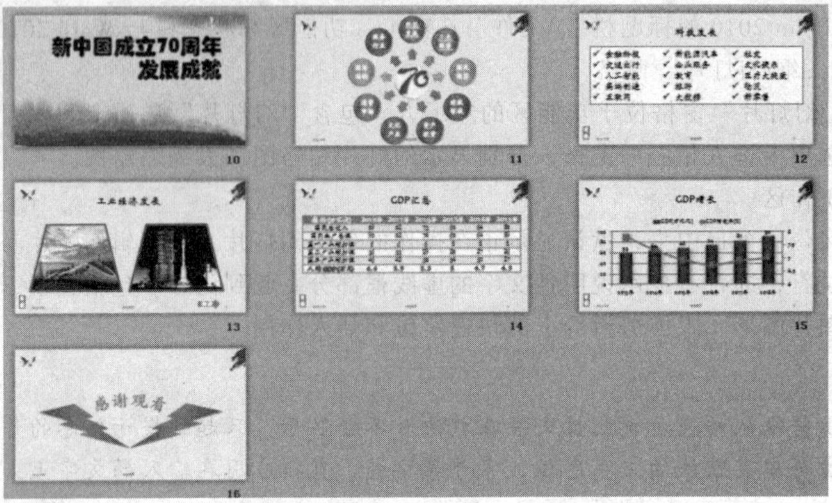

图 8.2 “祖国发展成就”效果

8.2.1 文档的建立与保存

1. 创建新演示文稿

PowerPoint 2010 中，可以创建空白文稿，也可以根据模板创建带格式的文稿。

（1）新建空白演示文稿

方法 1：启动 PowerPoint 2010，系统自动创建一个名为“演示文稿 1”的空白文稿。

方法 2：选择“文件”选项卡中的“新建”命令，在“可用的模板和主题”中选择“空白演示文稿”，单击“创建”按钮，如图 8.3 所示。

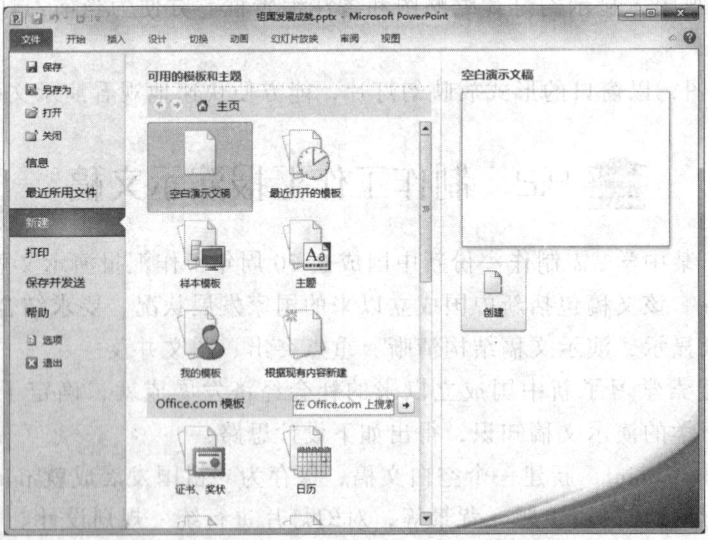

图 8.3 新建空白演示文稿

（2）根据模板创建演示文档

PowerPoint 2010 提供了多种模板类型，可快速创建各种专业的演示文稿。

方法：选择“文件”选项卡中的“新建”命令，在“样本模板”或“Office.com 模板”组中选择模板类型，如“图表”等，即可创建该模板类型的演示文稿。

2. 保存演示文稿

新建的演示文稿创建后，需要在磁盘中长期保存。PowerPoint 演示文稿的保存方法与 Word 文档、Excel 工作簿的保存方法相同。

例 8-1：操作视频

【例 8-1】在 PowerPoint 2010 中新建一个空白演示文稿，并保存为“祖国发展成就.pptx”。

操作步骤如下：

① 启动 PowerPoint 2010，系统自动新建一个空白演示文稿。

② 保存文档。单击 PowerPoint 窗口左上角的“保存”按钮，在打开的“另存为”对话框中，设置保存位置为 D 盘，文件名为“祖国发展成就”，单击“保存”按钮。

8.2.2 幻灯片的基本操作

一个完整的演示文稿由多张幻灯片组成，对演示文稿的编辑就是对幻灯片的编辑操作。幻灯片的基本操作包括幻灯片的选择、新建、复制、移动、删除等。

1. 选择幻灯片

在“幻灯片”窗格中单击幻灯片缩略图选定单张幻灯片；按住【Ctrl】键单击选定多张不连续幻灯片，按住【Shift】键选定多张连续幻灯片。

2. 新建幻灯片

单击“开始”选项卡“幻灯片”组中的“新建幻灯片”按钮，在弹出的下拉列表中选择幻灯片版式，如图 8.4 所示；或者单击 按钮快速新建一张“标题和内容”版式的幻灯片。

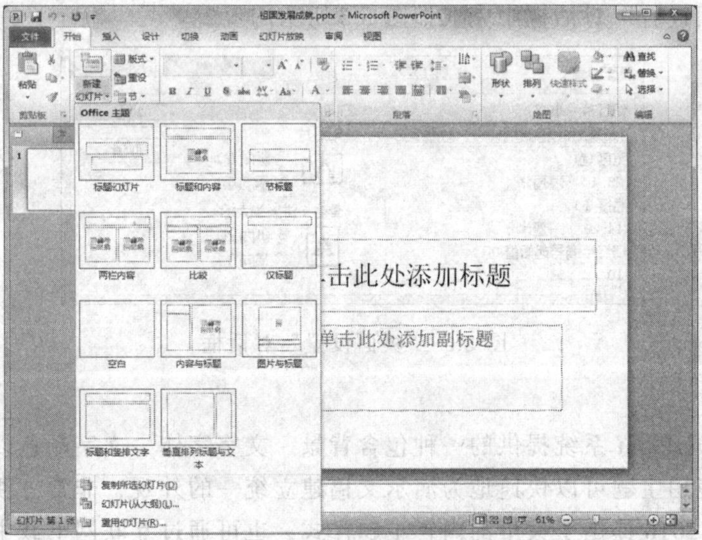

图 8.4 新建幻灯片操作

3. 更改幻灯片版式

PowerPoint 2010 提供了 11 种幻灯片版式，版式中包含若干占位符，可快速添加标题、文本、表格和图表、图片、媒体剪辑等多种对象。

方法：选中幻灯片，单击“开始”选项卡 “幻灯片”组中的“版式”按钮，在弹出的下拉列表中选择一种版式即可修改幻灯片版式。

4. 复制、移动、删除幻灯片

在“幻灯片浏览”视图或“普通”视图的“幻灯片”窗格中，选定需要操作的幻灯片，可通过鼠标拖动、快捷菜单或功能区相应命令来完成。

8.2.3 幻灯片设计

制作演示文稿时，需对幻灯片进行风格统一的设计，PowerPoint 提供了如图 8.5 所示的页面设置、主题和背景 3 个设计功能。

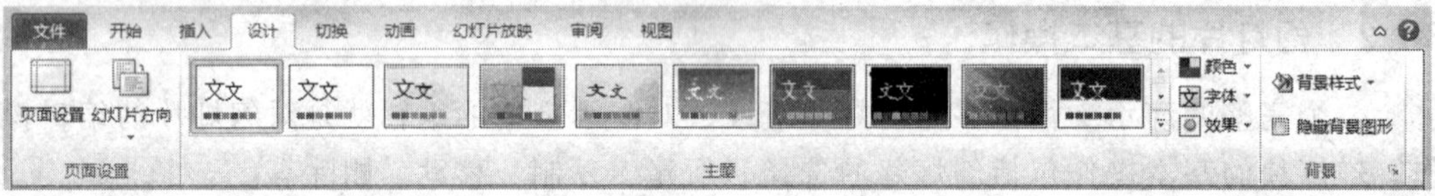

图 8.5 “设计”选项卡

1. 页面设置

幻灯片的页面设置应用于演示文稿的所有幻灯片进行设置，包括幻灯片大小、编号起始值，幻灯片、备注、讲义和大纲的显示方向。

例 8-2：操作视频

【例 8-2】完成“祖国发展成就.pptx”文稿中的页面设置。

操作步骤如下：

单击“设计”选项卡 “页面设置”组中的“页面设置”按钮，在打开的“页面设置”对话框中完成如图 8.6 所示的设置。

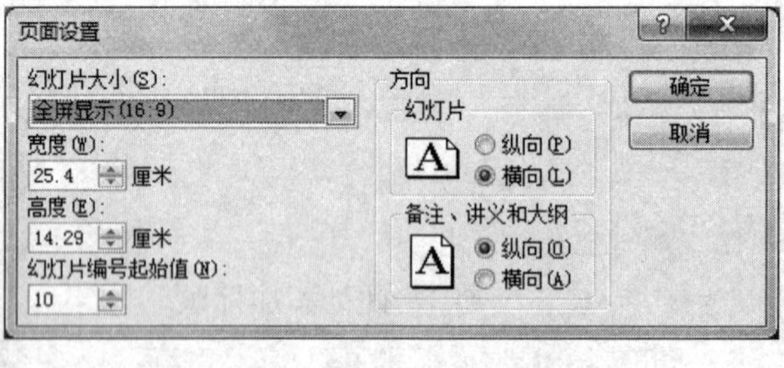

图 8.6 “页面设置”对话框

2. 主题

主题是 PowerPoint 系统提供的一种包含背景、文字字体、文字颜色以及各对象效果的版式方案。使用主题可以快速地为演示文稿建立统一的外观，非常方便实用。

PowerPoint 2010 提供了大量的内置主题样式，也可通过互联网下载主题样式；还可以自定义主题。主题组如图 8.7 所示。

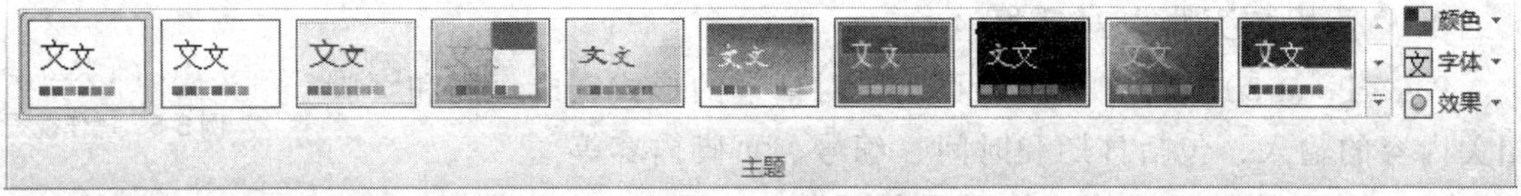

图 8.7 “主题”组

自定义主题主要包括修改主题颜色方案、字体方案、对象效果方案：

① 颜色方案包括标题文字、正文文字、背景、强调文字以及超链接文字等颜色的设置。

② 字体方案分中西文进行标题字体和正文字体的设置。

③ 对象效果方案针对各种对象（如形状、SmartArt 图形、表格和图表等）的填充、轮廓、效果进行设置。

国庆是一个非常值得庆祝的节日，因此演示文稿设计时采用的主题应以喜庆、大方为主。

【例 8-3】为“祖国发展成就.pptx”文稿应用主题。

例 8-3：操作视频

操作步骤如下：

① 应用主题。单击“设计”选项卡“主题”组中的“其他”按钮，选择“浏览主题”选项，找到所需的“国庆.thmx”主题样式，单击“应用”即可。

② 修改主题字体方案。单击“字体”按钮，选择“波形”样式。

③ 修改主题效果方案。单击“效果”按钮，选择“凤舞九天”效果。

提示：直接单击所选主题，它将应用于本演示文稿的所有幻灯片上；若只想在某一张幻灯片或几张幻灯片上应用主题，则需指向主题并右击，在弹出的快捷菜单中选择“应用于选定幻灯片”命令，即可实现；若选中节标题应用主题，则被选主题应用到当前小节的所有幻灯片中。

3. 背景

PowerPoint 2010 提供了背景样式，与 Word 2010 类似，既可选择预设样式，也可进行纯色、渐变、图片或纹理、图案等填充选项的设置。

【例 8-4】为演示文稿的第一张幻灯片添加背景。

例 8-4：操作视频

操作步骤如下：

单击“背景”组扩展按钮，打开如图 8.8 所示的对话框，选择“图片或纹理填充”单选按钮，单击“文件”按钮，选择所需图片后，单击“关闭”按钮。

提示：单击“关闭”按钮，则应用于所选幻灯片上；单击“全部应用”按钮，则应用于所有幻灯片上；单击“重置”按钮，则取消当前设置，回到默认效果。

4.“页眉和页脚”对话框

PowerPoint 2010 以“页眉和页脚”对话框的形式完成页眉和页脚相关内容的输入，包括日期和时间、编号、页脚内容等。

例 8-5：操作视频

【例 8-5】为演示文稿添加页眉和页脚。

操作步骤如下：

单击“插入”选项卡 “文本”组中的“页眉和页脚”按钮，在打开的“页眉和页脚”对话框中完成如图 8.9 所示的设置，单击“全部应用”按钮。

图 8.8 “设置背景格式”对话框

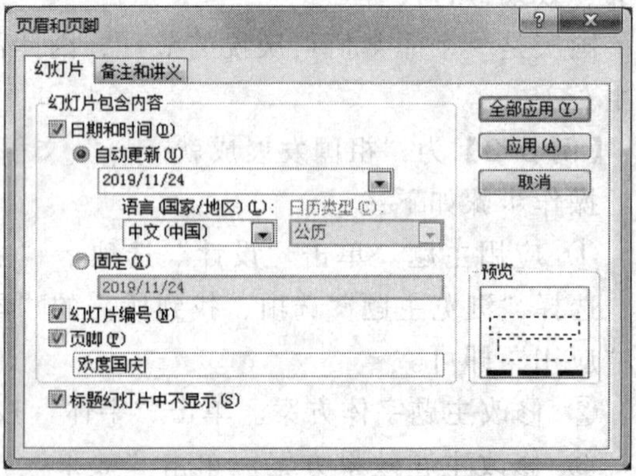

图 8.9 “页眉和页脚”对话框

8.2.4 幻灯片常用对象的添加与编辑

PowerPoint 2010 不仅提供了文本、艺术字、表格、各种图形图像、OLE 对象等多种对象的插入和编辑功能，还提供了超链接、动作、动作按钮来实现演示文稿的导航设计，使制作出的演示文稿生动形象，操作方便。

1. 文本和文本框

演示文稿的文字内容，可在占位符中输入，也可插入文本框或艺术字来表述，具体操作与 Word 2010 一致。

文本占位符、文本框、艺术字的编辑，均可使用如图 8.10 所示“绘图工具|格式”选项卡中的各组命令完成。

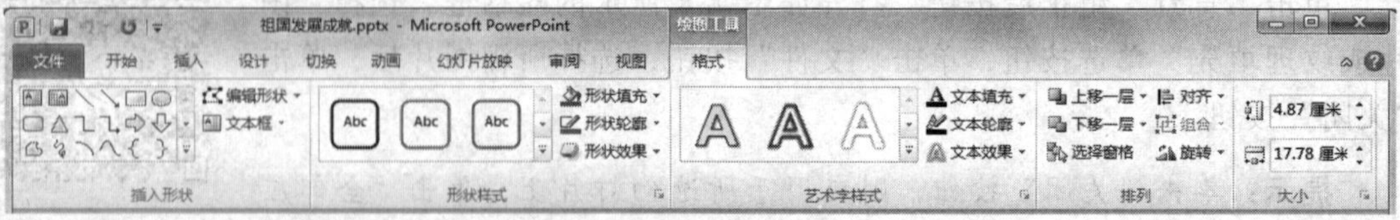

图 8.10 “绘图工具|格式”选项卡

【例 8-6】设计演示文稿的封面/封底幻灯片效果以及“科技发展”幻灯片页面。

操作步骤如下：

例 8-6：操作视频

① 用占位符输入文字。封面幻灯片（第一张）为“标题幻灯片”版式，在标题占位符中输入内容“新中国成立 70 周年发展成就”，华文琥珀，字号 66，文字右对齐。

② 用文本框输入文字。新建一张“仅标题”版式的幻灯片，标题占位符中输入内容；单击“插入”选项卡“文本”组中的“文本框”按钮，选择“横排文本框”，在幻灯片上拖动画出一个文本框，输入所需文字，并设置格式。

③ 利用艺术字输入文字。新建一张“空白”版式幻灯片，单击“插入”选项卡 “文本”组中的“艺术字”按钮，选择第 6 行第 3 列艺术字样式，输入文字“感谢观看”，设置格式。3 张幻灯片最终效果如图 8.11 所示。

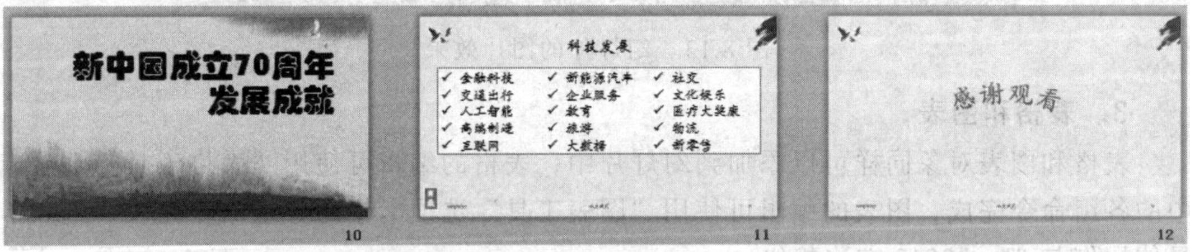

图 8.11 封面/封底以及“科技发展”幻灯片页面效果

2. 图片、剪贴画

图片、剪贴画和屏幕截图等图像同样可以添加到幻灯片中，其编辑均可使用如图 8.12 所示的“图片工具|格式”选项卡的各组命令完成，具体操作与 Word 2010 方法一致。

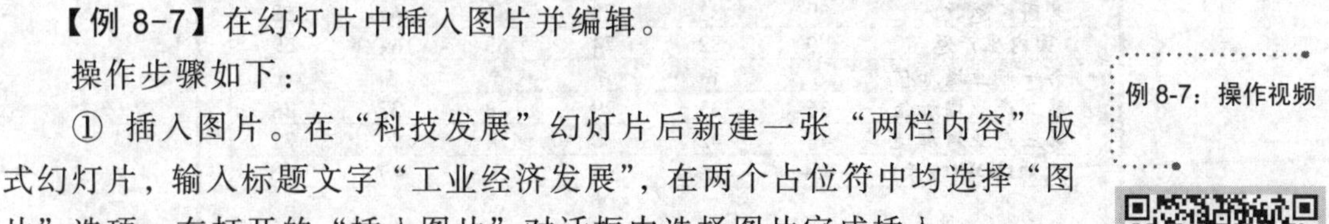

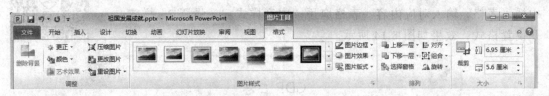

图 8.12 “图片工具|格式”选项卡面板

【例 8-7】在幻灯片中插入图片并编辑。

操作步骤如下：

例 8-7：操作视频

① 插入图片。在“科技发展”幻灯片后新建一张“两栏内容”版式幻灯片，输入标题文字“工业经济发展”，在两个占位符中均选择“图片”选项，在打开的“插入图片”对话框中选择图片完成插入。

② 编辑图片格式。为两幅图片设置相同格式：高为 7 cm，宽为 10 cm，“复杂框架，黑色”样式，图片边框红色，裁剪为梯形，两幅图片顶端对齐，效果如图 8.13 所示。

提示：调整“顶端对齐”时，必须同时选中两幅图片，若只选择一幅图片进行调整，那么“顶端对齐”实现的是图片与幻灯片的对齐，选择多个对象时实现的是对象与对象之间的对齐，其余的“对齐”选项效果也是如此。

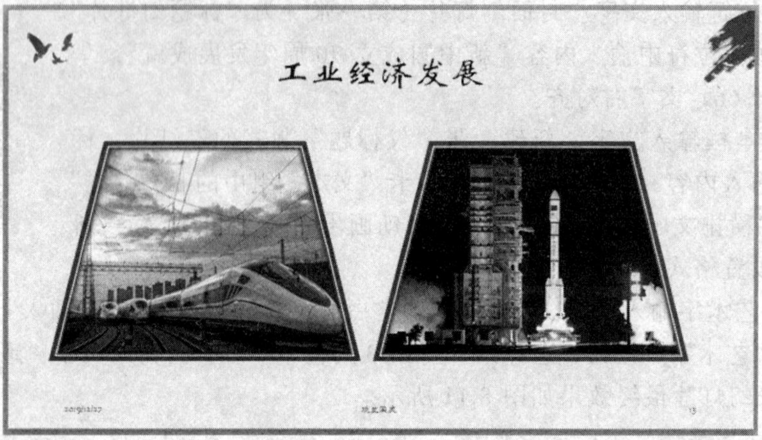

图 8.13　幻灯片的图片效果

3．表格和图表

表格和图表对象同样可以添加到幻灯片中，表格的编辑可使用“表格工具”选项卡中的各组命令完成，图表的编辑可使用“图表工具”选项卡中的各组命令完成，选项卡具体操作与 Word 2010 方法相似。

例 8-8：操作视频

【例 8-8】设计“GDP 汇总”“GDP 增长”幻灯片。

操作步骤如下：

① 插入与编辑表格。在“工业经济发展”幻灯片后新建一张“标题和内容”版式的幻灯片，标题文字为“GDP 汇总”，在内容占位符中插入表格，输入对应内容。表格应用“中度样式-1，强调 2”样式，并设置格式，效果如图 8.14 所示。

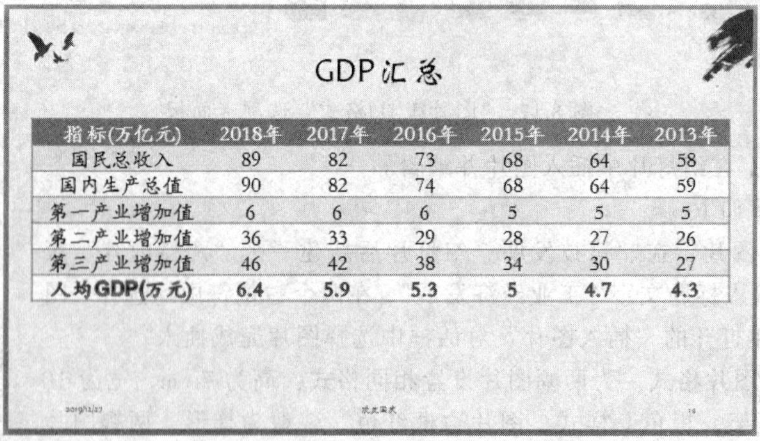

指标(万亿元)	2018年	2017年	2016年	2015年	2014年	2013年
国民总收入	89	82	73	68	64	58
国内生产总值	90	82	74	68	64	59
第一产业增加值	6	6	6	5	5	5
第二产业增加值	36	33	29	28	27	26
第三产业增加值	46	42	38	34	30	27
人均GDP(万元)	**6.4**	**5.9**	**5.3**	**5**	**4.7**	**4.3**

图 8.14　“GDP 汇总”幻灯片效果

② 插入与编辑图表。在“GDP 汇总”幻灯片后新建一张“标题和内容”版式的幻灯片，标题文字为“GDP 增长”，在内容占位符中插入“簇状柱形图”图表，在弹出的

Excel 数据源中编辑数据，切换行/列；将“GDP 增长率（%）”数据系列绘制在次坐标轴，图表类型为“带数据标记的折线图”；为图表设置格式，效果如图 8.15 所示。

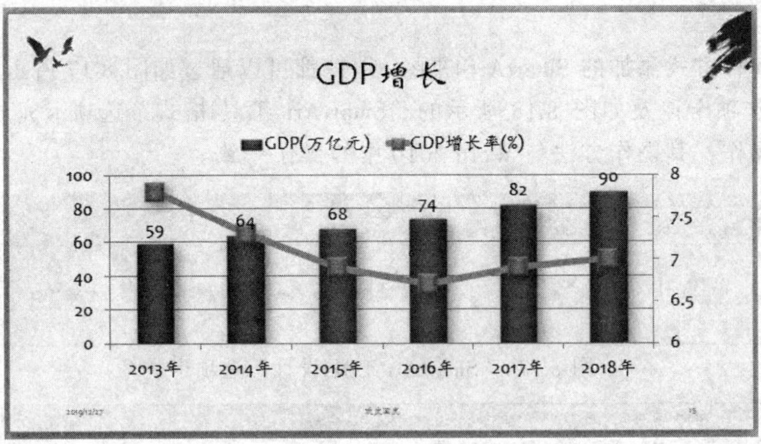

图 8.15 “GDP 增长”幻灯片效果

4. 形状

形状同样可以添加到幻灯片中，形状的编辑操作与艺术字、文本框的编辑一致。

例 8-9：操作视频

【例 8-9】在最后一张幻灯片中插入形状。

操作步骤如下：

① 插入形状。在最后一张幻灯片中插入闪电形图像。

② 组合形状。复制闪电形图像并水平翻转，调整对齐后组合，效果如图 8.16 所示。

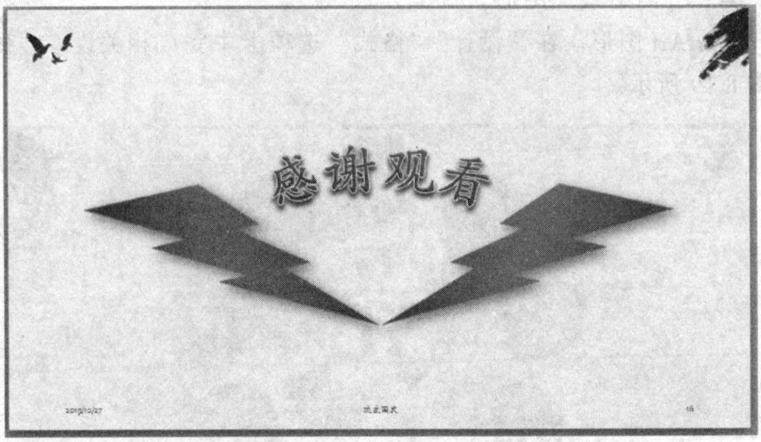

图 8.16 “封底”设计效果

提示：如内置形状不能满足需求，可以通过“绘图工具”中的“编辑形状|编辑顶点”对形状进行自定义编辑生成任意形状，也可通过各种形状组合得到新的图形。

5. 创建与编辑 SmartArt 图形

在 PowerPoint 2010 中，创建 SmartArt 图形有两种方式：第一种方式是先插入 SmartArt

图形，再往其中填充文本或图片，其操作与 Word 2010 中 SmartArt 图形的创建一致；第二种方式是将已有的文本或图片转换为 SmartArt 图形，这种方法是 PowerPoint 2010 所独有的。

不管以何种方式添加的 SmartArt 图形，用户都可以通过如图 8.17 所示的“SmartArt 工具|设计”选项卡以及如图 8.18 所示的“SmartArt 工具|格式”选项卡完成对 SmartArt 图形的编辑操作，其操作方法与 Word 2010 中的操作一致。

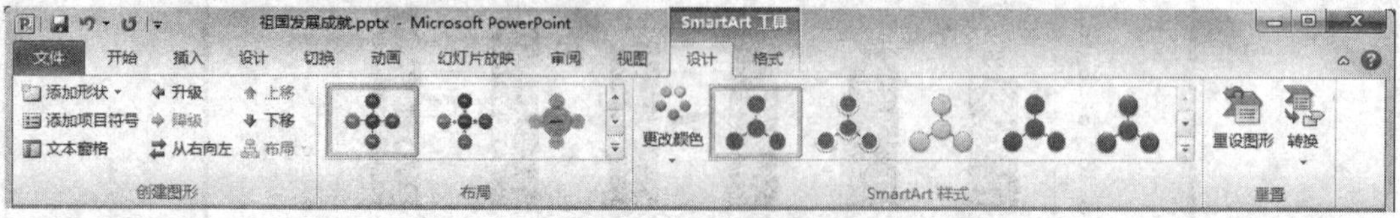

图 8.17 “SmartArt 工具|设计”选项卡

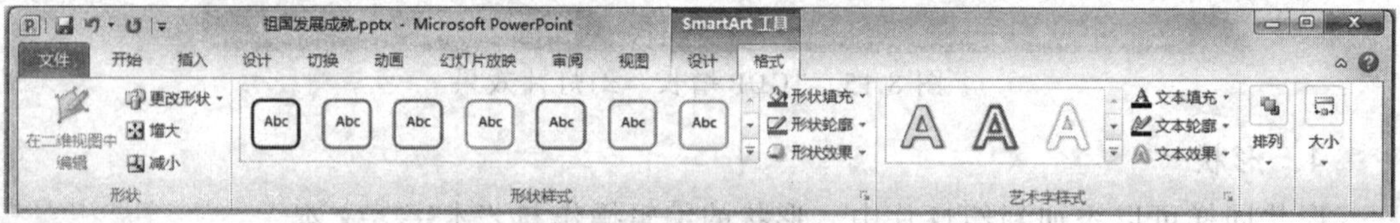

图 8.18 “SmartArt 工具|格式”选项卡

【例 8-10】使用 Smartart 图形为演示文稿设计目录幻灯片。

例 8-10：操作视频

操作步骤如下：

① 插入 SmartArt 图形。在第一张幻灯片后新建一张“空白”版式的幻灯片。在幻灯片中插入一个文本框，输入文字内容，选定文本，单击“开始”选项卡“段落”组中的“转换为 SmartArt 图形”按钮，选择“循环”类“分离射线”图形。

② 编辑 SmartArt 图形。在“设计”“格式”选项卡中完成相关设置，效果如图 8.19 所示。

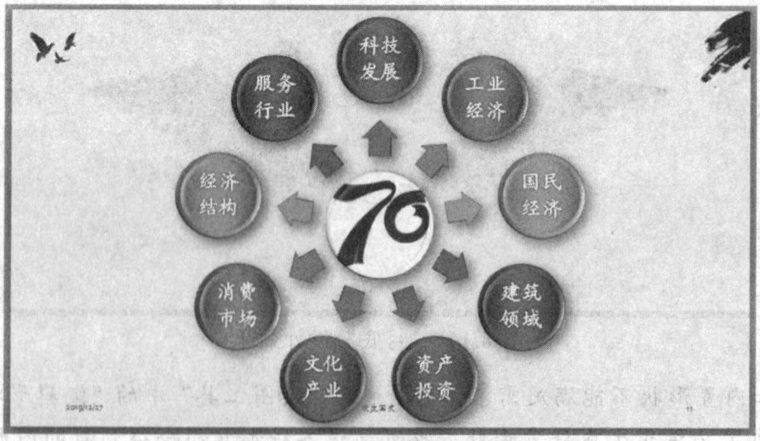

图 8.19 “目录幻灯片”效果

提示：图片也可快速转换为 SmartArt 图形，选中所需图片，单击“图片工具|格式”选项卡“图片样式”组中的“图片版式”按钮，在打开的下拉列表中选择具体的 SmartArt

图形样式即可。

6. 相册

PowerPoint 2010 提供的创建相册功能，可以快捷方便地实现对大量图片的引用和展示。创建相册实际是创建一个专门承载图片的独立的演示文稿，用户既能设计相册的版式，也能为图片添加说明性文字。

例 8-11：操作视频

【例 8-11】演示文稿的“工业经济发展”需展示大量图片，可以使用相册功能完成，相册演示文稿名称为“工业相册.pptx”。

操作步骤如下：

① 插入相册。单击“插入”选项卡“图像”组中的“相册”按钮，选择“新建相册”命令，在打开的“编辑相册”对话框中，单击“文件/磁盘”按钮添加所需图片，进行如图 8.20 所示的设置。

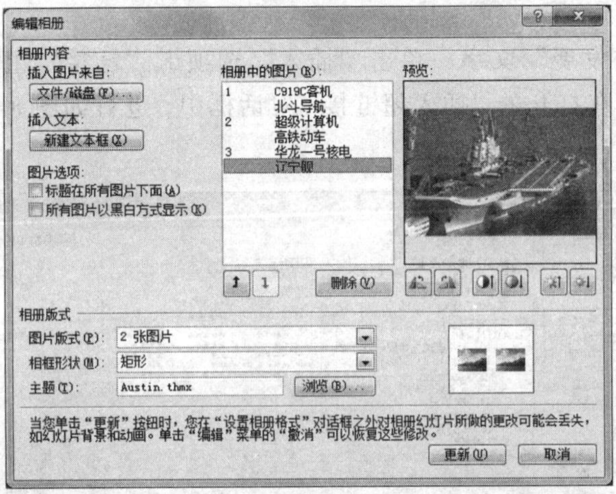

图 8.20 “编辑相册”对话框

② 保存相册。单击“创建”按钮，生成一个相册演示文稿，设置封面，保存相册名称为“工业相册.pptx”，如图 8.21 所示。

图 8.21 相册效果

提示：

① 若在创建相册时新建文本框，图片版式中幻灯片的张数会将文本框计入在内。

② 相册创建成功后，如有必要，可以选择“插入”选项卡的“图像”组中 “相册”下的“更新相册”命令对相册进行更新。

7. 创建超链接、动作和动作按钮

演示文稿播放时，默认按幻灯片的顺序播放，但可以使用超链接、动作和动作按钮来实现对演示文稿、幻灯片间的交叉链接。链接通常有两种：一是本文档幻灯片之间互相进行直接链接；二是本文档与外部文件进行链接。这些链接的效果需在演示文稿放映时时查看。

例 8-12：操作视频

（1）创建超链接

【例 8-12】在目录幻灯片中为文字和对象添加超链接。

操作步骤如下：

① 选中“科技发展”文字，单击“插入”选项卡“链接”组中的“超链接”按钮，在打开的“插入超链接”对话框中，进行如图 8.22 所示的设置，单击“确定”按钮。

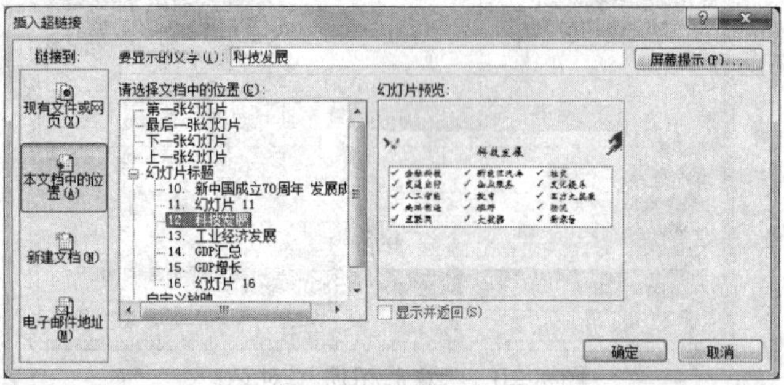

图 8.22 “插入超链接”对话框

② 分别为“工业经济”文字“国民经济”圆形形状插入超链接，链接至对应幻灯片，效果如图 8.23 所示。

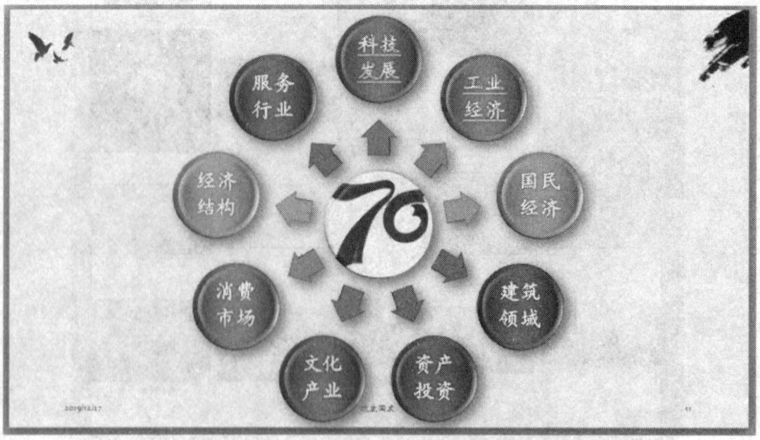

图 8.23 超链接效果

提示：超链接文字颜色的可在“设计”选项卡的“主题颜色”中更改。

（2）创建动作

演示文稿中文字、对象均可创建动作，不仅能设置链接、运行程序等，还能播放声音以及创建鼠标移动时的操作动作。

例 8-13：操作视频

【例 8-13】为最后一张幻灯片中的图片对象添加动作，链接到第一张幻灯片。

操作步骤如下：

选中图片，单击“插入”选项卡“链接”组中的“动作”按钮，在打开的“动作设置”对话框中完成如图 8.24 所示的设置。

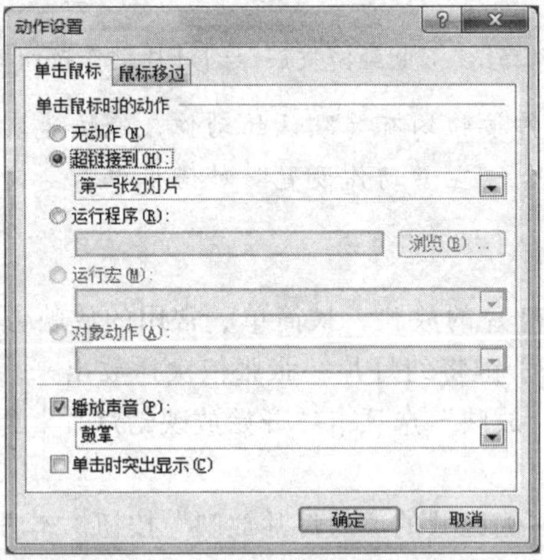

图 8.24 “动作设置”对话框

提示：演示文稿中已经创建有宏时，才能启用“运行宏”选项；演示文稿中对 OLE 对象添加动作时才能启用“对象动作”选项。

（3）创建动作按钮

动作按钮是特殊的形状，位于“插入|形状”列表的底部，其编辑与形状的编辑操作一致。

例 8-14：操作视频

【例 8-14】为演示文稿中的幻灯片添加动作按钮。

操作步骤如下：

① 在“科技发展”幻灯片中单击“插入”选项卡“插入”组中的“形状”按钮，选择“动作按钮：自定义”命令，在打开的对话框中“超链接到”选择“幻灯片”选项，选择第 2 张幻灯片完成动作设置，添加文字“目录”，应用第 3 行第 3 列形状样式，第 1 行第 3 列艺术字样式。

② 复制“目录”动作按钮，粘贴到第 4 ~ 6 张幻灯片中。

③ 在“工业经济发展”幻灯片中插入动作按钮“动作按钮:自定义”，在打开的对话框中选择“超链接到”中“其他文件”选项，浏览选择“工业相册.pptx”文稿，单击“确定”按钮。为按钮添加文字“相册”，修改格式，效果如图 8.25 所示。

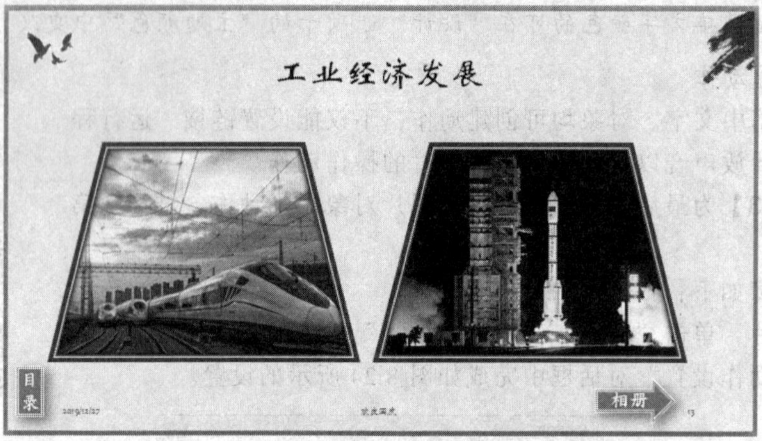

图 8.25 “工业经济发展”幻灯片动作按钮效果

提示：系统提供的动作按钮均有其默认的动作，能快速实现链接；可以选择快捷菜单中的“编辑超链接”命令，在“动作设置”对话框中自定义链接。

8.2.5 简单幻灯片放映

演示文稿的播放即幻灯片的放映，最简单、常用的放映方式是以全屏幕的方式、使用鼠标单击或者按【Enter】键将幻灯片一张张依次播放出来。具体方法如下。

方法 1：单击“幻灯片放映”选项卡“开始放映幻灯片”组中的“从头开始”或“从当前幻灯片开始”按钮。

方法 2：单击状态栏右侧区域的“幻灯片放映”按钮。本方法默认的从当前幻灯片开始播放演示文稿内容。

本章案例中的“祖国发展成就.pptx”演示文稿制作完毕，使用任一种方法放映幻灯片，观看文稿最终效果。

8.3 制作产品介绍演示文稿

杨晓燕代表学校参加计算机大赛，比赛团队设计了一款产品迷你 Web 服务器，现需要制作一篇产品介绍演示文稿，要求能全面、声情并茂地动态展示设计作品，吸引评委的注意力。

杨晓燕已制作 Word 版本的产品说明书，以及图片、视频等资料，现需通过 Word 文档生成一篇产品介绍“迷你服务器.pptx”，设计思路如下：

① 新建一个空白演示文稿，将已设置基本结构和文本内容的 Word 文档导入演示文稿。

② 对幻灯片整体外观进行设计，综合应用主题、幻灯片母版。

③ 在幻灯片中添加声音和视频，并进行个性化音频和视频制作。

④ 为幻灯片添加动态效果，包括对象的动画效果和幻灯片的切换效果。

⑤ 使用排练计时和幻灯片放映设置，应用于幻灯片高级放映中。

⑥ 播放演示文稿，观看展示效果。

最终效果如图 8.26 所示。

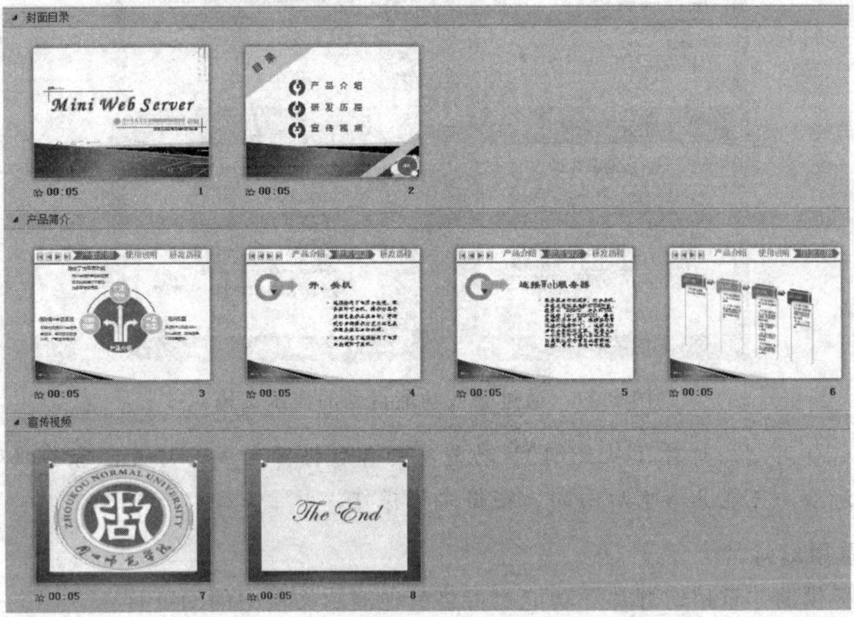

图 8.26 “迷你服务器.pptx”演示文稿

8.3.1 外部数据源生成幻灯片

将外部数据源的内容导入当前演示文稿中使用是新建幻灯片的一种方法。外部数据源可以是文本格式，如 Word 文档、文本文件等，也可以是其他演示文稿。

1. 幻灯片（从大纲）

PPT 提供的“幻灯片（从大纲）”功能可以导入纯文本内容生成新的幻灯片。如果外部文档设置了分节和大纲级别，则导入后系统会自动按节生成一张张幻灯片；在幻灯片中一级文本被转换成标题，二级以上（含二级）文本被转换成文本内容。

【例 8-15】新建一个名称为“迷你服务器.pptx”的空演示文稿，导入文件“Mini Web Server 使用说明书.docx”中的内容。

例 8-15：操作视频

操作步骤如下：

① 新建一个空白演示文稿，命名为“迷你服务器.pptx”，删除空白幻灯片。

② 单击“开始”选项卡中的“新建幻灯片”按钮，在下拉列表中选择“幻灯片（从大纲）”命令，在打开的“插入大纲”对话框中浏览打开 Word 文件，单击“插入”按钮，此时文件内容添加至演示文稿中。选中所有幻灯片，在“大纲/幻灯片”窗格中切换至“大纲”窗格，单击“开始”选项卡中的“清除所有格式”按钮，清除默认格式，生成如图 8.27 所示的 4 张幻灯片。

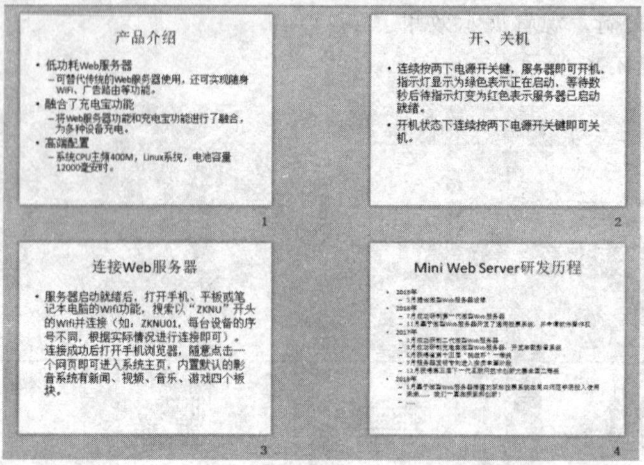

图 8.27　通过导入功能得到的演示文稿

提示：使用“幻灯片（从大纲）”功能从外部数据源生成幻灯片，容易携带未知格式，若不清除，可能会影响后面的一些格式化操作。

2. 重用幻灯片

PPT 提供的“重用幻灯片”功能也可将其他演示文稿中的幻灯片添加到当前演示文稿中。

例 8-16：操作视频

【例 8-16】将“封面目录.pptx”演示文稿中的 3 张幻灯片添加到本演示文稿中。

操作步骤如下：

① 将插入点定位于本演示文稿幻灯片最前端，选择“新建幻灯片”→“重用幻灯片”命令，打开如图 8.28 所示窗格。

② 单击“浏览”按钮，选择“浏览文件”命令，找到“封面目录.pptx”演示文稿打开，则“重用幻灯片”窗格会显示所选演示文稿中的所有幻灯片，如图 8.29 所示，选择所需幻灯片，完成插入。

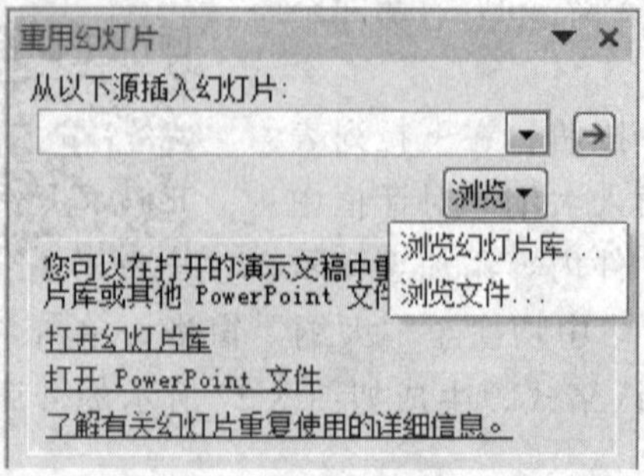

图 8.28　“重用幻灯片”窗格

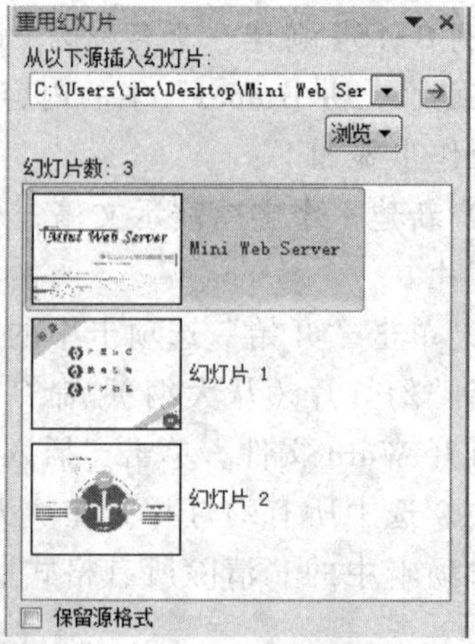

图 8.29　“重用幻灯片”选择幻灯片

8.3.2 幻灯片整体外观设计

1. 使用分节和主题

PowerPoint 2010 可以将整个演示文稿划分成若干小节，不仅有助于规划文稿结构，而且可以简化管理和导航。

【例 8-17】将“迷你服务器.pptx”划分为 3 个小节，分别应用“聚合”“图钉”两种主题。

例 8-17：操作视频

具体操作步骤如下：

① 分节。演示文稿最后新增两张空白版式幻灯片，第 1、2 张幻灯片为第 1 小节“封面目录”，第 3～6 张幻灯片为第 2 小节“产品简介”，最后两张幻灯片为第 3 小节“宣传视频”。

② 应用主题。“封面目录”“产品简介”2 小节应用“聚合”主题，“宣传视频”小节应用“图钉”主题。应用主题后效果如图 8.30 所示。

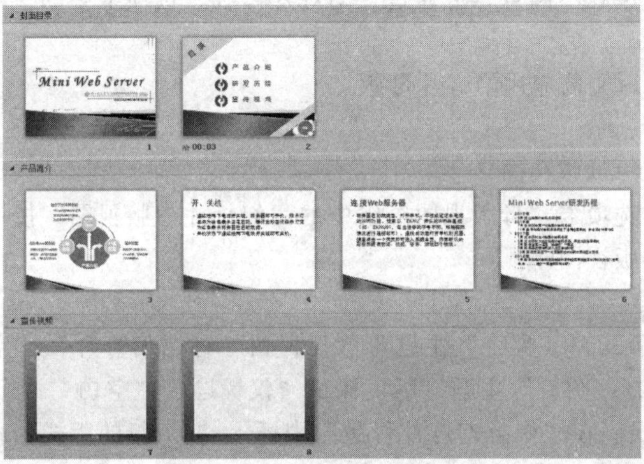

图 8.30 应用主题后效果

提示：在“封面目录”与“产品简介”两个小节中可以先将前 6 张幻灯片同时选中后再应用主题，可以避免出现重复主题。

2. 应用幻灯片母版

幻灯片母版用于设计存储有关演示文稿的主题和幻灯片版式的所有信息，包括背景、颜色、字体、效果、占位符格式、各种对象等。幻灯片母版的应用，即将母版中存储的主题、背景等所有信息都应用于长篇文档的样式风格统一各幻灯片上。对幻灯片母版的更改，必须在幻灯片母版视图中完成。

单击“视图”选项卡“母版视图”组中的“幻灯片母版视图”按钮，进入如图 8.31 所示的幻灯片母版视图界面，演示文稿根据已应用的主题将母版进行分类，本节案例文稿分为“聚合”幻灯片母版和“图钉”幻灯片母版两大类，分别用序号 1 和 2 来表示。而每一主题对应的幻灯片母版类别，又根据版式和用途的不同进行划分，它们共同决定演示文稿中各张幻灯片的样式。

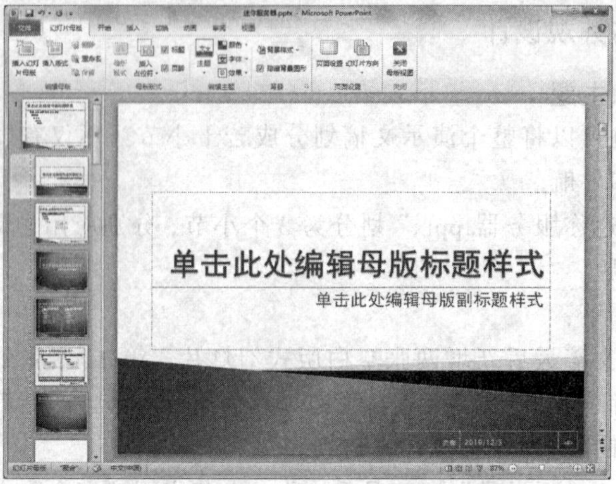

图 8.31　幻灯片母版视图

若对已使用的主题不满意，可通过“幻灯片母版”选项卡中的“编辑主题”区，对当前主题进行编辑。

例 8-18：操作视频
A-编辑版式

【例 8-18】演示文稿应用幻灯片母版。

操作步骤如下：

（1）进入幻灯片母版视图

单击“视图”选项卡“母版视图”组中的“幻灯片母版视图”按钮，进入幻灯片母版视图。

（2）编辑版式

① 删除多余版式。“聚合”主题母版仅保留“标题幻灯片”“空白”“标题和文本”3 个版式母版，“图钉”主题母版仅保留“仅标题”“空白”两个版式。

② 插入新版式。在“聚合幻灯片母版”中插入 3 个新的版式：“产品介绍”“使用说明”“研发历程”。

③ 编辑占位符。在“使用说明”版式中，保留“标题”占位符，“标题”占位符字体隶书，字号 44；插入“内容”占位符：一级文本华文楷体，字号 24，适当调整占位符位置，效果如图 8.32 所示。“产品介绍”“研发历程”版式中删除“标题”“页脚”占位符。

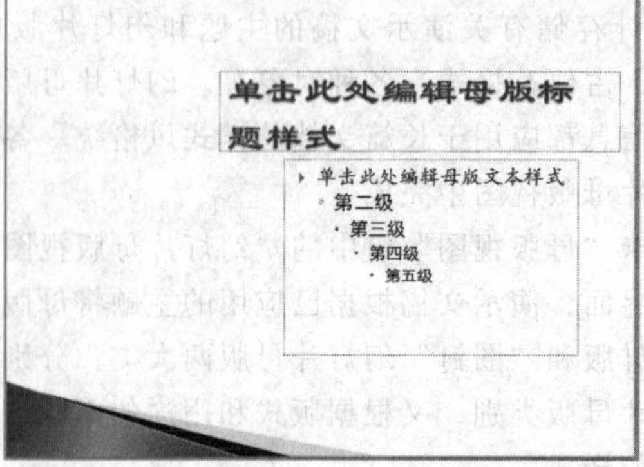

图 8.32　“使用说明”版式占位符排版

④ 修改“图钉”主题母版的“仅标题”版式名称为“封底”，设置“标题”占位符格式。

（3）插入对象

例 8-18：操作视频 B-插入对象

① 插入“SmartArt 图形”。“使用说明”版式中插入“基本 V 型流程”类的 SmartArt 图形，输入文本；设置图形格式。

② 插入动作按钮。插入 4 个动作按钮：开始、后退、前进、结束，设置格式。

③ 插入图片。“使用说明”版式插入 logo.png 图片，插入图片“序号.png”，最终效果如图 8.33 所示。

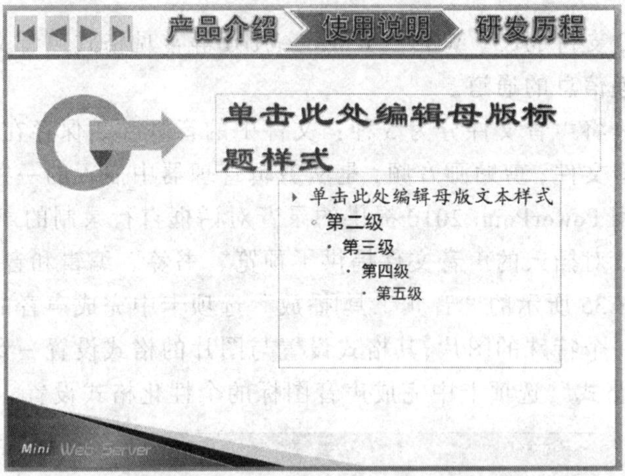

图 8.33 “使用说明”版式最终效果

④ 参考步骤①②③或复制，在“产品介绍”“研发历程”版式中做出如图 8.34 所示的效果。

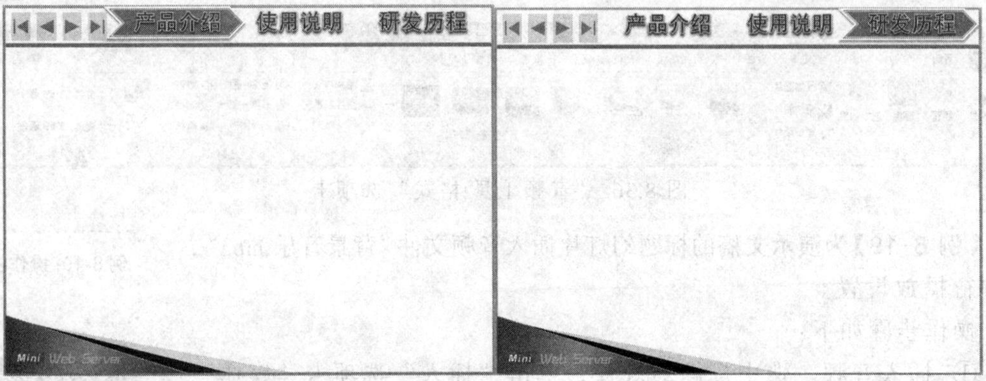

图 8.34 “产品介绍”“研发历程”版式效果

⑤ 应用版式。关闭母版视图，回到普通视图，第 3 张幻灯片应用“产品介绍”版式，第 4、5 张幻灯片应用“使用说明”版式，第 6 张幻灯片应用“研发历程”版式，第 8 张幻灯片应用“封底”版式，并在“标题”占位符中输入文字 The End，字号 120。

提示：

- 幻灯片母版编辑过程中，可随时单击“关闭”组中的“关闭母版视图”按钮，退出母版视图，返回普通视图，查看母版格式应用于幻灯片上的效果。
- 占位符是幻灯片母版的重要组成元素，默认情况下包含标题占位符、内容占位符、日期占位符、幻灯片编号占位符和页脚占位符 5 种。
- 通过母版插入的对象只能通过母版删除。
- 在幻灯片母版视图中，对日期、页脚和幻灯片编号 3 个占位符进行格式设置后，需将页眉和页脚信息应用到幻灯片中方可查看设置效果。

8.3.3 添加声音

PowerPoint 2010 支持 MP3、WAV、WMA、MIDI 等常见格式声音文件的插入与编辑，可以向观众增加传递信息的通道。

PowerPoint 2010 将声音文件分为 3 种：文件中的音频，是保存在本地计算机或网络邻居计算机中的声音文件；剪贴画音频，是从剪辑管理器中插入的一些简单的声音效果；录制的音频，是利用 PowerPoint 2010 提供的录音对话框自行录制的声音。

PowerPoint 2010 对插入的声音文件提供了预览、书签、编辑和音频选项等播放设置功能，可以在如图 8.35 所示的“音频工具|播放”选项卡中完成声音的个性化播放设置。声音图标实质上是一个特殊的图片，其格式设置与图片的格式设置一致，可以在如图 8.36 所示的“音频工具|格式”选项卡中完成声音图标的个性化格式设置。

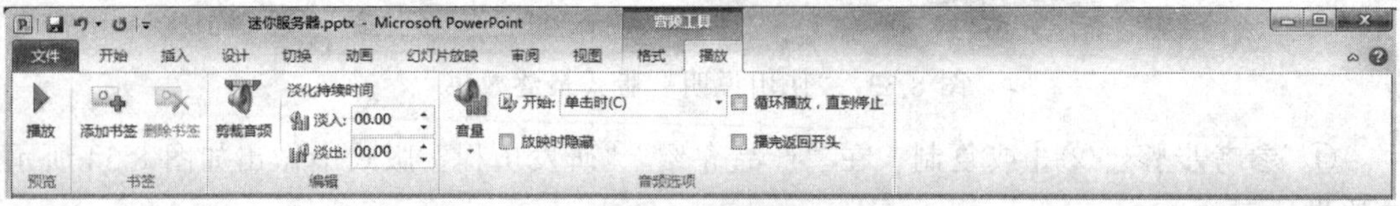

图 8.35 “音频工具|播放”选项卡

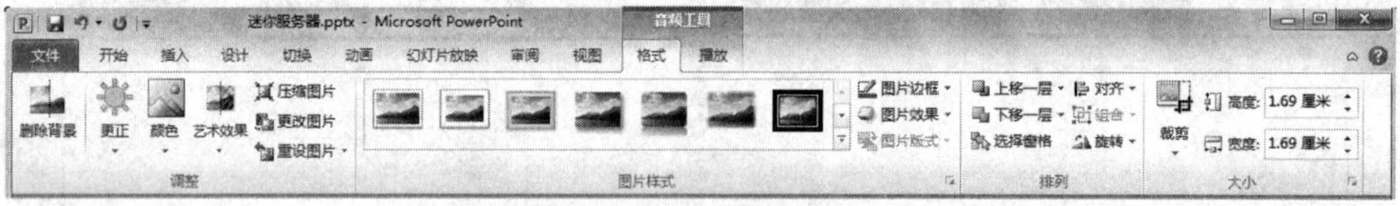

图 8.36 “音频工具|格式”选项卡

【例 8-19】为演示文稿的标题幻灯片插入音频文件“背景音乐.mp3”，并进行播放设置。

例 8-19：操作视频

操作步骤如下：

① 插入音频。选中标题幻灯片，单击“插入”选项卡“媒体”组中的“音频”按钮，在下拉列表中选择“文件中的音频”命令，在弹出的对话框中选择“背景音乐.mp3”文件，单击“确定”按钮。声音图标下方的浮动控制栏如图 8.37 所示，可在幻灯片未放映时控制声音的播放、前进、后退、音量效果。

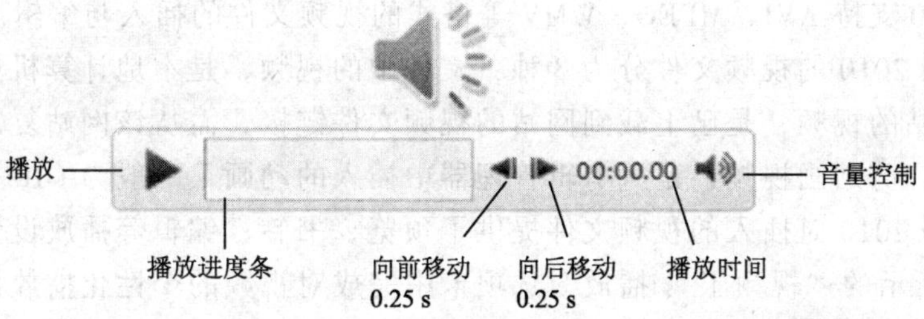

图 8.37 声音浮动控制栏

② 编辑音频。单击“音频工具|播放”选项卡“编辑”组中的“剪裁音频”按钮，在打开的如图 8.38 所示的“剪裁音频”对话框中，设置音频播放的开始时间和结束时间，单击“确定”按钮，音频播放时，只播放两滑块中的音频部分，滑块外的音频部分被剪裁掉；“淡入”和“淡出”效果输入框中设置时间值：淡入和淡出均为 05.00。

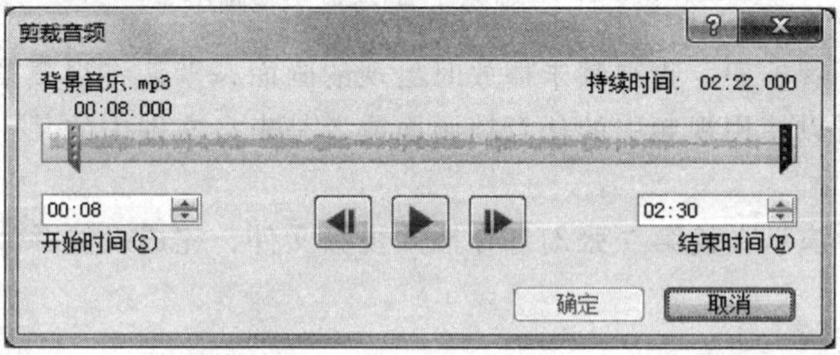

图 8.38 “剪裁音频”对话框

③ 音频选项设置。在“音频选项”组中完成如图 8.39 所示的设置。其中，“开始”效果有 3 个选项：“自动”为默认选项，指幻灯片播放时声音将自动播放；“单击”指幻灯片播放时需单击声音图标才开始播放；“跨幻灯片播放”指幻灯片播放时声音将自动播放，且切换到下一张幻灯片时，声音继续播放。

提示：“音频选项”组中的命令实质上是实现音频动画的部分设置功能，选择该组的设置值，会自动为音频添加动画。

④ 声音图标格式设置。设置声音图标颜色为饱和度 400%，色温 11 200 K，艺术效果为“混凝土”，图片样式为“裁剪对角线，白色”，效果如图 8.40 所示。

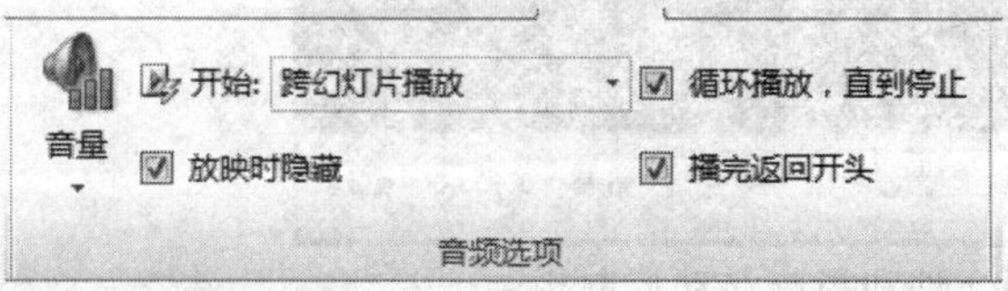

图 8.39 音频选项设置

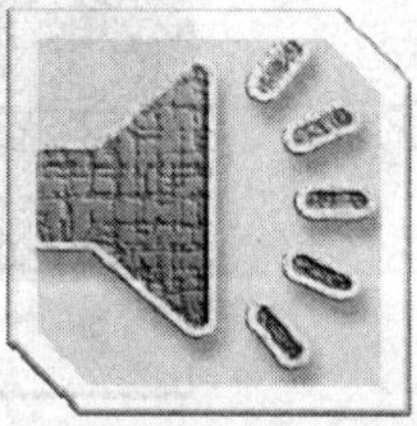

图 8.40 声音图标效果

8.3.4 添加视频

视频可以从画面到声音多方位地向观众传递信息，具有极强的视觉冲击效果。

PowerPoint 2010 支持 AVI、MPEG、WMV 等格式的视频文件的插入与编辑。

PowerPoint 2010 的视频文件分为 3 种：文件中的视频，是本地计算机中保存的视频文件；来自网站的视频，是已上载到网站的视频文件链接，需从该网站复制嵌入代码，完成视频插入；剪贴画视频，是从剪辑管理器中插入的动画，一般为 GIF 格式。

PowerPoint 2010 对插入的视频文件提供了预览、书签、编辑等播放设置功能，可以在如图 8.41 所示的“视频工具|播放”选项卡中完成对视频的个性化播放设置，其操作方法与音频播放设置的操作方法相似。

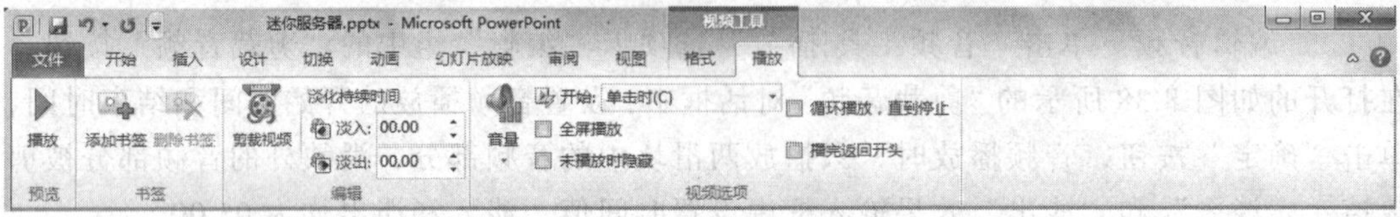

图 8.41 “视频工具|播放”选项卡

视频文件的标牌框架，指视频未播放时出现的画面，默认将视频第一帧画面作为标牌框架显示；也可以使用视频中的任意帧画面或者是来自文件中的某一幅图片作为视频的标牌框架。

例 8-20：操作视频

【例 8-20】为演示文稿第 7 张幻灯片插入视频文件，完成设置并添加标牌框架。

操作步骤如下：

① 插入视频。选中第 7 张幻灯片，单击“插入”选项卡“媒体”组中的“视频”按钮，选择“文件中的视频”命令，在打开的对话框中选择“宣传片.mp4”文件，单击“插入”按钮。通过图 8.42 所示视频浮动控制栏中的各个按钮可控制视频播放效果。

图 8.42 视频文件和视频浮动控制栏

② 编辑视频。单击“视频工具|播放”选项卡“编辑”组中的“剪裁视频”按钮，在打开的“剪裁视频”对话框中完成如图 8.43 所示的设置。

③ 添加书签。单击“添加书签”按钮，分别在 00:40 处、01:10 处添加书签。

④ 视频格式化设置。设置视频形状为“斜面棱台矩形”，高 16 cm、宽 20 cm。

⑤ 添加标牌框架。单击“视频工具|格式”选项卡“调整”组中的“标牌框架”按钮，选择“文件中的图像”命令，在打开的对话框中选择“校徽.jpg”图片，单击“插入”按钮即可，效果如图 8.44 所示。

图 8.43 “剪裁视频”对话框

图 8.44 标牌框架的效果

提示：演示文稿放映过程中，播放视频时，用户单击进度条上的书签能快速定位播放位置，实现对视频播放进度的控制；若要删除书签，只需选中进度条的书签，单击“删除书签”按钮即可。

8.3.5 幻灯片动画

在演示文稿中使用动态效果，可以突出放映重点、控制信息流程、提高演示的趣味性。动画是指 PowerPoint 2010 为演示文稿中的各个对象所提供的多种动态效果，可以在如图 8.45 所示的“动画”选项卡中完成动画的添加、预览、高级设置和计时等功能设置。

图 8.45 “动画”选项卡

1. 添加动画

PowerPoint 2010 提供了大量的预设动画效果，分为进入、强调、退出和动作路径 4 类，均集合在“动画”组“动画样式”下拉列表中，如图 8.46 所示。

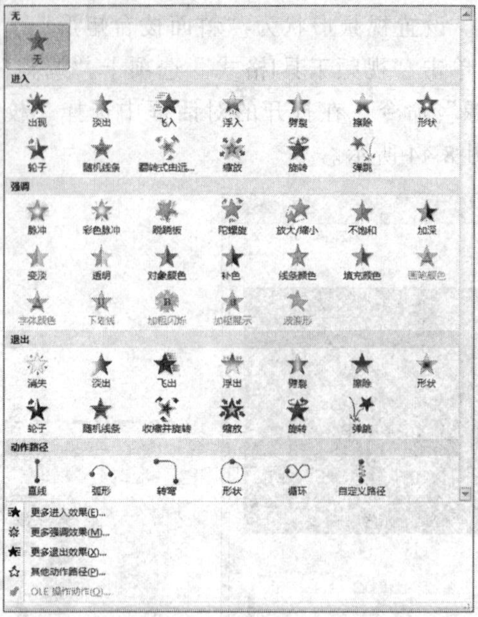

图 8.46 “动画样式”下拉列表

2. 编辑动画

编辑动画即对已添加的动画进行效果、计时等设置，可在“动画”组或“计时”组中完成。

【例 8-21】将第 6 张幻灯片中的文本转换为“重点流程”类的 SmartArt 图形，并添加动画。

例 8-21：操作视频

操作步骤如下：

① 将文本转换为 SmartArt 图形。

② 添加动画。选中 SmartArt 图形，单击“动画”选项卡“动画”组中的“动画样式”命令，在下拉列表中选择“进入：擦出”命令。

③ 编辑动画。单击“动画”组扩展按钮，在打开的对话框中完成如图 8.47 所示的设置。

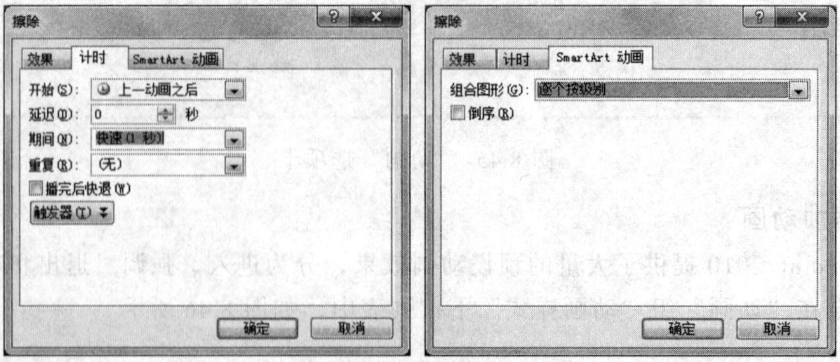

图 8.47 “擦除”对话框

提示：“动画”选项卡“计时”组的命令主要完成对动画时间的控制功能，以及多个动画的排序。“开始”命令有 3 个选项：“单击时”为默认选项，指单击后开始播放动画；“与上一动画同时”指本动画与上一个动画同时播放；“上一动画之后”指本动画在上一个动画完毕后开始。“持续时间”命令动画播放的时间长短，决定动画演示的速度。“延迟”命令控制动画开始后延迟播放的时间。

不同的动画样式，或者同一动画样式应用在不同对象上，动画设置对话框的“效果”选项卡中的设置项会有所不同；同一动画样式的播放效果也会根据对象的不同格式设置而展现出不同的播放效果。

3. 叠加动画

例 8-22：操作视频

叠加动画效果是指为同一个对象添加多种动画效果，播放时可以生成新的动态播放效果，通过“动画”选项卡的“添加动画”命令实现。

【例 8-22】在封面幻灯片中为“标题”占位符设计叠加动画效果。

操作步骤如下：

① 选中“标题”占位符，添加动画“进入：擦除”，并完成如图 8.48 所示的设置。

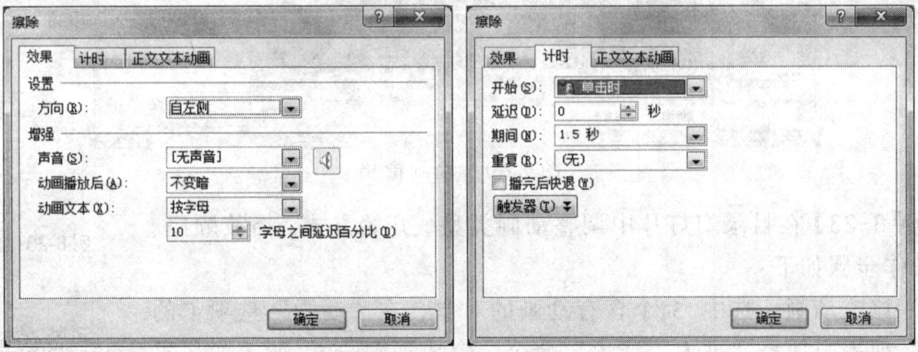

图 8.48 “进入：擦除”动画设置

② 单击“高级动画”组中的“添加动画”按钮，选择下拉列表中的“强调：放大/缩小”动画，并完成如图 8.49 所示的设置。

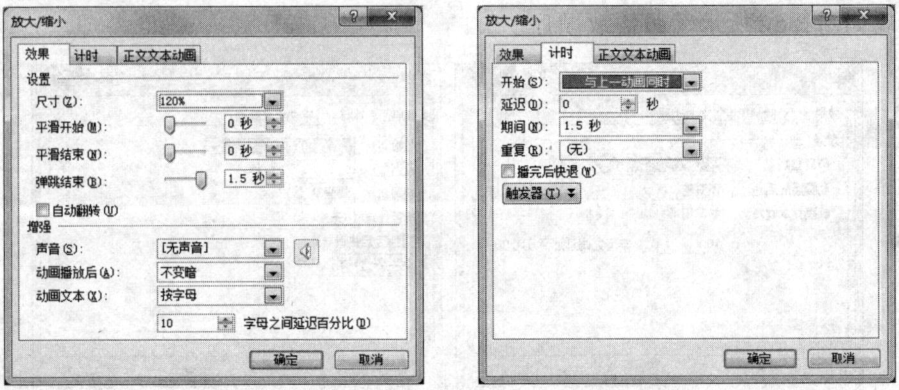

图 8.49 “强调：放大/缩小”动画设置

提示：动画可以进行多次叠加，但是并不是所有动画叠加都能叠加出新动画效果；同一对象的不同格式设置也会影响动画叠加效果。

4. 使用动画窗格

动画窗格用于显示当前幻灯片中添加的所有动画效果，可快速完成动画播放预览、设置和排序等功能，单击“动画”选项卡“高级动画”组中的“动画窗格”按钮，PowerPoint 窗口右侧显示动画窗格，如图 8.50 所示。

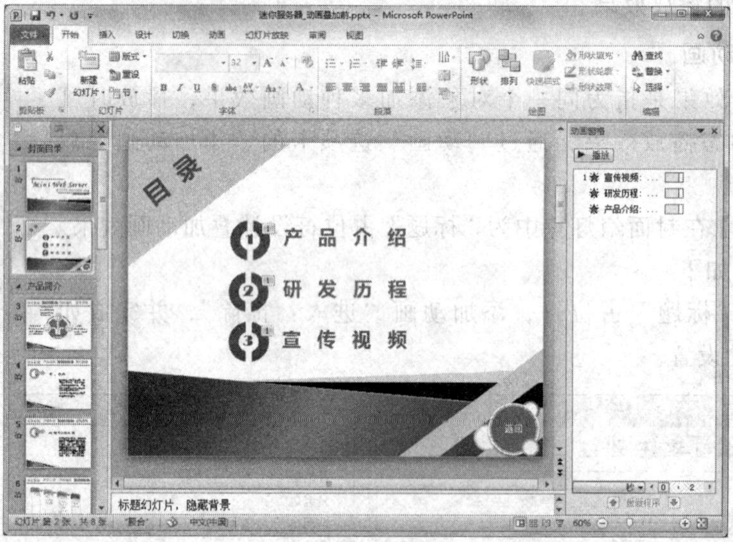

图 8.50　动画窗格

【例 8-23】在目录幻灯片中调整动画类型、开始方式、播放顺序。

例 8-23：操作视频

操作步骤如下：

① 修改动画。选中 3 个含有动画的对象，在“动画”选项卡的“动画”列表中选择“进入：淡出”命令，完成如图 8.51 所示的效果设置。

② 调整动画顺序。在“动画窗格”中，鼠标拖动或单击窗格下方的排序按钮或，或者单击功能区中的“向前移动”“向后移动”按钮实现如图 8.52 所示动画播放顺序。

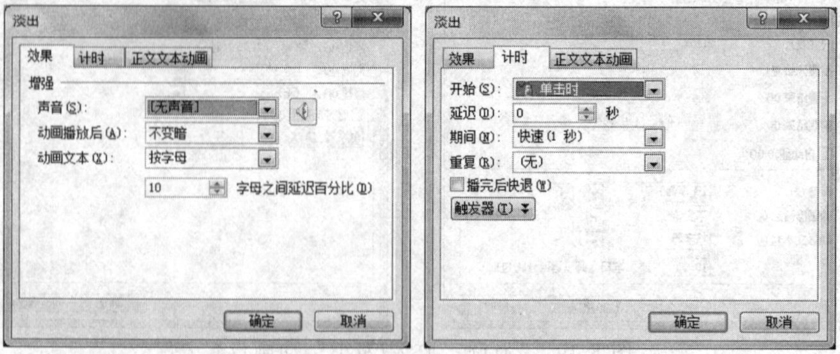

图 8.51　“淡出”动画效果设置

图 8.52　排序后的动画播放顺序

提示：在动画窗格中，单击某一动画选项右侧的下拉按钮，可选择各项命令，完成动画样式的综合设置；选择"效果选项"和"计时"命令，则打开该动画的动画设置对话框中的对应选项卡；选择"隐藏高级日程表"命令，则窗格中不显示时间条；选择"删除"命令，则将该动画效果删除。

8.3.6　幻灯片切换效果

切换效果用于设置演示文稿放映时整张幻灯片的进入方式。PowerPoint 2010 提供了丰富的预设切换效果，以及效果设置功能，包括效果选项更改、伴随声音、持续时间、换片方式等设置，其操作方法与动画设置的操作方法相似。均在如图 8.53 所示的"切换"选项卡中完成。

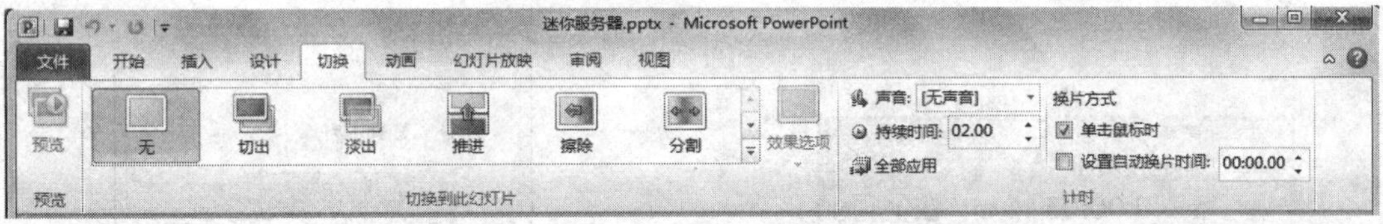

图 8.53　"切换"选项卡

【例 8-24】为演示文稿中每个小节设置不同的切换效果。

例 8-24：操作视频

操作步骤如下：

① 选中"封面目录"节标题，在"切换"选项卡中选择"擦除"效果。

② 重复步骤①为其余节分别设置"分割""覆盖"效果。

③ 设置所有幻灯片自动换片时间为 5 s，并全部应用。

提示：幻灯片添加了动画效果或切换效果后，"幻灯片/大纲"窗格的幻灯片缩略图下出现动画标志，单击该标志能预览幻灯片的切换效果和幻灯片中对象的动画效果；也可以在切换选项卡下的预览组中单击预览命令，观看切换效果。

8.3.7　幻灯片高级放映

一个演示文稿根据不同场合的需要、不同用户的观看习惯等外在因素，需要有多种播放形式，可以在如图 8.54 所示的"幻灯片放映"选项卡中对幻灯片的放映方式进行设置，以实现幻灯片的高级放映。

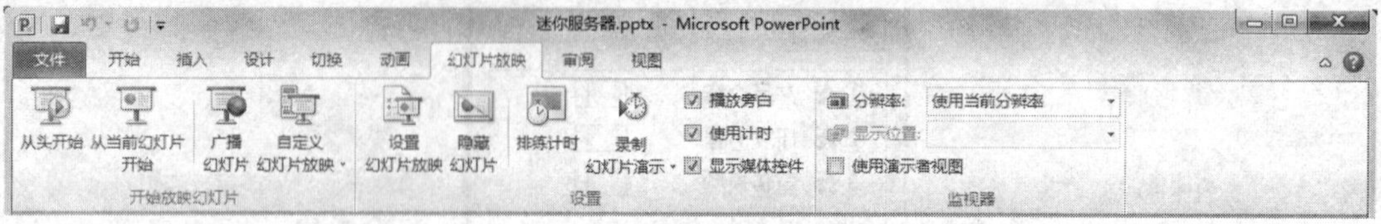

图 8.54 “幻灯片放映”选项卡

1. 排练计时

使用“排练计时”功能，系统在演示文稿播放时会自动记录播放过程中每张幻灯片及对象动画的放映时间，用户可根据放映时间来调整汇报的速度和汇报内容等，达到效果；还可以将最佳的排练时间保留，作为幻灯片高级放映的时间依据。

操作步骤如下：

① 启动“排练计时”。单击“幻灯片放映”选项卡“设置”组中的“排练计时”命令。

② 排练过程计时。进入演示文稿播放状态，在如图 8.55 所示的“录制”浮动工具栏进行计时：第一个时间框显示当前幻灯片的放映时间；第二个时间框显示总放映时间。

③ 排练过程控制。幻灯片放映过程中，可通过如下操作来控制排练，单击➡按钮，进入下一项动画效果的播放；单击Ⅱ按钮，暂停当前播放，弹出如图 8.56 所示的对话框，可单击“继续录制”按钮完成播放计时；单击↺按钮，将当前幻灯片重新放映、重新计时。

图 8.55 “录制”浮动工具栏

图 8.56 “录制暂停”对话框

④ 退出排练计时。所有幻灯片切换完毕，退出幻灯片放映状态。系统已显示如图 8.57 所示的对话框，单击“是”按钮，则保留本次排练时间记录。

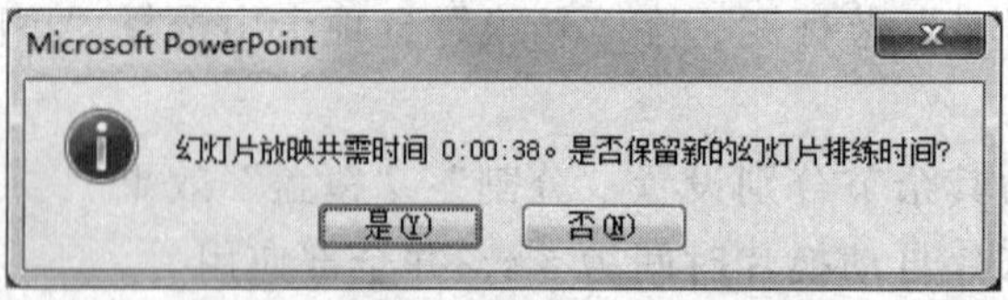

图 8.57 “保留排练时间”对话框

⑤ 查看排练时间。进入幻灯片浏览视图，在每张幻灯片的下方会显示该幻灯片的播放时间。

2. 幻灯片放映设置

文档的排练计时已经完成，幻灯片自动换片时间也已设置完毕，现在需要进行幻灯片放映设置。单击“幻灯片放映”选项卡“设置”组中的“设置幻灯片放映”按钮，在打开的“设置放映方式”对话框中完成如图 8.58 所示的设置。

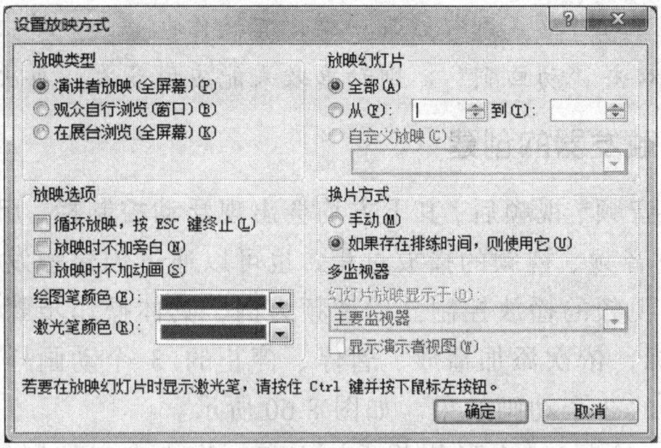

图 8.58 “设置放映方式”对话框

演示文稿制作完毕后，播放演示文稿时，可以使用手动控制幻灯片放映，也可以让排练时间对幻灯片放映过程发挥作用。

8.4 知识拓展

8.4.1 利用样本模板创建演示文稿

PowerPoint 2010 提供了丰富的样本模板，例如相册、日历、计划和宣传手册等。这些模板提供预先设计好的幻灯片主题样式、内容形式、对象格式等，还提供制作个性演示文稿的相关操作。用户创建后，只需根据相关提示信息输入各种对象，以实现快速创建专业、美观的演示文稿的目的。

方法：单击“文件”选项卡“新建”命令中的“样本模板”选项，选择某一合适的模板，单击“创建”按钮，即可完成演示文稿的创建。

8.4.2 替换字体

在演示文稿中，除了可以替换文字之外，还可以单独替换字体。

方法：单击“开始”选项卡“替换”组中的“替换字体”按钮，打开如图 8.59 所示对话框，实现字体的统一替换。

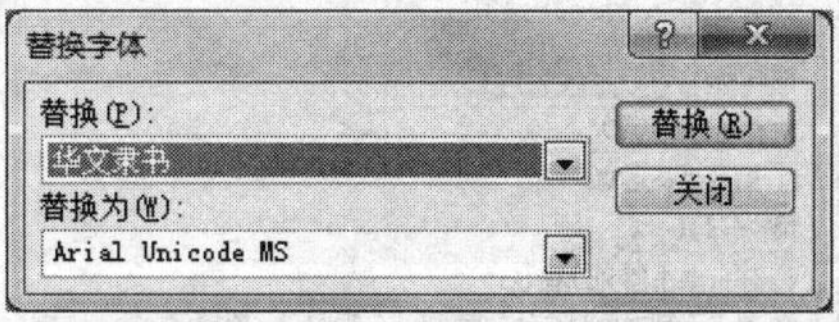

图 8.59 “替换字体”对话框

8.4.3 复制动画

当幻灯片中的多个对象具有相同的动画效果，可以使用 PowerPoint 2010 提供的“动画刷”来完成。选中已添加动画的对象，单击“动画”选项卡“高级动画”组中的“动画刷”命令，再单击需添加动画的对象，其动画效果成功应用在该对象上。

提示：“动画刷”与“格式刷”效果一样，其操作也一致。单击“动画刷”，则动画效果只能应用一次；双击“动画刷”，则动画效果能应用多次；再次单击退出复制状态。

8.4.4 动画效果中触发器的创建

在幻灯片中添加音频、视频后，其下方均会出现浮动控制栏，用户可单击其中的“播放/暂停”按钮来控制音频、视频的播放过程，也可以通过创建触发器按钮进行自定义动画，来实现对音频、视频的播放控制。以音频为例，具体操作步骤如下：

① 选中音频图标，依次添加播放、暂停、停止的 3 个动画样式；在打开的动画窗格中，显示出该音频的 3 个动画效果。如图 8.60 所示。

② 添加文本框。绘制 3 个形状并添加文字，作为声音控制触发按钮，如图 8.61 所示。

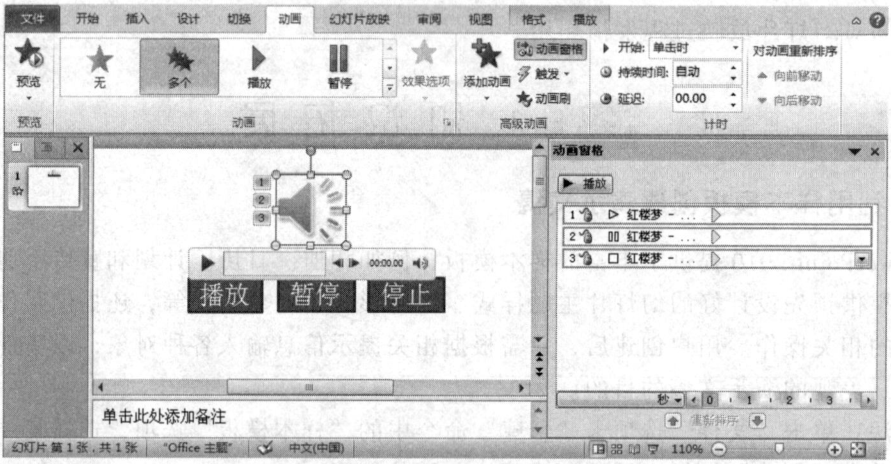

图 8.60　触发器的创建

③ 设置“播放”触发器。单击动画窗格中“播放”动画右侧的下拉按钮，选择“计时”命令，在打开的“播放音频”对话框中完成如图 8.61 所示的设置。

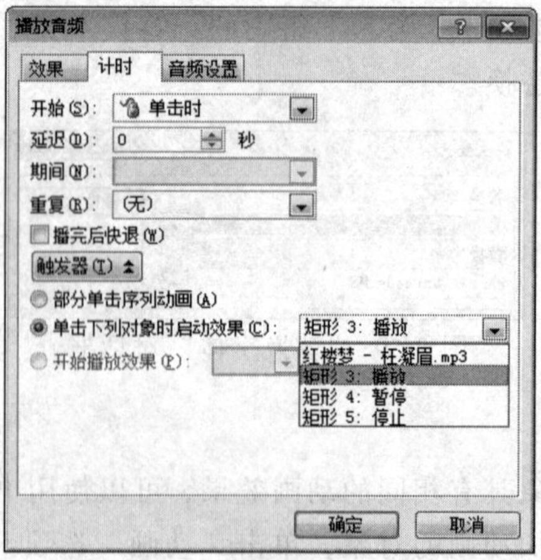

图 8.61　“播放音频”对话框

④ 设置“暂停”“停止”触发器。重复步骤③的操作，分别为“暂停”动画、“停止”添加对应的触发器，如图 8.62 所示。

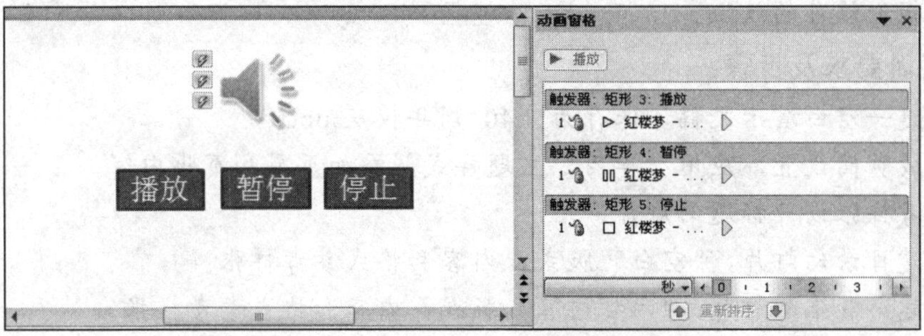

图 8.62 “暂停”“停止”触发器的创建

8.4.5 幻灯片放映控制

演示文稿播放时，常用单击鼠标或者按【Enter】键的方法进行幻灯片放映的简单控制。除此之外，还可以使用以下方法对幻灯片放映进行高级控制。

（1）快速定位

在幻灯片放映过程中右击，指向快捷菜单中的“定位至幻灯片”命令，弹出显示本演示文稿的所有幻灯片级联菜单。其中，被勾选的幻灯片为当前放映的幻灯片，单击选择任一张幻灯片即可快速定位到该张幻灯片中。

（2）勾画重点

在幻灯片放映过程中右击，在弹出的快捷菜单中选择“指针选项”→“笔”命令，还可在“墨迹颜色”级联菜单中选择笔墨颜色。将鼠标指针切换成笔的状态，在幻灯片上勾画重点。对于勾画出的线条，可选择快捷菜单中的“橡皮擦”命令或“擦除幻灯片上的所有墨迹”命令进行擦除。退出幻灯片放映状态时，可根据弹出的提示对话框，选择保留或放弃勾画出的墨迹。

小　结

本章通过祖国发展成就、迷你服务器 2 个典型案例，讲述了使用 PowerPoint 2010 软件制作各种形式类别演示文稿的基本知识和操作技巧，主要包括幻灯片的操作、常用对象的添加与编辑、幻灯片的设计、外部数据源的使用、母版的应用与编辑、多媒体文件的编辑、动画效果在幻灯片对象的应用、切换效果在幻灯片上的应用。

实　训

实训 1 “四十周年校庆.pptx”演示文稿的设计与制作

1. 实训目的

① 掌握空演示文稿的创建与保存。

② 掌握幻灯片的页面设置、主题等设计功能。

③ 掌握幻灯片的新建、各种对象内容的添加与编辑。

④ 掌握幻灯片的放映。

2. 实训要求及步骤

① 创建一空白演示文稿，保存为“40 周年校庆.pptx”。

② 完成页面设置，应用“华丽”主题样式，添加页眉和页脚内容。

③ 参考样张设计标题幻灯片。

④ 新建目录幻灯片，“空白”版式，内容和格式参考样张。

⑤ 新建第 3 张幻灯片，“两栏内容”版式，内容和格式参考样张。

⑥ 新建第 4 张幻灯片，“仅标题”版式，内容参考样张，插入与编辑 SmartArt 图形。

⑦ 新建第 5 张幻灯片，“标题和内容”版式，插入与编辑表格。

⑧ 建立链接：第 2 张幻灯片中的“学校校训”、“师生人数”和“专业设置”3 个文本框建立动作链接到相应幻灯片；“校长信箱”文字超链接到电子邮件地址 xiaozhang@163.com。

⑨ 第 3、4、5 张幻灯片均添加“第一张”动作按钮，链接到第 2 张幻灯片，并伴有风铃声。最终效果如图 8.63 所示。

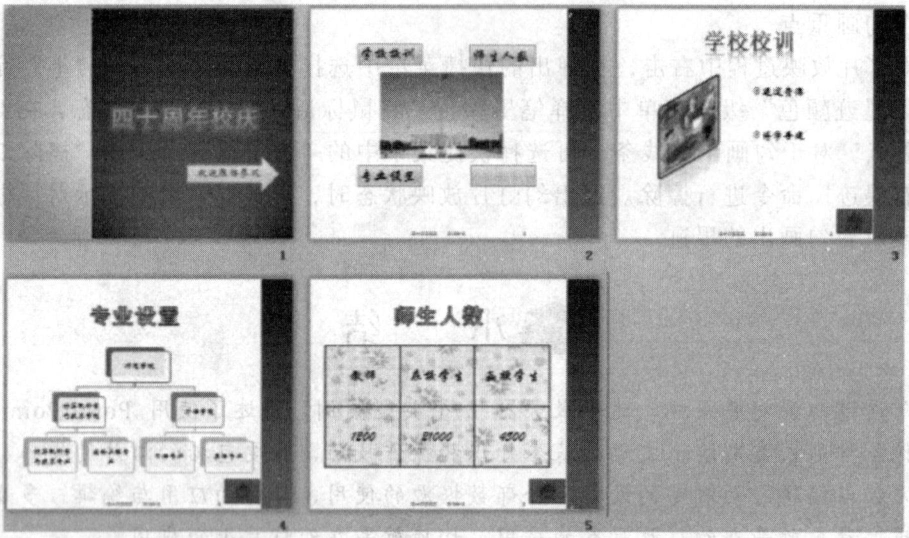

图 8.63 “四十周年校庆.pptx”演示文稿样张示例

实训 2 “计算机学习.pptx”演示文稿的设计与制作

1. 实训目的

① 掌握主题、母版综合应用的整体外观设计功能。

② 掌握幻灯片中音频和视频等多媒体的添加与编辑。

③ 掌握幻灯片的对象动画效果、幻灯片切换效果的添加与设置。

④ 掌握排练计时方法、高级放映设置功能的使用。

2. 实训要求及步骤

① 打开素材演示文稿“计算机学习重要性.pptx”。

② 主题与背景设计：“角度”主题样式，应用于所有幻灯片；标题幻灯片添加“新闻纸”纹理背景。

③ 设置幻灯片母版：

- “标题”版式：标题格式为华文新魏、44 号字，第 4 行第 5 列艺术字样式。
- “标题和内容”版式：标题格式为华文新魏、40 号字、标准色红色；一级文本格式为华文隶书、32 号字，添加标准色蓝色、100%、“◆”形状的项目符号。
- 主题母版：插入如图 8.64 所示的剪贴画，放置在幻灯片右上角；日期、页脚、编号区格式为黑体、14 号字，标准色黄色；在幻灯片下方添加“后退”“前进”动作按钮。

④ 进入普通视图：添加日期、幻灯片编号和页脚内容。

⑤ 第 2 张幻灯片中，插入剪贴画音频“重点强调.wav”，音频图标重新着色为橙色。

⑥ 文稿最后新建幻灯片“标题和内容”版式，添加文件中的视频“学习窍门.mp4”；插入文件中的图像“计算机.jpg”作为标牌框架。

⑦ 为幻灯片对象设计动画效果，为幻灯片设计切换效果。

⑧ 进行排练计时，保留排练时间，进入幻灯片浏览视图查看。

最终效果如图 8.64 所示。

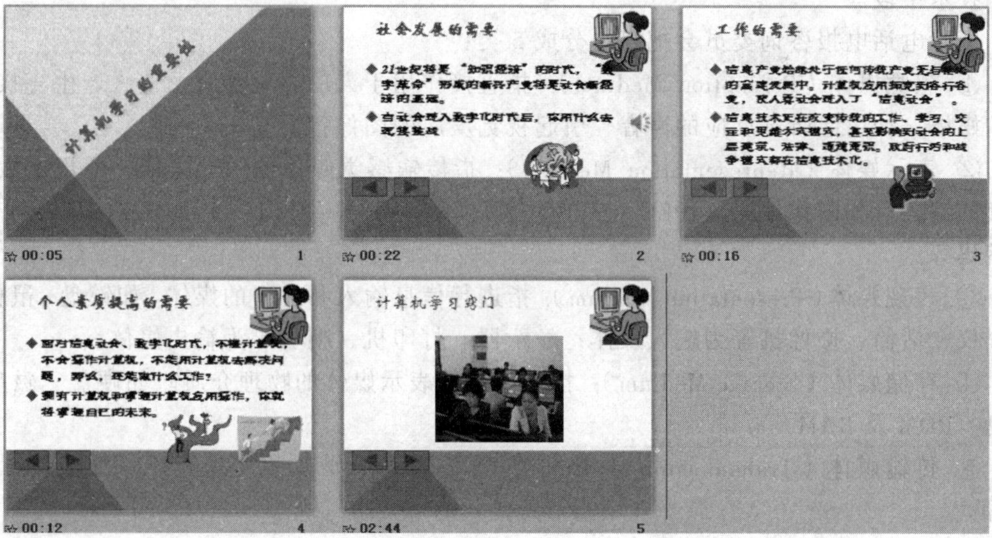

图 8.64 “计算机学习重要性.pptx”演示文稿样张示例

第9章 多媒体技术与应用

多媒体技术是当今信息技术领域发展最快、最活跃的技术之一，是新一代电子技术发展和竞争的焦点。多媒体技术是使用计算机交互式综合技术和数字通信网络技术处理多种媒体——文本、图形、图像、声音和视频，使多种信息建立逻辑连接，集成为一个交互式系统。

9.1 多媒体数据处理

9.1.1 多媒体基本概念

1. 媒体的概念与类型

媒体(media)是指传播信息的介质。它是指人借助用来传递信息与获取信息的工具、渠道、载体、中介物或技术手段。也可以把媒体看作实现信息从信息源传递到受信者的一切技术手段。

国际电话电报咨询委员会把媒体分成5类：

① 感觉媒体（Perception Medium）：指直接作用于人的感觉器官，使人产生直接感觉的媒体。如引起听觉反应的声音，引起视觉反应的图像等。

② 表示媒体（Representation Medium）：指传输感觉媒体的中介媒体，即用于数据交换的编码。如图像编码（JPEG、MPEG等）、文本编码（ASCII码、GB2312等）和声音编码等。

③ 表现媒体(Presentation Medium)：指进行信息输入和输出的媒体。如键盘、鼠标、扫描仪、话筒、摄像机等为输入媒体；显示器、打印机、喇叭等为输出媒体。

④ 存储媒体（Storage Medium）：指用于存储表示媒体的物理介质。如硬盘、磁盘、光盘、ROM及RAM等。

⑤ 传输媒体（Transmission Medium）：指传输表示媒体的物理介质。如电缆、光缆等。

综上所述，媒体包含两层含义：一是指信息的物理载体（即存储和传递信息的实体），如书本、挂图、磁盘、光盘、磁带以及相关的播放设备等；二是指信息的表现形式（或者说传播形式），如文字、声音、图像、动画等。多媒体计算机中所说的媒体，是指后者而言，即计算机不仅能处理文字、数值之类的信息，而且能处理声音、图形、电视图像等各种不同形式的信息。

2. 多媒体与多媒体技术

多媒体（Multimedia）是多种媒体的综合，一般包括文本、声音和图像等多种媒体形式。在计算机系统中，多媒体指组合两种或两种以上媒体的一种人机交互式信息交流和传播媒体。

多媒体技术（Multimedia Technology）就是通过计算机对语言文字、数据、音频、视频等各种信息进行存储和管理，使用户能够通过多种感官和计算机进行实时信息交流的技术。多媒体技术所展示、承载的内容实际上都是计算机技术的产物，是利用计算机把文字材料、影像资料、音频及视频等媒体信息数字化，并将其整合到交互式界面上，使计算机具有交互展示不同媒体形态的能力。

9.1.2 多媒体计算机系统

多媒体计算机系统是指能把视、听和计算机交互式控制结合起来，对音频信号、视频信号的获取、生成、存储、处理、回收和传输综合数字化所组成的一个完整的计算机系统。完整的多媒体计算机系统是由多媒体硬件系统和多媒体软件系统组成的。

1. 多媒体硬件系统

多媒体硬件系统包括计算机硬件、声音/视频处理器、多种媒体输入/输出设备及信号转换装置、通信传输设备及接口装置等。其中，最重要的是根据多媒体技术标准研制而成的多媒体信息处理芯片和板卡、光盘驱动器等。

2. 多媒体软件系统

① 多媒体操作系统。多媒体操作系统是指“除具有一般操作系统的功能外，还具有多媒体底层扩充模块，支持高层多媒体信息的采集、编辑、播放和传输等处理功能的系统”。当前主流的操作系统都具备多媒体功能。

② 多媒体应用软件。多媒体应用软件主要是一些创作工具或多媒体编辑工具，包括字处理软件、绘图软件、图像处理软件、动画制作软件、声音编辑软件以及视频处理软件。常用的绘制和处理图形的软件有 Illustrator、CorelDRAW，图像处理软件有 Photoshop，动画制作软件有 Flash、3ds Max、Maya、Cool3D，音频编辑软件有 GoldWave、Adobe Audition，视频处理软件有 Adobe Premiere、After Effects。

9.2 图像处理软件 Photoshop

Adobe Photoshop 是目前最为流行、使用最为广泛的一款图像处理软件，是平面设计、广告摄影、网页制作等领域的必备软件，具有界面友好、风格独特，支持多种图像文件格式，支持多种颜色模式，较好的软硬件兼容性等特点。

杨晓燕是大二的一名学生，最近报名参加了学校举办的“计算机设计大赛（图像处理类）”，结合之前学过的 Photoshop 知识，她得出完成任务的一般思路如下：

① 收集图片素材。

② 新建图像文件。

③ 创建图层，进行图像合成。

④ 保存图像。

最终效果如图 9.1 所示。

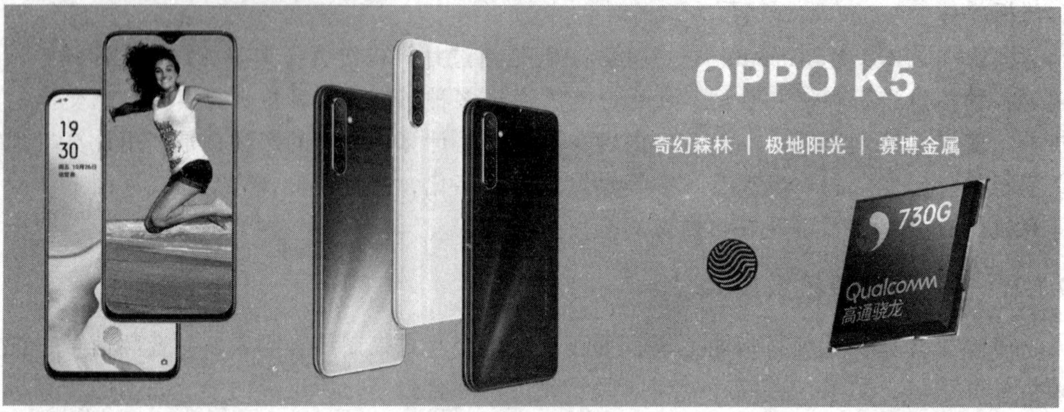

图 9.1　图像处理效果图

9.2.1　Photoshop 基本操作

1. 工作界面

Photoshop CS6 工作界面由菜单栏、工具箱、工具选项栏、面板组、文档窗口、状态栏等组成，如图 9.2 所示。

图 9.2　Photoshop CS6 工作界面组成

（1）菜单栏

菜单栏包括文件、编辑、图像、图层、文字、选择、滤镜、3D、视图、窗口、帮助等菜单，在每个菜单项中都内置了多个命令，选择菜单中的命令即可实现各种操作。

（2）工具箱

工具箱包含所有用于图像编辑处理和绘制图形的工具。工具箱具有单列显示和双列显示两种形式，可通过工具箱顶端的按钮进行切换。

工具箱中部分工具按钮右下角带有标记，表示这是一个工具组，右击该标记，将会弹出该工具组的所有工具，用户可以选择使用。

（3）工具选项栏

工具选项栏根据选择的工具发生变化，当在工具箱中选择了某个工具时，可在此栏中对该工具的参数进行设置。

（4）文档窗口

文档窗口是对图像进行编辑和处理的主要场所，每打开一个图像文件，就会创建一个文档窗口，如果打开了多个图像，则各个文档窗口会以选项卡的形式显示。文档窗口的左下角可设置图像显示的缩放比例。

（5）面板组

位于窗口的右侧，包括颜色、调整、图层、通道、历史记录面板等，可以完成各种图像处理操作和工具参数的设置。选择“窗口”菜单中的相应命令，可以打开相应的面板。单击面板右上方的按钮，可以将面板进行展开或折叠为图标。在这些面板中，最经常使用的是“图层”面板，单击“图层”面板中相应的图层，可以对该图层上的图像进行编辑。

（6）状态栏

状态栏显示文档大小信息。

提示：在 Photoshop CS6 中，选择“编辑”→“首选项”命令，在打开的“首选项”对话框中，可以进行“常规”“界面”等设置，如在界面设置中，设置用户习惯使用的颜色方案等。

2. 打开图像文件

选择“文件”→“打开”命令，打开“打开”对话框，选中所需文件单击打开即可。

3. 新建图像文件

选择“文件”→“新建”命令，打开“新建”对话框，可以根据需要对新建图像文件的名称、宽度、高度、分辨率、颜色模式、背景等进行设置，如图 9.3 所示。

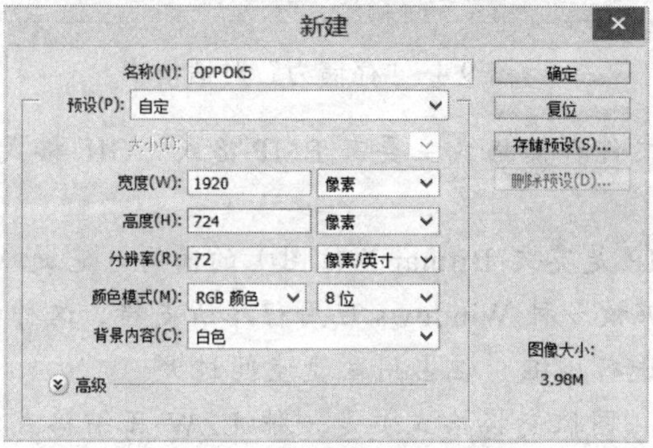

图 9.3 “新建”对话框

新建图像文件时，图像文件的参数设置较为重要，常用的参数设置及含义如下：

① 宽度和高度：是指图像文件的大小，单位有像素、英寸、毫米等。其中，毫米是制作高清印刷品、喷绘行业常用的尺寸单位，像素是网站设计行业常用的尺寸单位。

② 分辨率：用于设置图像的分辨率，一般计算机屏幕的分辨率为 72 像素/英寸。

③ 颜色模式：用于设置新建图像的颜色模式，有位图、灰度、RGB 颜色、CMYK 颜色、Lab 颜色 5 种模式可以选择。

④ 背景内容：用于设置新建图像的背景颜色，默认为白色，也可设置为背景色或透明色。

4. 保存图像文件

图像文件经过编辑后要进行保存。选择“文件”→“存储为”命令，打开“另存为”对话框，可以设置文件位置、文件名、文件类型等，如图 9.4 所示。其中，Photoshop 默认保存的文档格式为.psd。.psd 是 Photoshop 专用的文档格式，该文档格式中包含图层等信息。

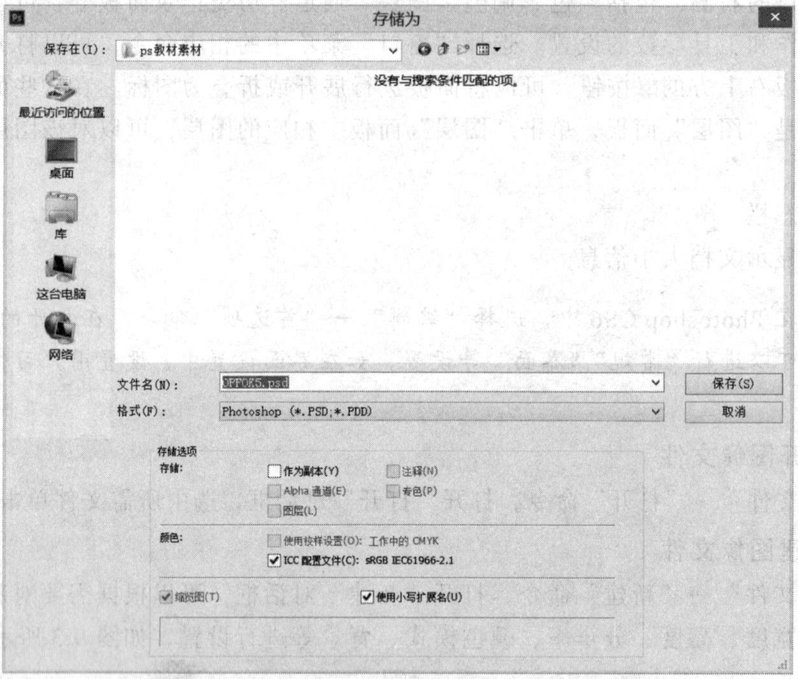

图 9.4 “存储为”对话框

提示：常用的图像文件存储格式主要有 BMP 格式、GIF 格式、JPEG 格式、PNG 格式等。

① BMP 格式。BMP 是英文 Bitmap（位图）的简写，它是 Windows 操作系统中的标准图像文件格式，能够被多种 Windows 应用程序所支持。这种格式的特点是包含的图像信息较丰富，几乎不进行压缩，但占用磁盘空间过大。

② GIF 格式。GIF（图像交换格式）是一种 LZW 压缩格式，用来最小化文件大小和减少传递时间。在 World Wide Web 和其他网上服务的 HTML（超文本标记语言）文档

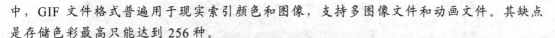

中，GIF 文件格式普遍用于现实索引颜色和图像，支持多图像文件和动画文件。其缺点是存储色彩最高只能达到 256 种。

③ JPEG 格式。JPEG(联合图片专家组)是目前所有格式中压缩率最高的格式。JPEG 的优点是采用了直接色。得益于更丰富的色彩，JPEG 非常适合用来存储照片，用来表达更生动的图像效果，经常用于 World Wide Web 和其他网上服务的 HTML 文档中。

④ PNG 格式。PNG 图片以任何颜色深度存储单个光栅图像。PNG 是与平台无关的格式。PNG 受最新的 Web 浏览器支持。作为 Internet 文件格式，与 JPEG 的有损耗压缩相比，PNG 提供的压缩量较少。

5. 设置前景色与背景色

在 Photoshop 中，默认状态下前景色为黑色，背景色为白色。前景色与背景色工具位于工具箱底部。单击前景色与背景色工具右上方的图标，可以进行前景色与背景色的切换；单击前景色或背景色图标，打开“拾色器”对话框设置颜色，如图 9.5 所示。

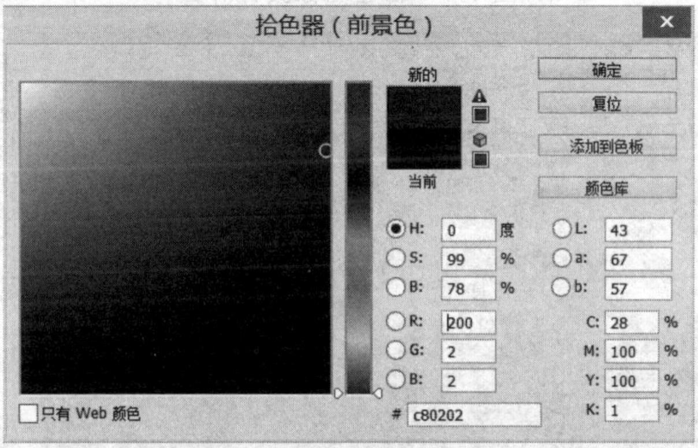

图 9.5 “拾色器”对话框

如果想使用其他图像中的颜色，可在打开图像的状态下，打开“拾色器”对话框，利用“拾色器”吸取图像中的文件即作为要设置的前景色。或者直接使用工具箱中的吸管工具吸取所需颜色。

【例 9-1】新建图像文件，宽度为 1920 像素，高度为 724 像素，分辨率为 72 像素/英寸，使用“广告.jpg”图像中的背景色作为填充颜色，将图像文件保存为 OPPOK5.psd。

例 9-1：操作视频

操作步骤如下：

① 新建文件。选择“文件”→“新建”命令，打开“新建”对话框，文件名、宽度、高度等进行如图 9.3 所示设置。单击“确定”按钮，即新建了一个图像文件，如图 9.6 所示。

② 吸取颜色。打开“广告.jpg”图像，单击工具箱中的“吸管工具”，吸取图像左下角部分的背景颜色，此时工具箱中的前景色则更改为吸取的颜色，再单击工具箱中的“移动工具”。

③ 填充颜色。切换到 OPPOK5.psd 图像，选择“编辑”→“填充”命令，在“填充”对话框中设置“使用”为“前景色”，完成颜色填充，效果如图 9.7 所示。

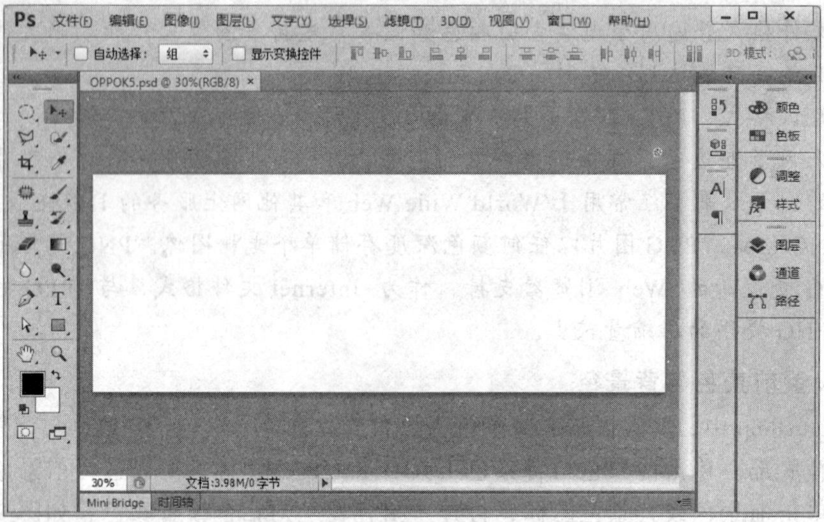

图 9.6　新建图像文件界面

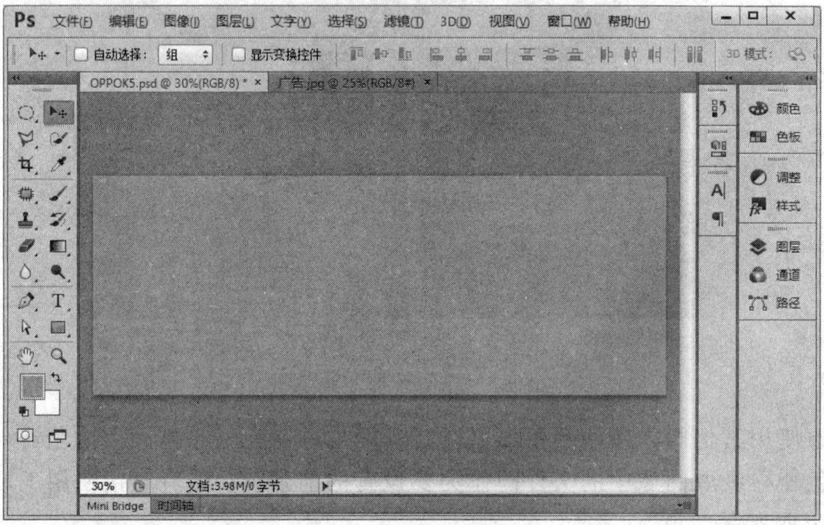

图 9.7　填充颜色效果

④ 保存文件。选择“文件”→“存储为”命令，打开“另存为”对话框，选择文件格式为 Photoshop(*.PSD;*.PDD)，文件名为 OPPOK5.psd。

提示：在填充颜色时，可以使用快捷键完成填充，按【Alt+Delete】组合键可填充前景色，按【Ctrl+Delete】组合键可填充背景色。

9.2.2　选区的创建与编辑

在 Photoshop 中，选区的运用非常重要，用户常常需要通过选区来对图像进行选择、编辑。Photoshop 提供了规则选区工具、不规则选区工具、快速选择工具供用户使用。

1. 规则选区工具

规则选区工具可以创建矩形、椭圆、单行、单列选区。规则选区工具包括矩形选框工具、椭圆选框工具、单行选框工具、单列选框工具，如图 9.8 所示。

2. 不规则选区工具

不规则选区工具可以创建不规则选区以选取任意的不规则对象。不规则选区工具包括套索工具、多边形套索工具、磁性套索工具，如图 9.9 所示。套索工具用于绘制自由选区；多边形套索工具用于边界为直线型图像的选取；磁性套索工具可以在图像中沿颜色边界捕捉像素，从而形成选择区域，经常用于图像颜色反差较大的区域创建选区。

3. 快速选择工具

快速选择工具主要根据图像颜色的差异来获取选区，即按颜色来选取对象。快速选择工具包括快速选择工具、魔棒工具，如图 9.10 所示。快速选择工具以图像中的相近颜色来建立选择范围，需要灵活的设置画笔大小。魔棒工具用于选取颜色一致的图像，从而获取选区，经常用于选取颜色对比较强的图像。

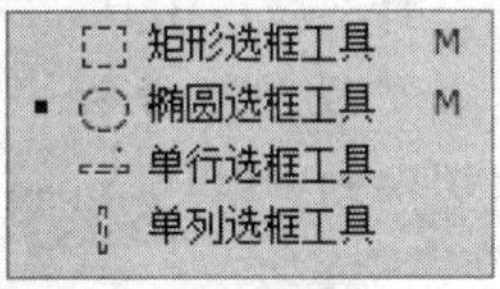

图 9.8 规则选区工具

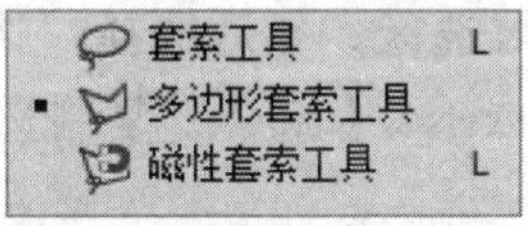

图 9.9 不规则选区工具

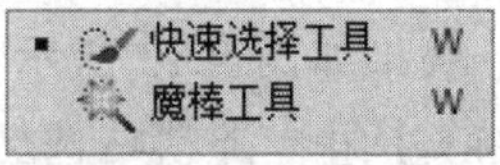

图 9.10 快速选择工具

4. 编辑选区

① 增加选区与减少选区。创建选区的过程中，往往需要进行增加选区或减少选区的操作。增加选区的方法是按住【Shift】键配合选区工具，减少选区的方法是按住【Alt】键配合选区工具。

② 移动选区。当选区创建完成后，如果需要移动选区，则将鼠标指向选区内拖动选区即可。

③ 取消选区。当选区创建的不合适时，选择“选择”→“取消选择”命令可以取消选区，快捷键为【Ctrl+D】。

④ 选择全部。选择“选择”→“全部”命令可以全部选择，快捷键为【Ctrl+A】。

【例 9-2】将图像“指纹.jpg”“处理器.jpg”“3.jpg”中的相应图像部分创建选区，并复制到 OPPOK5.psd 文件中。

例 9-2：操作视频

操作步骤如下：

① 创建椭圆选区。打开“指纹.jpg”图像，在工具箱中选择“椭圆选框工具”，按【Shift】键同时拖动鼠标左键创建圆形选区，如图 9.11 所示。按【Ctrl+C】组合键复制选区，切换到 OPPOK5.psd 文件，按【Ctrl+V】组合键粘贴选区。粘贴完成后，如果图像位置不合适，可单击工具箱中的“移动工具”，指向粘贴后的图像移动到合适位置。

② 创建不规则选区。打开“处理器.jpg”图像，在工具箱中选择“多边形套索工具”，在图像中确定选区的起点单击并拖动鼠标形成选区线，至转折点处单击添加转折点，再拖动鼠标直至回到起点处单击，创建封闭的选区，如图 9.12 所示。按【Ctrl+C】组合键复制选区，切换到 OPPOK5.psd 文件，按【Ctrl+V】组合键粘贴选区。

图 9.11　椭圆选框工具创建选区

③ 利用颜色快速创建选区。打开 3.jpg 图像，在工具箱中选择“魔棒工具”，在图像中的白色区域单击选中白色区域选区，然后选择“选择”→“反向”命令，选中所需选区，效果如图 9.13 所示。按【Ctrl+C】组合键复制选区，切换到 OPPOK5.psd 文件，按【Ctrl+V】组合键粘贴选区。

图 9.12　多边形套索工具创建选区

图 9.13　魔棒创建选区

本例效果如图 9.14 所示。

图 9.14　选区结果效果

9.2.3　图像的编辑与修饰

图像的修饰能使图像的处理更加准确、快捷、生动。Photoshop 中提供了多种图像的编辑与修饰工具，这些命令和工具各有特色，可满足不同的编辑与修饰需求。

1. 图像的调整

图像的宽度、高度、分辨率都可影响到文件的大小。选择“图像”→“图像大小”命令，打开“图像大小”对话框，如图 9.15 所示。使用该对话框可查看图像的大小信息，也可重新设置图像的大小和分辨率。

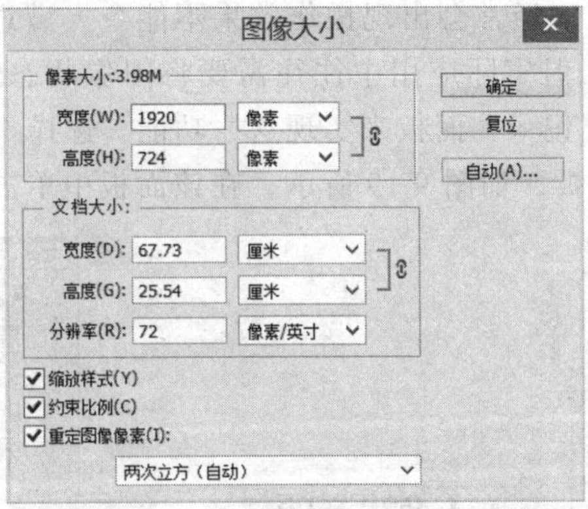

图 9.15 “图像大小”对话框

2. 对象的变换

选择“编辑”→“自由变换”命令或按【Ctrl+T】组合键，可以进行变换。一种方式是使用鼠标拖动，另外一种方式是在“自由变换”工具选项栏进行设置，如图 9.16 所示。在“自由变换”工具选项栏中设置宽、高时，可单击“保持长宽比”按钮进行等比例变换。

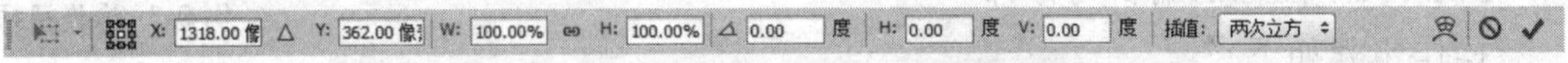

图 9.16 “自由变换”工具选项栏

选择“编辑”→“变换”级联菜单中的命令（见图 9.17），能够对选择对象进行缩放、旋转、扭曲等多种变换。

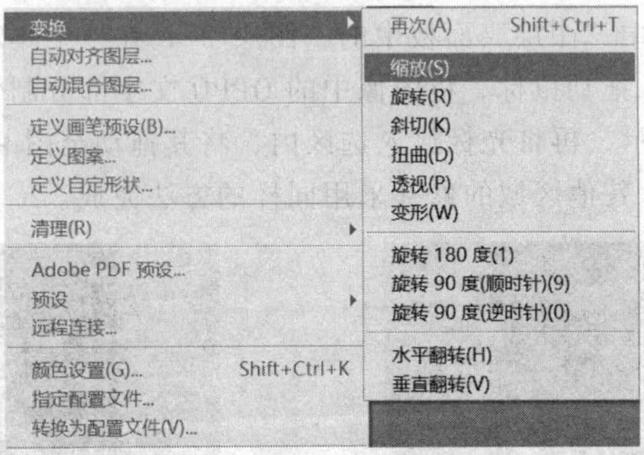

图 9.17 “变换”级联菜单命令

3. 修复工具与图章工具

在图像处理中，利用修复工具对图像中的杂点、褶皱进行处理，包括污点修复画笔工具、修复画笔工具、修补工具等。利用图章工具进行图像的仿制操作，包括仿制图章工具、图案图章工具，如图 9.18 所示。

使用修复工具与图章工具时，需要借助于当前工具的工具选项栏进行设置，完成修改、仿制的操作。例如，使用污点修复画笔工具，需要将污点修复工具选项栏中将画笔大小调整为合适的大小，按下鼠标左键使用画笔涂抹完成修复。

4. 历史记录

在图像处理的过程中，经常会出现操作效果不能令人满意的情况，按【Ctrl+Z】组合键可以撤销一次操作。但实际应用中往往需要将图像状态恢复到某次操作的状态。Photoshop 中提供了“历史记录”面板来实现这一功能。选择“窗口”→“历史记录”命令，打开“历史记录”面板，如图 9.19 所示，在该面板中单击需要回到的操作即可。

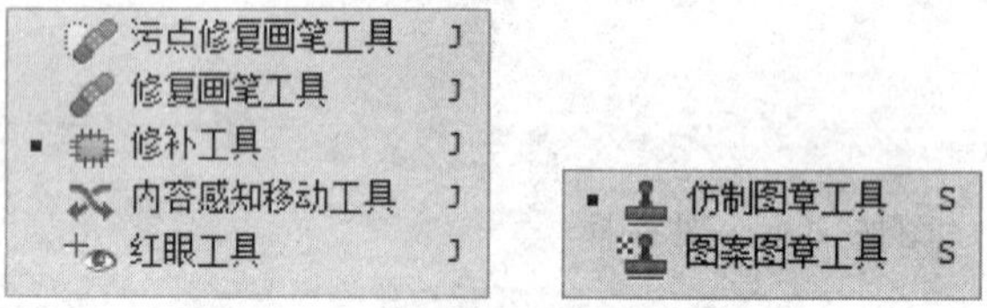

图 9.18　修复工具与图章工具

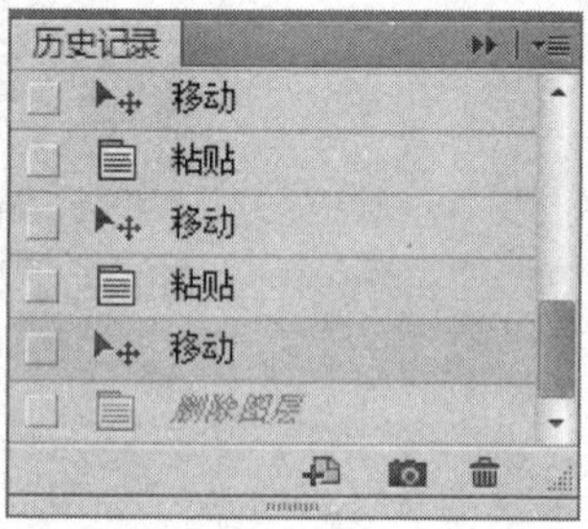

图 9.19　“历史记录”面板

提示：“历史记录”面板中的记录条数默认是 20 条。选择“编辑”→“首选项”→“性能”命令，在打开的“性能”对话框中设置“历史记录状态”的值，即是设置了“历史记录”面板中记录的条数。

【例 9-3】图像的编辑与修饰。

例 9-3：操作视频

操作步骤如下：

① 改变大小。在“图层”面板中选中“图层 2”，按【Ctrl+T】组合键，单击变换工具选项栏中的“保持长宽比”按钮，将宽、高设置为 90%。

② 修复图像。选中“图层”面板中的“图层 3”，在“工具箱”中选择“修补工具”，拖动鼠标，将图像中的 OPPO 文字部分制作成选区，如图 9.20（a）所示，再将光标放入选区内，将其拖动至图 9.20（b）所示区域，松开鼠标左键完成修补。其他区域的修补采用同样的方法完成。

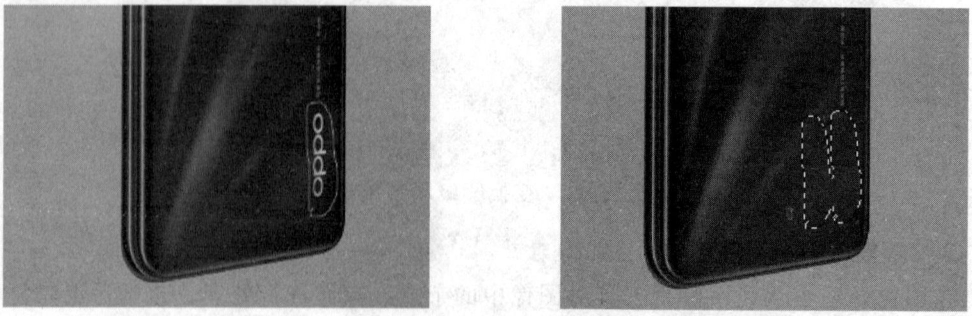

（a）　（b）

图 9.20　修补工具的使用

9.2.4 图层的应用

使用 Photoshop 进行图像处理必须使用图层，一个图像往往由多个图层组成，图层被喻为 Photoshop 的灵魂。

1. 认识图层与图层面板

在 Photoshop 中打开的每个文件或图像都包含一个或多个图层，图层上保存有图像的信息。图层就像是透明的纸，在一个图层中，有图像的部分是不透明的，没有图像的部分则是透明的，所有图层堆叠在一起，便可构成一幅完整的图像。

“图层”面板用于管理图层，它位于工作界面的右侧，图层的编辑基本上都可以通过“图层”面板来完成，如图 9.21 所示。图层面板中底部往往是一个锁定的图层，称为背景图层，锁定的图层不能进行移动、重命名等操作。

图 9.21 “图层”面板

2. 新建图层

新建一个图像时，系统会自动在新建的图像窗口中生成一个背景图层。如果需要新建图层，可以单击“图层”面板下方的“新建图层”按钮，或选择“图层”→“新建”→“图层”命令新建图层。

在 Photoshop 环境下，创建选区后将一个图像通过“复制”→“粘贴”命令复制到另一个图像中，则在该图像中会自动创建一个新图层，在该图层中，选区部分以外均是透明的。

3. 图层的基本操作

图层的基本操作主要包括复制图层、删除图层、图层重命名、调整图层顺序、图层的可见性、图层的链接、多个图层的对齐与分布。

（1）复制图层

复制图层是为一个已存在的图层创建副本，从而得到一个新的图像，用户可以再对图层副本进行操作。方法为：在“图层”面板中选择需要复制的图层，选择“图层”→“复制图层”命令，打开“复制图层”对话框，保持对话框中的默认设置，单击“确定”按钮即可得到复制的图层。

（2）删除图层

对不需要的图层，选择“图层”→“删除”→“图层”命令，即可删除选择的图层。也可单击“图层”面板底部的“删除图层”按钮删除所选图层。

（3）图层重命名

见名知义的图层名称便于用户对图层进行查看与管理，因此图层重命名是很有必要的。在“图层”面板中双击图层名称，即可对图层名称进行编辑，编辑完成后，单击其他任意位置即可完成重命名图层的操作。

（4）调整图层顺序

对于包含多个图层的图像来说，上面图层中的图像将覆盖下面图层中的图像，图层的叠放顺序决定了不同图层中图像间的遮盖关系，直接影响图像的显示效果。在“图层”面板中选择需要调整叠放顺序的图层，按下鼠标左键进行向上或向下拖动，放置于列表所需要的位置，即可改变图层的叠放顺序。

（5）图层的可见性

默认状态下，图层均是可见的。可在“图层”面板中，单击图层前面的“指示图层可见性”按钮控制图层的可见与不可见，以便于对比图像处理效果。

（6）图层的链接

Photoshop 允许将两个以上的图层链接起来，这样便可以同时对多个图层进行移动、旋转和自由变换等操作。在“图层”面板中同时选择多个图层，选择“图层”→“链接图层”命令或直接单击“图层”面板中的“链接图层”按钮，当前选择的图层将会链接到一起，并在图层上显示链接标志。

（7）多个图层的对齐与分布

图层的对齐是指将链接后的图层按一定的规律对齐。单击工具箱中的“移动工具”，在“移动工具”属性栏中通过对齐按钮进行对齐。

图层的分布是指将 3 个以上的链接图层按一定规律在图像窗口中进行分布。单击工具箱中的“移动工具”，在“移动工具”属性栏中通过分布按钮进行分布。

提示：图像中的背景图层是不能重命名与更改叠放顺序的，但可以在“图层”面板中双击背景图层，将其转换为一般图层。按【Ctrl+[】组合键可将当前图层上移一层，按【Ctrl+]】组合键可将当前图层下移一层。

图层链接后，选择其中的一个图层就可以将相连接的图层图像一起移动。而对齐与分布图层，则需要选择所需的图层才能进行操作。

【例 9-4】将 OPPOK5.psd 文件中的图层进行重命名，并调整图层顺序。

例 9-4：操作视频

操作步骤如下：

① 图层重命名。在“图层”面板中双击“图层 1”图层名，更改为“指纹”，采用同样的方法，将图层 2、图层 3 分别重命名为“处理器”“右”。

② 创建其他图层。打开图像文件“正面.jpg”、1.jpg、2.jpg 图像，使用选区工具创建所需图像选区，并复制到 OPPOK5.psd 文件中，创建 3 个新的图层，并对新的图层分别重命名为“正面”“左”“中”。

③ 调整图层顺序。在“图层”面板中通过按下鼠标左键进行向上或向下拖动，调整“左”“中”“右”3 个图层的顺序，形成如图 9.22 所示的效果。

④ 复制图层。单击“图层”面板中的“正面”图层，选择“图层”→“复制图层”命令，打开“复制图层”对话框，图层名称为“正面 1”，单击“确定”按钮即可得到复

制的图层。利用“移动工具”将图像移动到合适的位置。

⑤ 选中“正面 1”图层，单击“快速选择工具”，将画笔大小改为 30 像素、硬度为 100%，在图像中的手机屏幕区域反复单击增加选区，最终选中屏幕部分的选区，如图 9.23 所示。

图 9.22　图层顺序调整后效果

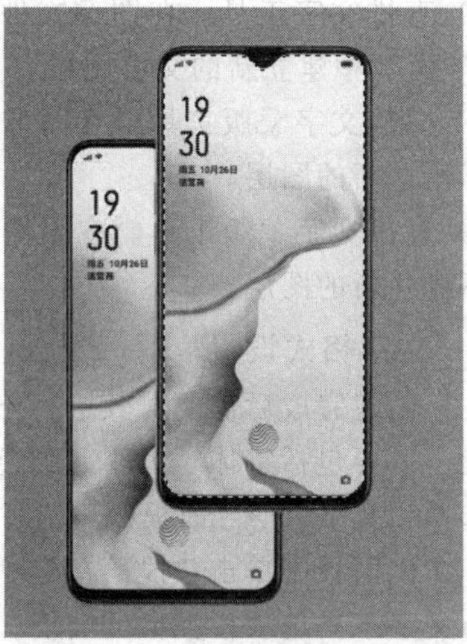

图 9.23　屏幕区域选中效果

⑥ 贴入操作。打开“海滩.jpg”文件，按【Ctrl+A】选中整个图像，使用【Ctrl+C】复制图像。切换到 OPPOK5.psd 文件中，执行“编辑”→“选择性粘贴”→“贴入”命令，将图像贴入创建好的选区中，再利用自由变换改变大小，效果如图 9.24 所示。

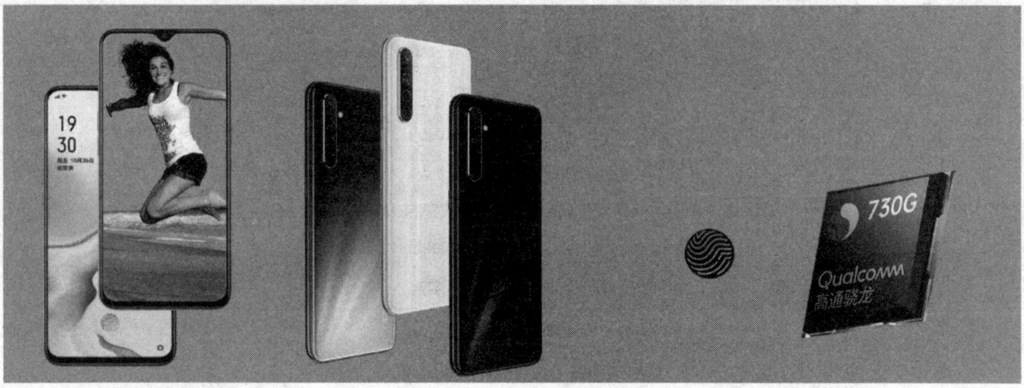

图 9.24　图层应用效果

9.2.5　文字的应用

文字是平面设计的一个重要组成部分，在图像中加入文字往往更能表达作品的主题和作者的思想。Photoshop 提供了丰富的文字输入功能和编排功能。

1. 文字工具

Photoshop 使用文字工具创建文字，文字工具包括横排文字工具、直排文字工具、横排文字蒙版工具、直排文字蒙版工具，如图 9.25 所示。不管是横排文字工具还是直排文字工具，在文档窗口中单击即可输入单行文字，而在文档窗口中按下鼠标左键拖动绘制一个文本框可输入段落文字。

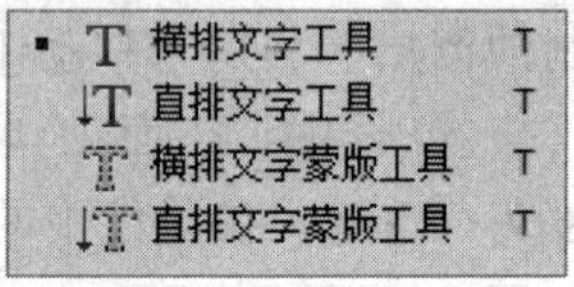

图 9.25 文字工具

① 横排文字工具。在图像文件中创建水平文字，且在“图层”面板中建立新的文字图层。

② 直排文字工具。在图像文件中创建垂直文字，且在“图层”面板中建立新的文字图层。

③ 横排文字蒙版工具。在图像文件中创建水平文字形状的选区，但在“图层”面板中不建立新的图层。

④ 直排文字蒙版工具。在图像文件中创建垂直文字形状的选区，但在“图层”面板中不建立新的图层。

2. 文字格式设置

文字创建完成后需要对其进行格式设置。文字工具选项栏可以对创建的文字进行格式设置，主要包括字体、大小、颜色的设置等，如图 9.26（a）所示。

选择“文字”→“面板”→“字符”命令打开“字符”“段落”面板，如图 9.26（b）所示，在该面板中单击“段落”选项卡，即可进行段落格式设置。“字符”“段落”面板具有与文字工具选项栏类似的功能，但其功能更强大。

（a）文字工具选项栏

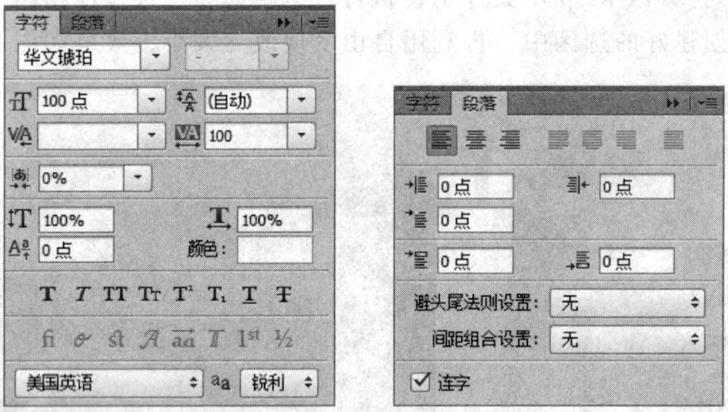

（b）“字符”“段落”面板

图 9.26 文字格式设置

【例 9-5】使用文字工具在 OPPOK5.psd 中输入文字 OPPO K5，文字格式设置为 Arial、72 点、Bold、白色，输入文字“奇幻森林 | 极地阳光 | 赛博金属”，文字格式设置为黑体、36 点、仿粗体。图像处理完成后，将图像分别保存为 OPPO K5.psd、OPPO K5.jpg。

例 9-5：操作视频

操作步骤如下：

① 输入文字。在工具箱中选择“横排文字工具” T，在图像文件中单击输入文字 OPPO K5，此时“图层”面板中建立一个文字图层，如图 9.27 所示。

② 编辑文字。在文字输入状态选中文字，在文字工具选项栏中设置字体 Arial、字体样式 Bold、字体大小 72、颜色白色。单击工具箱中的“移动工具”完成文字输入与编辑。

③ 其他文字的输入与编辑。输入“奇幻森林 | 极地阳光 | 赛博金属”文字，选中文字，选择“文字”→“面板”→“字符”命令打开“字符”面板，设置格式为：黑体、36 点、仿粗体。单击工具箱中的“移动工具”完成文字输入与编辑。

④ 文字的对齐与分布。在“图层”面板中选中两个文字图层，单击“图层”面板中的“链接图层”按钮链接图层，如图 9.28 所示。设置“水平居中对齐”，然后同时移动两个图层至合适的位置。

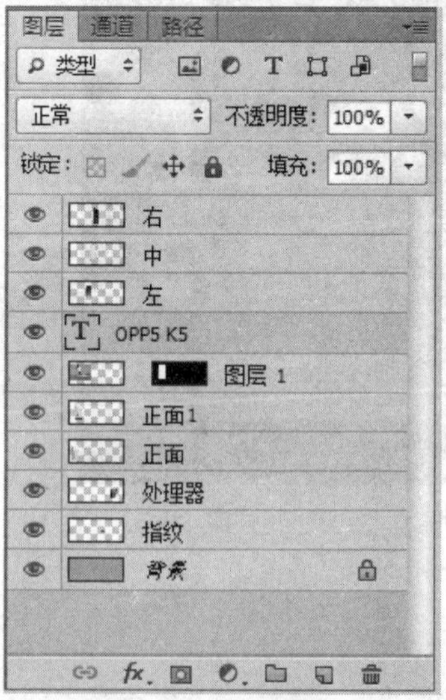

图 9.27 文字图层

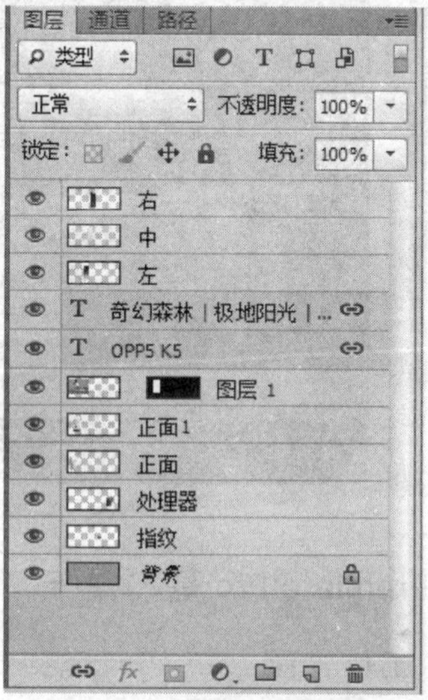

图 9.28 图层链接效果图

⑤ 保存文件。单击“文件”→“存储”命令，保存 OPPO K5.psd 文件，该文件格式中存储图层等信息，便于图像再进行编辑与处理。选择“文件”→“存储为”命令，在打开的“存储为”对话框中选择格式为 JPEG，单击“保存”按钮，打开 JPEG 选项对话框，保存为 OPPO K5.jpg 文件。

至此，本章图像处理任务完成。

9.3 视频编辑软件 Premiere

Adobe Premiere Pro 是目前流行的非线性视频编辑软件，提供了采集、剪辑、调色、美化音频、字幕添加、输出、DVD 刻录的一整套流程，被广泛应用于电影、电视、多媒体、网路视频、动画设计以及家庭 DV 等领域的制作中，是视频编辑爱好者和专业人士必不可少的视频编辑工具。同时，该软件还具有较好的兼容性，可以与 Adobe 公司推出的其他软件相互协作，为制作高效数字视频树立了新的标准。

杨晓燕是校宣传部宣传员，需要制作一个学校的宣传视频。杨晓燕结合所学的

Premiere 知识，得出以下设计思路：

① 收集相关的视频（也可录制）、音频、图片等资料。

② 创建项目，导入素材。

③ 将视频进行适当剪辑。

④ 添加转场效果、视频特效、字幕等。

⑤ 输出视频影片。

最终效果如图 9.29 所示。

图 9.29　宣传视频效果

9.3.1　Premiere Pro 基本操作

1．工作界面

Premiere Pro CS6 工作界面由标题栏、菜单栏、“源（素材）”/“特效控制台”面板组、“节目”面板、“项目”/“效果”/“历史记录”面板组、“工具”面板、“时间线”面板等组成，如图 9.30 所示。

图 9.30　Premiere Pro CS6 工作界面组成

（1）菜单栏

菜单栏包括文件、编辑、项目、素材、序列、标记、字幕、窗口、帮助等9个菜单选项，每个菜单选项代表一类命令。

（2）“源”面板

“源”面板显示项目面板中或时间轴面板中某个素材的原始画面。

（3）“项目”面板

“项目”面板用于对素材进行导入、存放和管理。该面板可以于多种方式显示素材，如列表、图标等，也可以对素材进行分类、重命名、新建等。

（4）“时间线”面板

“时间线”面板是 Premiere Pro CS6 中最重要的编辑面板，包括多个视频和音频轨道，放置来自项目面板的素材和文字等内容，可以按照时间顺序排列和连接各种素材，可以进行素材剪辑，可以添加切换效果、视频特效、文字等操作，最终制作绚丽的影片效果。

“时间线”面板由序列标签、时间标尺、轨道及其控制面板、缩放时间线区域4部分组成。序列标签标识了时间轴上的所有序列，单击它可以激活序列并使其成为当前编辑的状态。时间标尺由时间码、时间滑块、工作区控制条组成，其中时间码用于显示视频和音频轨道上的剪辑时间的位置，显示时间为“小时:分钟:秒:帧”；时间滑块标出当前编辑的时间位置；工作区控制条规定了工作区域及输出的范围。

（5）“节目”面板

“节目”面板显示音、视频节目编辑合成后的最终效果，用户通过预览最终效果来估算编辑的效果与质量，以便进行进一步的调整和修改。

（6）“工具”面板

“工具”面板中包括选择工具、缩放工具等工具，这些工具主要用于在“时间线”面板中进行编辑操作，如选择、裁剪等。

提示：Premiere Pro CS6 提供了“编辑”“效果”等多种预设布局，用户可根据自身编辑习惯来选择其中一种“布局”模式，可使用“窗口”→“工作区”命令进行设置。同时，如果需要调整部分面板在操作界面中的位置、取消某些面板在操作界面中的显示等，可在面板右上角单击扩展按钮，在弹出的扩展菜单中选择“浮动面板”命令，即可将当前面板脱离操作界面。如果需要重置布局模式，则可选择“窗口”→“工作区”→“重置当前工作区”命令进行。

2. 创建项目并保存

在启动 Premiere Pro CS6 开始进行视频制作时，必须首先创建新的项目文件或打开已存在的项目文件。

新建项目文件的方法主要有两种：一种是启动 Premiere Pro CS6 时直接新建一个项目文件；另一种是在其他项目打开的情况下，选择“文件”→“新建”→“项目”命令新建项目文件。Premiere Pro CS6 项目文件扩展名为.prproj。

打开项目文件的方法主要有两种：一种是双击打开项目文件；另一种是在 Premiere 程序启动的情况下，选择“文件”菜单中的“打开项目”命令进行打开。

3．导入素材

在新建项目之后，接下来需要做的是将待编辑的素材导入“项目”面板中。Premiere Pro CS6 支持图像、视频、音频等多种类型和文件格式的素材导入。一般导入素材的方法是选择“文件”→“导入”命令（也可以在“项目”面板的空白处双击），打开“导入”对话框，选择素材将素材导入“项目”面板中。

当项目素材文件较多时，可以在项目面板中建立文件夹，将素材进行分类存放，便于管理与编辑。方法为：单击“项目”面板下方工具栏中的“新建文件夹”按钮 ，设置所需的名称，然后将相应的素材文件拖进素材文件夹即可。

Premiere Pro CS6 还支持导入序列图片。所谓序列图片，是由若干幅按序排列的图片组成，记录活动影片，每幅图片代表 1 帧。序列图片以数字序号为序进行排列，当导入序列文件时，应在“导入”对话框中勾选“图像序列”复选框。

4．将素材插入“时间线”面板

素材导入“项目”面板以后，需要将各素材插入“时间线”面板，以便按照时间顺序排列和连接各种素材、剪辑素材、合成效果等，因此“时间线”面板也是 Premiere 最核心的面板之一。只有将素材插入“时间线”面板中，才可以在“节目”面板中预览编辑合成后的效果。将素材插入“时间线”面板的方法很简单，只需在“项目”面板中选中素材，将其拖动到“时间线”面板中相应的轨道中即可。

根据需要，也可以在“项目”面板中一次选中多个素材，单击项目面板中的“自动匹配到序列”按钮，将素材自动调整至“时间线”面板中。这种方法素材间会自动添加转场效果。

例 9-6：操作视频

【例 9-6】创建项目“宣传视频.prproj”并导入素材。

操作步骤如下：

① 启动 Premiere Pro CS6 软件，打开“欢迎使用 Adobe Premiere Pro”欢迎界面，如图 9.31 所示。

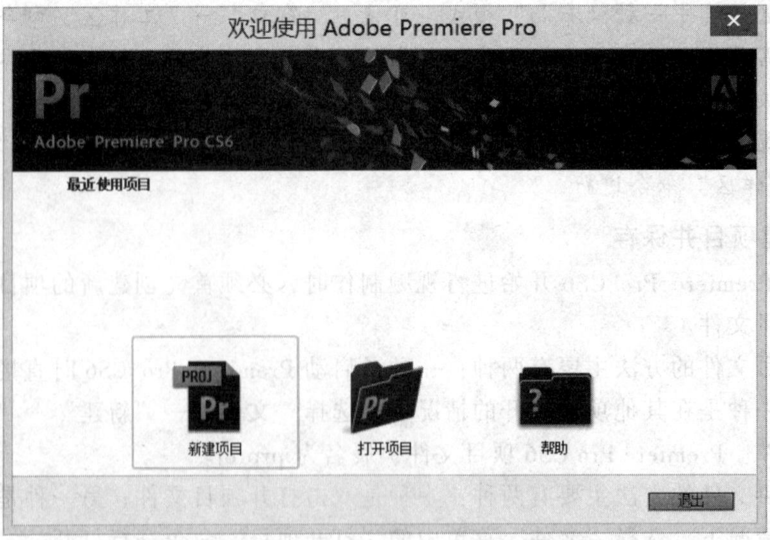

图 9.31 “欢迎使用 Adobe Premiere Pro”欢迎界面

② 单击“新建项目”按钮，打开“新建项目”对话框，设置名称、位置等参数，如图 9.32 所示。

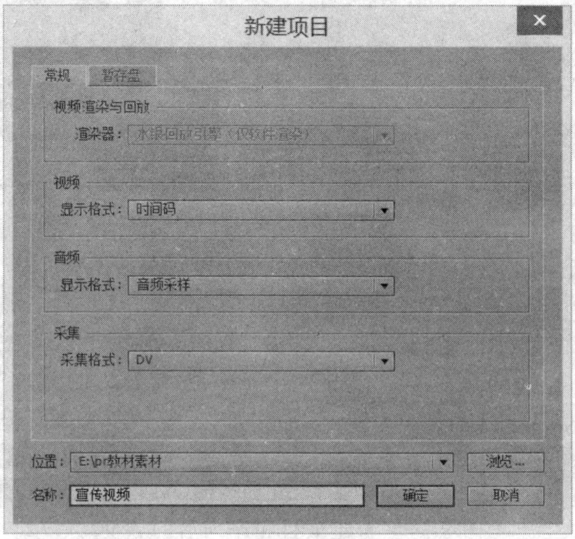

图 9.32 “新建项目”对话框

③ 单击“确定”按钮，打开“新建序列”对话框，在“序列预设”选项卡中，选择 DV-PAL 制式下的“标准 48kHz”，还可以设置序列的名称，如图 9.33 所示。

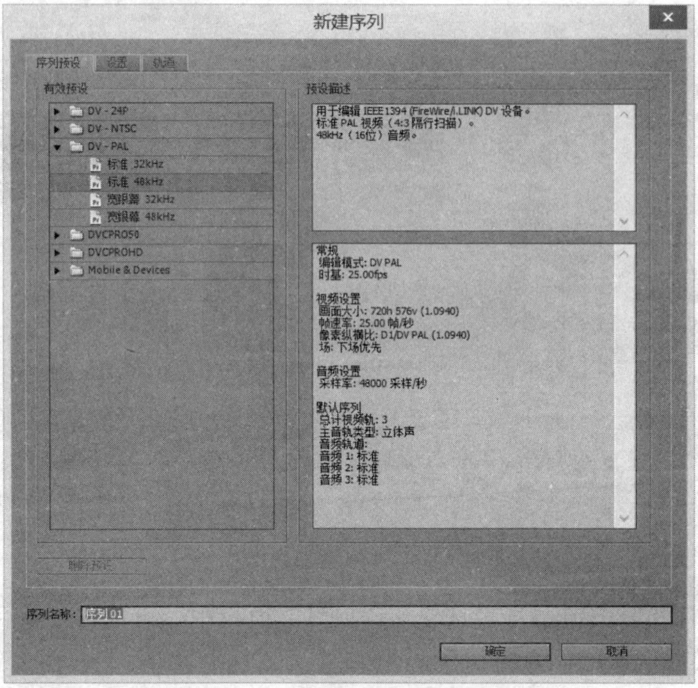

图 9.33 “新建序列”对话框

④ 单击“确定”按钮，在界面上方和项目面板的上方显示项目的名称，在项目面板中显示所建立的序列，并显示打开的序列时间轴，如图 9.34 所示。

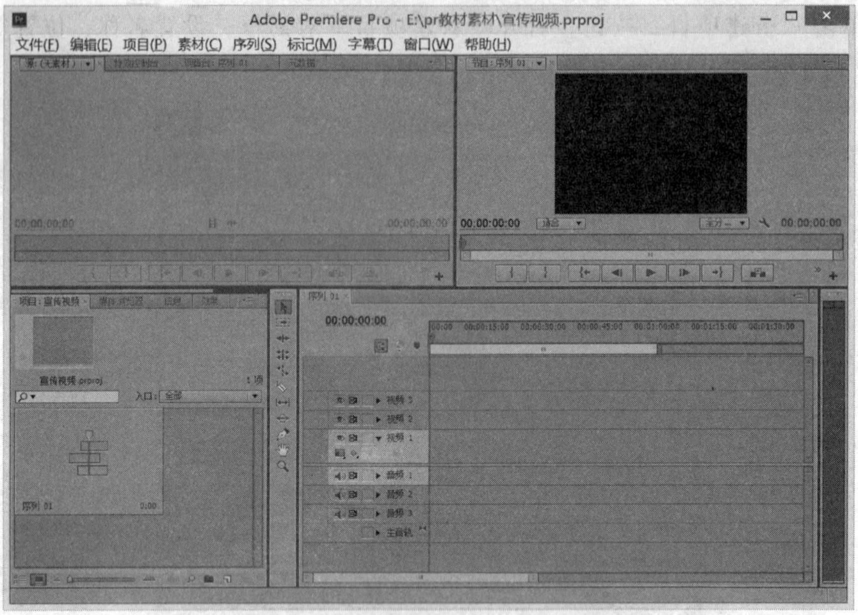

图 9.34　新建项目和序列后的界面

⑤ 在“项目”面板的空白处双击，打开“导入”对话框，选择素材，如图 9.35 所示。

图 9.35　“导入”对话框

⑥ 单击“打开”按钮，将素材导入“项目”面板中。可以在“项目”面板中以列表或缩略图方式显示素材，如图 9.36 所示。

⑦ 在“项目”面板中，选中“开门迎新.mp4”文件并将其拖动到“时间线”面板中的“视频 1”轨道中，打开“素材不匹配警告”对话框，如图 9.37 所示。

图 9.36 导入素材后项目面板

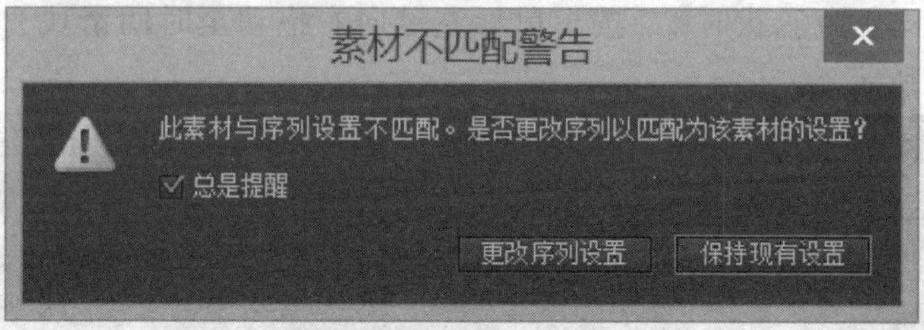

图 9.37 “素材不匹配警告”对话框

⑧ 单击“更改序列设置”按钮，将选中的文件放置在“视频 1”轨道中，如图 9.38 所示。

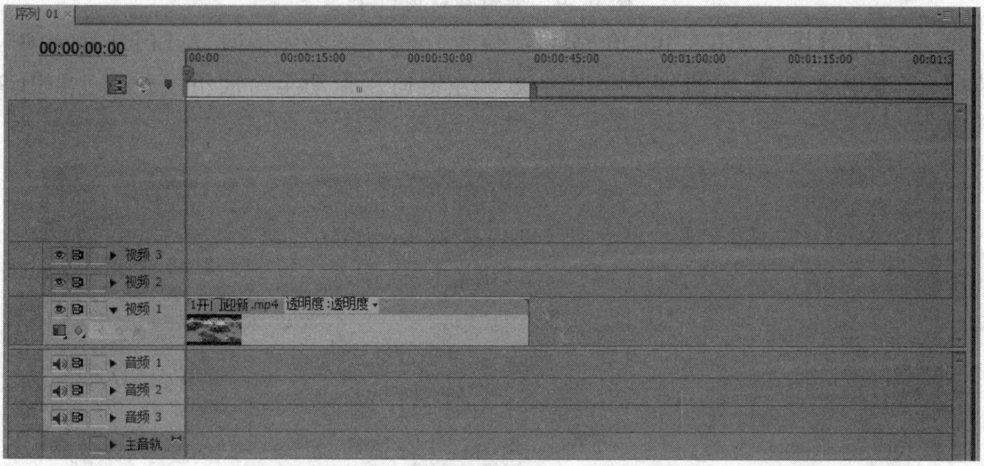

图 9.38 素材插入“时间线”面板效果

5．剪辑素材

Premiere 的一大优点是可以对素材进行随意剪辑，然后对剪辑的素材片段的位置进行随意调整。用户可以在“时间线”窗口和“源”监视器窗口剪辑素材。

（1）“时间线”窗口剪辑素材

在“时间线”面板中剪辑素材经常会使用“工具”面板中的工具，常用的工具包括如下几种：

① 选择工具：选中“选择工具”，单击轨道中的素材即选中了该素材，也可以选择一个素材后，按住【Shift】键的同时，选取连续的多个素材。选中的素材将以高亮的状态显示。通常，在其他工具使用完毕之后，最好切换为“选择”工具。

② 轨道选择工具：选中“轨道选择工具”，单击轨道中的素材，可以选中该素材及该素材后面的素材。

③ 剃刀工具：选中“剃刀工具”，然后单击“时间线”面板中的素材片段，素材会从单击的位置裁切开。

例 9-7：操作视频

【例 9-7】将时间线面板中的“开门迎新.mp4”文件进行剪辑。

操作步骤如下：

① 选中“时间线”面板中“视频 1”轨道中的“开门迎新.mp4”素材，将时间滑块放置在“00:00:08:08”位置，然后将鼠标指向素材开头，当鼠标指针变为形状时，按下鼠标左键向右拖动至时间滑块位置，如图 9.39 所示。

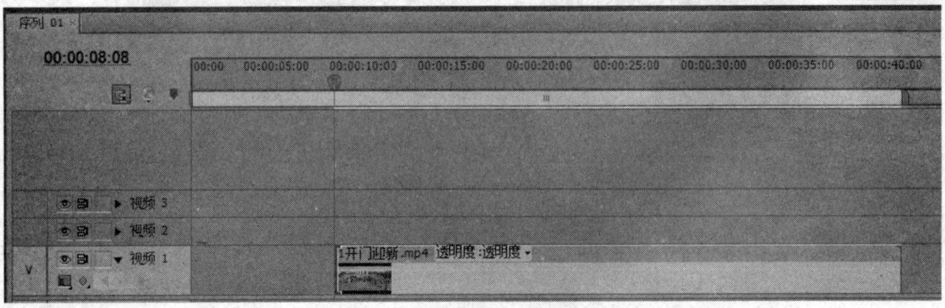

图 9.39　剪辑素材窗口 1

② 将时间滑块放置在“00:00:35:11”位置，然后将鼠标指向“开门迎新.mp4”文件结尾，当鼠标指针变为形状时，按下鼠标左键向左拖动至时间滑块位置，如图 9.40 所示。

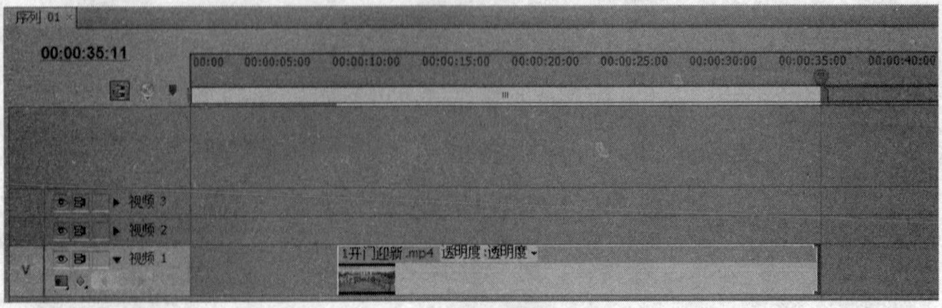

图 9.40　剪辑素材窗口 2

③ 删除素材。将时间滑块放置在“00:00:16:01”位置，单击“工具”面板中的“剃刀工具”，将鼠标指向时间线，单击将素材裁切成两段。再将时间滑块放置在“00:00:17:12”位置，单击“工具”面板中的“剃刀工具”，将鼠标指向时间线，单击鼠标左键将右侧素材裁切成两段，如图 9.41 所示。选中中间部分的素材，选择“编辑”菜单中的“波纹删除”命令，删除素材且后面的素材覆盖留下的空位。

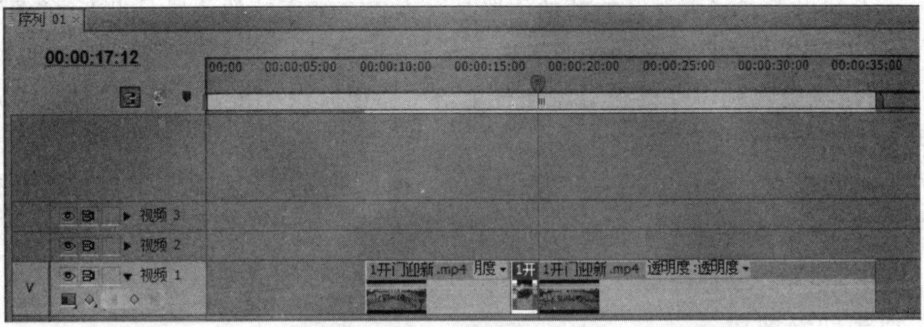

图 9.41 裁切界面

④ 移动素材。同时选中两个素材，按下鼠标左键将其拖至“00:00:00:00”位置。

提示： 在“时间线”面板中，复制素材、删除素材的方法如下所示。

① 复制素材：选择素材→编辑|复制→移动时间滑块至粘贴的位置→编辑|粘贴/粘贴插入。

② 删除素材：有两种删除方式，即“清除”与“波纹删除”。选择素材后，若选择“编辑→清除”命令，则“时间线”面板的轨道上会留下该素材的空位；若选择“编辑→波纹删除”命令，则后面的素材会覆盖被删除素材留下的空位。

(2)“源”监视器窗口剪辑素材

使用“源”监视器播放素材时，可在“项目”面板或“时间线”面板中双击素材，该素材即在“源”监视器窗口显示，如图 9.42 所示。

图 9.42 “源”监视器窗口

“源”监视器窗口下方分别是素材时间编辑滑块位置时间码、窗口比例选择、素材总长度时间码显示。中间是时间标尺、时间标尺缩放器、时间编辑滑块。最下方是“源”监视器的控制器及功能按钮，当鼠标指向各按钮时显示各按钮的功能提示。常使用的功能如下：

① 播放预览。单击“播放”按钮，可以对素材进行播放预览。

② 入点和出点。在素材开始帧的位置是入点，在结束帧的位置是出点。“源”监视器中入点与出点范围之外的东西相当于切去了，在时间线中这一部分将不会出现。因此，可以将时间滑块定位到需要的位置，通过单击“标记入点”按钮与“标记出点”按钮改变入点、出点的位置。

③ 插入和覆盖。单击“插入”按钮，可以将“源”监视器窗口中的素材插入“时间线”面板中素材所在的“时间标记”处。而单击“覆盖”按钮，会将“时间线”面板中“时间标记”后面的内容覆盖。

9.3.2 视频切换效果

视频切换是指两个场景（即两段素材）之间，采用一定的技巧，如伸展、叠化、卷页等，实现场景之间的平滑切换，使作品的流畅感提升，使画面更富有表现力。

Premiere Pro CS6 的视频切换特效位于“效果”面板的“视频切换”分类选项，如图 9.43 所示。

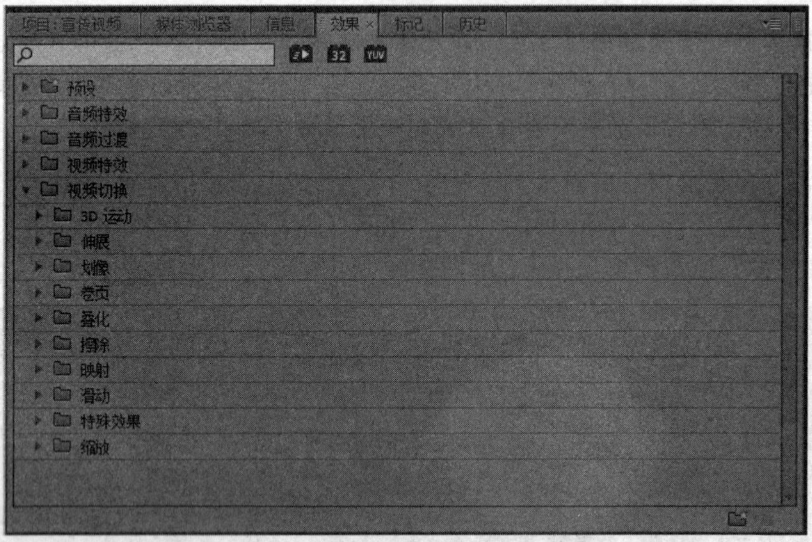

图 9.43 “视频切换”分类选项

1. 添加视频切换

在“视频切换”分类选项中选择需要添加的切换效果单击并拖动鼠标，将其拖动到“时间线”面板中的目标素材上，即可完成添加视频切换效果的操作。

2. 视频切换特效设置

为两个场景添加视频切换后，经常还需要进行视频切换特效的参数设置，以达到更好的效果。视频切换特效设置在“特效控制台”面板（见图 9.44）中进行设置，主要包括调整切换区域、设置切换持续时间等。

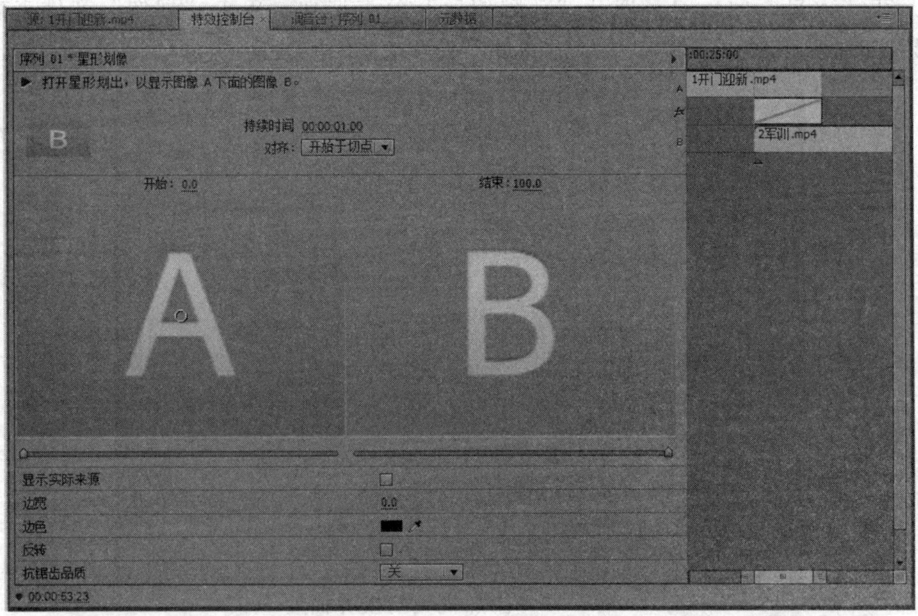

图 9.44 “特效控制台”面板

该面板中常用的参数设置含义如下：

① 显示实际来源。在“特效控制台”面板中，两个视频切换特效预览区域分为 A 和 B，分别用于显示应用于 A 和 B 两个素材上的视频切换效果。“显示实际来源”参数用于在视频切换特效预览区域中显示出实际的素材效果，默认状态为不启用。

② 持续时间。指视频切换特效的持续时间，该参数值越大，视频切换特效所持续的时间也就越长，该参数值越小，视频切换特效所持续的时间也就越短。

③ 对齐。用于控制视频切换特效的切割方式，分为居中于切点、开始于切点、结束于切点、自定开始 4 种。其中，居中于切点指切换位于两个素材的中间位置，视频切换特效所占用的两素材均等；开始于切点指添加到 B 素材的开始处。结束于切点指添加到 A 素材的结尾处；自定开始指用户可以自定义切换的对齐方式。

④ 开始与结束。“开始”参数用于控制视频切换特效开始的位置，默认参数为 0，表示视频切换特效将从整个视频切换过程的开始位置开始视频切换；若将其设置为 20，则表示视频切换特效从整个视频切换特效的 20%位置开始视频切换。“结束”与“开始”类似。

例 9-8：操作视频

【例 9-8】将“2 军训.mp4”“3 学位授予.mp4”“4 学校全景.mp4”“东操场.jpg”“正门.jpg”依次插入视频 1 轨道中，并为“2 军训.mp4”素材添加“星形划像”视频切换效果，为“3 学位授予.mp4”素材添加“中心剥落”视频切换效果，为“4 学校全景.mp4”素材添加“门”视频切换效果。

操作步骤如下：

① 将“项目”面板中的“2 军训.mp4”“3 学位授予.mp4”“4 学校

全景.mp4”“东操场.jpg”“正门.jpg”依次插入“时间线”面板中的“轨道1”中。

② 在“效果”面板中，展开“视频切换”分类选项，单击“划像”文件夹前面的三角形按钮▶将其展开，选中“星形划像”效果，如图9.45所示。

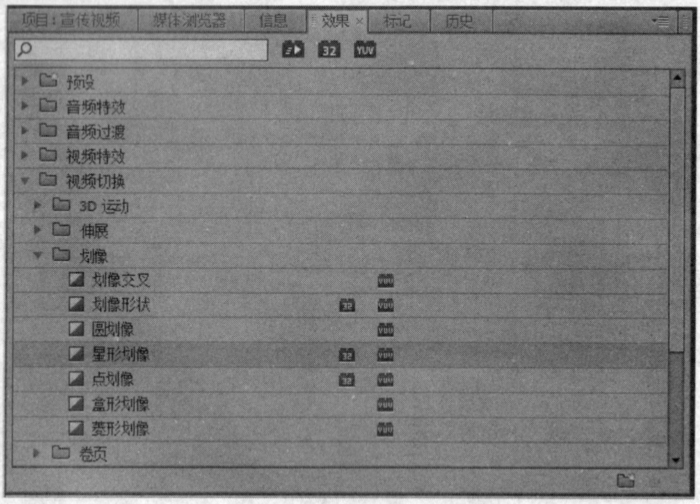

图9.45　添加视频切换界面

③ 将其拖动到“时间线”面板中的“2军训.mp4”文件开始位置，如图9.46所示。

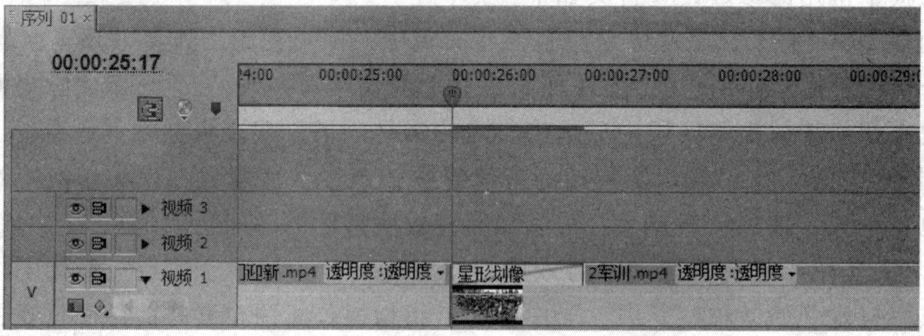

图9.46　视频切换效果添加后的效果

④ 设置切换持续时间。单击“时间线”面板中的“星形划像”特效，在“特效控制台”面板中，将“持续时间”设置为“00:00:01:13”。

⑤ 设置对齐。将“对齐”设置为“开始于切点”。

⑥ 设置开始与结束。选中“显示实际来源”复选框，然后将开始设置为19.9，结束设置为95.5，如图9.47所示。

⑦ 其他素材添加视频切换特效。在“时间线”面板中，为“3学位授予.mp4”处添加“卷页”中的“中心剥落”切换效果，为“4学校全景.mp4”处添加“3D运动”中的“门”切换效果，“东操场.jpg”与“正门.jpg”素材均添加“叠化”中的“交叉叠化”切换效果。

提示：“交叉叠化”视频切换特效是Premiere Pro CS6默认的视频切换特效，可使用【Ctrl+D】组合键快速为素材添加“交叉叠化”视频切换效果。

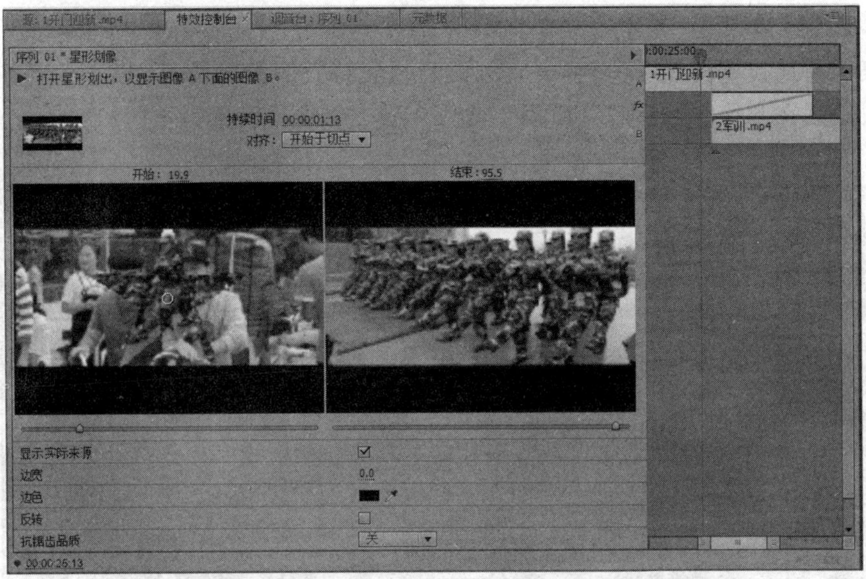

图 9.47 “特效控制台”面板参数设置

9.3.3 视频特效

视频特效是 Premiere 的一大重点和特色，它可应用在图像、视频、字幕等对象上。通过设置参数及创建关键帧动画等操作，就可以制作丰富多彩的视频效果。

Premiere Pro CS6 的视频特效位于“效果”面板中的“视频特效”分类选项，如图 9.48 所示，包括“变换”“调整”“透视”等。

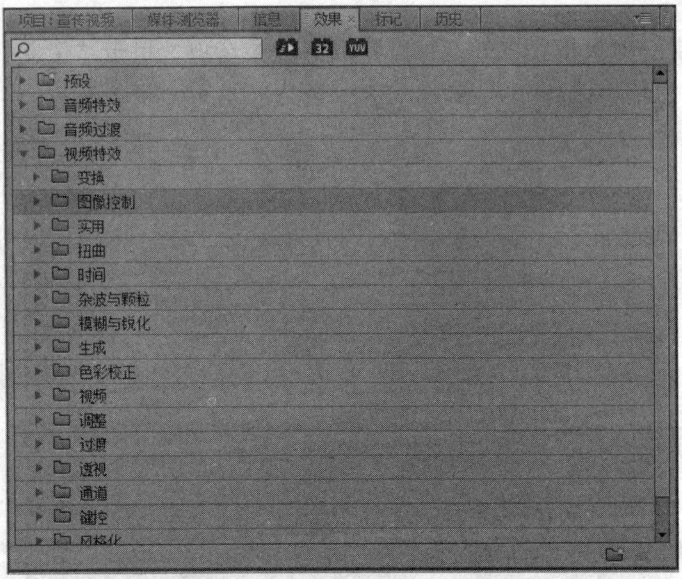

图 9.48 “视频特效”分类选项

1. 添加视频特效

在“视频特效”分类选项中选择需要添加的特效单击并拖动鼠标，将其拖动到“时间线”面板中的目标素材上，即可完成添加视频特效的操作。

2．视频特效设置

为素材添加视频特效后，经常还需要进行视频特效的参数设置，以达到更好的效果。视频特效设置在“特效控制台”面板（见图 9.49）中进行设置，不同的特效设置的参数不同。

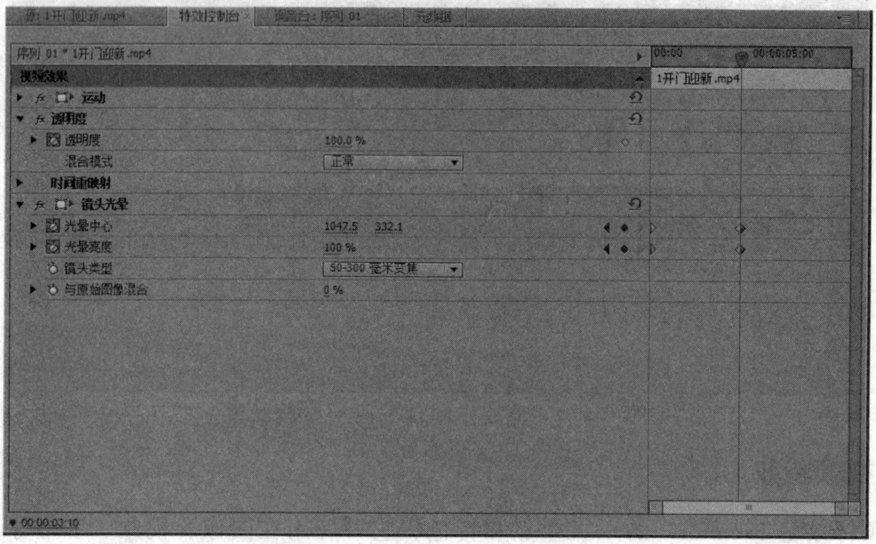

图 9.49 “特效控制台”面板

【例 9-9】将“1 开门迎新.mp4”素材添加“镜头光晕”视频特效并设置视频特效参数。

例 9-9：操作视频

操作步骤如下：

① 在“效果”面板中，展开“视频特效”分类选项，单击“生成”文件夹前面的三角形按钮▶将其展开，选中“镜头光晕”效果，如图 9.50 所示。

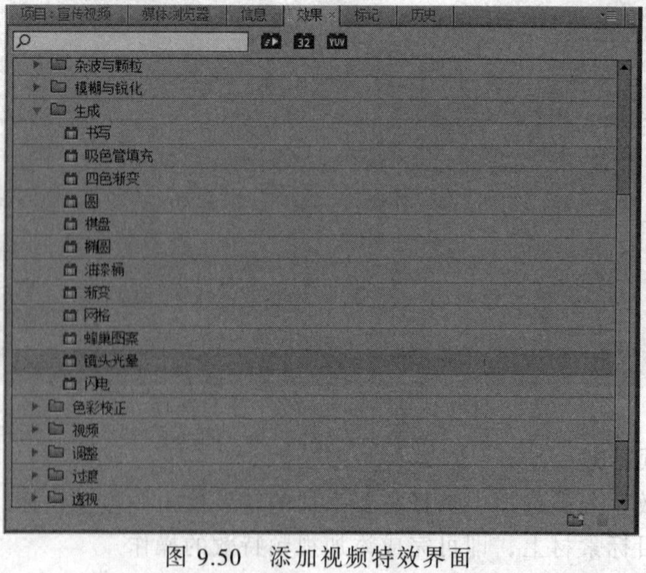

图 9.50 添加视频特效界面

② 拖动“镜头光晕”至“时间线”面板中的“1开门迎新.mp4”文件上，在“节目”面板中即看到如图 9.51 所示的效果。

图 9.51　镜头光晕效果

③ 将时间滑块定位于“00:00:00:00”位置，单击“特效控制台”面板，单击“光晕中心”前的“切换动画”按钮创建关键帧，同时设置光晕中心的值为 613.8、446.2，如图 9.52 所示。

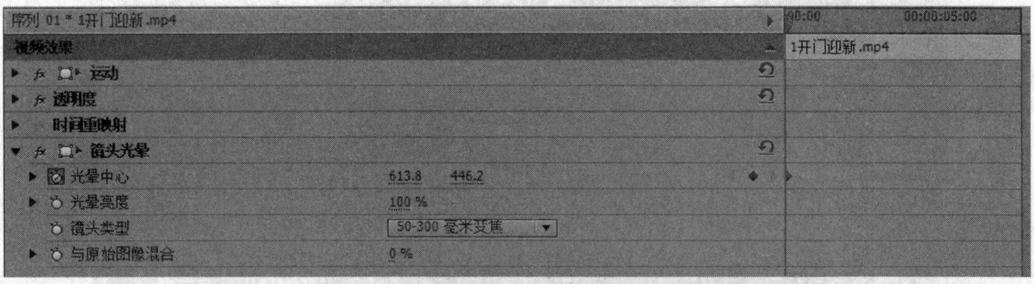

图 9.52　视频特效参数设置图

④ 单击“光晕亮度”前的“切换动画”按钮创建关键帧，将值改为 50%。

⑤ 在时间线面板中，将时间滑块定位于“00:00:03:10”位置，单击“特效控制台”面板，设置光晕中心的值为 1047.5、332.1，设置“光晕亮度”值为 100%。

9.3.4 字幕

字幕是影视节目中必不可少的组成部分，它可以帮助影片全面地展现其信息内容，起到解释画面、补充内容等作用。在 Premiere Pro CS6 中，字幕分为 3 种类型：默认静态字幕、默认滚动字幕、默认游动字幕。

① 默认静态字幕是指在默认状态下停留在画面指定位置不动的字幕。该类字幕在系统默认状态下是位于创建位置静止不动，若要使其在画面中产生移动效果，则必须为其设置“位置”关键帧。

② 默认滚动字幕其默认的状态即为在画面中从下到上垂直运动，运动速度取决于该字幕持续时间的长度。

③ 默认游动字幕其默认状态就具有沿画面水平方向运动的特性。其运动方向可以是从左至右，也可以从右至左。

用户可以根据视频编辑需求更改默认滚动字幕与默认游动字幕的运动状态，方法是制作位移、缩放等关键帧动画。

1．新建字幕

在 Premiere Pro CS6 中，新建字幕有多种方法，比如通过“字幕”菜单创建、通过“文件”菜单创建（也可以用【Ctrl+T】组合键）、通过“项目”面板创建。

2．字幕编辑面板编辑文字

Premiere Pro CS6 提供了一个专门用来创建及编辑字幕的字幕编辑面板，所有文字编辑及处理都是在该面板中完成的。字幕编辑面板不仅可以创建各种各样的文字效果，而且能够绘制各种图形，为用户的文字编辑工作提供很大的方便。

在“新建字幕”对话框中设置字幕参数后，单击“确定”按钮，即弹出字幕编辑面板，如图 9.53 所示。字幕编辑面板由字幕属性栏、字幕工具箱、字幕动作栏、字幕属性设置面板、字幕工作区、字幕样式共 6 部分组成。

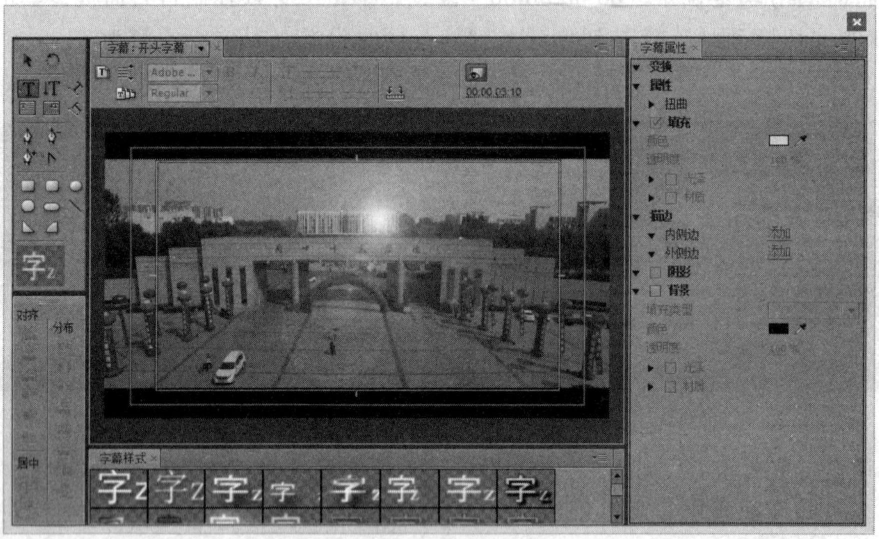

图 9.53　字幕编辑面板

① 字幕属性栏主要用于设置字幕的运动类型、字体、加粗、斜体和下画线等。

② 字幕工具箱提供了一些制作文字与图形的常用工具。

③ 字幕动作栏主要用于快速地排列或者分布文字。

④ 字幕属性设置面板用于设置文字的具体属性参数，包括变换、属性、填充、描边、阴影、背景等。

⑤ 字幕工作区是制作字幕和绘制图形的工作区，它位于字幕编辑面板的中心，在工作区中有两个矩形线框，其中内线框是安全字幕边距，外线框是安全动作边距。在创

建字幕时最好将文字和图像放置在安全边距之内。

⑥ 字幕样式中提供已经设置好的文字效果和多种字体效果。

3. 插入字幕

在字幕编辑面板编辑完文字后，关闭字幕设计面板，在“项目”面板中可看到创建的字幕对象，如图 9.54 所示。

图 9.54　新建字幕后的项目面板

【例 9-10】新建默认静态字幕，字幕名称为“开头字幕”，字幕内容为“金秋十月 丹桂飘香”，字体为 STCaiyun，大小为 150。字幕创建完成后将字幕添加到时间线面板中的“视频 2”轨道中的开始处，并截取字幕长度为“00:00:03:10”，然后为该字幕制作淡出效果。将“背景音乐.mp3”文件作为视频背景音乐。

例 9-10：操作视频

操作步骤如下：

① 选择“字幕”→“新建字幕”→“默认静态字幕”命令，打开“新建字幕”对话框，如图 9.55 所示。在“新建字幕”对话框中，视频设置中的宽、高、时基、像素纵横比与序列是匹配的，一般不需要修改，此处仅需要根据需要修改字幕名称为“开头字幕”。

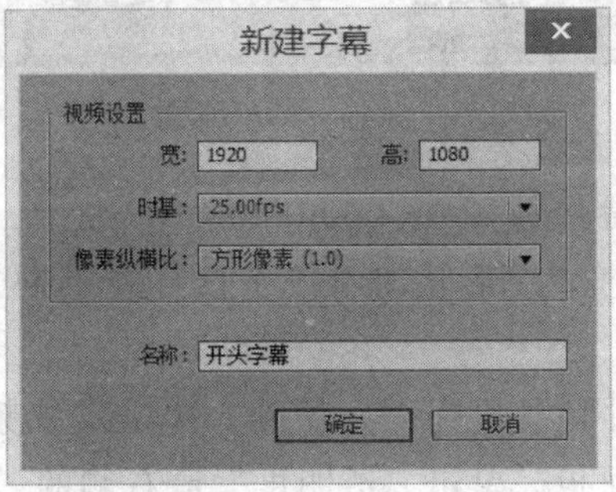

图 9.55　“新建字幕”对话框

② 输入文字。单击“确定”按钮，在弹出的字幕编辑面板中单击字幕工具箱中的“输入工具”，在字幕工作区输入“金秋十月 丹桂飘香”。

③ 设置文字字体、大小。在字幕属性栏中选择字体为 STCaiyun，设置字体大小为 150，如图 9.56 所示。

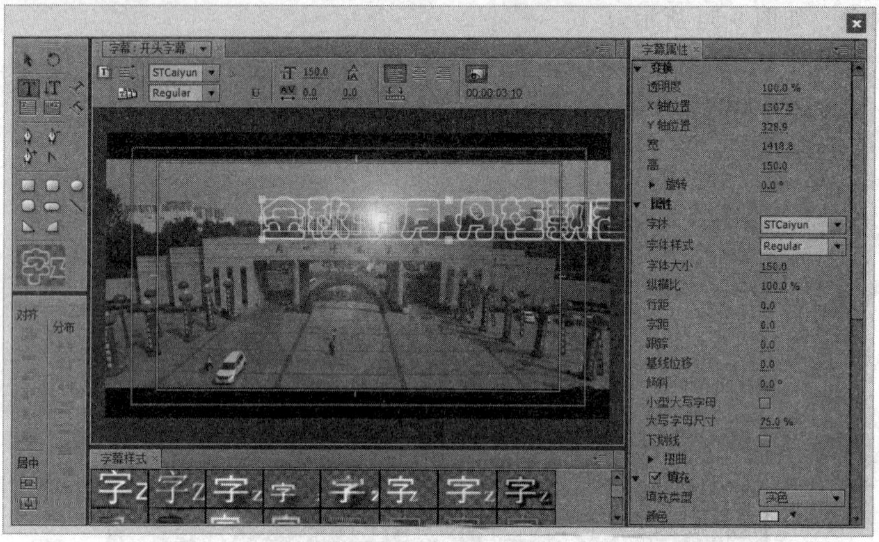

图 9.56　字体参数设置

④ 移动文字。单击字幕工具箱中的“选择工具”，拖动字幕工作区中的文字将其移动到合适的位置。也可通过字幕属性设置面板中的变换设置其精确位置。文字编辑完成后即可关闭字幕编辑面板。

⑤ 插入字幕。在“项目”面板中选中“开头字幕”素材，将其拖动到“时间线”面板中的“视频 2”轨道中，如图 9.57 所示。

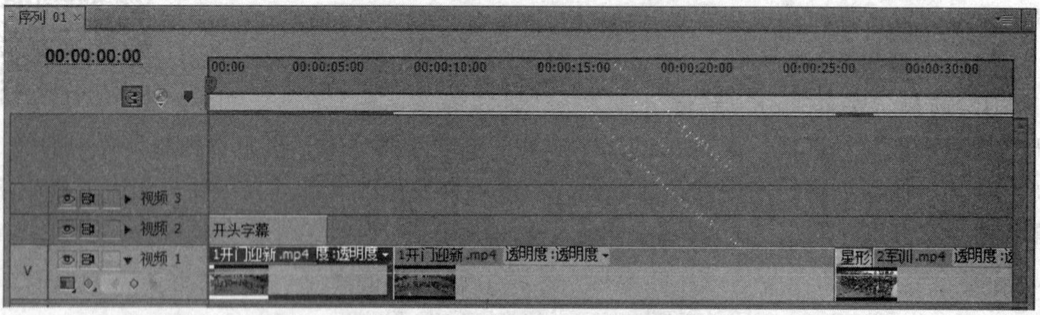

图 9.57　“视频 2”轨道效果

⑥ 剪辑字幕。将时间滑块放置在“00:00:03:10”位置，然后将鼠标指向“开头字幕”文件结尾，当鼠标指针变为形状时，按下鼠标左键向左拖动至时间滑块位置，完成裁剪。

⑦ 制作淡出效果。将时间滑块拖至开始处，单击“视频 2”轨道中的“开头字幕”文件，打开“特效控制台”面板，单击“透明度”最右侧的“添加/移除关键帧”按钮，

创建关键帧，值为 100.0。将时间滑块定位于“00:00:03:10”位置，在“特效控制台”面板中将“透明度”参数改为 0。

⑧ 添加背景音乐。将“项目”面板中的“背景音乐.mp3”文件添加到“时间线”面板中的“音频 1”轨道中，效果如图 9.58 所示。

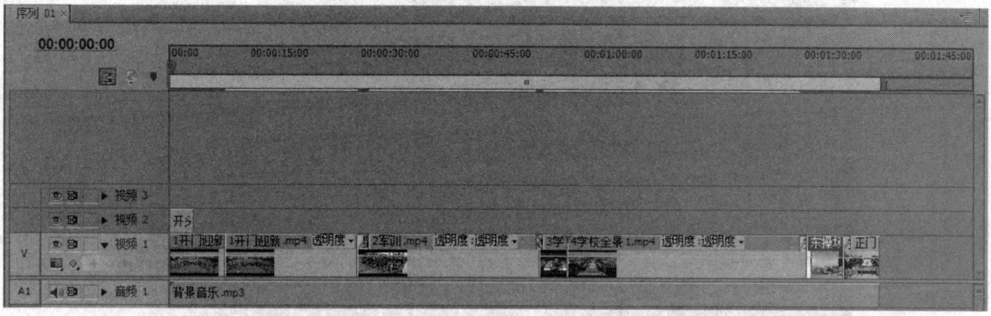

图 9.58 插入字幕与背景音乐效果

9.3.5 视频影片的输出

在编辑好项目内容之后，就可以将编辑好的项目文件进行渲染并导出为可以独立播放的视频文件。Premiere Pro CS6 提供了多种输出方式，可以输出不同的文件类型。

1. 项目输出准备

在影视剪辑工作中，输出完整影片之前要做好输出准备，主要指渲染预览，即把编辑好的文字、图像、音频、视频效果等进行预处理，生成暂时的预览视频，便于对编辑效果进行检查与预览，提高最终的输出速度、节约时间。

操作步骤如下：

① 影片编辑制作完成后，可以在“节目”监视器窗口适当的位置标记入点和出点，以确定要生成影片渲染的范围。如果是整个影片，则不需要标记入点及出点。

② 打开“序列”菜单中的“渲染工作区域内的效果”或“渲染完整工作区域”命令，系统将开始渲染，并打开“渲染”对话框显示渲染进度。

渲染完成后，工作域的状态线成为绿色。

2. 影片输出

可以根据需要将影片输出成所需要的格式，在输出过程中需要进行必要的输出基本参数设置。

【例 9-11】将影片输出为“宣传视频.mp4”。

例 9-11：操作视频

操作步骤如下：

① 选择“文件”→“导出”→“媒体”命令，打开“导出设置”对话框。

② 输出格式。在“导出设置”对话框中，将“格式”设置为 H.264，“预设”采用与格式设置默认的值，“输出名称”设置为“宣传视频.mp4”，如图 9.59 所示。

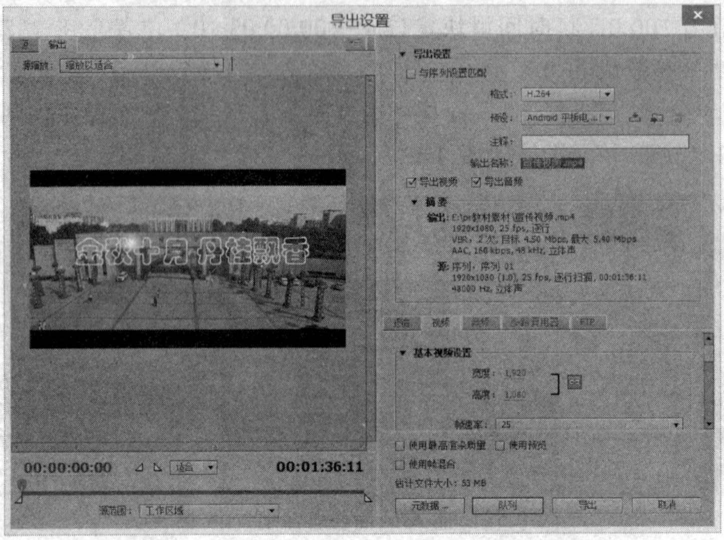

图 9.59 “导出设置”对话框

③ 单击“导出”按钮，完成导出。

提示：Premiere Pro 导出视频格式常用的包括以下几种。

① AVI 格式。全称 Audio Video Interleaved，即音频视频交错格式，是 Windows 系统中使用的视频文件格式，优点是兼容性好、图像质量好、调用方便；缺点是文件尺寸较大。

② H.264 格式。H.264 是国际标准化组织（ISO）和国际电信联盟（ITU）共同提出的继 MPEG4 之后的新一代数字视频压缩格式，具有图像质量好、网络适应性强等特点，是目前常用的视频输出格式。

③ FLV 格式。全称是 Flash Video，是一种流媒体格式，具有文件小、加载速度快的特点。

小　结

本章介绍了多媒体数据处理的相关知识，Photoshop CS6 中选区的创建、图像的编辑与修饰、图层的应用、文字的应用等知识与操作方法，Premiere Pro CS6 中素材的管理与剪辑、视频切换效果、视频特效、字幕、视频影片输出等知识与方法。

实　训

实训 1　图像合成

1. 实训目的

① 掌握图像文件的创建与保存。

② 掌握选区的创建与编辑。

③ 掌握图层的应用。

2. 实训要求及步骤

根据提供的素材，完成如图 9.60 所示的效果。

图 9.60 实训 1 效果

实训 2 编辑个人小视频

1. 实训目的

① 掌握视频文件的创建与保存。

② 掌握视频的剪辑。

③ 掌握转场效果、视频特效、字幕等添加与编辑。

④ 掌握视频影片的输出。

2. 实训要求及步骤

制作个人小视频，展示个人的兴趣、爱好等。

③ 了解图层的应用。

2. 实训要求及步骤

根据提供的素材，完成如图9-60所示的效果。

图9-60 实训1效果

实训2 编辑个人小视频

1. 实训目的

① 掌握视频文件的剪辑与操作；

② 掌握视频的特效；

③ 掌握转场效果、视频特效、字幕等添加与编辑；

④ 掌握视频影片的输出。

2. 实训要求及步骤

制作个人小视频，展示个人的特点、爱好等。

第三篇

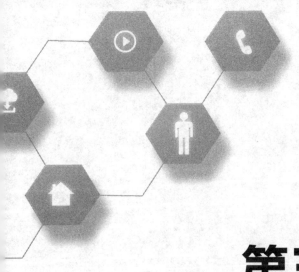

计算机网络与新技术

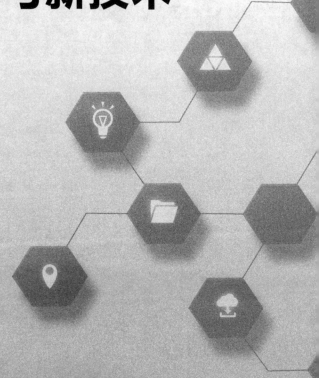

第 10 章 计算机网络

随着计算机网络技术的飞速发展，计算机网络以及 Internet 已进入人类社会的各个领域，并发挥着越来越重要的作用。事实上，到了今天，计算机网络已成为人们日常生活中不可分割的一部分。

10.1 计算机网络概述

10.1.1 计算机网络的定义

计算机网络是指将地理位置不同的具有独立功能的多台计算机及其外围设备，通过通信线路连接起来，在网络操作系统、网络管理软件及网络通信协议的管理和协调下，实现资源共享和信息传递的计算机系统。

10.1.2 计算机网络的功能

计算机网络有许多功能，其主要功能有以下几种：

1. 数据通信

数据通信是依照一定的通信协议，利用数据传输技术在两个终端之间传递数据信息的一种通信方式和通信业务。数据通信是计算机网络最基本的功能之一，也是实现其他功能的基础。它可实现计算机和计算机、计算机和终端以及终端与终端之间的数据信息传递，是继电报、电话业务之后的第三种最大的通信业务。

2. 资源共享

资源共享是计算机网络最主要的功能之一。计算机资源包括硬件资源、软件资源和数据资源。硬件资源的共享可以提高设备的利用率，避免设备的重复投资，如利用计算机网络建立网络打印机；软件资源的共享可以充分利用已有的信息资源，减少软件开发过程中的劳动，避免大型数据库的重复建设；数据资源的共享可以使网络用户方便地获取网上各种各样的信息资源，包括网页、论坛、数据库、音频和视频文件等。

3. 集中管理

计算机网络技术的发展和应用，已使得现代的办公手段、经营管理等发生了变化。目前，已经有许多管理信息系统、办公自动化系统等，通过这些系统可以实现日常工作的集中管理，提高工作效率，增加经济效益。

4．实现分布式处理

网络技术的发展，使得分布式计算成为可能。对于大型的课题，可以分为许许多多小题目，由不同的计算机分别完成，然后再集中起来解决问题。

5．负载均衡

负荷均衡是指工作被均匀地分配给网络上的各台计算机系统。网络控制中心负责分配和检测，当某台计算机负荷过重时，系统会自动转移负荷到较轻的计算机系统去处理。

由此可见，计算机网络可以大大扩展计算机系统的功能，扩大其应用范围，提高可靠性，为用户提供方便，同时也减少了费用，提高了性能价格比。

10.1.3 计算机网络的分类

网络类型的划分标准各种各样，一般根据网络覆盖的地理范围把网络类型划分为局域网、城域网、广域网 3 种，三者之间的关系如图 10.1 所示。

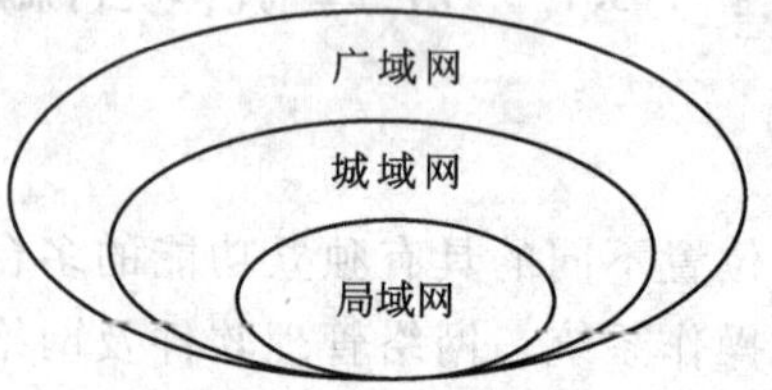

图 10.1 网络类型

1．局域网

局域网（Local Area Network，LAN）是在局部地区范围内的网络，它所覆盖的地区范围较小，例如各个单位、公司自己的网络，家庭内的网络都是典型的局域网。

2．城域网

城域网（Metropolitan Area Network，MAN）是在一个城市范围内，不同小区范围内的计算机互联。MAN 与 LAN 相比扩展的距离更长，连接的计算机数量更多。

3．广域网

广域网（Wide Area Network，WAN）也称远程网，所覆盖的范围比城域网更广，它一般是不同城市间的 LAN 或 MAN 互联。

10.2 Internet 应用

10.2.1 认识 Internet

1．Internet 的起源和形成

1969 年，ARPA（美国国防部研究计划管理局）为了方便军事研究，将部分军事及研究用的计算机主机互相连接起来，形成了 Internet 的雏形——ARPAnet。

1985 年，NSF（美国国家科学基金会）提供巨资建立美国五大超级计算中心，并开始了全美的组网工程，建立基于 TCP/IP 的 NSF 网络。

1989 年，MILnet（由 ARPAnet 分离出来）实现了与 NSFnet 的连接后，开始采用 Internet 这个名称。自此以后，其他部门的计算机相继并入 Internet，Internet 逐渐成形并进入飞速发展的阶段。

2. Internet 的发展

20 世纪 80 年代末，随着科技和经济的迅猛发展，尤其是计算机网络技术以及相关通信技术的高速发展，人类社会开始从工业社会向信息化社会过渡。1992 年，ISOC（国际互联网协会）正式成立，其旨在推动 Internet 全球化，加快网络互联技术、应用软件的发展，提高 Internet 普及率。

1994 年美国的 Internet 由商业机构全面接管，这使 Internet 从单纯的科研网络演变成一个世界性的商业网络，从而加速了 Internet 的普及和发展，世界各国纷纷连入 Internet，各种商业应用也一步步地加入 Internet，Internet 几乎成为现代信息社会的代名词。

提示：我国最早连入 Internet 的单位是中国科学院高能物理研究所。1994 年 8 月 30 日，中国邮电部同美国 Sprint 电信公司签署合同，建立了 CHINANET 网，使 Internet 真正向普通中国人开放。同年，中国教育科研网（CERNET）连接到了 Internet。目前，各大学的校园网已成为 Internet 网上最重要的资源之一。

3. Internet 的基本服务功能

在 Internet 中，专门有一些计算机是为其他计算机提供服务的，它们被称为服务器。当一台计算机接入 Internet，就可以访问这些服务器。

Internet 提供了多种服务，通过这些服务，人们就可以从事工作、学习、娱乐等多种活动。Internet 主要的应用及服务有万维网（World Wide Web，WWW）、电子邮件（E-mail）、搜索引擎（Search Engine）、即时通信（Instant Messaging，IM）、文件传输（File Transfer Protocol，FTP）、信息讨论与公布等。

10.2.2 IP 地址与域名

Internet 上的每台主机要和其他主机进行通信，需要有一个地址，这个地址是全球唯一的，它唯一标识与 Internet 连接的一台主机。Internet 上的主机地址有两种表示形式：IP 地址和域名地址。

1. IP 地址

IP 是英文 Internet Protocol 的缩写，意思是“网络之间互联的协议”，也就是为计算机网络相互连接进行通信而设计的协议。任何厂家生产的计算机系统，只要遵守 IP 协议就可以与因特网互联互通。正是因为有了 IP 协议，因特网才得以迅速发展成为世界上最大的、开放的计算机通信网络。因此，IP 协议也可称为“因特网协议”。

IP 地址是一个 32 位的二进制数，通常被分为 4 个字节。为了方便人们的使用，IP 地址通常用“点分十进制”表示成（a.b.c.d）的形式，其中，a、b、c、d 就是每个字节对应的十进制数。例如，点分十进制 IP 地址（100.4.5.6），实际上是 32 位二进制数（01100100.00000100.00000101.00000110）。

提示：目前主流使用的是第二代互联网 IPv4 技术，地址空间已不够用。下一代互联网协议 IPv6 采用 128 位地址长度，几乎可以不受限制地提供地址，有人曾经形象地比喻，IPv6 可以“让地球上每一粒沙子都拥有一个 IP 地址”。在 IPv6 的设计过程中除了解决地址短缺问题以外，还考虑在 IPv4 中解决不好的其他问题，主要有端到端 IP 连接、服务质量、安全性、组播、移动性、即插即用等。

2. 域名

由于 IP 地址是一串数字，用户记忆起来非常困难，因此人们定义了一种字符型的主机命名机制，即域名。域名的实质就是用一组字符组成的名字代替 IP 地址。

域名采用层次结构，从右到左依次为第一级域名，第二级域名……直至主机名，各级子域名之间用圆点“.”隔开。其结构如下：

主机名.….第二级域名.第一级域名

第一级域名（也称顶级域名）一般有两类：一类表示不同国家和地区，例如.cn 代表中国；一类表示不同用途，如表 10.1 所示。

表 10.1 顶级域名及其意义

域　名	意　义	域　名	意　义	域　名	意　义
edu	教育机构	net	网间连接组织	int	国际组织
org	非营利组织	gov	政府部门		
mil	军事部门	com	商业组织		

10.2.3 浏览器浏览 Web

1. Web 与 URL

Web 中文名称“环球网”。Web 和 Internet 两词经常交替使用，很多人容易混淆，但二者之间是有区别的。Internet 主要侧重硬件的网络连接和诸如 E-mail 等的网络应用；而 Web 主要指存储在 Internet 上的信息，信息主要以网页（HTML）的形式存在，并且相互之间通过超链接进行指向。

统一资源定位器（Uniform Resource Locator，URL）是专为标识 Internet 网上资源位置而设的一种编址方式，平时所说的网页地址指的即是 URL。URL 不仅给出了要访问的资源类型和资源地址，而且提供了访问的方法，所以，它描述的是如何访问文档、文档位置，以及文档名称。

URL 一般由 3 部分组成：

传输协议://主机 IP 地址或域名地址/资源所在路径和文件名

例如，清华大学首页的 URL 为 http://www.tsinghua.edu.cn/publish/th/index.html，这里 http 指超文本传输协议，www.tsinghua.edu.cn 是其 Web 服务器域名地址，publish/th 是网页所在路径，index.html 是相应的网页文件。

提示：URL 中常用到的协议如下所示。

① HTTP 协议：超文本访问协议，表示访问和检索 Web 服务器上的文档。

② FTP 协议：文件传输协议，表示访问 FTP 服务器上的文档。

③ Telnet 协议：表示远程登录到某服务器。

2. 浏览器的基本操作

浏览器是 Internet 的主要客户端软件，它主要用来浏览万维网上的信息或在线查阅所需的资料。常用浏览器软件有 360 安全浏览器、QQ 浏览器、谷歌浏览器等。

下面以 360 安全浏览器为例，介绍浏览器的常用功能。

（1）认识 360 安全浏览器

双击桌面上的 360 安全浏览器图标，启动浏览器后，其程序窗口如图 10.2 所示。

图 10.2　360 安全浏览器程序窗口

360 安全浏览器窗口与其他应用程序窗口的外观基本相同，由标题栏、地址栏、收藏夹栏、工具栏、主窗口等元素组成。

（2）浏览网页

在地址栏输入网址后按【Enter】键，将打开对应的网站内容。

例如，在地址栏中输入搜狐网址 www.sohu.com，然后按【Enter】键，即可打开搜狐网主页，如图 10.3 所示；单击主页上的链接，可查看对应网页内容。

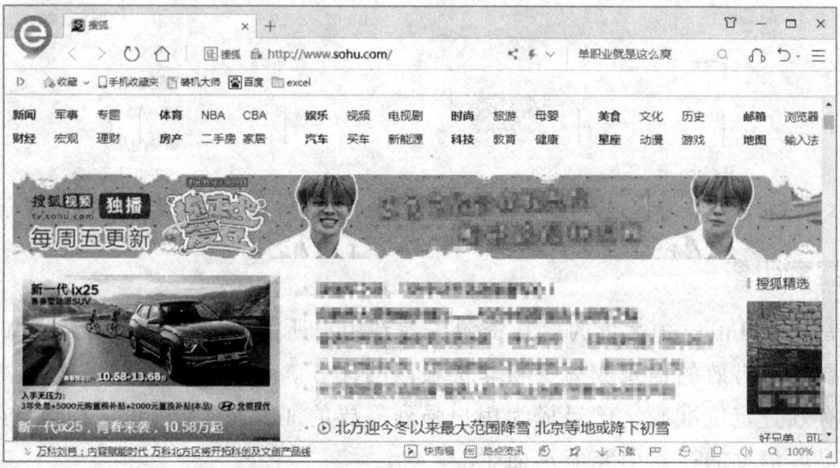

图 10.3　搜狐网主页

提示：地址栏左侧分别是“后退”“前进”“刷新”“主页”4个按钮，右侧分别是“分享页面”“急速模式”“地址栏下拉列表”3个按钮。

（3）设置浏览器主页

浏览器主页是指每次启动浏览器后，最先显示的 Web 页。如果需要经常访问某一 Web 页，可以将该 Web 页设置为浏览器主页。

将百度网主页设置为浏览器主页，操作步骤如下：

① 单击工具栏中的“打开菜单”按钮☰，在打开的下拉菜单中选择“设置”命令，将打开“设置选项”页面。

② 设置“启动时打开”，输入主页 http://www.baidu.com，如图 10.4 所示，即可完成设置。

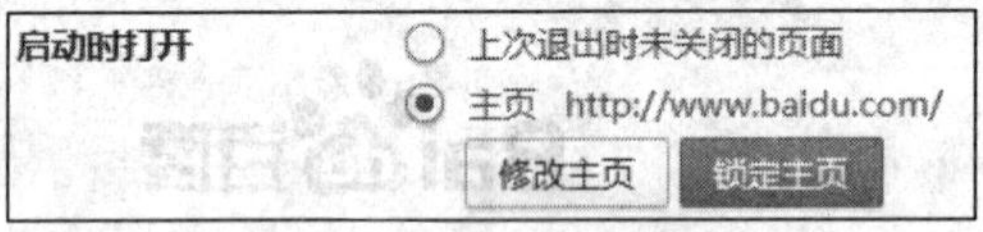

图 10.4　设置浏览器主页

（4）使用收藏夹

对于经常访问的网页，可以添加到收藏夹中。以后要打开该网址时，直接单击收藏夹中的链接即可。

例如，将搜狐主页添加到收藏夹，并管理收藏夹，操作步骤如下：

① 打开搜狐主页。

② 单击收藏栏中的“收藏”按钮☆收藏，打开如图 10.5 所示的对话框，单击“添加”按钮。

③ 单击“收藏”按钮右侧下拉按钮，展开如图 10.6 所示下拉列表，可以整理收藏夹、备份/还原收藏夹、导入/导出收藏夹等。

图 10.5　“添加收藏”对话框

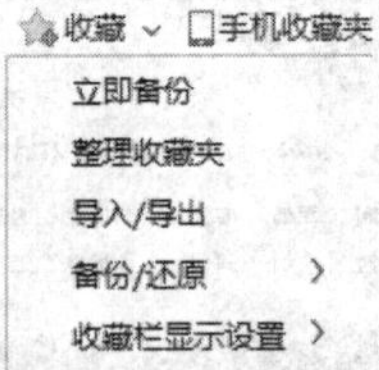

图 10.6　“收藏”下拉列表

10.2.4　搜索引擎

搜索是指在 Internet 大量的信息资源中找到用户所需要的内容。面对 WWW 上的海量数据，要找到有效的信息成为一项非常艰巨的任务。为避免搜索结果过多过杂，搜索结果快速有效且定位准确，已经成为用户强烈需要的 Internet 功能。因此，能够从海量的数据中提取信息的搜索引擎应运而生。

搜索引擎是能自动从因特网搜集信息，经过一定整理以后，提供给用户进行查询的系统。

搜索引擎可以分为通用搜索引擎和专业搜索引擎。Google 和 Baidu 都是比较著名的通用搜索引擎。而专业搜索引擎可以说是五花八门，比如 www.indeed.com（求职专业搜索引擎）、www.cnki.net（CNKI 主页，专业学术搜索引擎）等。

1. 百度使用方法

以百度为例，介绍搜索引擎的简单使用方法，其他搜索引擎使用方法类似。

（1）百度基本使用方法

搜索引擎是根据用户输入的关键词，在网页库中找到匹配的网页，展示给用户。因此，使用搜索引擎想要得到所需的结果，一定要选择合适的搜索关键词。

例如，要搜索英语四级真题试卷，操作步骤如下：

① 利用 360 浏览器打开百度网址：http://www.baidu.com，进入百度主页。

② 在搜索栏中输入搜索关键词“英语四级真题”，单击“百度一下”按钮，或按【Enter】键，即可查看搜索结果，如图 10.7 所示。

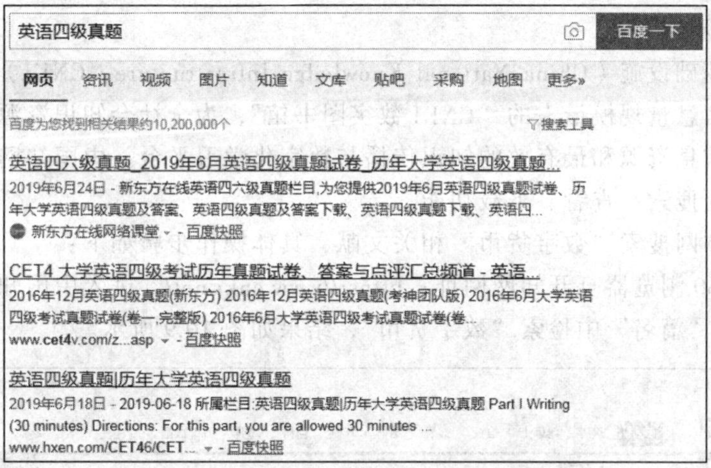

图 10.7 “英语四级真题”百度搜索结果

（2）百度高级搜索

利用百度高级搜索可以指定多个关键词，可以设定包含或不包含某个关键词，可以设定每页显示的搜索结果显示条数，可以限定在某一类文件中查找，可以限制关键字的位置等，从而更好地定位搜索位置，提高搜索效率。

例如，使用百度高级搜索，搜索 2019 年新东方英语四级真题解析，具体操作步骤如下：

① 单击百度主页右上角设置中“高级搜索”按钮，进入百度高级搜索页面。

② 在关键词中输入“英语四级真题”和“新东方 2019” 如图 10.8 所示。单击“高级搜索”按钮，即可查看搜索结果。

提示：百度提供的其他搜索功能如下所示。

① 百度新闻：搜索浏览最热新闻资讯。

② 百度视频：搜索海量网络视频。

③ 百度音乐：搜索、试听、下载海量音乐。

④ 百度图片：搜索海量网络图片。

⑤ 百度地图：搜索功能完备的网络地图。

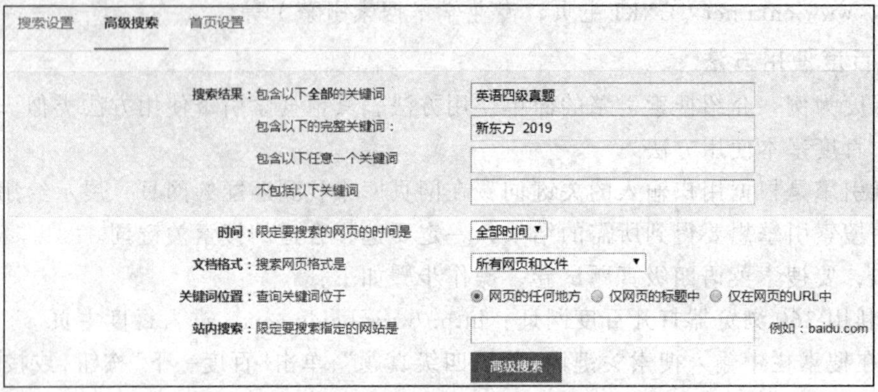

图 10.8 百度高级搜索

2．CNKI 知识搜索

国家知识基础设施（China National Knowledge Infrastructure，CNKI）即中国知网，是世界上全文信息量规模最大的“CNKI 数字图书馆”，为全社会知识资源高效共享提供最丰富的知识信息资源和最有效的知识传播与数字化学习平台。中国知网 CNKI 主页提供了各种文献的搜索、查看、下载功能。

例如，在知网搜索“数字货币”相关文献，具体操作步骤如下：

① 利用 360 浏览器打开知网网址：https://www.cnki.net/，进入中国知网主页。

② 选择在“篇名”中检索“数字货币”，结果如图 10.9 所示。

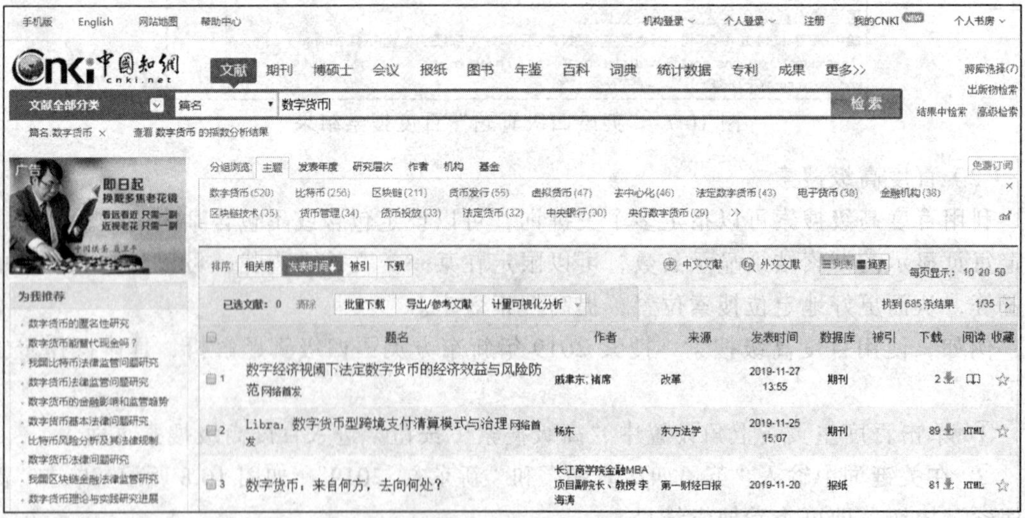

图 10.9 “数字货币”CNKI 搜索结果

10.2.5 网络交流与即时通信

网络交流是指通过基于信息技术（IT）的计算机网络来实现人与人之间思想、感情、观念、态度的交流过程，是情报相互交换的过程，主要表现形式有电子邮件、即时通信、网络论坛、微博、网络电话、新闻发布等。

1. 电子邮件

电子邮件（Electronic Mail，简称 E-mail）又称电子信箱，是利用计算机所组成的互联网络，向交往对象所发出的一种电子信件，信件内容可以是文字、图像、声音等多种形式。使用电子邮件对外联络，不仅安全保密，节省时间，不受篇幅限制，可以进行一对多的邮件传递，而且可以大大降低通信费用。虽然现在电子邮件受到即时聊天、BBS 等网络新应用的一定冲击，但仍是一个必不可少的工具。

电子邮件地址格式为“用户名@主机名.域名”，用户名一般长度为 4~16 位，由英文字母、数字、下画线组成，主机名.域名是邮局方服务计算机的标识，如腾讯邮箱的主机名.域名即为 qq.com。

收发电子邮件可以在 Web 端、PC 端和手机端进行。常见的提供电子邮件服务的网站有腾讯、网易、新浪等，PC 端电子邮件处理软件有 Foxmail、Outlook Express、网易闪电邮等，手机端有 QQ 邮箱、谷歌邮箱、网易邮箱等。

2. 即时通信

即时通信（Instant messaging，IM）是一个终端服务，是通过即时通信技术来实现在线聊天与交流的软件，使用这些软件用户可以与网上其他用户进行即时交流，即时地传递文字信息、档案、语音与视频交流，是目前 Internet 上最为流行的通信方式。

个人即时通信软件，主要是以个人（自然）用户使用为主，开放式的会员资料，非营利目的，方便聊天、交友、娱乐，例如 QQ、微信等。

商务即时通信软件，主要功能是便于寻找客户资源或进行商务联系，以低成本实现商务交流或工作交流，例如企业平台网的阿里旺旺贸易通、阿里旺旺淘宝版等。

企业即时通信软件，一种是以企业内部办公为主，建立员工交流平台，减少运营成本，促进企业办公效率；另一种是以即时通信为基础，整合相关应用，例如腾讯的 RTX、中国移动的飞信、百度 HI 等。

3. 网络论坛、微博

网络论坛（BBS）是网络上的交流场所，一般在专门的论坛网站，综合性门户网站或者功能性专题网站都开设自己的论坛，以促进网友之间的交流，增加互动性和丰富网站的内容。通过论坛，网民们得以更方便地交流，更便捷地发表自己的观点，而且发布信息都是通过有记录的文字来进行，所以这样也避免了精华内容的流失。比较知名的论坛有搜狐论坛、百度贴吧、天涯论坛、华声论坛等。

微博（微型博客）是指一种基于用户关系信息分享、传播以及获取的通过关注机制分享简短实时信息的广播式的社交媒体、网络平台，用户可以通过 PC、手机等多种移动终端接入，以文字、图片、视频等多媒体形式，实现信息的即时分享、传播互动。微博平台以其便捷性、传播性、原创性越来越受到人们青睐，且在的政民沟通、公益参与、推动公共事件、辟谣与信息公开、拉动地方经济、推动社会文化等方面起着越来越重要的作用。常用的微博平台有新浪微博、搜狐微博、腾讯微博等。

10.3 移动互联网及其应用

10.3.1 移动互联网概述

移动互联网将移动通信和互联网二者结合起来，是互联网的技术、平台、商业模式和应用与移动通信技术结合并实践的活动的总称。移动互联网是移动和互联网融合的产物，它继承了移动随时、随地、随身和互联网开放、分享、互动的优势，以宽带IP为技术核心，可同时提供话音、传真、数据、图像、多媒体等高品质的电信服务，由运营商提供无线接入，互联网企业提供各种成熟的应用。

目前，移动互联网正逐渐渗透到人们生活、工作的各个领域，微信、支付宝、位置服务等丰富多彩的移动互联网应用迅猛发展，正在深刻改变信息时代的社会生活，近几年，更是实现了从3G经4G到5G的跨越式发展。

5G网络即第五代移动通信网络，是最新一代蜂窝移动通信技术。其性能目标是高数据速率、减少延迟、节省能源、提高系统容量和大规模设备连接。表10.2所示为5G与4G关键性能指标的对比。

表10.2 5G与4G关键性能指标对比

技术指标	峰值速率	用户体验速率	流量密度	端到端时延	连接数密度	能 效
4G参考值	1 Gbit/s	10 Mbit/s	0.1 Tbit/（s·km^2）	10 ms	10^5/km^2	1倍
5G目标值	10～20 Gbit/s	0.1～10 Gbit/s	10 Tbit/（s·km^2）	1 ms	10^6/km^2	100倍提升
提升效果	10～20倍	10～100倍	100倍	10倍	10倍	100倍

进入5G时代，网络世界将从“二维”升级到“三维”。5G将会推动AR和VR的快速发展，观看购衣直播，可以拉近看到衣服有没有拉丝起球；在社交平台上，与亲友360°视频交流等。在线教育引入AR、VR，可以让学员仿佛置身于真实场景中，如通过询问、结算等场景学习英文购物。5G可以给智能硬件“赋能”，VR眼镜、智能手环、智能耳机等移动智能终端轻量化是未来趋势，5G时代也会有不少新型智能硬件涌现。

2019年央视春晚主会场与深圳分会场（见图10.10）进行了5G 4K超高清视频直播，画面流畅、清晰、稳定，标志着中国电信央视春晚5G 4K超高清直播工作圆满完成。这次5G成功运用，意味着未来普通观众可以用5G终端观看高清直播，或通过VR设备声临其境、立体地感受春晚现场氛围，加速了5G商用发展，影响深远。

图10.10 2019年春节联欢晚会深圳分会场

10.3.2 移动互联网应用

随着移动互联网的迅速发展和应用，大量新奇的应用逐渐渗透到人们生活、工作的各个领域，进一步推动着移动互联网的蓬勃发展。移动音乐、手机游戏、视频应用、手机支付、位置服务等丰富多彩的移动互联网应用发展迅猛，正在深刻改变信息时代的社会生活，移动互联网正在迎来新的发展浪潮。以下是几种主要的移动互联网应用：

1．电子阅读

电子阅读是指利用移动智能终端阅读小说、电子书、报纸、期刊等的应用。电子阅读区别于传统的纸质阅读，真正实现无纸化浏览，同时通过手机等移动设备使用户能随时随地浏览。移动阅读已成为继移动音乐之后最具潜力的增值业务。

2．手机游戏

手机游戏可分为在线移动游戏和非网络在线移动游戏，是目前移动互联网最热门的应用之一。随着移动终端性能的改善，更多的游戏形式将被支持，客户体验也会越来越好。

3．移动视听

移动视听是指利用移动终端在线观看视频，收听音乐及广播等影音应用。5G网络带来的超高清视频技术，将给用户带来更高质量的观看体验。

4．移动搜索

移动搜索是指以移动设备为终端，对传统互联网进行的搜索，从而实现高速、准确地获取信息资源。随着移动互联网内容的充实，人们查找信息的难度会不断加大，内容搜索需求也会随之增加。相比传统互联网的搜索，移动搜索对技术的要求更高，智能搜索、语义关联、语音识别等多种技术都要融合到移动搜索技术中。

5．移动社区

移动社区是指以移动终端为载体的社交网络服务，也就是终端、网络加社交。除了传统的贴吧、论坛、知乎等以文字交流为主的社区，出现了内容更为丰富，以照片、语音、录像、位置信息、实时视频为主的社区，例如抖音、小红书、淘宝直播等。

6．移动商务

移动商务是指通过移动通信网络进行数据传输，并且利用移动信息终端参与各种商业经营活动的一种新型电子商务模式，是电子商务的一个分支。随着移动互联网的发展成熟，企业用户也会越来越多地利用移动互联网开展商务活动。

7．移动支付

移动支付是互联网时代一种新型的支付方式，其以移动终端为中心，通过移动终端对所购买的产品进行结算支付，移动支付的主要表现形式为手机支付。移动支付主要分为近场支付和远程支付两种。典型应用包括支付宝支付和微信支付。同时，也出现了一些新的技术，例如刷脸支付等。

10.4 网络安全

网络安全是指网络系统的硬件、软件及其系统中的数据受到保护，不因偶然的或恶意的原因而遭到破坏、更改、泄露，系统连续可靠正常地运行，网络服务不中断。网络安全包括网络设备安全、网络信息安全、网络软件安全。

10.4.1 网络安全的威胁

网络安全的威胁主要来自两个方面：自然威胁与人为威胁。以下主要介绍几种常见的人为威胁。

1. 黑客攻击

黑客（Hacker）通常指对计算机科学、编程和设计方面具有高度理解的人。黑客攻击是指利用黑客技术入侵他人计算机或网络系统，进行攻击。

常见的黑客攻击途径有获取口令、电子邮件、木马程序、诱入法、系统漏洞等。

2. 计算机病毒

计算机病毒是编制或者在计算机程序中插入的破坏计算机功能或者数据，影响计算机使用，并能自我复制的一组计算机指令或者程序代码。

计算机病毒具有传播性、隐蔽性、感染性、潜伏性、可激发性、表现性或破坏性等特点。计算机病毒有独特的复制能力，它们能够快速蔓延，又常常难以根除。它们能把自身附着在各种类型的文件上，当文件被复制或从一个用户传送到另一个用户时，它们就随同文件一起蔓延开来。因此，计算机病毒最大的特点是具有传染性。同时，传染性成为判定一个程序是否为病毒的首要条件。

3. 恶意软件

恶意软件是指在未明确提示用户或未经用户许可的情况下，在用户计算机或其他终端上安装运行，侵害用户合法权益的软件，但不包含计算机病毒。

如果计算机中有恶意软件，可能会出现以下几种情况：用户使用计算机上网时，会有窗口不断跳出；计算机浏览器被莫名修改增加了许多工作条；当用户打开网页时，网页会变成不相干的奇怪画面，甚至是黄色广告等。

一般具有以下特征之一的软件可被认为是恶意软件：强制安装、难以卸载、浏览器劫持、广告弹出、垃圾邮件、恶意收集用户信息等。

10.4.2 信息加密与认证技术

网络安全防护的主要技术有信息加密与认证技术。

1. 信息加密技术

信息加密的目的是保护信息的保密性、完整性和安全性，简单地说就是信息的防伪造、防窃取。信息加密原理是将信息通过密码算法对数据进行转化，转化为没有正确密钥任何人都无法读懂的密文（也称报文），然后传输或存储，当需要时再重新转化为明文。

按照双方收发的密钥是否相同将加密技术分为两类，即对称加密和非对称加密。

（1）对称加密

对称加密的特征是收信方和发信方使用相同的密钥，即加密密钥和解密密钥是相同或等价的，优点是有很强的保密强度，且经受住时间的检验和攻击，但其密钥必须通过安全的途径传送。

（2）非对称加密

非对称加密又称公钥加密，使用一对密钥来分别完成加密和解密操作，其中一个公开发布（即公钥），另一个由用户自己秘密保存（即私钥）。

2. 信息认证技术

信息认证技术是用电子手段证明发送者和接收者身份及其文件完整性的技术，即确认双方的身份信息在传送或存储过程中未被篡改过。

目前常用的认证技术有以下几种：

（1）报文鉴别

报文鉴别主要指通信双方对通信的信息进行验证，以确保报文由正确的发送方产生，且内容在传输过程中未曾变动，报文按与传送时相同的顺序接收到。

（2）身份鉴别

现在常使用的方法是口令验证及利用信物鉴别的方法，例如磁卡条、智能卡等。随着网络技术与生物技术的发展，具有较强的防复制性的指纹识别、人脸识别、视网膜识别等鉴别身份的方法也得到越来越广阔的应用。

（3）数字签名

数字签名的作用是在信息传输过程中，接收方能够对第三方证明其接收的信息是真实的，并保证发送源的真实性；同时保证发送方不能否认自己发出信息的行为，接收方也不能否认曾经收到信息的行为。

（4）数字证书

数字证书是互联网通信中标志通信各方身份信息的一串数字，提供了在 Internet 上验证通信实体身份的方式，类似于现实生活中的驾驶证或身份证。它是由权威机构证书授权中心发行的，人们可以在网上用它来识别对方的身份。

10.4.3 网络安全防护措施

针对网络安全威胁，提出以下几点网络安全防护措施：

1. 安装网络防火墙

防火墙是一种保护计算机网络安全的技术性措施，它通过在网络边界上建立相应的网络通信监控系统来隔离内部和外部网络，以阻挡来自外部的网络入侵。

目前常见的防火墙有硬件防火墙和软件防火墙。硬件防火墙是一种专门的网络设备，通常架设于两个网络接驳处，直接从网络设备上检查过滤有害的数据报文。软件防火墙是一种安装在负责内外网络转换的网关服务器或者独立的个人计算机上的特殊程序，能保护设备免受外网非法用户的入侵。常用的个人计算机防火墙软件有瑞星个人防火墙、360RP 防火墙、天网防火墙等。

2. 安装杀毒软件

杀毒软件，也称反病毒软件或防毒软件，是用于消除计算机病毒、特洛伊木马和恶意软件等对计算机造成安全威胁的一类软件。杀毒软件通常集成监控识别、病毒扫描和清除和自动升级等功能，有的杀毒软件还带有数据恢复等功能，是计算机防御系统的重要组成部分。国内著名反病毒软件有 360 杀毒、金山毒霸和瑞星杀毒软件等。

下面以 360 杀毒软件为例，介绍杀毒软件的常用功能。

360 杀毒是 360 安全中心出品的一款免费的云安全杀毒软件，具有查杀率高、资源占用少、升级迅速等优点。同时，360 杀毒可以与其他杀毒软件共存，是一个理想的杀毒备选方案。360 杀毒是一款一次性通过 VB100 认证的国产杀毒软件，主界面如图 10.11 所示。

图 10.11 360 杀毒主界面

360 杀毒提供了多种病毒扫描方式。

① 快速扫描。扫描 Windows 系统目录及 Program Files 目录。

② 全盘扫描。扫描所有磁盘。

③ 自定义扫描。扫描用户指定的目录（在该模式下，还预设了 Office 文档、我的文档、U 盘、光盘和桌面 5 种扫描方式）。

④ 宏病毒扫描。扫描 Office 文件中的宏病毒。

⑤ 右键扫描。当用户在文件或文件夹上右击时，可以选择“使用 360 杀毒扫描”命令对选中文件或文件夹进行扫描。

360 杀毒扫描到病毒后，会首先尝试清除文件所感染的病毒，如果无法清除，则会提示用户删除感染病毒的文件。木马和间谍软件由于并不采用感染其他文件的形式，而是其自身即为恶意软件，因此会被直接删除。

提示：在 360 杀毒的“设置”对话框中，可进一步进行“病毒扫描设置”、病毒库“升级设置”等，帮助用户更好地保护系统。

3. 安装安全辅助软件

安全辅助软件是一类可以帮助杀毒软件（又名安全软件）的辅助安全产品，主要用于实时监控、防范和查杀流行木马、清理系统中的恶评插件、管理应用软件、系统实时保护，修复系统漏洞，具有 IE 修复、IE 保护、恶意程序检测及清除功能，同时提供系统全面诊断，弹出插件免疫，阻挡色情网站及其他不良网站，以及端口的过滤，清理系统垃圾、痕迹和注册表，并且提供对系统的全面诊断报告，方便用户及时定位问题所在，为用户提供全方位的系统安全保护；而且能够兼容绝大多数杀毒软件，安全辅助软件和杀毒软件同时使用，可以更大幅度地提高计算机安全性、稳定性和其他性能。目前最受欢迎的安全辅助软件有 360 安全卫士、金山卫士和腾讯电脑管家等。

下面以 360 安全卫士为例，介绍安全辅助软件的常用功能。

360 安全卫士是由 360 安全中心推出的一款功能强、效果好、受用户欢迎的计算机安全防护软件。其拥有查杀木马、清理插件、修复漏洞、电脑体检、保护隐私等多种功能，并独创了“木马防火墙”“360 密盘”等功能，依靠抢先侦测和云端鉴别，可全面、智能地拦截各类木马，保护用户的账号、隐私等重要信息。360 安全卫士主界面如图 10.12 所示。

图 10.12　360 安全卫士主界面

360 安全卫士主要有以下几种功能：

① 电脑体检。全面的检查用户计算机的各项状况。

② 查杀修复。主要包括木马查杀和系统修复功能。木马查杀是找出用户计算机中疑似木马的程序并在取得用户允许的情况下删除这些程序。系统修复是检查用户计算机中多个关键位置是否处于正常的状态，修复常见的上网设置、系统设置，为系统修复高危漏洞和功能性更新。

③ 电脑清理。集成了清理插件、清理痕迹、清理 Cookie、清理注册表、查找大文件等计算机文件检查和清理功能，通过电脑清理可以提高计算机的运行速度和上网速度，避免硬盘空间的浪费，并提供了一键清理功能，提高用户清理效率。

④ 优化加速。全面优化计算机系统，提升计算机速度。

⑤ 手机助手。是 Android 智能手机的资源获取平台。提供海量的游戏、软件、音乐、小说、视频、图片，通过它可以轻松下载、安装、管理手机资源。

⑥ 软件管家。聚合了众多安全优质的软件，用户可以方便、安全地下载。

小 结

本章介绍了计算机网络的定义、功能和分类，并对互联网以及移动互联网中的常见应用做了介绍，通过对计算机网络的了解能更深刻的意识到网络中存在的安全威胁，通过各种安全防护措施提高计算机的安全性。

实 训

实训1 计算机网络概述

1. 实训目的

① 掌握计算机网络的基本理论知识。

② 了解和掌握因特网和移动互联网相关应用。

③ 了解网络安全的威胁，掌握相关防护措施

2. 实训要求及步骤

完成下面理论知识题：

① 计算机网络是计算机技术与（ ）相结合的产物。

A. 通信技术 B. 人工智能技术 C. 管理技术 D. 多媒体技术

② 一个网吧将其所有的计算机连成网络，这个网络属于（ ）。

A. 广域网 B. 城域网 C. 局域网 D. 互联网

③ 计算机网络的主要实现（ ）功能。

A. 数据处理与数据通信 B. 数据通信与网络连接

C. 数据编码与数据传递 D. 网络协议与数据编码

④ OSI 参考模型一共有（ ）层。

A. 5 B. 6 C. 7 D. 8

⑤ 计算机网络从逻辑上可以分成（ ）。

A. 资源子网和通信子网 B. 通信子网和数据子网

C. 数据子网和交流子网 D. 资源子网和计算子网

⑥ 下面（ ）不属于互联网的应用。

A. 万维网 B. 信息检索 C. 即时通信 D. 系统体检

⑦ 下面（ ）不是合法的 IP 地址。

A. 110.11.32.11 B. 256.255.255.255

C. 111.110.123.158 D. 1.1.1.1

⑧ 关于 IP 地址说法错误的是（ ）。

A. 同一时刻一个 IP 地址可以标识一台主机
B. IPv4 协议中规定 IP 地址是 32 位二进制数
C. IPv4 协议可以保证每台机器都能分配到一个 IP 地址
D. IPv6 协议可以保证每台机器都能分配到一个 IP 地址

⑨ 合法的电子邮件地址是（　　）。
A. zknujkx@163.com　　B. zknujkx－01@163.com
C. zknujkx#163.com　　D. zknujkx&163.com

⑩ 移动互联网的应用有（　　）。
A. 移动教育　　B. 移动办公　　C. 移动电子商务　　D. 以上都是

⑪ 下面属于网络安全威胁的是（　　）。
A. 病毒　　B. 木马　　C. 信息窃取　　D. 以上都是

⑫ 增强网络安全意识，下面做法错误的是（　　）。
A. 不打开来历不明的链接、图片
B. 不轻信各类中奖信息
C. 不随便丢弃还有个人信息的快递单
D. 经常使用不需要密码的 Wi-Fi

⑬ 有关信息加密的说法错误的是（　　）。
A. 信息加密的目的是便于传输
B. 信息加密的目的是保护信息的保密性、完整性和安全性
C. 按照双方收发的密钥是否相同的标准划分为两大类
D. 加密后的信息称为密文

⑭ 属于信息认证技术的有（　　）。
A. 身份鉴别　　B. 数字签名　　C. 数字证书　　D. 以上都是

⑮ 下面说法错误的是（　　）。
A. 计算机中的木马和病毒是一个意思
B. 5G 网络速度更快
C. 移动互联网广泛应用于教育、电子商务、社交等领域
D. 雷雨天气尽量避免使用移动设备

实训 2　计算机体检

使用 360 安全卫士或腾讯电脑管家等安全辅助软件对计算机进行体检，如果系统有漏洞给系统打补丁，如果有木马则进行木马查杀，如果系统有垃圾则进行清理，如开机速度慢则进行开机加速等，尽量使计算机体检后检测分值能达到 100 分。

第 11 章

网络新技术

云计算、大数据和物联网代表了 IT 领域最新的技术发展趋势，三者相辅相成，相互促进。

云计算已经普及并成为 IT 行业的主流技术。云计算的实质是由越来越大的计算量以及越来越多、越来越动态、越来越实时的数据需求催生出来的一种基础架构和商业模式。云计算时代，个人用户可以将文档、照片、视频、游戏等存档记录上传至“云”中永久保存；企业客户根据自身需求，也可以搭建自己的“私有云”，或者托管、租用“公有云”上的 IT 资源与服务。

“大数据”在物理学、生物学、环境生态学等领域以及军事、金融、通信等行业的存在已有时日，近年来，互联网和信息行业的发展令其越发引起人们的关注。最早提出“大数据”时代已经到来的是全球知名咨询公司麦肯锡。麦肯锡称：“数据已经渗透到当今每一个行业和业务职能领域，成为重要的生产因素。人们对于海量数据的挖掘和运用，预示着新一波生产率增长和消费者盈余浪潮的到来。”

随着互联网、移动互联网、各种短距离通信技术以及无线传感网技术的快速发展，物联网已成为一个热门的应用研究领域，受到各国政府的高度重视。这是因为物联网是化解当前人类与社会危机之戟，物联网的发展能大大促进以效率、节能、环保、安全、健康为核心诉求的全球信息化发展。

本章介绍云计算、大数据、物联网的基础知识，使大家对云计算、大数据、物联网有初步认识和了解。

11.1 云 计 算

很少有一种技术能够像“云计算”这样，在短短几年间就产生巨大的影响力。Google（谷歌）、Amazon（亚马逊）、IBM 和微软等 IT 巨头们以前所未有的速度和规模推动云计算技术和产品的普及，业界已对云计算有高度认同。

11.1.1 云计算概述

1. 云计算的概念

云计算（Cloud Computing，见图 11.1）是在分布式计算、并行计算和网格计算的基础上发展而来的，是一种新兴的商业计算模型。云计算与网络密不可分，云计算的原始含义即是通过互联网提供计算能力。云计算一词的起源与 Amazon 和 Google 两家公司有十分密切的关系，它们最早使用了 Cloud Computing 的表述方式。随着技术的发展，对云计算的认识也在不断地发展变化，目前云计算仍没有形成普遍一致的定义。

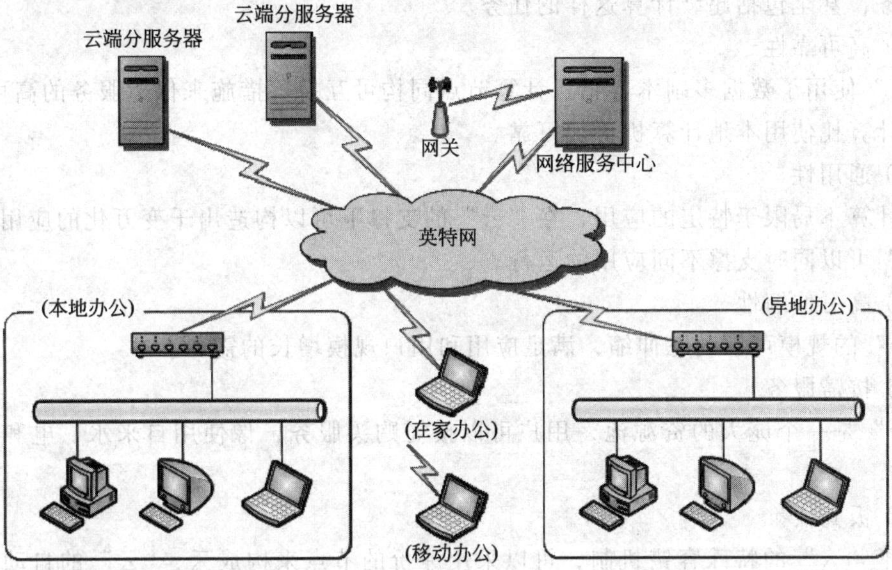

图 11.1 云计算

狭义的云计算是指厂商通过分布式计算和虚拟化技术搭建数据中心或超级计算机，以免费或按需租用的方式向技术开发者或者企业客户提供数据存储、分析以及科学计算等服务，比如 Amazon 数据仓库出租服务、阿里服务器出租服务等。

广义的云计算是指厂商通过建立网络服务器集群，向各种不同类型的客户提供在线软件使用、硬件租借、数据存储、计算分析等不同类型的服务。广义的云计算包括了更多的厂商和服务类型，例如，国内用友、金蝶等管理软件厂商推出的在线财务软件，Google 发布的 Google 应用程序套装等。

"云"是指存储于互联网服务器集群上的资源，它包括硬件资源（服务器、存储器、CPU等）和软件资源（应用软件、集成开发环境等）。本地计算机只需要通过互联网发送一个需求信息，远端就会有成千上万的计算机为用户提供所需资源，并将结果返回到本地计算机，本地计算机几乎不需要做什么，所有的处理都可以由云计算提供商所提供的计算机群完成。

2. 云计算的特点

从研究现状看，云计算具有以下特点：

（1）超大规模

"云"具有相当大的规模，Google 云计算已经拥有 100 多万台服务器，Amazon、IBM、微软、Yahoo 等公司提供的"云"均拥有几十万台服务器。企业私有云一般拥有数百上千台服务器。"云"能赋予用户前所未有的计算能力。

（2）虚拟化

云计算支持用户在任意位置、使用各种终端获取应用服务。所请求的资源来自"云"，而不是固定的有形实体。应用在“云”中何处运行，用户无须了解，也不用关心应用运行的具体位置。用户只需要一台笔记本电脑或者一个手机，就可以通过网络获取所需的一切服务，甚至包括超级计算这样的任务。

（3）高可靠性

“云”使用了数据多副本容错、计算节点同构可互换等措施来保障服务的高可靠性，使用云计算比使用本地计算机更加可靠。

（4）通用性

云计算不局限于特定的应用，在“云”的支撑下可以构造出千变万化的应用，同一个“云”可以同时支撑不同应用的运行。

（5）高可伸缩性

“云”的规模可以动态伸缩，满足应用和用户规模增长的需要。

（6）按需服务

“云”是一个庞大的资源池，用户可以按需购买服务，像使用自来水、电和煤气那样计费。

（7）极其廉价

由于“云”的特殊容错机制，可以采用廉价的节点来构成云，“云”的自动化集中式管理使大量企业无须负担日益高昂的数据中心管理成本，“云”的通用性使资源的利用率较传统系统有大幅提升，因此用户可以充分享受“云”的低成本优势。

3．云计算的分类

在云计算中，硬件和软件都被抽象为资源并被封装为服务，向云外提供，用户则以互联网为主要接入方式，获取云中提供的服务。云计算可以从两个方面来分类：一是按照所有权来分，可将云计算分为私有云、公有云和混合云 3 类；二是按照服务类型来分，可将云计算分为基础设施即服务（Infrastructure as a Service，IaaS）、平台即服务（Platform as a Service，PaaS）、软件即服务（Software as a Service，SaaS）3 类。

（1）公有云、私有云和混合云

云计算作为一种革新性的计算模式，具有许多现有模式所不具备的优势，也带来了一系列商业模式上和技术上的挑战。首先是安全问题，对于那些对数据安全要求很高的企业（如银行、保险、贸易、军事等）来说，客户信息是最宝贵的财富，一旦被窃取或损坏，后果将不堪设想；其次是可靠性问题，例如银行希望其每一笔交易都能快速、准确地完成，因为准确的数据记录和可靠的信息传输是让用户满意的必要条件；再者是监管问题，有的企业希望自己的 IT 部门完全被公司所掌握，不受外界的干扰和控制。虽然云计算可以通过系统隔离和安全保护措施保障用户数据安全，并通过服务质量管理为用户提供可靠的服务，但仍有可能无法同时满足上述所有需求。

针对这些问题，业界按照云计算提供者与使用者的所属关系（或者说所有权）为划分标准，将云计算分为 3 类，即公有云、私有云和混合云。用户可以根据自身需求，选择适合自己的云计算模式。

① 公有云。公有云，或者称为公共云，是由第三方（供应商）提供的云服务，这些云在公司防火墙之外，由云提供商安全承载和管理，一般可通过 Internet 使用，可能

是免费的或成本低廉的。

公有云的优点：云服务提供者能够以低廉的价格，提供有吸引力的服务给最终用户，创造新的业务价值；公有云作为一个支撑平台，能够整合上游的服务（如增值业务、广告）和下游最终用户，打造新的价值链和生态系统。

公有云尝试为使用者提供无后顾之忧的 IT 服务。无论是软件、应用程序基础结构还是物理结构，云提供商都负责安装、管理、供给和维护，客户只要为其使用的资源付费即可，不会存在利用率低的问题。但是这要付出一些代价，因为这些服务通常根据“配置惯例”提供，即根据适应最常见使用情形的原则提供，如果资源由使用者直接控制，则配置选项一般是这些资源的一个较小子集；而且，由于使用者几乎无法控制基础结构，因此公有云并不一定适用于需要严格的安全性和法规遵从性的流程。

公有云目前在国内发展得如火如荼，被认为是云计算服务的主要模式。根据市场参与者类型，国内的公有云服务可分为 4 类：一类为传统电信基础设施运营商，包括中国移动、中国联通和中国电信；一类为政府主导下的地方云计算平台，如各地相关云项目；一类为互联网巨头打造的公有云平台，如盛大云；一类为部分原 IDC 运营商，如世纪互联。

② 私有云。私有云是在企业内提供的云服务，这些云在公司防火墙之内，由企业管理。

私有云兼具公有云的优点，且在某些方面有超过公有云的优势。首先，公司拥有基础设施，因而可以控制在此基础设施上部署应用程序的方式，并控制各种资源的全部配置选项；其次，由于安全性和法规问题，当要执行的工作类型对公有云不适用时，使用私有云就较为合适。其缺点是企业可能难以承担建设并维护内部云的困难和成本，且内部云的持续运营成本可能会超过使用公有云的成本。

私有云既可以部署在企业数据中心的防火墙内，也可以部署在一个安全的主机托管场所；既可以由公司自己的 IT 机构构建，也可由云提供商构建。在“托管式专用”模式中，可以委托像 Sun、IBM 这样的云计算提供商来安装、配置和运营基础设施，以支持一个公司企业数据中心内的专用云。此模式赋予公司对云资源使用情况的极高控制能力，同时也带来了建立并运作该环境所需要的专门知识。

③ 混合云。混合云是公有云和私有云的混合，这些云一般由企业创建，而管理职责由企业和公有云提供商共同承担。

混合云提供既在公共空间又在私有空间中的服务，从这个意义上说，公司可以列出服务目标和需求，然后对应地从公有云或私有云获取。结构完好的混合云可以为至关重要的流程（如接收客户支付）以及辅助业务流程（如员工工资单流程）提供服务。混合云的主要缺点是很难有效创建和管理此类架构，且私有和公共组件之间的交互会使实施更加复杂。

（2）IaaS、PaaS 和 SaaS

按服务类型，可以将云计算分为基础设施即服务（IaaS）、平台即服务（PaaS）、软件即服务（SaaS）3 种类型，如图 11.2 所示。

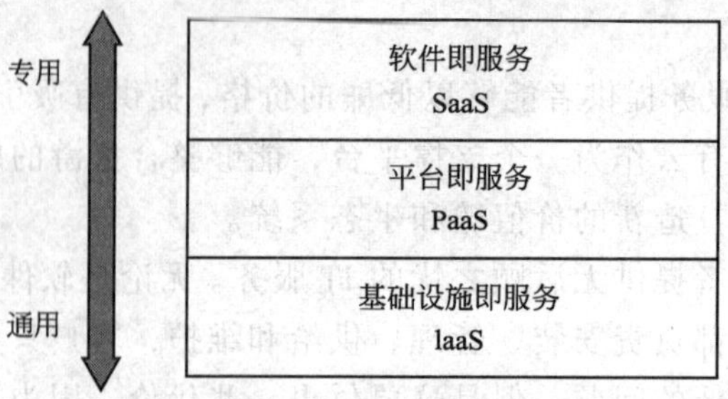

图 11.2　云计算的服务类型

① IaaS。IaaS 提供给用户的服务是对所有计算基础设施的使用，包括存储、硬件、服务器、网络带宽和其他基本的计算资源，用户能够部署和运行任意软件，包括操作系统和应用程序。用户不需要管理或控制任何云计算基础设施，但能够控制操作系统的选择、存储空间和部署的应用，也有可能获得有限制的网络组件（如路由器、防火墙、负载均衡器等）的控制。

IaaS 要通过按需分配计算能力来满足用户需求。此外，由于该层一般使用虚拟化技术，因此可以享受更高的资源利用率，从而更有效地节约成本。

IaaS 的优点是用户只需采购较低成本的硬件，就能按需租用较高的计算能力和存储能力，大大降低了用户的硬件开销。

IaaS 类型的代表产品有 Amazon EC2、Go Grid Cloud Servers 和 Joyent。

② PaaS。PaaS 将研发的软件平台作为一种服务，以 SaaS 的模式提交给用户。平台通常包括操作系统、编程语言的运行环境、数据库和 Web 服务器。用户或者企业基于 PaaS 平台可以快速开发自己所需要的应用和产品。同时，PaaS 平台开发的应用能更好地搭建基于 SOA 架构的企业应用。

PaaS 作为一个完整的开发服务，提供了从开发工具、中间件，到数据库软件等开发者构建应用程序所需开发平台的所有功能。用户不需且不能管理和控制底层的基础设施，只能控制自己部署的应用。

PaaS 类型的代表产品有 Google App Engine、Microsoft Azure、Amazon Web Services 和 Force.com。以 Google App Engine 为例，它是一个由 Python 应用服务器群、BigTable 数据库与 GFS 组成的平台，能够为开发者提供一体化主机服务器以及可自动升级的在线应用服务。用户只需编写应用程序并在 Google 的基础架构上运行，就可以为互联网用户提供服务，应用运行及维护所需要的平台资源则由 Google 提供。

③ SaaS。SaaS 是一种通过 Internet 提供软件的模式，服务提供商将应用软件统一部署在自己的服务器上，用户无须购买软件，而是向提供商租用基于 Web 的软件来管理企业经营活动。云提供商在云端安装和运行应用软件，云用户通过云客户端使用软件。在 SaaS 模式中，云用户不能管理应用软件运行的基础设施和平台，只能做有限的应用程序设置。

这种服务模式的优势：由服务提供商维护、管理软件并提供软件运行的硬件设施，用户只需拥有能够接入互联网的终端即可随时随地使用软件。在该模式下，客户不用再像传统模式那样在硬件、软件及维护人员上花费大量资金，而是只需支出一定的服务租赁费用，就可以通过互联网享受到相应的硬件、软件和维护服务，这是网络应用最具有效益的运营模式。对于小型企业来说，SaaS 是采用先进技术的最好途径。

SaaS 类型的代表产品有 Yahoo 邮箱、Google Apps、Saleforec.com、WebEx 和 Microsoft Office Live。

④ 三种类型的关系。

云计算同传统 IT 服务模式的区别如表 11.1 所示。

表 11.1 云计算同传统 IT 服务模式的区别

云计算	服务内容	服务对象	使用模式	和传统 IT 的区别	典型系统
IaaS	IT 基础设施	需要硬件资源的用户	上传数据、程序和环境配置	相比于传统的服务器、存储设备： ①无限和按需获得资源； ②初始投资小； ③按需付费。	Amazon EC2; Go Grid Cloud Servers; Joyent
PaaS	提供应用程序开发环境	系统开发者	上传数据、程序	相比于传统的数据库、中间件、Web 服务器和其他软件： ①无限和按需获得资源； ②初始投资小； ③按需付费； ④兼容性好； ⑤集成全生命周期开发环境	Google App Engine; Microsoft Azure; Amazon Web Services; Force.com
SaaS	提供基于互联网的应用服务	企业和个人用户	上传数据	相比于传统的 Asp 模式： ①无限和按需获得资源； ②初始投资小； ③按需付费； ④兼容性好，灵活性强； ⑤稳定可靠； ⑥共享的应用和基础设施	Google Apps; Saleforec.com; WebEx; Microsoft Office Live

虽然云计算具有 3 种服务模式，但在使用过程中并不需要严格地对其进行区分。“底层”的基础服务和“高层”的平台与软件服务之间的界限并不绝对。

随着技术的发展，3 种模式的服务在使用过程中并不是相互独立的。底层（IaaS）的云服务商提供最基本的 IT 架构服务，SaaS 层和 PaaS 层的用户可以是 IaaS 云服务商的用户，也可以是最终端用户的云服务提供者；PaaS 层的用户同样也可能是 SaaS 层用户的云服务提供者。从 IaaS 到 PaaS 再到 SaaS，不同层的用户之间互相支持，同时扮演多重角色。并且，企业根据不同的使用目的同时采用云计算三层服务的情况也很常见。

11.1.2 云计算的体系结构

云计算平台是一个强大的“云”网络，连接了大量并发的网络计算和服务，可利用虚拟化技术扩展每一台服务器的能力，将各自的资源通过云计算平台结合起来，提供超级计算和存储能力。通用的云计算体系结构如图 11.3 所示其中各部分功能如下：

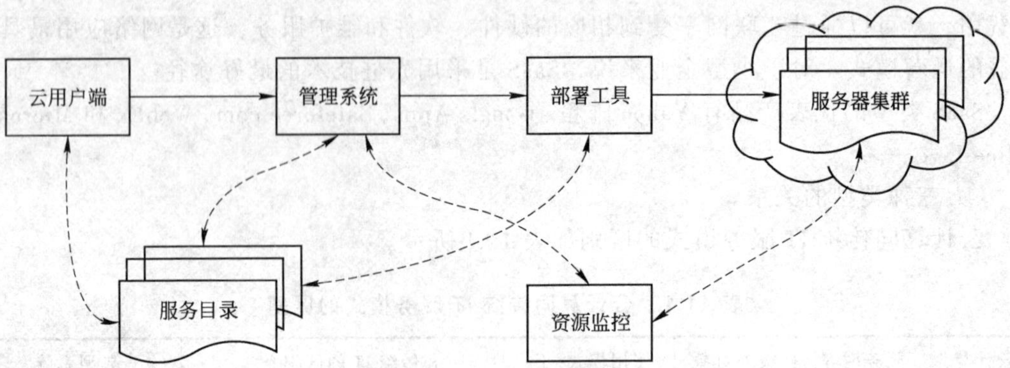

图 11.3　云计算体系结构

① 云用户端：提供云用户请求服务的交互界面，也是用户使用云的入口，用户通过 Web 浏览器可以注册、登录及定制服务、配置和管理用户。

② 服务目录：云用户在取得相应权限后可以从服务目录中选择或定制服务列表，也可以对已有服务进行退订，最终在云用户端界面以图标或列表的形式展示定制的服务。

③ 管理系统和部署工具：提供管理和服务功能，管理云用户的授权、认证、登录等操作；并可以管理可用计算资源和服务，根据用户发送来的请求转发到相应的相应程序，智能地调度和部署资源。

④ 资源监控：监控和计量云系统资源的使用情况，以便做出迅速反应，完成节点同步配置、负载均衡配置和资源监控，确保资源能顺利分配给合适的用户。

⑤ 服务器集群：为虚拟的或物理的服务器，由管理系统管理，负责高并发量的用户请求处理、大运算量计算处理、用户 Web 应用服务，存储云数据时采用相应数据切割算法和并行方式完成上传下载。

用户可通过云用户端从服务目录中选择所需的服务，其请求通过管理系统调度相应的资源，并通过部署工具分发请求、配置 Web 应用。

11.1.3　主流云计算技术

由于云计算是多种技术混合演进的结果，其成熟度较高，又有业内大公司推动，发展极为迅速。目前，主流的云计算技术有 Google 云计算、Amazon 云计算、IBM 云计算、微软云计算等。

1. Google 云计算

Google 是最大的云计算技术的使用者，拥有目前全球最大的搜索引擎。除了搜索业务，Google 还有 Google Maps、Google Earth、Gmail、YouTube 等其他业务。这些应用的共性在于数据量巨大，且要面向全球用户提供实时服务，因此，Google 必须解决海量数据存储和快速处理的问题。Google 研发出了简单而又高效的技术，让多达百万台的廉价计算机协同工作，共同完成这些任务。这些技术在诞生几年之后才被命名为 Google 云计算技术。

Google 云计算技术包括 Google 文件系统（Google File System，GFS）、分布式计算编程模型 MapReduce、分布式锁服务 Chubby 和分布式结构化数据存储系统 Bigtable 等，这

4 个系统既相互独立又紧密联系，共同协作为用户提供一体化的主机服务器服务与自动升级的在线应用服务。

2．Amazon 云计算

Amazon 是依靠电子商务逐步发展起来的，凭借其在电子商务领域积累的大量基础性设施、先进的分布式计算技术和巨大的用户群体，Amazon 很早就进入了云计算领域，并在云计算、云存储等方面一直处于领先地位。

在传统的云计算服务基础上，Amazon 不断进行技术创新，开发出了一系列新颖、实用的云计算服务。Amazon 研发了弹性计算云 EC2 和为企业提供计算和存储服务的简单存储服务 S3。收费的服务项目包括存储空间、带宽、CPU 资源以及月租费。月租费与电话月租费类似，存储空间、带宽按容量收费，CPU 根据运算量时长收费。

Amazon 的云计算服务还包括简单数据库服务 Simple DB、简单队列服务 SQS、弹性 MapReduce 服务、内容推送服务 CloudFront、电子商务服务 DevPay 和 FPS 等。这些服务涉及云计算的方方面面，用户完全可以根据自己的需要选取一个或多个 Amazon 云计算服务。这些服务都是按需获取资源，具有极强的可扩展性和灵活性。

3．IBM 云计算

IBM 推崇的云计算是网格计算和虚拟化技术的结合，它的“蓝云”计算平台为企业提供了可通过 Internet 访问的分布式云计算体系。

“蓝云”计算平台结合了 IBM 的先进技术和原有的软硬件系统，支持开放标准与开放源代码软件，它的组成部分包括数据中心、应用服务器、部署管理软件、数据库、监控软件和一些开源信息处理和虚拟化软件。“蓝云”的存储体系结构由集群文件系统和基于块设备方式的存储区域网络组成，这两个部分相互协作，为用户提供更可靠的可扩展云计算服务。

4．微软云计算

微软介入云计算领域比较迟，它主要强调的是“云端计算”，注重的是云端和终端的均衡。

Microsoft Azure 是微软推出的云计算平台，其主要作用是提供一整套完整的开发、运行和监控的云计算环境，为软件开发人员提供服务接口。Microsoft Azure 所提供的服务包括 NET Service、Live Services、SQL Services、Microsoft SharePoint Services 以及 Microsoft Dynamics CRM Services。除了 Azure，微软还有针对普通消费者的云服务，如云存储 SkyDrive 以及云端办公软件套件 Office 365。

5．基本云计算的技术对比

表 11.2 简要描述了常见云技术的技术比较。

表 11.2　常见云技术的技术比较

厂　家	技术特性	核心技术	企业服务	开发语言	开源情况
微软	整合其所用软件及数据服务	大型应用软件开发技术	Azure 平台	.NET	不开源

续表

厂　家	技术特性	核心技术	企业服务	开发语言	开源情况
Google	存储及运算扩充能力	并行分散技术；MapReduce技术；BigTable技术；GFS技术	Google App Engine；应用代管服务	Python Java	不开源
IBM	整合其所有硬件及软件	网格技术；分布式存储	虚拟资源池提供；企业云计算整合		不开源
Oracle	软硬件弹性平台	Oracle 的数据存储技术；Sun的开源技术	EC2上的数据库；OraclVM；SunxVM		部分开源
Amazon	弹性虚拟平台	虚拟化技术 Xen	EC2; S3; SimpleDB; SQS		开源
Saleforce	弹性可定制商务软件	平台整合技术	Force.com	Java、APEX	不开源
EMC	信息存储技术以及虚拟化技术	VMware 的虚拟化技术	Atoms云存储系统；私有云解决方案		不开源
阿里巴巴	弹性可定制商务软件	平台整合技术	软件互联平台；云电子商务平台		不开源
中国移动	丰富宽带资源	底层集群部署技术；资源池虚拟技术	BigCloud		不开源

11.1.4 云安全

1. 云计算的安全问题

云计算的安全问题无疑是云计算应用最大的瓶颈。云计算拥有庞大的计算能力与丰富的计算资源，越来越多的恶意攻击者正在利用云计算服务实施恶意攻击。

对于恶意攻击者，云计算扩展了其攻击能力与攻击范围。

首先，云计算的强大计算能力让密码破解变得简单、快速。同时，云计算里的海量资源给了恶意软件更多传播的机会。

其次，在云计算内部，云端聚集了大量用户数据，虽然利用虚拟机予以隔离，但对于恶意攻击者而言，云端数据依然是极其诱人的超级大蛋糕。一旦虚拟防火墙被攻破，就会诱发连锁反应，所有存储在云端的数据都面临被窃取的威胁。

最后，数据迁移技术在云端的应用也给恶意攻击者以窃取用户数据的机会。恶意攻击者可以冒充合法数据，进驻云端，挖掘其所处存储区域里前一用户的残留数据痕迹。

云计算在改变IT世界，云计算也在催发新的安全威胁出现。云计算给人们带来更多便利的同时，也给恶意攻击者提供了更多发动攻击的机会。

云安全既是一个传统课题，又因为云的特性增加了很多新的问题。

2. 云计算安全的技术手段

从IT网络和安全专业人士的视角出发，可以用一组统一分类的、通用简洁的词汇来描述云计算对安全架构的影响，在这个统一分类的方法中，云服务和架构可以被分解并映射到某个包括安全性、可操作性、可控制性、可进行风险评估和管理等诸多要素的补偿模型中去，进而符合合规性标准。

云计算模型之间的关系和依赖性对于理解云计算的安全非常关键，IaaS是所有云服务的基础，PaaS一般建立在IaaS之上，而SaaS一般又建立在PaaS之上。

IaaS涵盖了从机房设备到硬件平台等所有的基础设施资源层面。PaaS位于IaaS之上，增加了一个层面用以与应用开发、中间件能力及数据库、消息和队列等功能集成。PaaS允许开发者在平台之上开发应用，开发的编程语言和工具由PaaS提供。SaaS位于底层的IaaS和PaaS之上，能够提供独立的运行环境，用以交付完整的用户体验，包括内容、展现、应用和管理能力。图11.4描述了云计算环境下的安全参考模型。

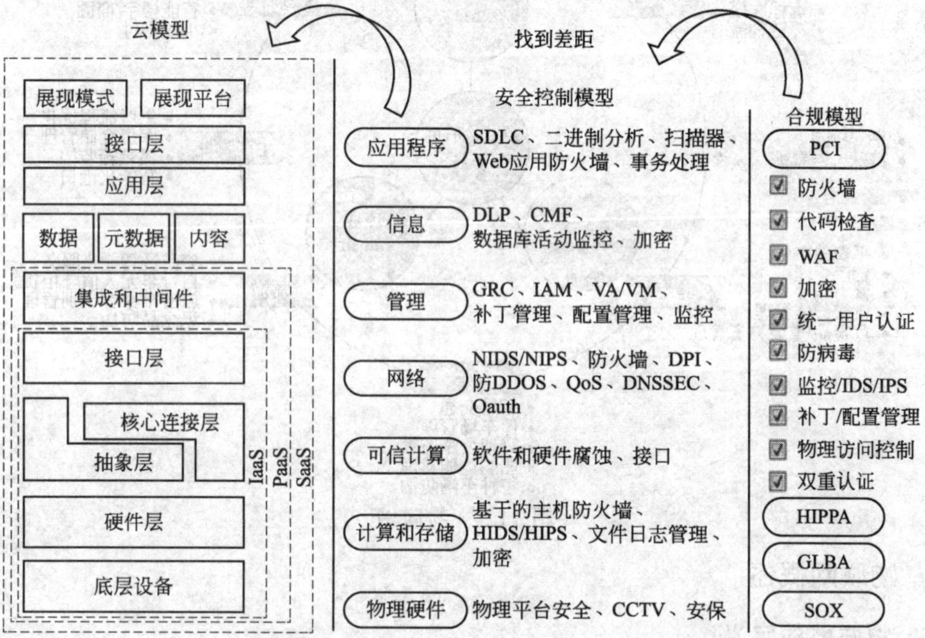

图11.4　云计算安全参考模型

云安全架构的一个关键特点是云服务提供商所在的等级越低，云服务用户自己所要承担的安全能力和管理职责就越多。表11.3概括了云计算安全领域中的数据安全、应用安全和虚拟安全等问题涉及的关键内容。

表11.3　云安全关键内容

云安全层次	云安全内容
数据安全	数据传输、数据隔离、数据残留
应用安全	终端用户安全、SaaS安全、PaaS安全、IaaS安全
虚拟化安全	虚拟化软件、虚拟服务器

11.2 物 联 网

物联网（Internet of Things，见图 11.5）的概念是在 1999 年提出的。所谓“物联网”，就是“物物相连的因特网”，这里有两层意思：第一，物联网的核心和基础仍然是因特网，是在因特网基础上的延伸和扩展的网络；第二，其用户端延伸和扩展到了任何物品与物品之间，进行信息交换和通信。

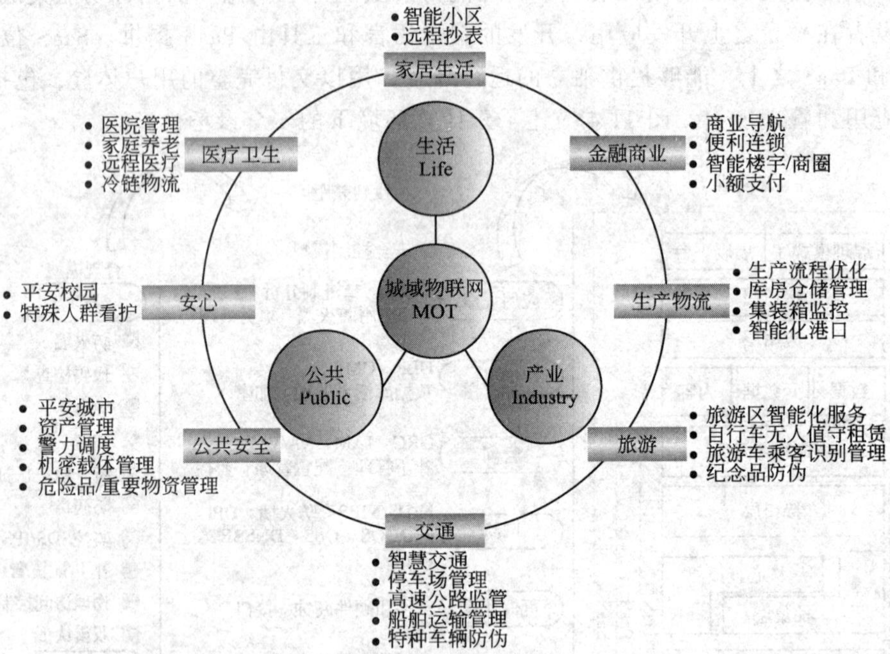

图 11.5 物联网

11.2.1 物联网概述

1. 物联网的定义

物联网把新一代 IT 技术充分运用在各行各业之中，具体地说，就是把感应器嵌入和装备到电网、铁路、桥梁、隧道、公路、建筑、供水系统、大坝、油气管道等各种物体中，然后将“物联网”与现有的因特网整合起来，实现人类社会与物理系统的整合。在这个整合的网络当中，存在能力超级强大的中心计算机群，能够对整个网络内的人员、机器、设备和基础设施实施实时的管理和控制。在此基础上，人类可以以更加精细和动态的方式管理生产和生活，达到“智慧”状态，提高资源利用率和生产力水平，改善人与自然间的关系。

物联网至今还没有约定俗成的公认的概念，目前较为公认的物联网的定义为：利用条码、射频识别（RFID）、红外感应器、全球定位系统、激光扫描器等信息传感设备，按约定的协议，把任何物品与因特网连接起来，进行信息交换和通信，以实现智能化识别、定位、跟踪、监控和管理的一种网络。物联网的组成如图 11.6 所示。

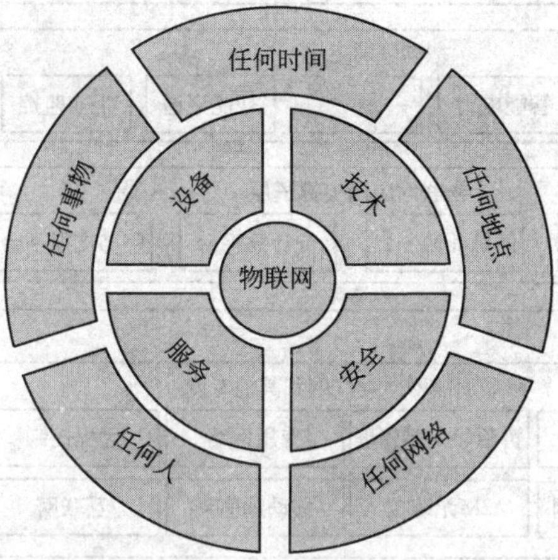

图 11.6　物联网的组成

从网络结构上看，物联网是通过 Internet 将众多信息传感设备与应用系统连接起来并在广域网范围内对物品身份进行识别、控制的分布式系统。

物联网中的“物”要满足以下条件才能够被纳入“物联网”的范围。

① 要有相应信息的接收器。

② 要有数据传输通路。

③ 要有一定的存储功能。

④ 要有 CPU。

⑤ 要有操作系统。

⑥ 要有专门的应用程序。

⑦ 要有数据发送器。

⑧ 遵循物联网的通信协议。

⑨ 在世界网络中有可被识别的唯一编号。

2. 物联网的特征

一般认为，物联网具有以下三大特征。

第一是全面感知的特征。物联网利用射频识别、二维码、无线传感器等感知、捕获、测量技术随时随地对物体进行信息采集和获取。

第二是可靠传递特征。物联网通过无线网络与互联网的融合，将物体的信息实时准确地传递给用户。

第三是智能处理的特征。物联网利用云计算、数据挖掘以及模糊识别等人工智能技术，对海量的数据和信息进行分析和处理，对物体实施智能化的控制。

11.2.2　物联网的体系架构

物联网作为一种形式多样的聚合性复杂系统，涉及信息技术自上而下的每一个层面，其体系架构一般可分为感知层、网络层、应用层 3 个层面。其中公共技术不属于物联网技术的某个特定层面，而是与物联网技术架构的 3 层都有关系，它包括标识与解析、安全技术、网络管理和服务质量（Quality of Service，QoS）管理等内容。物联网技术体系架构如图 11.7 所示。

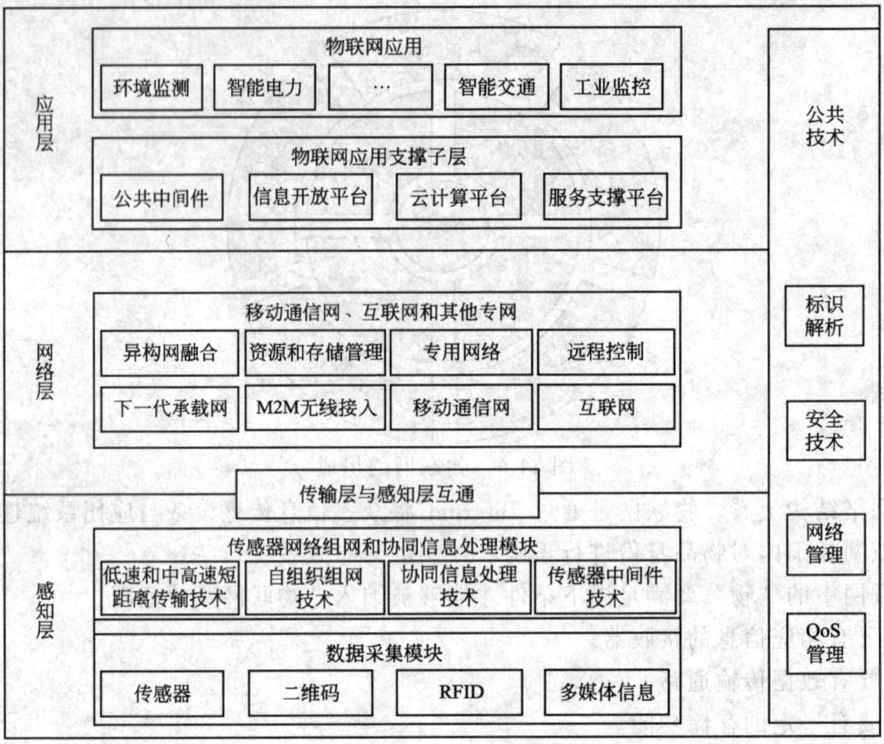

图 11.7　物联网技术体系架构

1．感知层

感知层，顾名思义就是感知系统的一个层面。这里的感知主要就是指系统信息的采集。感知层就是通过二维码、RFID、传感器、红外感应器、全球定位系统等信息传感装置，自动采集与所有物品相关的信息，并传送到上位端，完成传输到互联网前的准备工作。感知层的作用相当于人的眼耳鼻喉和皮肤等神经末梢，主要功能是识别物体，采集信息。感知层示意图如图 11.8 所示。

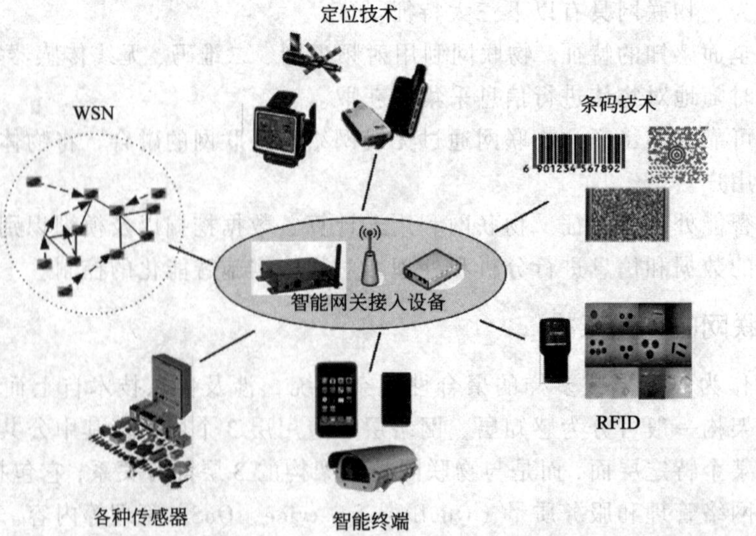

图 11.8　感知层示意图

2．网络层

网络层可以理解为搭建物联网的网络平台，建立在现有的移动通信网、互联网和其他专网的基础上，连接感知层和应用层，相当于人的神经中枢和大脑，负责传递和处理感知层获取的信息。

3．应用层

应用层是物联网和用户（包括人、组织和其他系统）的接口，它与行业需求结合，实现物联网的智能应用。

11.2.3 关键技术

1．传感器技术

传感器作为物联网中的信息采集设备，通过利用各种机制把被观测量转换为一定形式的电信号，然后由相应的信号处理装置来处理，并产生相应的动作。常见的传感器包括温度、压力、湿度、光电、霍尔磁性传感器。

2．RFID

RFID 即射频识别，是一种非接触式的自动识别技术，主要用来为各种物品建立唯一的身份标识。在 RFID 技术中融合了无线射频技术和嵌入式技术。RFID 在自动识别、物品物流管理有着广阔的应用前景。RFID 的系统组成包括电子标签、读写器以及作为服务器的计算机。

3．人工智能

人工智能技术将实现用计算机模拟人的思维过程并做出相应的行为，在物联网中利用人工智能技术可以分析物品“讲话”的内容，然后借助计算机实现自动化处理。

4．云计算

云计算技术的发展为物联网的发展提供了技术支持。在物联网中各种终端设备的计算能力及存储能力都十分有限，物联网借助云计算平台能实现对海量数据的存储和计算。

5．“两化”融合

“两化”融合是指电子信息技术广泛应用到工业生产的各个环节，信息化成为工业企业经营管理的常规手段。信息化进程和工业化进程不再相互独立进行，不再是单方的带动和促进关系，而是两者在技术、产品、管理等各个层面相互交融，彼此不可分割，并催生工业电子、工业软件、工业信息服务业等新产业。“两化”融合是工业化和信息化发展到一定阶段的必然产物，其核心就是信息化支撑，追求可持续发展模式。

6．M2M

M2M 是两化融合的补充和提升，是机器到机器、人对机器和机器对人的无线数据传输方式。有多种技术支持 M2M 网络中终端之间的传输协议，目前主要有 CDMA、GPRS、3G、4G、5G 等。

11.2.4 物联网的应用

物联网的应用领域归纳为智能家居、智能交通、智能物流、环境保护、智能电力、医疗保健、精细农业、金融管理、公共安全、工业监管、城市管理、零售管理、军事管理等。其中，前 7 个领域是最为普遍的应用领域。

1. 智能家居

物联网在家居领域的应用主要体现在两个方面：家电控制和家庭安防。家电控制是物联网在家居领域的重要应用，它是利用微处理电子技术、无线通信及遥控遥测技术来集成或控制家中的电子电器产品，如电灯、厨房设备（电烤箱、微波炉、豆浆机、咖啡壶等）、取暖制冷系统、视频及音响系统等。它是以家居控制网络为基础，通过智能家居信息平台来接收和判断外界的状态和指令，进行各类家电设备的协同工作。当主人不在家时，如果家中发生偷盗、火灾、煤气泄漏等紧急事件，智能家庭安防系统能够现场报警，及时通知主人，同时还向物业中心进行计算机联网报警。智能家居示意图如图 11.9 所示。

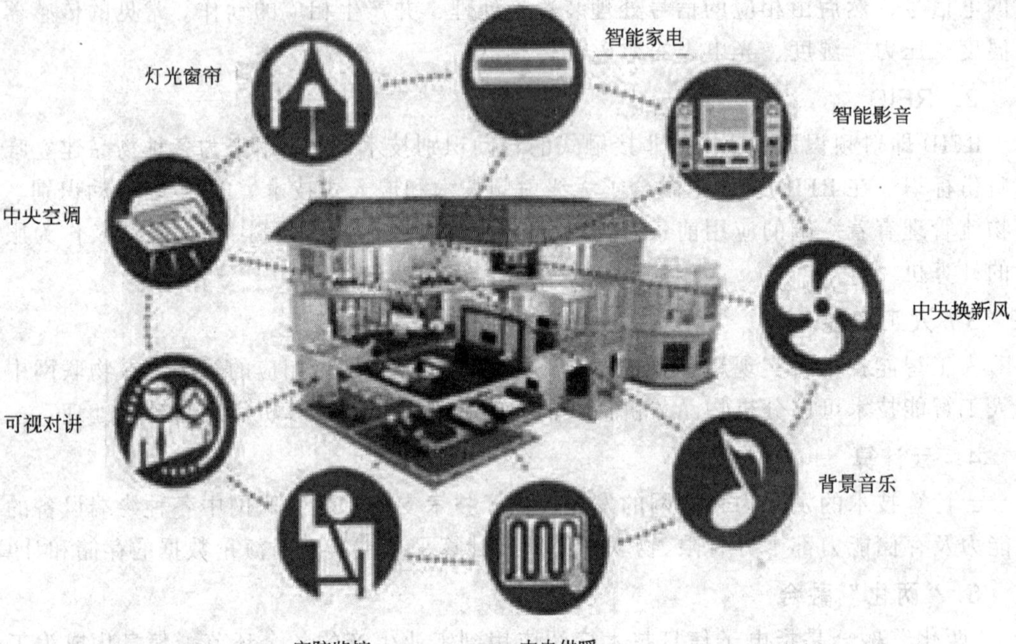

图 11.9 智能家居

2. 智能交通

城市发展，交通先行。但是随着车辆的日益增加，目前很多城市都受交通难题困扰。相关数据显示，在目前的特大城市中，30%的石油浪费在寻找停车位的过程中，七成的车主每天至少碰到一次停车困难。此外，交通拥堵、事故频发时城市交通承受越来越大的压力，不仅造成了资源浪费、环境污染，还给人们生活带来极大的不便。

智能交通是一种先进的一体化交通综合管理系统，在智能交通体系中，车辆靠自己的智能在道路上自由行驶，公路靠自身的智能将交通流量调整至最佳状态，借助于这个系统，公交公司能够有序灵活地调度车辆，管理人员将对道路、车辆的行踪掌握得一清二楚。具体分为如下几个方面：

① 智能收费。用电子标签标识通行车辆，当车辆接近高速公路收费站时，装在收费站的阅读器自动远距离读取电子标签上的信息，并通过物联网访问银行服务系统，完成费用收缴，实现全国公路联网收费，不停车收费 ETC。这种自动缴费功能取消了现有预付卡购买、储值和收费环节，方便系统管理，避免预付卡盗用、冒用的发生。因此，它提高了车辆通行效率，缓解了高速公路收费站车辆通行压力。除此之外，智能收费功能还可以用在加油站的付款、公交车的电子票务等领域。ETC 收费如图 11.10 所示。

图 11.10　ETC 收费

② 交通监控。通过遍布城市道路的视频监控系统和无线通信系统，将道路、车辆和驾驶人之间建立快速通信联系。哪里发生了交通事故，哪里交通拥挤，哪条路最为通畅，哪条路最短，该系统都会以最快的速度提供给驾驶员和交通管理人员。

③ 电子车牌。电子车牌是一种新兴无线射频自动识别技术，具有高速识别、防拆、防磁、加密存储等特点，公安交通管理部门应用该技术，能精确、全面地获取交通信息，规范车辆使用和驾驶行为，抑制车辆乱占道、乱变道、超速等违法违规行为，并能有效打击肇事逃逸、克隆、涉案等违法车辆。电子眼抓拍的违规违章车辆如图 11.11 所示。

（a）压实线

（b）闯红灯

（c）逆行

（d）逆行不按规定车道行驶

图 11.11　抓拍的违规违章车辆

（e）提前左转

（f）超速

图 11.11　抓拍的违规违章车辆（续）

④ 交通信息查询。对于外出旅游的人员，物联网可以为其提供各种交通信息。外出人员无论在办公室、大街上、家中，还是汽车上，都可以通过计算机、电视、电话、无线电、车内显示屏等任何终端及时获得所需的交通信息，如最近的餐馆、指定的旅游景点等。

⑤ 运营车辆高度管理。通过汽车上的车载计算机、高度管理中心计算机与全球卫星定位系统 GPS 联网，实现驾驶员与调度管理中心之间的双向通信来提高商业车辆、公共汽车和出租汽车的运营效率。车载传感器可以帮助客运管理人员监测车辆的驾驶情况，车载的智能摄像系统则可以记录实时画面等。该系统通信能力极强，可以对全国乃至更大范围内的车辆实施控制。

3. 智能物流

物流是指物品从供应地向接收地的实体流动过程，现代物流系统是从供应、采购、生产、运输、仓储、销售到消费的供应链。物流信息化的目标就是帮助物流业务实现 6R，即将顾客所需要的产品，在合适的时间，以正确的质量、数量、状态，送达指定的地点，并实现总成本最小化。

传统的物流信息管理系统无法及时跟踪物品信息，对物品信息的录入和清点也多以手工为主，速度慢且容易出现差错。物联网技术的出现从根本上改变了物流中信息的采集方式，改变了从生产、运输、仓储到销售各环节的物品流动监控、动态协调的管理水平，极大地提高了物流效率。

4. 环境保护

我国幅员辽阔，物种众多，环境和生态问题严峻。物联网传感器网络可以广泛地应用于生态环境监测、生物种群研究、气象和地理研究、洪水、火灾监测等。具体分类如下：

① 水情监测。在河流沿线分区域布设传感器，可以随时监测水位、水资源污染等信息。例如，在重点排污监控企业排污口安装无线传感器设备，不仅可以实时监测企业排污数据，还可以远程关闭排污口，防止突发性环境污染事故发生。该系统可以利用 GPRS 等无线传输通道，实时监控污染防治设施和监控装置的运行状态，自动记录废水、废气排放流量和排放总量等信息，当排污量接近核定排放量限值时，系统即自动报警提示，并自动触发短信提醒企业相关人员排放数据的数值并自动关闭排放阀门。同时，一旦发生外排量超标情况，系统立即向监控中心发出报警信号，提醒相关人员及时到现场处理。

在系统运行中，如遇停电，系统自备电源立即启动，可以维持系统 10 天以上的运行，确保已采集数据信息的安全和完整。

② 动植物生长管理。在动植物体内植入电子标签，通过其生长环境中的相关传感设备可及时读取到动植物的生长情况等信息。例如，在鱼体内植入电子芯片，该芯片用来记录鱼的放流时间、放流地点、放流时鱼的身体状况等初始信息。通过传感设备扫描芯片，就可找到初始数据，以此研究鱼类的生存状态、环境变化对鱼类的影响等，还可以通过鱼类身体重量变化算出吃掉的藻类，精细测量出湖内生态环境的改善。其次，利用这种功能还可以跟踪珍稀鸟类、动物和昆虫的栖息、觅食习惯等进行濒临种群的研究，有效地保护了稀有种群。

③ 空气检测。通过涂有不同感应膜的便携无线传感器，可以识别特定的挥发性有机化合物和化学制剂，日常生活中，它可以警告人们空气中环境化学成分，使其做好防护措施。此外，这种感应器可以分析个人呼吸情况，使用者只需对感应器呼气，就可以检测一些特定疾病的早期信号以及新陈代谢混乱等。

④ 地质灾害监测。在山区中泥石流、滑坡等自然灾害容易发生的地方设置节点，可以提前发出预警，以便相关部门做好准备，采取相应措施，防止进一步的恶性事故发生。

⑤ 火险监测。可在重点保护林区铺设大量节点，随时监控内部火险情况，一旦有危险，可以立刻发出警报，并给出具体方位及当前火势大小的相关信息。

5. 智能电力

将以物联网为主的新技术应用到发电、输电、配电、用电等电力环节，能够有效地实现用电的优化配置和节能减排，这就是智能电网。美国在智能电网方面的发展处于世界领先水平。其智能电网有以下特征：自愈、互动、安全、提供适应 21 世纪需求的电能质量、适应所有的电源种类和电能存储方式、可市场化交易、优化电网资产。我国的智能电网发展目前还处于探索阶段，但拥有巨大的市场潜力。

智能电表是智能电力的典型应用，可以重新定义电力供应商和消费者之间的关系。通过为每家每户安装内容丰富、读取方便的智能电表，消费者可以了解自己在任何时刻的电费，并且可以随时了解一天中任意时刻的用电价格，使消费者根据用电价格调整自己在各个时刻的用电模式，这样电力供应商就为消费者提供了极大的消费灵活性。智能电表不仅仅能检测用电量，还是电网上的传感器，能够协助检测波动和停电；不仅能够存储相关信息，还能够支持电力提供商远程控制供电服务，如开启或关闭电源。智能电表还可以与智能家居结合，如在主人回家之前，预先启动空调，预先做好饭菜等。

6. 医疗保健

物联网在医疗领域的应用主要体现在 4 个方面：药品安全监控、健康检测及咨询、医院信息化平台建设、老人儿童监护。具体分类如下：

① 药品安全监控。加强药品安全管理、保证药品质量是一件直接关系人民群众生命安危和身体健康的大事。药品流通过程的不规范和流通过程中的信息不畅通是引发药品安全事件的主要原因。将物联网技术应用于药品的物流管理中，能够随时跟踪、共享

药品的生产信息和物流信息。药品零售商可以用物联网来消除药品的损耗和流失、管理药品有效期、进行库存管理等。

② 健康检测及咨询。将电子芯片嵌入患者身上，该芯片可以随时感知到患者的身体各项指标情况，如血糖、血压水平等，阅读器通过网络将这些信息传送到后台的患者信息数据库中，该后台系统与医疗保健系统联系在一起，能够综合患者以往病情，随时给患者提供应对建议，如图 11.12 所示。

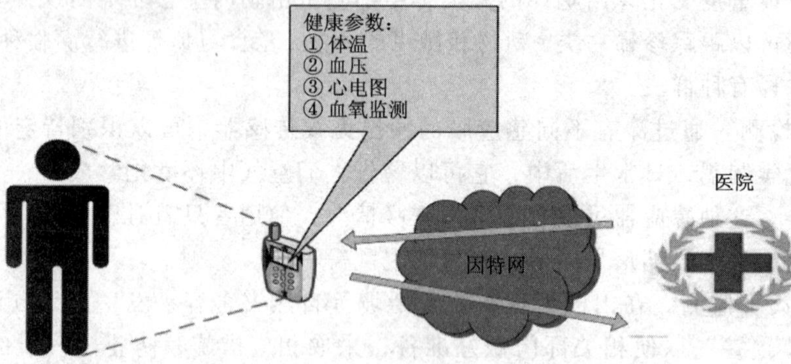

图 11.12　物联网健康检测图

③ 医院信息化平台建设。越来越多的医院选择了以物联网技术作为基础，以计算机信息技术为平台的现代化管理模式，不仅可以保证医疗设备正常运行，还可以用于医院内部的查房、重症监护、人员定位及无线上网等。

④ 老人儿童监护。物联网能够及时对家里或老年公寓里的老人、儿童的日常生活监测、协助及健康状况监测，而且这些监护系统可以由医院的物联网系统来改造，实现起来较为简便。预计该功能会带来巨大的经济效益。

7. 精细农业

我国是一个农业大国，农业是关系国计民生的基础产业。我国农业的现状是基础薄弱，技术相对落后，要改变这一现状最有效的方式便是提高农业技术。目前，在我国一些试点区域开始研究如何将物联网技术应用到农业生产中，并取得了显著成效。物联网在农业领域的应用主要可以概括为两个方面：智能化培育控制、农副食品安全溯源。

物联网通过光照、温度、湿度等各式各样的无线传感器，可以实现对农作物生产环境中的温度、湿度信号以及光照、土壤温度、土壤含水量、叶面湿度、露点温度等环境参数进行实时采集。同时在现场布置摄像头等监控设备，实时采集视频信号。用户通过计算机或手机，可以随时随地观察现场情况、查看现场温湿度等数据，并可以远程控制、智能调节指定设备，如自动开启或者关闭浇灌系统、温室开关卷帘等。现场采集的数据为农业综合生态信息自动监测、环境自动控制和智能化管理提供科学依据。图 11.13～图 11.15 分别为使用物联网技术进行专家远程指导种植、作物成熟度预报、智能滴灌示意图。

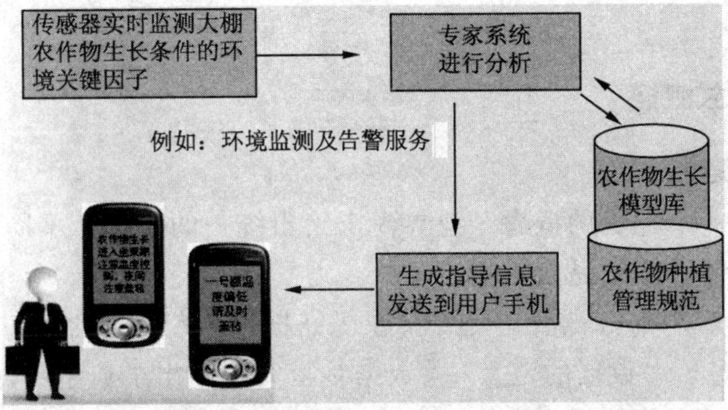

图 11.13 专家远程指导种植

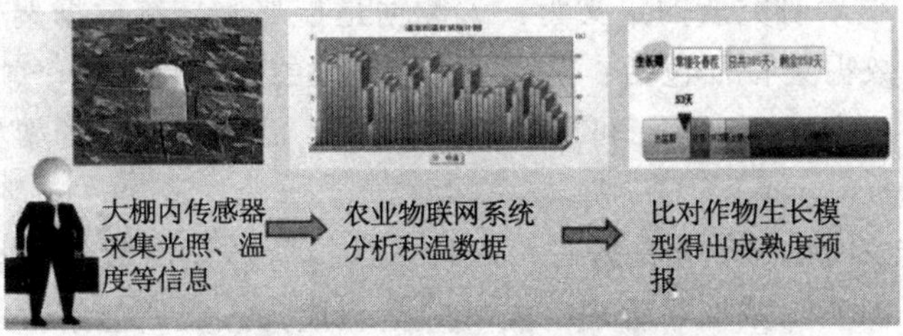

图 11.14 作物成熟度预报

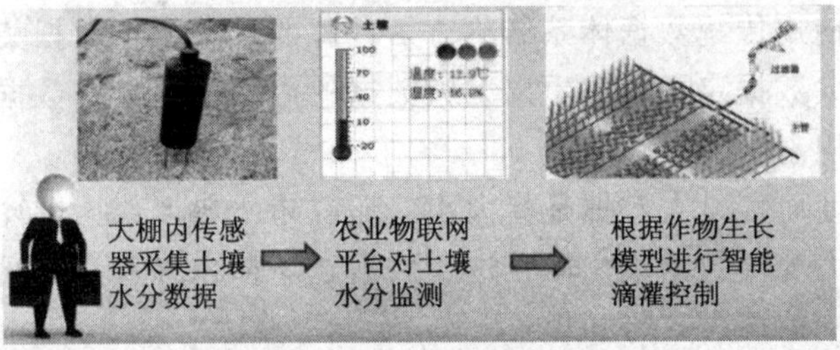

图 11.15 智能滴灌

随着物联网的发展和应用，人们可以对跟踪的食品和其中成分的供应链体系进行部分或整体的调整，或者重新构建，以解决在食品出现质量问题和其他安全隐患时能及时发出警告并进行召回等相关的问题。图 11.16 所示为农产品溯源流程图。

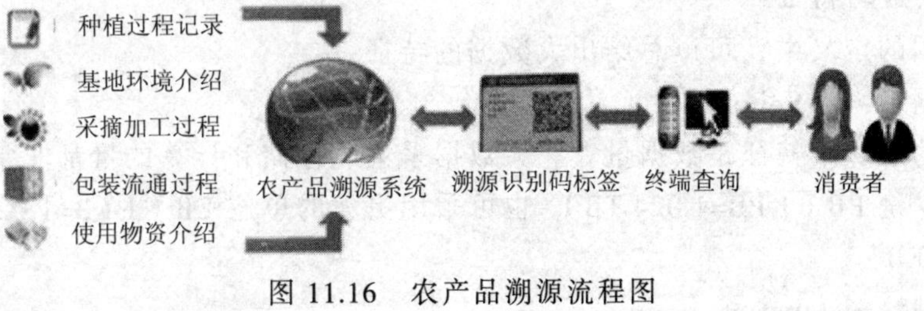

图 11.16 农产品溯源流程图

11.3 大 数 据+

大数据在以云计算为代表的技术创新基础上将原本很难收集和使用的数据利用起来，通过不断创新，为人类创造更多的价值。可以说，大数据是互联网发展到一定阶段的必然结果。

11.3.1 大数据基本概念

1．大数据的定义

大数据本身是一个宽泛的概念，业界尚未给出统一的定义，不同的研究机构和公司都从各自的角度诠释了什么是大数据。

2011 年，美国著名的咨询公司麦肯锡在研究报告《大数据的下一个前沿：创新、竞争和生产力》中给出了大数据的定义：大数据是指大小超出了典型数据库软件工具收集、存储、管理和分析能力的数据集。

美国国家标准技术研究所的定义为：大数据是指那些传统数据架构无法有效地处理的新数据集。这些数据集特征包括：容量、数据类型的多样性、多个领域数据的差异性、数据的动态特征（速度或流动率、可变性等），因此，需要采用新的架构来高效率完成数据处理。

维基百科的定义为：（海量数据或大资料）是指所涉及的数据量规模巨大到无法通过人工在合理时间内实现截取、管理、处理并整理成为人类所能解读的信息。

按国内普遍的理解，大数据可以认为是具有数量巨大、来源多样、生成极快、形式多变等特征且难以使用传统数据体系结构有效处理的包含大量数据集的数据。

从以上不同的大数据定义可以看出，大数据的内涵不仅仅是数据本身，还包括大数据技术和大数据应用。

从数据本身角度而言，大数据是指大小、形态超出典型数据管理系统采集、存储、管理和分析能力的大规模数据集，而且这些数据之间存在着直接或间接地关联性，可以使用大数据技术从中挖掘模式与知识。

大数据技术是挖掘和展现大数据中蕴含价值的一系列技术与方法，包括数据采集、预处理、存储、分析挖掘与可视化等；大数据应用则是对特定的大数据集集成应用大数据系列的技术与方法，以获得有价值信息的过程。大数据技术的研究与突破，其最终目标就是从复杂的数据集中挖掘有价值的新信息，发现新的模式与知识。

2．大数据的特征

从大数据的定义中，可以总结出大数据的特征。

（1）数据量大（Volume）

大数据的第一个特征是数据量大。大数据采集、存储和计算的量都非常大，其起始计量单位至少是 PB（1 PB=1 024 TB），也可采用更大的单位 EB（1 EB=1 024 PB）或 ZB（1 ZB=1 024 EB）。

（2）类型繁多（Variety）

大数据的第二个特征是数据种类和来源多样化。除了结构化数据，大数据也包括非结构化数据（文本、音频、视频、点击流量、文件记录等）以及半结构化数据（电子邮件、办公处理文档等）。多类型的数据对数据的处理能力提出了更高的要求。

（3）价值密度低（Value）

大数据的第三个特征是数据价值密度相对较低，或者说是浪里陶沙却又弥足珍贵。

随着互联网以及物联网的广泛应用，信息无处不在，但信息价值密度却较低。以视频为例，一段一小时的视频，在连续不间断的监控过程中，有用的数据可能仅仅只有一两秒。因此，如何结合业务逻辑使用强大的机器算法来挖掘数据价值，是大数据时代最需要解决的问题。

（4）速度快、时效高（Velocity）

大数据的第四个特征是数据增长速度和处理速度快，时效性要求高。比如在搜索引擎要求几分钟前的新闻能够被用户查询到，个性化推荐算法尽可能要求实时完成推荐。这是大数据区别于传统数据挖掘的显著特征。

（5）永远在线（Online）

大数据时代的数据是永远在线的，是随时能引用和计算的，这是大数据区别于传统数据的最大特征。数据只有在线（即数据与产品用户或者客户产生连接）的时候才有意义。例如，对于打车软件，只有客户的数据和出租车司机的数据都是实时在线的，他们的数据才有意义。在一个互联网应用系统中，一个用户行为及时地传送给数据使用方后，数据使用方通过有效数据加工（数据分析或者数据挖掘），还可以进行数据优化，最终把用户最想看到的内容推送给用户，显然将有助于用户体验的提升。

3. 大数据的价值

如果把大数据比作一种产业，那么，这种产业实现盈利的关键在于提高对数据的加工能力，通过加工实现数据的增值。基于大数据形成决策的模式已经为不少的企业带来了利益，从大数据的价值链条来分析，有以下几种大数据模式：

① 拥有大数据，但是没有利用好。比较典型的是金融机构、电信行业等。

② 没有数据，但是知道如何帮助有数据的人利用它。比较典型的是 IT 咨询和服务企业，比如埃森哲、IBM、Oracle 等。

③ 既有数据，又有大数据思维。比较典型的是 Google、Amazon、Mastercard 等公司。

未来在大数据领域最具有价值的是拥有大数据思维的人，这种人可以将大数据的潜在价值转化为实际利益。在各行各业，探求数据价值取决于把握数据的人，关键是人的数据思维。与其说是大数据创造了价值，不如说是大数据思维触发了新的价值增长点。

（1）当前的价值

拥有大数据处理能力，即善于聚合信息并有效利用数据，将会带来层出不穷的创新，从某种意义上说大数据处理能力代表着一种生产力。

① 大数据将带来 IT 的技术革命。为解决日益增长的海量数据、数据多样性、数据处理时效性等问题，一定会在存储器、数据仓库、系统架构、人工智能、数据挖掘分析以及信息通信等方面不断涌现突破性技术。

② 大数据将在各行各业引发创新模式。随着大数据的发展，行业渐进融合，以前认为不相关的行业，通过大数据技术有了相通的渠道。大数据将会产生新的生产模式、商业模式、管理模式，这些新模式对经济社会发展带来深刻影响。

③ 大数据将给生活带来深刻的变化。大数据技术进步将惠及日常生活的方方面面，家里有智能管家提升生活质量；外出购物时，商家会根据消费习惯将购物信息通过无线

互联网推送给消费者；外出就餐，车载语音助手会帮助消费者挑选餐厅并实时报告周边情况和停车状况。

④ 大数据将提升电子政务和政府社会治理的效率。大数据的包容性将打通政府各部门间、政府与市民间的信息边界，信息孤岛现象大幅消减，数据共享成为可能，政府各机构协同办公效率将显著提高。同时，大数据将极大地提升政府的社会治理能力和公共服务能力。大数据能够通过改进政府机构和整个政府的决策，使政府机构工作效率明显提高。另外，政府部门利用各种渠道的数据，将显著改进政府的各项关键政策和工作。

（2）未来的价值

未来大数据的应用无处不在，而当物联网发展到达一定规模时，借助条形码、二维码、RFID 等技术能够唯一标识产品，传感器、可穿戴设备、智能感知、视频采集、增强现实等技术可实现实时的信息采集和分析，这些数据能够有效地支撑智慧城市、智慧交通、智慧能源、智慧医疗、智慧环保。

未来的大数据除了更好地解决社会问题、商业营销问题、科学技术问题，还有一个可预见的趋势是以人为本的大数据方针。大部分的数据都与人类有关，要通过大数据解决人的问题。

例如，建立个人的数据中心，将每个人的日常生活习惯、身体体征、社会网络、知识能力、爱好性情、疾病嗜好、情绪波动等除了思维外的一切都存储下来，这些数据可以被充分利用：医疗机构将实时地监测用户身体健康状况；教育机构可更有针对性地制定用户喜欢的教育培训计划；服务行业为用户提供及时健康的符合用户生活习惯的食物和其他服务；社会网络能为用户提供合适的交友对象，并为志同道合的人群组织各种聚会活动；政府能在用户的心理健康出现问题时有效地干预；金融机构能帮助用户进行有效的理财管理，为用户的资金提供更有效的使用建议和规划；道路交通、汽车租赁及运输行业可以为用户提供更合适的出行线路和路途服务安排等。

11.3.2 大数据处理关键技术

大数据处理技术就是从各种类型的数据中快速获得有价值信息的技术。大数据处理关键技术包括大数据采集、大数据预处理、大数据存储及管理、大数据分析及挖掘、大数据可视化等。

1. 大数据采集技术

数据是指通过 RFID 射频数据、传感器数据、社交网络交互数据及移动互联网数据等方式获得的各种类型的结构化、半结构化（又称弱结构化）及非结构化的海量数据，是大数据知识服务模型的根本。重点要突破分布式高速高可靠数据爬取或采集、高速数据全映像等大数据收集技术；突破高速数据解析、转换与装载等大数据整合技术；设计质量评估模型，开发数据质量技术。

大数据采集一般分为：

① 大数据智能感知层：主要包括数据传感体系、网络通信体系、传感适配体系、智能识别体系及软硬件资源接入系统，实现对结构化、半结构化、非结构化的海量数据的智能化识别、定位、跟踪、接入、传输、信号转换、监控、初步处理和管理等，必须

着重攻克针对大数据源的智能识别、感知、适配、传输、接入等技术。

② 基础支撑层：提供大数据服务平台所需的虚拟服务器，结构化、半结构化及非结构化数据的数据库及物联网络资源等基础支撑环境。重点攻克分布式虚拟存储技术，大数据获取、存储、组织、分析和决策操作的可视化接口技术、大数据的网络传输与压缩技术、大数据隐私保护技术等。

2. 大数据预处理技术

数据的质量对数据价值的大小有直接影响，低质量数据将导致低质量的数据分析和挖掘结果。广义的数据质量涉及许多因素，比如数据的准确性、完整性、一致性、时效性、可信性与可解释性等。

大数据系统中的数据通常具有一个或多个数据源，这些数据源可以包括同构和异构的大数据库、文件系统、服务接口等。这些来自不同数据源的数据源于现实世界，容易受到数据噪声、数据值缺失与数据冲突等的影响。此外，在数据处理、分析、可视化过程中使用的算法与实现技术复杂多样，往往也需要对数据的组织、数据的表达形式、数据的位置等进行一些预先处理。

数据预处理的引入能够提升数据质量，并使后续的数据处理、分析、可视化过程更加容易、有效，有助于获得更好的用户体验。在形式上，数据预处理包括数据清理、数据集成、数据规约和数据转换等阶段，各阶段主要作用如下：

① 数据清理技术包括数据不一致性检测技术、脏数据识别技术、数据过滤技术、数据修正技术、数据噪声的识别与平滑技术等。

② 数据集成技术把来自多个数据源的数据进行集成，缩短数据之间的物理距离，形成一个集中统一的（同构/异构）数据库、数据立方体、数据宽表或文件。

③ 数据归约技术可以在不损害挖掘结果准确性的前提下，降低数据集的规模，得到简化的数据集。数据的归约策略包括维归约技术、数值归约技术、数据抽样技术等。

④ 数据转换处理技术包括基于规则或元数据的转换技术、基于模型和学习的转换技术等。经过数据转换处理的数据被变换或者统一，简化了处理与分析过程，提升了时效性，也使得数据分析与挖掘的模式更容易被理解。

3. 大数据存储及管理技术

大数据存储与管理要用存储器把采集到的数据存储起来，建立相应的数据库，并进行管理和调用。重点解决复杂结构化、半结构化和非结构化大数据管理与处理技术。主要解决大数据的可存储、可表示、可处理、可靠性及有效传输等几个关键问题。开发可靠的分布式文件系统（DFS）、能效优化的存储、计算融入存储、大数据的去冗余及高效低成本的大数据存储技术；突破分布式非关系型大数据管理与处理技术、异构数据的数据融合技术、数据组织技术，研究大数据建模技术；突破大数据索引技术、大数据移动、备份、复制等技术；开发大数据可视化技术。

开发新型数据库技术。数据库分为关系型数据库、非关系型数据库以及数据库缓存系统。其中，非关系型数据库主要指 NoSQL 数据库，分为键值数据库、列存数据库、图存数据库以及文档数据库等类型。关系型数据库包含了传统关系数据库系统以及

NewSQL 数据库。

开发大数据安全技术。改进数据销毁、透明加解密、分布式访问控制、数据审计等技术；突破隐私保护和推理控制、数据真伪识别和取证、数据持有完整性验证等技术。

4. 大数据分析及挖掘技术

大数据分析技术包括：改进已有数据挖掘和机器学习技术，开发数据网络挖掘、特异群组挖掘、图挖掘等新型数据挖掘技术，突破基于对象的数据连接、相似性连接等大数据融合技术，突破用户兴趣分析、网络行为分析、情感语义分析等面向领域的大数据挖掘技术。

数据挖掘就是从大量的、不完全的、有噪声的、模糊的、随机的实际应用数据中，提取隐含在其中的、人们事先不知道的、但又是潜在有用的信息和知识的过程。数据挖掘涉及的技术方法很多，有多种分类法。根据挖掘任务可分为分类或预测模型发现、数据总结、聚类、关联规则发现、序列模式发现、依赖关系或依赖模型发现、异常和趋势发现等；根据挖掘对象可分为关系数据库、面向对象数据库、空间数据库、时态数据库、文本数据源、多媒体数据库、异质数据库、遗产数据库以及环球网 Web；根据挖掘方法可粗分为机器学习方法、统计方法、神经网络方法和数据库方法。机器学习中，可细分为归纳学习方法（决策树、规则归纳等）、基于范例学习、遗传算法等。统计方法中，可细分为回归分析（多元回归、自回归等）、判别分析（贝叶斯判别、费歇尔判别、非参数判别等）、聚类分析（系统聚类、动态聚类等）、探索性分析（主元分析法、相关分析法等）等。神经网络方法中，可细分为前向神经网络（BP 算法等）、自组织神经网络（自组织特征映射、竞争学习等）等。数据库方法主要是多维数据分析或 OLAP 方法，另外还有面向属性的归纳方法。

数据挖掘主要过程是：通过分析挖掘目标，从数据库中把数据提取出来，然后经过 ETL 组织成适合分析挖掘算法使用的宽表，然后利用数据挖掘软件进行挖掘。传统的数据挖掘软件，一般只能支持在单机上进行小规模数据处理，受此限制传统数据分析挖掘一般会采用抽样方式来减少数据分析规模。

从挖掘任务和挖掘方法的角度，着重突破：

① 可视化分析。数据可视化无论对于普通用户或是数据分析专家，都是最基本的功能。数据图像化可以让数据自己说话，让用户直观的感受到结果。

② 数据挖掘算法。图像化是将机器语言翻译给人看，而数据挖掘就是机器的母语。分割、集群、孤立点分析还有各种各样的算法让我们精炼数据，挖掘价值。这些算法一定要能够应付大数据的量，同时还具有很高的处理速度。

③ 预测性分析。预测性分析可以让分析师根据图像化分析和数据挖掘的结果做出一些前瞻性判断。

④ 语义引擎。语义引擎需要设计到有足够的人工智能以足以从数据中主动地提取信息。语言处理技术包括机器翻译、情感分析、舆情分析、智能输入、问答系统等。

⑤ 数据质量和数据管理。数据质量与管理是管理的最佳实践，通过标准化流程和机器对数据进行处理可以确保获得一个预设质量的分析结果。

5. 大数据可视化技术

数据可视化是指将大型数据集中的数据以图形图像形式表示，并利用数据分析和开发工具发现其中未知信息的处理过程。

数据可视化技术的基本思想是：将数据库中的每一个数据项作为单个图元素表示，使得大量的数据集构成数据图像，同时将数据的各个属性值以多维数据的形式表示，使用户可以从不同的维度观察数据，对数据进行更深入的观察和分析。

为实现信息的有效传达，数据可视化应兼顾美学与功能，直观地传达出关键的特征，以便挖掘数据背后隐藏的价值。数据可视化技术的应用标准包含以下4个方面：

① 直观化：将数据直观、形象地呈现出来。

② 关联化：突出呈现出数据之间的关联性。

③ 艺术性：使数据的呈现更具有艺术性，更加符合审美规则。

④ 交互性：实现用户与数据的交互，方便用户控制数据。

目前常用的数据可视化工具有很多，较有代表性的包括以下几种：

① Excel：可以进行各种数据的处理、统计分析和辅助决策操作。

② Google Chart API：Google公司提供的制图服务接口，可以统计数据并自动生成图片，该工具使用非常简单，不需要安装任何软件，即可以通过浏览器在线查看统计图表。

③ D3：最流行的可视化库之一，是一个可用于网页作图以及生成互动图形的JavaScript函数库，提供了一个D3对象，所有方法都通过这个对象调用。D3能够提供多种除线性图和条形图以外的复杂图表样式，如Voronoi图、树形图、圆形集群和单词云等。

④ Echarts：全名Enterprise Charts，商业级数据图表，一个纯JavaScript的图表库，可以流畅运行在PC和移动设备上，兼容当前绝大部分浏览器，提供直观、生动、可交互、可高度个性化定制的数据可视化图表，具有创新的拖拽重计算、数据视图、值域漫游等特性。

⑤ HighCharts：用纯JavaScript编写的一个图表库，能够非常便捷地在Web网站或是Web应用程序上添加有交互性的图表，支持的图表类型包括曲线图、区域图、柱状图、饼状图、散状点图和综合图表等。

⑥ Visual.ly：一款非常流行的信息图制作工具，简洁易用，用户不需要任何设计相关的知识，就可以快速创建样式美观且具有强烈视觉冲击力的自定义信息图表。

⑦ Tableau：桌面系统上最简单的商业智能工具软件，适合企业进行日常数据报表和数据可视化分析工作。Tableau实现了数据运算与美观图表的完美结合，用户只要将大量数据拖放到数字“画布”上，就能快速创建好各种图表。

⑧ 大数据魔镜：一款优秀的国产数据分析软件，只需通过一个直观的拖放界面就可创建交互式的图表和数据挖掘模型，其丰富的数据公式及算法可以帮助用户真正理解所分析的数据。

⑨ Google Fusion Tables：该工具让一般用户也能轻松制作出专业的统计地图，可以选择将数据表呈现为图表、图形和地图，从而帮助用户发现一些隐藏在数据背后的模式和趋势。

⑩ Timetoast：一个在线创作基于时间轴的事件记载服务的网站，提供个性化的时间

线服务，可以用不同的时间线来记录用户某个方面的发展历程、心理演变、进度过程等。

⑪ Xtimeline：一个免费的绘制时间轴的在线工具网站，操作简便，用户可以添加事件日志的形式构建时间表，也可给日志配上相应的图表。

⑫ Modest Maps：一个小型、可扩展、交互式的免费库，提供了一套查看卫星地图的 API。它只有 10 KB，是目前最小的可用地图库。同时，它也是一个开源项目，有强大的社区支持，是在网站中整合地图应用的理想选择。

⑬ Leaflet：一个小型化的地图框架，通过小型化和轻量化来满足移动网页的需要。

11.3.3 主流大数据服务

针对大数据分析的需求，IT 界纷纷推出自己的大数据分析工具，目前主流的平台和产品有以下几种：

1. Google 的技术与产品研发

Google 近年来持续投入大数据产品研发，从 MapReduce、GFS 和 BigTable 开始，已经开发了多个有影响力的技术和产品。

（1）Percolator

Google 的一个核心业务就是提供全球搜索服务，而对于搜索来说，索引非常重要，每当爬虫爬取到新的 Web 页面时，索引就需要更新，否则这个页面就无法被搜索到。为此，Google 建立了一个巨大的文档库，存放着它从互联网上爬取的所有 Web 页面，同时有一个相对应的巨大索引库，如果使用全量更新的方式，即对该文档库进行全库扫描来创建新的索引会带来很多问题，比如遭遇性能、存储与技术的上限等，因此，对索引的更新要做成增量更新，即只对每天新爬到的 Web 页面作索引。Percolator 就是一个可以为一个巨大的数据集提供增量更新的系统，该系统在 BigTable 的基础上加入了对局部更新的支持，弥补了 MapReduce 无法在计算时处理局部更新的缺陷，成为 Google 用来更新其搜索索引的有力工具。

（2）Pregel

当今互联网产生了很多社交数据，其中有许多是图数据，比如人物关系图即是一种很关键的图数据。随着图数据规模的增大，图分析越来越受到互联网公司的关注，为此 Google 研发了 Pregel，用来支持大规模分布式的图分析和计算。

（3）Dremel

Dremel 是 Google 的交互式数据分析系统，可以组建规模上千的集群，并使用类 SQL 语言秒级分析 PB 级的数据。使用 MapReduce 处理一个数据需要分钟级的时间，而作为 MapReduce 的发起者的 Google 开发了 Dremel，将处理时间缩短到秒级，以作为 MapReduce 的有力补充。

Google 的开发技术带动了开源大数据产品的发展，Hadoop、HBase 等都受到了 Google 相关产品的巨大影响。

2. 微软的 HDInsight

HDInsight 是微软在 Windows Azure 上运行的云服务，该服务以云方式部署并设置

Apache Hadoop 群集，从而提供对大数据进行管理、分析和报告的软件框架。

作为 Azure 云生态系统的一部分，HDInsight 中的 Hadoop 拥有众多优势：最先进的 Hadoop 组件；高可用性和可靠性的群集；高效又经济的 Azure Blob 数据存储；集成其他 Azure 服务，包括网站和 SQL 数据库；使用成本低等。

相较于其他云服务，Azure 上的大数据服务 HDInsight 支持的技术种类非常多，包括基本的 Hadoop 分布式文件系统 HDFS、超大型表格的非关系型数据库 HBase、类 SQL 的查询语言 Hive、分布式处理和资源管理技术 MapReduce 与 YARN，以及更简单的 MapReduce 转换脚本 Pig。此外，HDInsight 还支持负责群集设置、管理和监视的 Ambari，进行 Microsoft .NET 环境下数据序列化的 Avro，计算机学习技术 Mahout，数据导入和导出工具 Sqoop，快速、大型数据流的实时处理系统 Strorm，负责协调分布式系统的流程 ZooKeeper 等。

3. IBM 的 InfoSphere

2011 年 IBM 正式推出了 InfoSphere 大数据分析平台，包括互补的 BigInsights 和 Streams 两部分。BigInsights 可以对大规模的静态数据进行分析，它提供多节点的分布式计算，可以随时增加节点提升数据处理能力；Streams 则采用内存计算方式分析实时数据。除此之外，InfoSphere 大数据分析平台还集成了数据仓库、数据库、数据集成、业务流程管理等组件。

BigInsights 基于 Hadoop，增加了文本分析和统计决策工具，并在可靠性、安全性、易用性、管理性方面作出了相应的改进，比如提供了一种类 SQL 的更高级的查询语言，此外，BigInsights 还可与 DB2、Netezza 等集成，使得该大数据平台更适合企业级的应用。对企业级产品而言，最重要的是没有单点故障，而 BigInsights 除了支持 Hadoop 的 HDFS 存储系统外，BigInsights 也支持 IBM 最新推出的 GPFS（General Parallel File System，IBM 开发的文件系统）平台，以更好发挥其强大的灾难恢复、高可靠性、高扩展性的优势，让整个分布式系统更可靠。

11.3.4 “大数据+”的典型应用

大数据正在成为一座待挖掘的潜能无限的“金矿”，它既包含了互联网企业所无法获取的有关人的数据，例如用户上网行为、网上交易，也包含了物联网系统自动感知的有关物的数据，包括地理位置、设备运营状态、监控视频等信息。从大数据这个“金矿”中最大可能地发掘出其商业价值是大数据应用的终极目标。因此，大数据及其技术将越来越广泛地应用到社会的各行各业，并发挥重大作用。

1. 智慧医疗的应用

智慧医疗是医疗信息化的升级发展，通过与大数据、云计算技术的深度融合，以医疗云数据中心为载体，为各方提供医疗大数据服务，实现医生与病人、医疗与护理、大医院与社区医院、医疗与保险、医疗机构与卫生管理部门、医疗机构与药品管理之间的 6 个协同，逐步构建智慧化医疗服务体系，如图 11.17 所示。

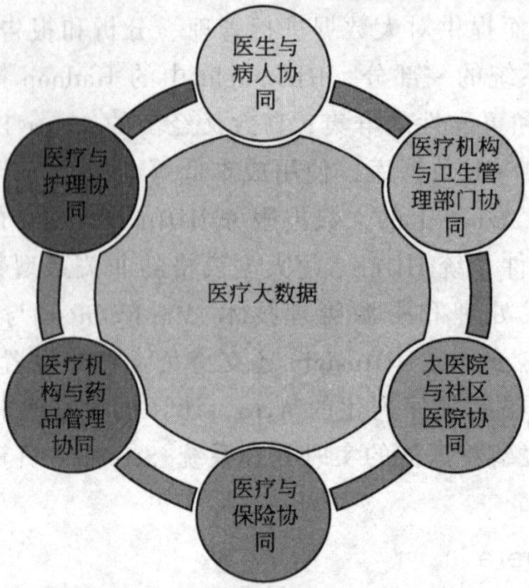

图 11.17　智慧化医疗服务体系

我国医疗大数据主要由医院临床数据、公共卫生数据和移动医疗健康数据三大部分组成，各数据端口均呈现出了多样化且快速增长的发展趋势，如图 11.18 和图 11.19 所示。

医院临床数据	公共卫生数据	移动医疗健康数据
• 病患基本信息 • 电子病历 • 诊疗数据 • 护理数据 • 医学影像数据 • 药品管理信息	• 个人基本信息 • 主要就诊医院 • 健康问题摘要 • 卫生服务记录	• 可穿戴设备量化数据 • 互联网医疗平台（PC 端、App） • 医学研究与疾病监测

图 11.18　医疗大数据来源多样化

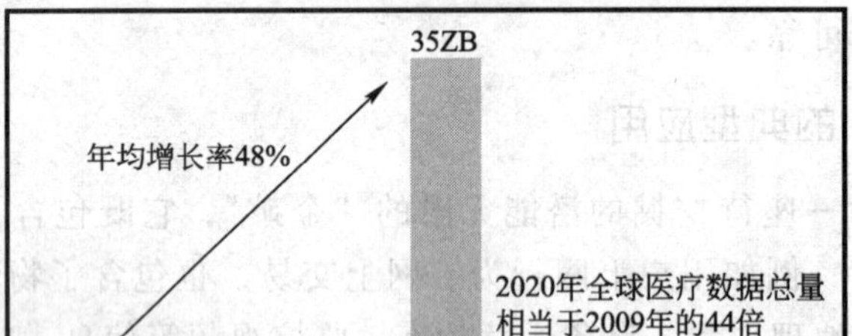

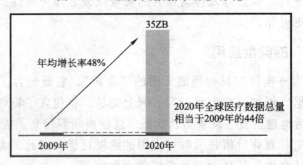

图 11.19　医疗大数据快速增长

在智慧医疗中，人们所面对的数目及种类众多的病菌、病毒及肿瘤细胞都处于不断进化的过程中，在发现和诊断疾病时，疾病的确诊和治疗方案的确定是最困难的。借助于大数据平台，可以收集不同病例和治疗方案及病人的基本特征，据此建立针对疾病特点的大数据库。如果未来基因技术发展成熟，可以根据病人的基因序列特点进行分类，建立医疗行业的病人分类大数据库。在医生诊断病人时可以参考病人的疾病特征、化验报告和检测报告，参考疾病数据库来快速帮助病人确诊，明确定位疾病。在制定治疗方案时，医生可以依据病人的基因特点，调取相似基因、年龄、人种、身体情况相同的有效治疗方案，快速制定出适合病人的治疗方案，帮助更多人及时进行治疗。同时这些数据也有利于医药行业开发出更加有效的药物和医疗器械。医疗行业的数据应用一直在进行，但是数据没有打通，都是孤岛数据，没有办法形成大规模应用。未来需要将这些数据统一收集，纳入统一的大数据平台。这样，各类企业以医院、医生、患者、医药、医险、医检等为入口，纷纷布局智慧医疗与大数据，促进医院信息化、可穿戴设备、在线医疗咨询服务、医药电商等行业的蓬勃发展，从而打造出完整的智慧医疗产业链条（见图 11.20），最终将造福于每个人。

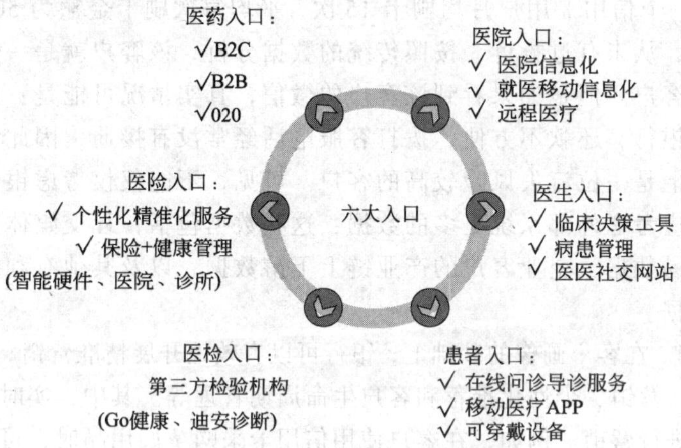

图 11.20　智慧医疗产业链条

2. 智慧农业的应用

大数据在农业中的应用主要是指依据未来商业需求的预测来进行农牧产品生产，降低菜贱伤农的概率。同时，大数据的分析将会更加精确地预测未来的天气，帮助农牧民做好自然灾害的预防工作。大数据同时也会帮助农民依据消费者消费习惯来决定增加哪些品种农作物的种植，减少哪些品种农作物的生产，提高单位种植面积的产值，同时有助于快速销售农产品，完成资金回流。牧民可以通过大数据分析来安排放牧范围，有效利用牧场。渔民可以利用大数据安排休渔期、定位捕鱼范围等。

3. 金融行业的应用

大数据在金融行业应用范围较广，主要分为以下 5 个方面：

① 精准营销。依据客户消费习惯、地理位置、消费时间进行推荐。

② 风险管控。依据客户消费和现金流提供信用评级或融资支持，利用客户社交行为记录实施信用卡反欺诈。

③ 决策支持。利用决策树技术进行抵押贷款管理，利用数据分析报告实施产业信贷风险控制。

④ 效率提升。利用金融行业全局数据了解业务运营薄弱点，利用大数据技术加快内部数据处理速度。

⑤ 产品设计。利用大数据计算技术为财富客户推荐产品，利用客户行为数据设计满足客户需求的金融产品。

（1）银行大数据应用

国内不少银行已经开始尝试通过大数据来驱动业务运营。例如，中信银行信用卡中心使用大数据技术实现了实时营销，光大银行建立了社交网络信息数据库，招商银行则利用大数据发展小微贷款。总的来看，银行大数据应用可以分为以下 4 个方面：

① 客户画像。客户画像主要分为个人画像和企业画像。个人客户画像包括人口统计学特征、消费能力数据、兴趣数据、风险偏好等；企业客户画像包括企业的生产、流通、运营、财务、销售和客户数据，以及相关产业链上下游数据等。需要注意的是，由于银行拥有的客户信息并不全面，因此基于这些数据得出的结论有时候可能是完全错误的。例如，如果一个信用卡用户月均刷卡 15 次，平均每次刷卡金额为 500 元，平均每年打 8 次客服电话，从未有过投诉，按照传统的数据分析，该客户就是一位满意度较高、流失风险较低的客户。但是如果看到该客户的微信，真实情况可能是：由于工资卡和信用卡不在同一家银行，还款不方便，拨打客服电话经常没有接通，因此该客户多次在微信上抱怨，实际上是一位流失风险较高的客户。可见，不能仅仅考虑银行自身业务所采集到的数据，更应考虑外部系统更多的数据，这些数据包括：社交媒体上的行为数据、在电商网站的交易数据、企业客户的产业链上下游数据，以及其他有利于扩展银行对客户兴趣爱好的数据。

② 精准营销。在客户画像的基础上，银行可以有效地开展精准营销。精准营销的形式有实时营销、交叉营销、个性化推荐和客户生命周期管理等。其中，实时营销就是根据客户的实时状态来进行营销。例如，在客户使用信用卡采购孕妇用品时，可以通过建模来推测怀孕的概率并推荐孕妇群体喜欢的业务。客户生命周期管理包括新客户获取、客户防流失和客户赢回等。例如，招商银行通过构建客户流失预警模型，对流失率等级前 20%的客户发售高收益理财产品予以挽留，使得金卡和金葵花卡客户流失率分别降低了 15%和 7%。

③ 风险管控。风险管控手段包括中小企业贷款风险评估、欺诈交易识别与反洗钱分析等。其中，通过中小企业贷款风险评估，银行可通过企业的生产、流通、销售、财务等相关信息结合大数据挖掘方法进行贷款风险分析，量化企业的信用额度，更有效地开展中小企业贷款。所谓实时欺诈交易识别与反洗钱分析，就是银行利用持卡人基本信息、卡基本信息、交易历史、客户历史行为模式、正在发生的操作诸如转账等，结合智能规则引擎（如从一个不经常出现的国家为一个特有用户转账，或从一个不熟悉的位置进行在线交易）进行实时的交易反欺诈分析。例如，摩根大通银行利用大数据技术追踪盗取客户账号或侵入自动柜员机系统的罪犯。

④ 运营优化。运营优化包括市场和渠道分析优化、产品和服务优化、舆情分析等。其中，市场和渠道分析优化的重点是通过监控网络渠道推广的质量来优化渠道推广策略。产品和服务优化的重点是通过用户需求的智能化分析，实现产品创新和差异化的服务优化。舆情分析的重点是通过爬虫技术，抓取社区、论坛和微博上关于银行以及银行产品和服务的负面信息，及时发现和处理问题。

（2）保险行业大数据应用

保险行业过去一般是通过保险代理人（保险销售人员）开拓保险业务，代理人的素质及人际关系网往往是业务开拓的关键因素。随着互联网和智能手机的普及，网络营销、移动营销和个性化的电话销售的作用越来越明显。保险行业大数据应用可以细分为以下3个方面：

① 客户细分和精细化营销。客户细分和精细化营销包括客户细分和差异化服务、潜在客户挖掘及流失用户预测、客户关联销售和客户精准营销。

营销保险业务需要首先了解客户的真实需求，而风险偏好是确定客户需求的关键。风险喜好者、风险中立者和风险厌恶者对于保险需求有不同的态度。一般来说，风险厌恶者有更大的保险需求。在客户细分的时候，除了风险偏好数据外，要结合客户职业、爱好、习惯、家庭结构、消费方式偏好数据，利用机器学习算法来对客户进行分类，并针对分类后的客户提供不同的产品和服务策略。

保险公司可以利用关联规则找出最佳险种销售组合，利用时序规则找出顾客生命周期中购买保险的时间顺序，从而把握保户提高保额的时机，建立既有保户再销售清单与规则，从而促进保单的销售。此外，借助大数据，保险业可以直接锁定客户需求。

在网络营销领域，保险公司可以通过收集互联网用户的各类数据，如地域分布等属性数据，搜索关键词等即时数据，购物行为、浏览行为等行为数据，以及兴趣爱好、人脉关系等社交数据，在广告推送中实现地域定向、需求定向、偏好定向、关系定向等定向方式，实现精准营销。

② 欺诈行为分析。基于企业内外部交易和历史数据，实时或准实时预测和分析欺诈等非法行为，包括医疗保险欺诈与滥用分析以及车险欺诈分析等。

其中，医疗保险欺诈与滥用通常可分为两种：一种是非法骗取保险金，即保险欺诈；另一种则是在保额限度内重复就医、虚报理赔金额等。保险公司能够利用过去数据，寻找影响保险欺诈最为显著的因素及这些因素的取值区间，建立预测模型，并通过自动化计分功能，快速将理赔案件依照滥用欺诈可能性进行分类处理。

同样，利用大数据实现车险欺诈分析，保险公司能够利用过去的欺诈事件建立预测模型，将理赔申请分级处理，从而在很大程度上解决车险欺诈问题，包括车险理赔申请欺诈侦测、业务员及修车厂勾结欺诈侦测等。

③ 精细化运营。精细化运营包括产品优化、保单个性化、运营分析、代理人甄选等。

4．零售行业的应用

零售行业的大数据应用有两个层面：一个层面是零售行业可以了解客户消费喜好和趋势，进行商品的精准营销，降低营销成本；另一个层面是依据客户购买的产品，为客户推荐可能购买的其他产品，扩大销售额。另外，零售行业可以通过大数据掌握未来消费趋势，有利于热销商品的进货管理和过季商品的处理。零售行业的数据对于产品生产厂家是非常宝贵的，零售商的数据信息将会有助于资源的有效利用，降低产能过剩。厂商依据零售商的信息按实际需求进行生产，可以减少不必要的生产浪费。

5．电子商务行业的应用

电子商务是最早利用大数据进行精准营销的行业。除了精准营销，电子商务可以依据客户消费习惯来提前为客户备货，并利用便利店作为货物中转点，在客户下单 15 min 内将货物送上门，提高客户体验。

电子商务可以利用其交易数据和现金流数据，为其生态圈内的商户提供基于现金流的小额贷款，电子商务行业也可以将此数据提供给银行，同银行合作为中小企业提供信贷支持。由于电子商务的数据较为集中，数据量足够大，数据种类较多，因此，未来电子商务数据应用将会有更多的想象空间，包括预测流行趋势、消费趋势、地域消费特点、客户消费习惯、各种消费行为的相关度、消费热点、影响消费的重要因素等。依托大数据分析，电子商务的消费报告将有利于品牌公司产品设计、生产企业的库存管理和计划生产、物流企业的资源配置、生产资料提供方产能安排等，有利于精细化社会化大生产和精细化社会的出现。

6．电子政务的应用

通过大数据，政府可以实现精细化管理。政府过去一直都在利用数据来进行管理，但是由于过去没有高效的数据处理平台，造成了很多数据只是被收集，而没有体现其社会价值。由于缺少全局的数据和完善的数据，数据本身没有体现其应用的价值，所以在过去政府并不重视数据价值。依托于大数据和大数据技术，政府可以及时得到更加准确的信息，利用这些信息，政府可以更加高效地管理国家，实现精细化资源配置和宏观调控。

（1）交通管理

交通的大数据应用主要体现在两个方面：一方面，可以利用大数据传感器数据来了解车辆通行密度，合理进行道路规划包括单行线路规划；另一方面，可以利用大数据来实现即时信号灯调度，提高已有线路运行能力。科学地安排信号灯是一个复杂的系统工程，必须利用大数据计算平台才能计算出一个较为合理的方案。科学的信号灯安排将会提高 30%左右已有道路的通行能力。在美国，政府依据某一路段的交通事故信息来增设信号灯，降低了 50%以上的交通事故率。机场的航班起降依靠大数据将会提高航班管理的效率，航空公司利用大数据可以提高上座率，降低运行成本。铁路利用大数据可以有效安排客运和货运列出，提高效率，降低成本。

（2）天气预报

借助于大数据技术，天气预报的准确性和实效性将会大大提高，预报的及时性也会大大提升。同时，对于重大自然灾害，例如龙卷风，通过大数据平台，人们能够更加精确地了解其运动轨迹和危害的等级，这有利于帮助人们提高应对自然灾害的能力。天气预报的准确度的提升和预测周期的延长将会有利于农业生产的安排。

（3）医药卫生管理

食品安全问题一直是国家的重点关注问题，它关系着人们的身体健康和国家安全。在数据驱动下，采集人们在互联网上提供的举报信息，国家可以掌握部分乡村和城市的死角信息，挖出不法加工点，提高执法透明度，降低执法成本。国家可以参考医院提供的就诊信息，分析出涉及食品安全的信息，及时进行监督检查，第一时间进行处理，降低已有不安全食品的危害；可以参考个体在互联网的搜索信息，掌握流行疾病在某些区域和季节的爆发趋势，及时进行干预，降低其流行危害。此外，政府可以提供不安全食品厂商信息和不安全食品信息，帮助人们提高食品安全意识。

（4）宏观调控和财政支出

政府利用大数据技术可以了解各地区的经济发展情况、各产业发展情况、消费支出和产品销售情况，依据数据分析结果，科学地制定宏观政策，平衡各产业发展，避免产能过剩，有效利用自然资源和社会资源，提高社会生产效率。大数据还可以帮助政府进行自然资源的监控与管理，包括国土资源、水资源、矿产资源、能源等，通过各种传感器大数据来提高其管理的精准度。同时，大数据技术也能帮助政府进行支出管理，透明合理的财政支出将有利于提高公信力和监督财政支出。大数据及大数据技术带给政府的不仅仅是效率提升、科学决策、精细管理，更重要的是数据治国、科学管理的意识改变，未来大数据将会从各个方面来帮助政府实施高效和精细化管理。政府运作效率的提升、决策的科学客观、财政支出的合理透明，都将大大提升国家整体实力，成为国家竞争优势，大数据带给国家和社会的益处将会具有极大的想象空间。

（5）社会群体自助及犯罪管理

国家正在将大数据技术用于舆情监控，其收集到的数据除了了解民众诉求、降低群体事件之外，还可以用于犯罪管理。大量的社会行为正逐步走向互联网，人们更愿意借助于互联网平台来表述自己的想法和宣泄情绪。社交媒体和朋友圈正成为追踪人们社会行为的平台。国家可以利用社交媒体分享的图片和交流信息，来收集个体情绪信息，预防个体犯罪行为和反社会行为。

11.3.5 大数据安全

1. 大数据面临的安全问题

大数据面临的信息安全问题主要集中在隐私泄露、外界攻击和数据存储 3 个方面。

（1）隐私泄露的风险大幅度增加

事实证明，在大数据技术的背景下，由于大量数据的汇集使得其用户隐私泄露的风险逐渐增大，而用户的隐私数据被泄露后，其人身安全也有可能受到一些影响，但是，当前互联网管理实践中并没有针对隐私信息保护制定合理的标准，也就是并没有界定其隐私数据的所有权和使用权，尤其是进行很多大数据分析工作时并没有对个人隐私问题加以考虑。

（2）黑客的攻击意图更加明显

在互联网中，可以说大数据模式下的数据是更容易被攻击的，因为大数据中包含着大量的数据，而在数据较多且复杂的背景下，黑客可以更容易地检测其存在的漏洞并进行攻击，而随着数据量的增大，会吸引更多潜在的攻击者，黑客攻击成功之后也会通过突破口获取更多的数据，从而可以在一定程度上降低攻击成本，并获得更多的收益，因此，很多黑客都喜欢攻击大数据技术下的数据。

（3）存在数据安全的先天不足

大数据存储的模式也会给数据安全防护带来一些新的问题。由于大数据技术是将数据集中后存储在一起的，就有可能出现将某些生产数据错放在经营数据存储位置中的这类情况，致使企业的安全受到一定的影响。此外，大数据技术的模式还会对安全控制的措施产生一定的影响，主要表现为安全防护手段的更新升级速度跟不上数据量非线性增长的步伐，因而暴露了大数据安全防护的漏洞。

2. 大数据安全问题解决方案

解决大数据安全问题的模型必须满足以下基本条件：

① 利用自动化工具，在收集数据的过程中划分数据类型。

② 持续分析高价值数据，对数据价值及其变化作出评估。

③ 确保加密安全通信框架的实施。

④ 制定相关联的数据处理策略。

基于上述条件，保障大数据安全可以采取以下 3 种措施。

（1）对数据进行标记

大数据类型繁多、数量庞大的特性直接导致了大数据较低的价值密度，而对大数据进行分类标识，有助于从海量数据中筛选出有价值的数据，既能保证其安全性，又能实现大数据的快速运算，是一种简单、易行的安全保障措施。

（2）设置用户权限

分布式系统架构应用在具有超大数据集的应用程序上时，可以对用户访问权限进行设置：首先对用户群进行划分，为不同的用户群赋予不同的最大访问权限；然后再对用户群中的具体用户进行权限设置，实现细粒度划分，不允许任何用户超过其所在用户群的最大权限。

（3）强化加密系统

为保证大数据传输的安全性，需要对数据进行加密处理：对要上传的数据流，需要通过加密系统进行加密；对要下载的数据，同样要经过对应的解密系统才能查看。为此，需要在客户端和服务端分别设置一个对应的文件加/解密系统处理传输数据，同时为了增强安全性，应将密钥与加密数据分开存放，方法可借鉴 Linux 系统中的 shadow 文件（该文件实现了口令信息和账户信息的分离，在账户信息库中的口令字段只用一个 x 作为标识，不再存放口令信息）。

11.4 云计算、大数据、物联网三者之间的关系

《互联网进化论》一书中提出“互联网的未来功能和结构将与人类大脑高度相似，也将具备互联网虚拟感觉，虚拟运动，虚拟中枢，虚拟记忆神经系统”，并绘制了一幅互联网虚拟大脑结构图，如图 11.21 所示。

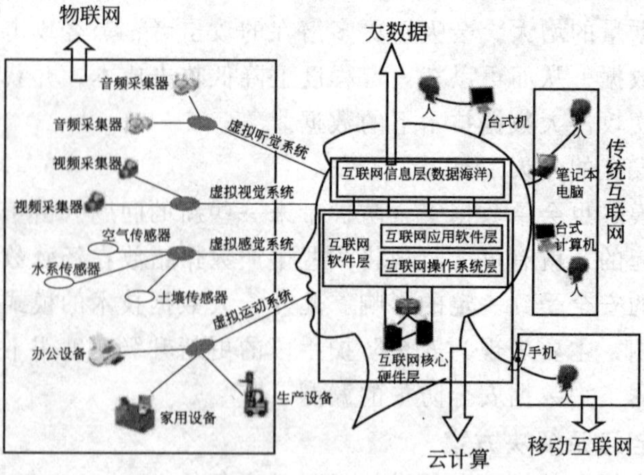

图 11.21　互联网虚拟大脑结构图

从图 11.21 中可以看出：

物联网对应互联网的感觉神经系统，因为物联网重点突出了传感器感知的概念，同时它也具备网络线路传输、信息存储和处理、行业应用接口等功能，而且与互联网共用服务器、网络线路和应用接口，使人与人（Human to Human，H2H）、人与物（Human to Thing，H2T）、物与物（Thing to Thing，T2T）之间的交流变成可能，最终将使人类社会、信息空间和物理世界（人－机－物）融为一体，使人们逐渐进入一个万物感知、万物互联、万物智联的数字化智能社会。

大数据代表互联网的信息层，是互联网智慧和意识产生的基础。随着博客、社交网络、云计算、物联网等技术的兴起，互联网上数据信息正以前所未有的速度增长和累积。互联网用户的互动、企业和政府的信息发布、物联网传感器感应的实时信息每时每刻都在产生大量的结构化和非结构化数据，这些数据分散在整个互联网网络体系内，体量极其巨大，这些数据中蕴含了对经济、科技、教育等领域非常宝贵的信息。

云计算是互联网的核心硬件层和核心软件层的集合，也是互联网中枢神经系统萌芽。在互联网虚拟大脑的架构中，互联网虚拟大脑的中枢神经系统是将互联网的核心硬件层、核心软件层和互联网信息层统一起来为互联网各虚拟神经系统提供支持和服务。从定义上看，云计算与互联网虚拟大脑中枢神经系统的特征非常吻合。在理想状态下，物联网的传感器和互联网的使用者通过网络线路和计算机终端与云计算进行交互，向云计算提供数据，接受云计算提供的服务。

得益于大数据和云计算的支持，当前，物联网正在从“连接”走向“智能”，并通过“互联网+”渗透到各行各业，服务实体经济，促进传统产业的全面转型升级，促使共享经济成为未来经济发展的主流。

总之，物联网、云计算和大数据三者互为基础，物联网产生大数据，大数据需要云计算。物联网在将物品和互联网连接起来，进行信息交换和通信，以实现智能化识别、定位、跟踪、监控和管理的过程中，产生大量数据，云计算解决万物互联带来的巨大数据量，所以三者互为基础，又相互促进。三者之间的关系如图 11.22 所示。

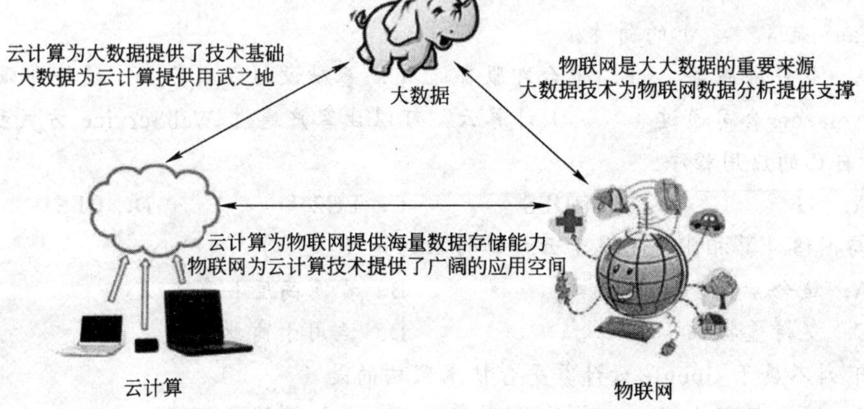

图 11.22 云计算、大数据和物联网关系图

小　结

云计算、大数据、物联网是新型的研究应用领域，本章首先介绍了云计算的概念、特点、体系结构、分类、主流云计算技术、云安全，接着介绍了物联网的定义、特征、体系架构、关键技术及应用，然后介绍了大数据的概念、特征、价值、主流大数据服务、安全及典型应用，最后介绍了三者之间的关系，使大家认识和了解云计算、大数据、物联网的基础知识，为以后的深入学习奠定基础。

实　训

实训 1　云计算、大数据、物联网基本概念

1. 实训目的

① 了解云计算的概念、特点、体系结构。

② 熟悉云计算的分类方法。

③ 了解物联网、大数据的定义和特征。

④ 熟悉物联网的体系结构。

⑤ 了解大数据的关键技术。

2. 实训要求及步骤

完成下面理论知识题：

① 云计算就是把计算资源都放到（　　）上。

A. 对等网　　B. 因特网　　C. 广域网　　D. 无线网

② SaaS 是（　　）的简称。

A. 软件即服务　　B. 平台即服务　　C. 基础设施即服务　　D. 硬件即服务

③ 云计算是对（　　）技术的发展与运用。

A. 并行计算　　B. 网格计算　　C. 并行计算　　D. 三个选项都是

④ IaaS 是（　　）的简称。

A. 软件即服务　　B. 平台即服务　　C. 基础设施即服务　　D. 硬件即服务

⑤ Amazon 公司通过（　　）计算云，可以让客户通过 WebService 方式租用计算机来运行自己的应用程序。

A. S3　　B. HDFS　　C. EC2　　D. GFS

⑥ 与网络计算相比，不属于云计算特征的是（　　）。

A. 适合紧耦合科学计算　　B. 资源高度共享

C. 支持虚拟机　　D. 适用于商业领域

⑦ 下列不属于 Google 云计算平台技术架构的是（　　）。

A. 并行数据处理 MapReduce　　B. 弹性云计算 EC2

C. 分布式锁 Chubby　　D. 结构化数据表 BigTable

⑧ 以下不是大数据特征的是（ ）。

A. 价值密度低　　B. 数据类型繁多

C. 访问时间短　　D. 处理速度快

⑨ 智能健康手环的应用开发，体现了（ ）的数据采集技术的应用。

A. 统计报表　　B. API 接口　　C. 网络爬虫　　D. 传感器

⑩ 智慧城市的构建，不包含（ ）。

A. 数字城市　　B. 联网监控　　C. 物联网　　D. 云计算

⑪ 大数据时代，数据使用的关键是（ ）。

A. 数据收集　　B. 数据分析　　C. 数据存储　　D. 数据再利用

⑫ 支撑大数据业务的基础是（ ）。

A. 数据科学　　B. 数据硬件　　C. 数据应用　　D. 数据人才

⑬ 数据清洗的方法不包括（ ）。

A. 缺失值处理　　B. 一致性检查　　C. 噪声数据清除　　D. 重复数据记录

⑭ 医疗健康数据的基本情况不包括（ ）。

A. 诊疗数据　　B. 公共安全数据

C. 个人健康管理数据　　D. 健康档案数据

⑮ 作为物联网发展的排头兵，（ ）技术是市场最为关注的技术。

A. 射频识别　　B. 传感器　　C. 智能芯片　　D. 无线传输网络

⑯ 感知层是物联网体系架构的（ ）。

A. 第一层　　B. 第二层　　C. 第三层　　D. 第四层

⑰ 物联网的英文名称是（ ）。

A. Internet of Matters　　B. Internet of Things

C. Internet of Therys　　D. Network of Things

⑱ 目前无线传感器网络没有广泛应用的领域有（ ）。

A. 人员定位　　B. 智能交通　　C. 智能家居　　D. 书法绘画

⑲ 物联网分为感知、网络和（ ）3 个层次，在每个层面上，都将有多种选择去开拓市场。

A. 应用　　B. 推广　　C. 传输　　D. 运营

⑳ 物联网中常提到的 M2M 概念不包括（ ）。

A. 人到人　　B. 人到机器　　C. 机器到人　　D. 机器到机器

㉑ 在环境监测系统中，一般不常用到的传感器类型是（ ）。

A. 温度传感器　　B. 速度传感器　　C. 照度传感器　　D. 湿度传感器

㉒ RFID 硬件部分不包括（ ）。

A. 读写器　　B. 天线　　C. 二维码　　D. 电子标签

㉓ 利用 RFID、传感器、二维码等随时随地获取物体的信息，指的是（ ）。

A. 可靠传递　　B. 全面感知　　C. 智能处理　　D. 互联网

实训 2　主流云计算技术、主流大数据服务及物联网的典型应用

1．实训目的

① 理解云计算、大数据、物联网三者之间的关系。

② 熟悉物联网的典型应用。

③ 熟悉主流云计算技术和主流大数据服务。

2．实训要求及步骤

完成以下简答题：

① 目前主流的云计算和大数据供应商分别有哪些？

② 举例说明自己见过的物联网应用。

③ 云计算、大数据、物联网三者之间有什么关系？

第 12 章 人工智能与量子计算

12.1 人工智能+

2016 年 3 月，AlphaGo 在人机围棋冠军赛中与国际围棋大师李世石的 5 场比赛中赢得了 4 场，开创了历史上第一个由计算机击败国际围棋大师的先例。接着在 2017 年 AlphaGo 又战胜了围棋大师柯洁，这使它连续两年保持世界第一。这一辉煌的胜利，震惊全球，“人工智能”这一深踞科学殿堂、高深莫测的学科在短短一年之内露出它的真实面目，为全球人们所知。目前，它已成为高新技术的代名词、黑科技的代表。习近平总书记在党的十九大报告及此后多次对发展人工智能做出重要指示。目前人工智能已列入我国战略性发展学科中，并在众多学科发展中起到了“头雁”的作用。

实际上，人工智能已不是一门新学科了，它已经走过 60 余年历史，已是一门完整、系统的学科。本节将对人工智能的发展历史、概念、研究内容、研究方法及主要的应用领域等做概要性介绍，使大家对人工智能有初步的认识。

12.1.1 人工智能概述

1. 人工智能的定义

人类的智能一直是目前世界上所知的最高等级的智能，长期以来人们都梦想着可以用人造的设施或机器取代人类的智能，这种近似神话般的追求终于在现代计算机诞生后的今天得以逐步实现，实现这种梦想的学科就是人工智能学科。

那么，什么是人工智能呢？下面分几个层次对人工智能的定义作介绍。

（1）现有定义

自人工智能出现后，有关对它的定义在多个不同时期、从不同角度有过不同的理解与解释，因此有过很多不同定义，下面列出几个代表性的定义：

① 第一个定义是 1956 年达特茅斯会议建议书中的定义：制造一台机器，该机器能模拟学习或者智能的所有方面，只要这些方面可以精确论述。

② 第二个定义是 1975 年人工智能专家 Minsky 的定义：人工智能是一门学科，是使机器做那些人需要通过智能来做的事情。

③ 第三个定义是 1985 年人工智能专家 Haugeland 的定义：人工智能是计算机能够思维，使机器具有智力的激动人心的新尝试。

④ 第四个定义是 1991 年人工智能专家 Rich Knight 的定义：人工智能是研究如何让计算机做现阶段只有人才能做得好的事情。

⑤ 第五个定义是 1992 年人工智能专家 Winston 的定义：人工智能是那些使知觉、推理和行为成为可能的计算机系统。

综上所述，人工智能是与“计算机”、“人类智能”及“模拟”有关的学科。具体来说，即是以“计算机”为主要工具、以“人类智能”为研究目标，以“模拟”为研究方法的一门学科。

（2）定义的释义

在上述介绍的基础上，对人工智能作比较正式的介绍。

人工智能（Artificial Intelligence，AI）是用人造的机器取代或模拟人类智能。但从目前而言，这种机器主要指的是计算机，而人类智能主要指的是人脑功能。因此，从最为简单与宏观的意义上看，人工智能即是用计算机模拟人脑的一门学科。

下面作如下解释：

① 人脑：人类的智能主要体现在人脑的活动中，因此人工智能主要的研究目标是人脑。

② 计算机：模拟人脑的人造设施或机器，俗称电脑。

③ 模拟：就目前的科学水平而言，人类对人脑的功能及其内部结构的了解还很不够，因此还无法从生物学或从物理学观点着手制造出人脑，只能用模拟方法来模仿人脑已知的功能再通过计算机实现。

人工智能就是用人工制造的设备即计算机模拟人类智能（主要是人脑）的一门学科。

（3）延伸释义

① 人类智能：目前人们所说的人类智能即是人脑的思维活动，包括判断、学习、推理、联想、类比、顿悟、灵感等功能。此外还有很多尚未被发现的人类智能。

② 计算机：就目前而言，在人工智能中所使用的计算机实际上包括计算机网络，具有物联网功能，并具有云计算能力，是一个分布式、并行操作的计算机系统。

③ 模拟：在人工智能的 3 个关键词中，人类智能属脑科学范畴，计算机属计算机科学范畴，而真正属于人工智能研究的内容主要是模拟方法的研究，它为模拟人类智能中的功能，制造出相应的模型，这些模型就是人类智能的模拟，又称智能模型。

经过上述解释后，可以对人工智能作更为详细的定义：

人工智能是以实现人类智能为其目标的一门学科，通过模拟的方法建立相应的模型，再以计算机为工具，建立一种系统以实现模型。这种计算机系统具有近似于人类智能的功能。图 12.1 所示为人工智能定义示意图。

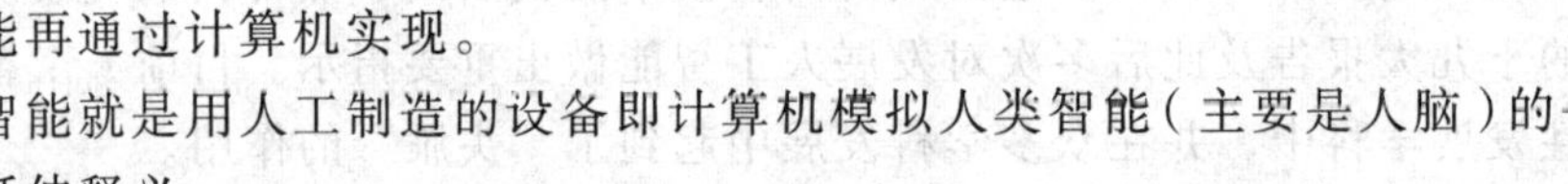

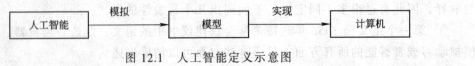

图 12.1 人工智能定义示意图

从人工智能的定义中可以看出，它的研究中涉及的学科很多，包括与“人类智能”有关的脑科学、生命科学、仿生学等；与“模拟方法”有关的数学、统计学、形式逻辑、数理逻辑学、心理学、哲学、自动控制论等；与“计算机”有关的互联网技术、移动互联网、物联网、云计算、超级计算机、软件工程、数据科学及算法理论等。

2. 人工智能发展历史

人工智能已经历了 3 个发展时期，此外，还有人工智能出现前的萌芽阶段。

（1）人工智能出现前的萌芽阶段

有关人工智能最原始的研究从古希腊时期就开始了。其代表性人物是当时的哲学家亚里士多德（Aristotle），他以哲学观点研究人类思维形式化的规律，并形成了一门新的学科——形式逻辑。20 世纪初，数学家怀特海（Whitehead）与罗素（Russell）在其名著《数学原理》中用数学方法将形式逻辑符号化，即用数学中的符号方式研究人类思维形式化规律，这就是数理逻辑（Mathmatic Logic），又称符号逻辑（Symbol Logic）。形式逻辑与数理逻辑的出现为人工智能奠定了理论基础。

对人工智能的后续密集研究出现在 20 世纪 40 年代直至 20 世纪 50 年代初，形成了人工智能的萌芽阶段。

那个时期，有一批来自不同行业、不同领域的专家从其自身专业出发，从不同角度对人工智能提出了不同的理解、认识与方案，具代表性的有：

1943 年，心理学家麦克洛奇（MaCaulloch）和逻辑学家皮兹（Ptts）首创仿生学思想，并提出了首个人工神经网络模型——MP 模型，为连接主义学派的创立打下了基础。

1948 年，控制论创始人维纳（Wiener，见图 12.2）首次提出控制论概念，为人工智能行为主义学派提供了理论基础。

1948 年，信息论创始人香农（Shannon，见图 12.3）发表《通信的数学理论》，在此文中他将数学理论引入数字电路通信中，通过纠错码，有效解决了信息传输中的误码率问题。这标志了信息论的正式诞生。

图 12.2 维纳

图 12.3 香农

1950 年，图灵（Turing，见图 12.4）在《思想》（*Mind*）杂志上发表了一篇《计算的机器和智能》的论文。他在论文中提出了著名的图灵测试，首次为人工智能的概念作出了最为基础性的解释。图灵测试是指：让一台机器 A 和一个人 B 坐在幕后，让一个裁判 C 同时与幕后的人和机器进行交流，如果这个裁判无法判断自己交流的对象是人还是机器，就说明这台机器有了和人同等的智能。图 12.5 所示为图灵测试示意图。

1945 年第一台计算机问世，1950 年非数值计算出现，均为人工智能的应用发展提供了基本性的保证。借助于计算机的能力，人工智能应用如雨后春笋般破土而出。

1951 年，多个数学家在计算机上利用数理逻辑方法自动编排民航时刻表和列车运行时刻表。它标志着计算机的智能应用已经来临，并表明了符号主义的作用已经显现。接着，应用纠错理论与计算机相结合于通信领域中，为数字通信电路发展做出了关键性的贡献。

图 12.4　图灵

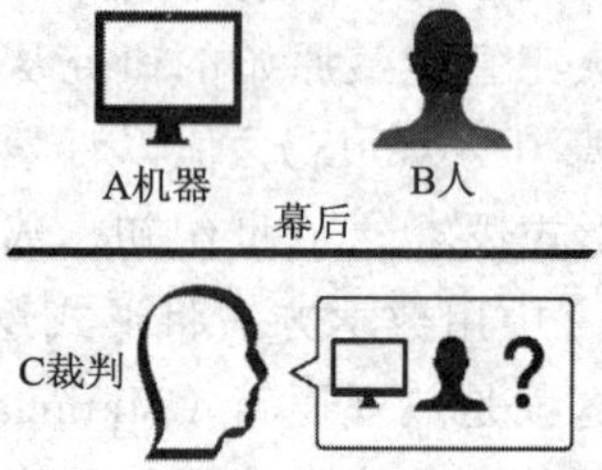

图 12.5　图灵测试示意图

20 世纪 50 年代中叶，由多个研究者联合出版专著《自动机研究》，将初始人工智能思想与计算机相结合，使计算机不仅有计算功能，还具有智能功能，这种有一定智能能力的计算机被命名为“自动机”。自动机概念的出现使得当时对原始人工智能的理解更为具体与深入。

以上所出现的各种研究方向与方法，包括了数理逻辑、信息论、控制论、自动机、仿生学、计算机智能应用及图灵测试等，表现了人工智能出现前的多种思想与流派，为人工智能的真正问世创造了条件。

（2）人工智能的第一个发展时期

① 人工智能的出现。

真正出现人工智能这个统一的、一致公认的名词是在 1956 年，对人工智能这门学科而言是值得纪念的一年。这年夏天，由美国学者约翰 · 麦卡锡（John McCarthy，见图 12.6）主要发起，在美国达特茅斯学院举行了一个长达两个月的研讨会，它云集了当时各领域、各流派的人工智能研究者，包括约翰 · 麦卡锡（麻省理工学院）、香农（CMU）、马文 · 明斯基（Marvin Minsky，麻省理工学院，见图 12.7）和罗切斯特（Rochester，IBM 公司）等多个著名人物，此外，还包含数学、神经生理学、心理学、信息论、计算机科学、哲学、逻辑学等各界人士。此会重点研讨了如何用机器模拟人类智能的若干方向性问题，并取得了一致性的认识。在讨论中人工智能（Artificial Intelligence）的名词首次被提出，并将该名词与所讨论的主题紧密关联。这是人工智能的首次会议，此后，世界上就开启了人工智能的正式研究，并出现了人工智能第一次高潮，麦卡锡也被公认为人工智能之父。

图 12.6　约翰·麦卡锡

图 12.7　马文·明斯基

② 人工智能的第一次高潮。

人工智能的第一次高潮出现于1956年人工智能的首次研讨会以后，一直到20世纪60年代末期为止。

在此时期中，人工智能的研究与应用都取得了重大进展，人工智能作为一门学科已初步形成，主要表现有：

- 人工智能三大研究流派均已出现，其理论架构已基本成形。
- 专业应用技术研究的思想、方法大体确定，在当今广为人知的一些应用热点，如机器博弈、机器翻译、模式识别及专家系统等应用技术在当时也均已出现，并形成当时人工智能中的热门；
- 开发了若干基于计算机的应用，如五子棋博弈、西洋跳棋程序，问答式翻译、汉诺塔及迷宫问题的求解，自动定理证明程序等。

此外，在此期间还研制出了人工智能专用程序设计语言LISP，同时还出现了专家系统。

- 在此阶段所取得的成果在当时都是里程碑式的，但从现在的眼光看来，这些理论与应用还是初步的，真正具有实际价值的应用很少，特别是计算机应用，当时曾被人嘲弄为“简单的智力游戏而已”。在此方面的进一步发展，受制于计算机的能力不足和自身理论的欠缺。因此，到了20世纪60年代末期，人工智能的第一次高潮终于走入了低谷，接下来的几年，后来被称为“人工智能冬季”。
- 该时期是人工智能由萌芽期的春秋战国百花齐放到此时期逐渐形成统一的过程，是思想、方法与理论研究逐渐冲击到应用的过程。

（3）人工智能的第二个发展时期

人工智能在进入低谷后，长期处于徘徊而跳不出低水平泥坑，经历了近10年的不懈努力与奋斗后，到了20世纪70年代末期，人工智能终于迎来了新的春天，出现了第二次高潮。这次高潮到来的根本原因是它终于找到了一个新的突破口，即知识工程及其应用——专家系统。知识工程是当时人工智能界所提出的一个新的方向，它有完整的理论体系，并有系统的工程化开发方法。它与计算机紧密结合，依靠当时发达的计算机硬件与成熟的计算机软件以及软件工程化开发思想，使人工智能走出了应用低谷。同时还出现了与知识工程相匹配的典型应用——专家系统。这两者的有机结合所产生的效果使人工智能终于起死回生，出现了人工智能的高潮，各种专家系统如雨后春笋般纷纷问世，如医学专家系统、化学分析专家系统及计算机配置专家系统等。

这一时期中起关键性作用的人物是美国著名人工智能专家费根鲍姆（Feigenbaum，见图12.8），他在1977年的“第五届国际人工智能大会”上首次提出知识工程概念，并对其关键技术做了介绍。

图12.8 费根鲍姆（Feigenbaum）

这一时期，人工智能的理论与应用都得到了长足的发展。在理论方面，主要是围绕以知识为中心而展开的，如知识表示、知识获取、知识管理等。特别是基于符号主义的知识表示与获取方法，如知识的逻辑推理方法和启发式搜索方法得到了充分发挥。在应用中以专家系统为中心，并充分与当时计算机的先进技术相结合，使人工智能真正产生了实际应用效果。

这一时期的顶峰是日本五代机的出现。五代机实际上是一种用于知识推理的专用计算机。该机采用启发式搜索算法，并用布线逻辑以硬件方法实现，实现了青光眼诊治等多项专家系统的开发。

在经过了10余年兴旺发展后，特别是实际应用的开发，发现中小型的专家系统效果尚好，但大型的专家系统实际效果并不理想，其典型表现是日本五代机的应用并未达到原有设计目标，最终导致失败。究其原因主要是推理引擎中的算法复杂性及当时计算机能力所限，由此专家系统发展受到了实质性的阻碍。到了20世纪80年代后期人工智能又一次走入低谷。

该时期的人工智能已将单纯的思想方法与计算机紧密结合，已由理论研究真正走向了实际应用。

（4）人工智能的第三个发展时期

人工智能最新发展的时期始于20世纪90年代末期，一直至今仍处于不断发展之中，并与各行业、各领域应用紧密结合，形成上、中、下三游的层次式、系统、全面的发展。

这一时期出现的首个应用标志是IBM的Deep Blue成为第一个在1997年5月11日击败国际象棋世界冠军加里·卡斯帕罗夫的计算机国际象棋系统。图12.9所示为当时加里·卡斯帕罗夫与Deep Blue对弈的情境。接着，2011年，在一个“危险”智力竞赛表演比赛中，IBM的“沃森”问答系统击败了布拉德·鲁特和肯·詹宁斯，显示了智能机器的明显优势。

21世纪，人工智能的研究取得突破性进展，其最新发展的主要标志是：

① 人工智能自身的发展：包括机器学习、人工神经网络的发展，特别是近年来深度学习技术的发展，使它在技术上有了质的飞跃。

② 从数据角度发展人工智能：包括数据仓库、数据挖掘的发展，特别是近年来大数据技术的发展，与人工智能有机结合。

图12.9 加里·卡斯帕罗夫与Deep Blue对弈

③ 计算机技术的发展：“互联网+”的出现，物联网、云计算的发展，带动了分布式、并行计算等新型计算方式问世，极大地提高了计算能力，为人工智能发展奠定坚实基础。

21世纪，以“新计算能力+大数据+深度学习”的三驾马车方式为代表的新技术带来了人工智能新的崛起，以前所有陷于困境的应用都因这种新技术的应用而取得了突破性进展，如人机博弈、自然语言处理（包括机器翻译）、语音识别、计算机视觉（包括人脸识别、自动驾驶、图像识别、知识推荐以及情感分析等）应用均取得突破性进展。

这一时期标志性的应用是2016年AlphaGo的横空出世，它掀起了人工智能发展的第三次高潮，人类已进入新的人工智能时代。图12.10所示为AlphaGo与李世石对弈的情境。

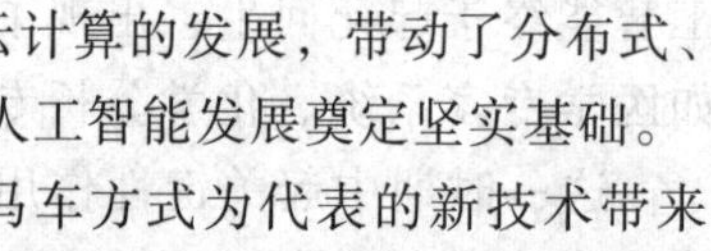

图12.10 AlphaGo与李世石对弈

此外，知识工程与专家系统的研究与应用开发也取得了新的进展，新的知识表示方法如本体及知识图谱的问世，可直接应用网上查询系统，如维基百科及苹果 Siri 查询。还有，将大数据自动获取的知识与专家系统相结合组成了新的专家系统结构体系，实现演绎推理与归纳推理的一体化。

该时期的人工智能已全面进入实际应用阶段，并与多个领域融合，取得了全面突破性进展，全球已进入人工智能时代。

3. 人工智能发展趋势及展望

近年来，人工智能以前所未有的速度迅速发展，当前人工智能已经取得了一定成绩，但这也仅仅是刚刚开始而已，随后各种新科技层出不穷，人工智能将来的发展将不可限量，主要有以下 8 个发展趋势：

（1）专用走向通用

通用智能被认为是人工智能皇冠上面的明珠，各国都很关注这个竞争焦点。美国军方开始规划通用智能的研究，他们认为通用人工智能和自主武器显然优于现有人工智能技术体系发展方向。

（2）机器智能到人机混合智能

人类智能和人工智能各有所长，可以互补，所以人工智能一个非常重要的发展趋势是从 AI（Artificial Intelligence）到 AI（Augmented Intelligence），两个 AI 含义不同。

（3）从“人工+智能”到自主智能系统

为了让深度学习提高性能，需要大量已经标注好的数据。比如给人工智能一幅图像，告诉它图像中哪一块是人，哪一块是草地，哪一块是天空，都要人工标注好，非常费时费力。目前的人工智能有多少智能，取决于辐射多少人工。下一步发展趋势是怎样以极少人工来获得最大程度的智能，人类看书可以学习到知识，机器还做不到。人工采集和标注大样本训练数据，是这些年来深度学习取得成功的一个重要基础或者重要人工基础。所以有人开始试图创建自动机器学习算法，以降低 AI 的人工成本。

（4）学科交叉将成为人工智能创新源泉

深度学习借鉴了大脑的原理：信息分层、层次化处理。所以，与脑科学交叉融合非常重要。实际上，*Nature* 和 *Science* 都有这方面成果报道。比如 *Nature* 发表了一个研究团队开发的一种能自主学习的人工突触，它能提高人工神经网络的学习速度。但大脑到底怎么处理外部视觉信息或者听觉信息的，很大程度还是一个黑箱，这就是脑科学面临的挑战。这两个学科的交叉有巨大创新空间。

（5）人工智能产业将蓬勃发展

国际上一个比较有名的咨询公司预测，2016—2025 年人工智能的产业规模几乎直线上升。我国发展规划提出，2030 年人工智能核心产业规模将超过 1 万亿元，带动相关产业规模超过 10 万亿元。这个产业是蓬勃发展的，前景显然是非常大的。

（6）人工智能的法律法规更加健全

人们很关注人工智能可能带来的社会问题和相关伦理问题，因此人工智能的法律法规一定会更加健全。联合国专门成立了人工智能机器人中心的监察机构，欧盟25 个国家签署《人工智能合作宣言》，共同面对人工智能在伦理、法律等方面的挑战。

（7）人工智能将成为更多国家的战略选择

一些国家已经把人工智能上升为国家战略，且有越来越多的国家做出同样举措。

（8）人工智能的教育会全面普及

我国教育部专门发布了高校人工智能的行动计划，我国国务院新的人工智能发展规划也指出，要支持开展形式多样的人工智能科普活动，美国科技委员会也有类似的指示，所以这也是值得关注的一个发展趋势。

12.1.2 人工智能研究内容及方法

1. 人工智能研究内容

人工智能所研究的内容包括两个部分：

① 人工智能研究模拟人类智能的思想、方法、理论及结构体系。

这是人工智能研究的主要内容，通过这种研究可以建立智能模型用以模拟人类智能中的各种行为。

② 人工智能研究以计算机为工具用于智能模型的开发实现。

人工智能的智能模型仅是一种理论框架，它需要借助于计算机，用计算机中的数据结构、算法所编写而成的软件在特定的计算机平台上运行，从而实现模型的功能。

从计算机学科观点看，这种研究内容属计算机的一种开发应用，即计算机智能应用。为实现此应用，必须建立专用的平台、搭建专用硬件、开发专用软件以及研究专用的结构体系等。这就是到目前为止人工智能还属于计算机学科一个分支的原因。

2. 人工智能研究方法

人工智能是用计算机模拟人脑的学科，因此模拟人脑成为它的主要研究内容。但由于人类对人脑的了解甚少，目前人工智能学者对它的研究是通过模拟方法按3个不同角度与层次对其进行探究，从而形成3种学派：符号主义、连接主义和行为主义。

（1）符号主义

符号主义（Symbolicism）又称逻辑主义（Logicism）、心理学派（Psychologism）或计算机学派（Computerism），其主要思想是从人脑思维活动形式化表示角度研究探索人的思维活动规律。它即是亚里士多德所研究形式逻辑以及其后所出现的数理逻辑。用这种符号逻辑的方法研究人脑功能的学派称为符号主义学派。

在20世纪40年代中后期出现了数字电子计算机，这种机器结构的理论基础也是数理逻辑，因此从人工智能观点看，人脑思维功能与计算机工作结构方式具有相同的理论基础，即都是数理逻辑。故而符号主义学派在人工智能诞生初期就被广泛应用。

推而广之，凡是用抽象化、符号化形式研究人工智能的都称为符号主义学派。

总体来看，所谓符号主义学派即是以符号化形式为特征的研究方法，它在知识表示中的谓词表示、产生式表示、知识图谱表示中，以及基于这些知识表示的演绎性推理中都起到了关键性指导作用。

（2）连接主义

连接主义（Connectionism）又称仿生学派（Bonicsism）或生理学派（Physiologism），其主要思想是从人脑神经生理学结构角度研究探索人类智能活动规律。从神经生理学的观点看，人类智能活动都出自大脑，而大脑的基本结构单元是神经元，整个大脑智能活动是相互连接的神经元间的竞争与协调的结果，它们组织成一个网络，称为神经网络。持此种观点的人认为，研究人工智能的最佳方法是模仿神经网络的原理构造一个模型，称为人工神经网络模型，以此模型为基点开展对人工智能的研究。用这种方法研究人脑智能的学派称为连接主义学派。

有关连接主义学派的研究工作早在人工智能出现前的20世纪40年代的仿生学理论中就有很多研究，并基于神经网络构造出世界上首个人工神经网络模型——MP模型，自此以后，对此方面的研究成果不断出现，直至20世纪70年代。但在此阶段由于受模型结构及计算机模拟技术等多个方面的限制而进展缓慢。直到20世纪80年代Hopfield模型的出现以及相继的反向传播BP模型的出现，人工神经网络的研究才又开始走上发展道路。

2012年对连接主义学派而言是具有划时代意义的一年，具有多层结构模型——卷积神经网络模型与当时正兴起的大数据技术，再加上飞速发展的计算机新技术，三者的有机结合，使它成为人工智能第三次高潮的主要技术手段。

连接主义学派的主要研究特点是将人工神经网络与数据相结合，实现对数据的归纳学习，从而达到发现知识的目的。

（3）行为主义

行为主义（Actionism）又称进化主义（Evolutionism）或控制论学派（Cyberneticsism），其主要思想是从人脑智能活动所产生的外部表现行为角度研究探索人类智能活动规律。这种行为的特色可用“感知—动作”模型表示，这是一种控制论的思想为基础的学派。

有关行为主义学派的研究工作早在人工智能出现前的20世纪40年代的控制理论及信息论中就有很多研究，在人工智能出现后得到很大的发展，其近代的基础理论思想如知识获取中的搜索技术以及Agent为代表的“智能代理”方法等，而其应用的典型即是机器人，特别是具有智能功能的智能机器人。在近期人工智能发展新的高潮中，机器人与机器学习、知识推理相结合，所组成的系统成为人工智能新的标志。

12.1.3 人工智能关键技术

人工智能技术关系到人工智能产品是否可以顺利应用到人们的生活场景中。在人工智能领域，包含了机器学习、知识图谱、自然语言处理、人机交互、计算机视觉、生物特征识别、虚拟现实/增强现实7个关键技术。

1. 机器学习

机器学习（Machine Learning）是一门涉及统计学、系统辨识、逼近理论、神经网络、优化理论、计算机科学、脑科学等诸多领域的交叉学科，研究计算机怎样模拟或实现人类的学习行为，以获取新的知识或技能，重新组织已有的知识结构使之不断改善自身的性能，是人工智能技术的核心。基于数据的机器学习是现代智能技术中的重要方法之一，研究从观测数据（样本）出发寻找规律，利用这些规律对未来数据或无法观测的数据进行预测。根据学习模式、学习方法以及算法的不同，机器学习存在不同的分类方法。根据学习模式将机器学习分类为监督学习、无监督学习和强化学习等，根据学习方法可以将机器学习分为传统机器学习和深度学习。

2．知识图谱

知识图谱本质上是结构化的语义知识库，是一种由节点和边组成的图数据结构，以符号形式描述物理世界中的概念及其相互关系，其基本组成单位是“实体—关系—实体”三元组，以及实体及其相关“属性—值”对。不同实体之间通过关系相互连接，构成网状的知识结构。在知识图谱中，每个节点表示现实世界的“实体”，每条边为实体与实体之间的“关系”。通俗地讲，知识图谱就是把所有不同种类的信息连接在一起而得到的一个关系网络，提供了从“关系”的角度去分析问题的能力。

知识图谱可用于反欺诈、不一致性验证、组团欺诈等公共安全保障领域，需要用到异常分析、静态分析、动态分析等数据挖掘方法。特别地，知识图谱在搜索引擎、可视化展示和精准营销方面有很大的优势，已成为业界的热门工具。但是，知识图谱的发展还有很大的挑战，如数据的噪声问题，即数据本身有错误或者数据存在冗余。随着知识图谱应用的不断深入，还有一系列关键技术需要突破。

3．自然语言处理

自然语言处理是计算机科学领域与人工智能领域中的一个重要方向，研究能够实现人与计算机之间用自然语言进行有效通信的各种理论和方法，涉及的领域较多，主要包括机器翻译、语义理解和问答系统等。

（1）机器翻译

机器翻译技术是指利用计算机技术实现从一种自然语言到另外一种自然语言的翻译过程。基于统计的机器翻译方法突破了之前基于规则和实例翻译方法的局限性，翻译性能取得巨大提升。基于深度神经网络的机器翻译在日常口语等场景的应用已显现出巨大的潜力。随着上下文的语境表征和知识逻辑推理能力的发展，自然语言知识图谱的不断扩充，机器翻译将会在多轮对话翻译及篇章翻译等领域取得更大进展。

（2）语义理解

语义理解技术是指利用计算机技术实现对文本篇章的理解，并且回答与篇章相关问题的过程。语义理解更注重于对上下文的理解以及对答案精准程度的把控。随着MCTest数据集的发布，语义理解受到更多关注，取得了快速发展，相关数据集和对应的神经网络模型层出不穷。语义理解技术将在智能客服、产品自动问答等相关领域发挥重要作用，进一步提高问答与对话系统的精度。

（3）问答系统

问答系统分为开放领域的对话系统和特定领域的问答系统。问答系统技术是指让计算机像人类一样用自然语言与人交流的技术。人们可以向问答系统提交用自然语言表达的问题，系统会返回关联性较高的答案。尽管问答系统目前已经有了不少应用产品出现，但大多是在实际信息服务系统和智能手机助手等领域中的应用，在问答系统健壮性方面仍然存在着问题和挑战。

自然语言处理面临四大挑战：

① 在词法、句法、语义、语用和语音等不同层面存在不确定性。

② 新的词汇、术语、语义和语法导致未知语言现象的不可预测性。

③ 数据资源的不充分使其难以覆盖复杂的语言现象。

④ 语义知识的模糊性和错综复杂的关联性难以用简单的数学模型描述，语义计算需要参数庞大的非线性计算。

4. 人机交互

人机交互主要研究人和计算机之间的信息交换，主要包括人到计算机和计算机到人的两部分信息交换，是人工智能领域重要的外围技术。人机交互是与认知心理学、人机工程学、多媒体技术、虚拟现实技术等密切相关的综合学科。传统的人与计算机之间的信息交换主要依靠交互设备进行，主要包括键盘、鼠标、操纵杆、数据服装、眼动跟踪器、位置跟踪器、数据手套、压力笔等输入设备，以及打印机、绘图仪、显示器、头盔式显示器、音箱等输出设备。人机交互技术除了传统的基本交互和图形交互外，还包括语音交互、情感交互、体感交互及脑机交互等技术。

5. 计算机视觉

计算机视觉是使用计算机模仿人类视觉系统的科学，让计算机拥有类似人类提取、处理、理解和分析图像以及图像序列的能力。自动驾驶、机器人、智能医疗等领域均需要通过计算机视觉技术从视觉信号中提取并处理信息。近来随着深度学习的发展，预处理、特征提取与算法处理渐渐融合，形成端到端的人工智能算法技术。根据解决的问题，计算机视觉可分为计算成像学、图像理解、三维视觉、动态视觉和视频编解码五大类。

目前，计算机视觉技术发展迅速，已具备初步的产业规模。未来计算机视觉技术的发展主要面临以下挑战：

① 如何在不同的应用领域和其他技术更好地结合，计算机视觉在解决某些问题时可以广泛利用大数据，已经逐渐成熟并且可以超过人类，而在某些问题上却无法达到很高的精度。

② 如何降低计算机视觉算法的开发时间和人力成本，目前计算机视觉算法需要大量的数据与人工标注，需要较长的研发周期以达到应用领域所要求的精度与耗时。

③ 如何加快新型算法的设计开发，随着新的成像硬件与人工智能芯片的出现，针对不同芯片与数据采集设备的计算机视觉算法的设计与开发也是挑战之一。

6. 生物特征识别

生物特征识别技术是指通过个体生理特征或行为特征对个体身份进行识别认证的技术。从应用流程看，生物特征识别通常分为注册和识别两个阶段。注册阶段通过传感器对人体的生物表征信息进行采集，如利用图像传感器对指纹和人脸等光学信息、麦克风对说话声等声学信息进行采集，利用数据预处理以及特征提取技术对采集的数据进行处理，得到相应的特征进行存储。

识别过程采用与注册过程一致的信息采集方式对待识别人进行信息采集、数据预处理和特征提取，然后将提取的特征与存储的特征进行比对分析，完成识别。从应用任务看，生物特征识别一般分为辨认与确认两种任务：辨认是指从存储库中确定待识别人身份的过程，是一对多的问题；确认是指将待识别人信息与存储库中特定单人信息进行比对，确定身份的过程，是一对一的问题。

生物特征识别技术涉及的内容十分广泛，包括指纹、掌纹、人脸、虹膜、指静脉、声纹、步态等多种生物特征，其识别过程涉及图像处理、计算机视觉、语音识别、机器学习等多项技术。目前生物特征识别作为重要的智能化身份认证技术，在金融、公共安全、教育、交通等领域得到广泛的应用。

7. 虚拟现实/增强现实

虚拟现实（VR）/增强现实（AR）是以计算机为核心的新型视听技术。结合相关科学技术，在一定范围内生成与真实环境在视觉、听觉、触感等方面高度近似的数字化环境。用户借助必要的装备与数字化环境中的对象进行交互，相互影响，获得近似真实环境的感受和体验，通过显示设备、跟踪定位设备、触觉交互设备、数据获取设备、专用芯片等实现。

虚拟现实/增强现实从技术特征角度，按照不同处理阶段，可以分为获取与建模技术、分析与利用技术、交换与分发技术、展示与交互技术以及技术标准与评价体系5个方面。获取与建模技术研究如何把物理世界或者人类的创意进行数字化和模型化，难点是三维物理世界的数字化和模型化技术；分析与利用技术重点研究对数字内容进行分析、理解、搜索和知识化方法，其难点是在于内容的语义表示和分析；交换与分发技术主要强调各种网络环境下大规模的数字化内容流通、转换、集成和面向不同终端用户的个性化服务等，其核心是开放的内容交换和版权管理技术；展示与交换技术重点研究符合人类习惯数字内容的各种显示技术及交互方法，以期提高人对复杂信息的认知能力，其难点在于建立自然和谐的人机交互环境；标准与评价体系重点研究虚拟现实/增强现实基础资源、内容编目、信源编码等的规范标准以及相应的评估技术。

目前虚拟现实/增强现实面临的挑战主要体现在智能获取、普适设备、自由交互和感知融合4个方面。在硬件平台与装置、核心芯片与器件、软件平台与工具、相关标准与规范等方面存在一系列科学技术问题。总体来说，虚拟现实/增强现实呈现虚拟现实系统智能化、虚实环境对象无缝融合、自然交互全方位与舒适化的发展趋势。

12.1.4 “人工智能+”应用

1. “人工智能+”应用的典型方法

从人工智能技术的角度看，目前的人工智能应用开发有3种典型方法，它们引领了人工智能发展第三个时期应用的主要趋势，这也是人工智能技术的基础理论与应用的结合之处。

这3种典型方法分别是以深度学习为主的连接主义的方法、以知识图谱为主的符号主义的方法和以机器人为主的行为主义的方法。

（1）以深度学习为主的连接主义的方法

深度学习方法是推进人工智能发展进入第三个时期的关键技术方法，特别是其中的卷积神经网络方法，它通过了实际应用的考验，被证明是一种行之有效的方法。

这是一种连接主义的方法，它需要以数据作训练，最终得到一个知识模型。这也是一种归纳学习的方法，它的特点是“数据+算法”。

更进一步分析，在这种方法中的数据，不仅要具有“海量”性，更需要具是“巨量”

性；在这种方法中的算法，计算函数中包含多个参数值，其复杂性较高，因此这种“数据+算法”的实现需要建立在强大计算力的基础之上。故而这种方法的标准形式是：卷积神经网络+大数据技术+强大计算力。

这种方法不仅需要有人工智能中的先进方法，还需要有大数据技术以及强大计算力的配合，这三者缺一不可。所幸的是，在这几年中，这3种技术都取得了突飞猛进的进步，因此造就了这种方法的成功，很多过去多年长期未获解决的多种应用都得到了突破，如自然语言处理（包括机器翻译、语言识别）、计算机视觉（包括图像识别、人脸识别）、自动驾驶等。目前此种方法已成为人工智能发展第三个时期的标志性方法。

（2）以知识图谱为主的符号主义的方法

在人工智能发展第三个时期中除了深度学习方法以外，传统的专家系统方法也获得了新生。在人工智能发展第二个时期中走向衰败的传统专家系统方法，在关键技术上进行重大的改进后，已组建成为一种新的专家系统。这种新的专家系统特别适合于作为咨询类专家系统。从方法论角度看，它是一种符号主义的方法，适合于语义性的推理。这种方法的标准形式是建立在互联网上的以知识图谱为表示方法，以网络中的数据自动采集（属大数据技术）为知识获取手段的新方法。这种方法的标准形式是：知识图谱+大数据技术+互联网。

（3）以机器人为主的行为主义的方法

在人工智能发展第三个时期中还有一种新的典型方法，即以机器人为代表的行为主义的方法。它是目前应用得最为广泛且应用产值最大的人工智能产业群。以 Agent 作为其技术基础，特点是大量利用感知设备及机电装置作为与外部世界互动的接口设施，在机器人内部将感知设备所不断获得的数据序列作为其输入，在经处理后以数据序列作为结果知识输出。这种方法的标准形式是：Agent+大数据技术+接口设备。

在实际应用中，往往是这3种方法联合应用。常用的有：

① 第一种方法与第二种方法的联合应用，即先通过第一种方法归纳后获得知识，再通过第二种方法作演绎推理后获得最终结果知识；

② 第三种方法与上面两种方法相结合后，就出现了“智能机器人”。

2.“人工智能+”应用领域及典型案例

人工智能是一门新兴的边缘学科，是自然科学与社会科学的交叉学科，其研究涉及广泛的领域，目前的人工智能研究是与具体领域相结合进行的。下面列举若干较为热门的应用领域及该领域的典型案例。

（1）人工智能+金融

人工智能在金融业主要是通过人工智能核心技术（机器学习、知识图谱、自然语言处理、计算机视觉等）作为主要驱动力，为金融业的各参与主体、各业务环节赋能，突出 AI 技术对于金融业的产品创新、流程再造、服务升级的重要作用。目前，典型的 AI 金融应用是智能客服。

智能客服的核心技术主要由语音识别、自然语言处理、语音合成组成，部分还涉及计算机视觉。但中文的语义理解由于汉语自身的复杂性（诸如分词、歧义、缺乏形态变化、结构松散等），技术难度较大，也是能否实现高质量人机交互的关键。对此，目前比较新锐的做法是以传统的 NLP 技术打底，加上语言学结构，结合新的机器学习、深度学习以及金融知识图谱的方法，融合地去把整个语义理解抽象化后做降维。

招商银行信用卡中心智能 IVR 系统是招商银行信用卡中心的智能客户服务应用系统，该系统包含两大类功能：业务功能和基本功能。

① 业务功能主要包含语音导航和语音咨询。

语音导航是指用户只需要通过语音描述服务需求，就可以直接进入具体的 IVR 服务节点，再由 IVR 服务节点完成后续的服务。例如，用户说“申请自动还款”，则会直接导航至 IVR 菜单中的“自动还款申请”节点，进入自动还款申请的服务流程并引导用户完成后续操作。目前，已上线的语音导航服务包括账务查询、额度问题、分期、还款、密码、积分等多个业务大类，涵盖 40 余个具体业务项及服务流程。

语音咨询是指用户通过语音提出业务问题，系统根据用户的业务问题直接以语音播报方式给出解答。例如，用户问：“信用卡怎么开卡？”系统会直接告诉用户信用卡开卡的方式。结合用户咨询的问题种类和总量，目前系统已经上线包括信用卡年费介绍、制卡和寄送时效、利息收取标准、积分累计规则等 10 多项常用的业务知识。

② 基本功能包括智能人机语音交互、智能语音交互式菜单、多语言适应。

智能人机语音交互支持自然语言识别，客户不需要说出特定的关键词就可以实现交互，如额度查询业务，客户可以用“我还有多少钱”“还剩多少钱”等自然语言的表达方式；对用户需求表达不明确时的引导，通过引导的方式来明确用户的服务需求；支持对话过程中的打断功能，当用户在智能 IVR 播报的过程中说话时，可以打断播报并识别用户需求。

当客户拨打信用卡服务热线并接通后，在首层“欢迎语菜单”选择智能语音导航入口，就可以进入智能语音交互式菜单所包含的导航流程，通过该流程可以完成客户信息收集、审核身份、业务需求收集、业务办理等全套服务，可以迅速了解客户的意图，为客户办理业务。

多语言适应支持中文、英文以及中英文混合的识别功能，并且一定程度上支持带方言口音的普通话识别能力。

（2）人工智能+零售

人工智能在零售领域的应用，主要是利用大数据分析技术，智能的管理仓储与物流、导购等方面，用以节省仓储物流成本、提高购物效率、简化购物程序。

从 2017 年起，国内新零售先行者阿里巴巴不再将单纯的电子商务作为重心，全力打造新零售，让线上、线下与物流结合。马云在 2016 年的阿里云栖大会上阐述了新的技术革命将会对各个行业带来的颠覆性影响。在接下来的几年，阿里巴巴不断发展创新了众多智能化应用。

① 盒马鲜生。

盒马鲜生是阿里旗下的泛生鲜零售新物种。截至 2018 年 3 月，盒马在全国共有门店 36 家，覆盖北京、上海、深圳、杭州等 9 个城市。

盒马鲜生使用移动应用 App 来简化顾客体验。盒马 App 根据顾客用手机扫描的物品推荐食品杂货，用户可以通过支付宝支付完成购买。此外，这些店铺可以让购物者选择新鲜的海鲜，在店内进行烹饪和食用，营造类似于当地市场的氛围。盒马的开店选址由阿里大数据进行指导，针对不同消费阶层的活动商圈划定门店范围。目前门店选址的商场多为中高档生活广场，周边有写字楼、中高端社区等配套功能，居民消费水平偏中上，符合目标用户需求。

盒马鲜生最初是一家开在上海的生鲜超市，在阿里介入后，打出了“传统商超+外卖+盒马 App”的组合牌。盒马鲜生不同于传统电商和生鲜店，定位于以大数据支撑的线上线下一体化超市。从门店组织架构来看，盒马以线下体验门店为基础，并以此为线上平台盒马 App 的仓储、满足餐饮以及生活休闲的需求。其定位于 80 后、90 后的年轻消费群，提供门店 3 km 内 30 min 送达的标准配送服务。

此外，盒马鲜生还在零售设备、门店运营，店内人机互动和后端供应链等诸多环节进行尝试，规模化应用图像识别、语音识别、温度识别和定位技术，让盒马鲜生店内拣货效率大幅提升；通过深度学习改进物流线路的设定，使订单分拨更加高效；虚拟现实/增强现实技术及传感器结合可以通过消费者的店内互动行为挖掘大数据，为消费者进行数据画像，进一步提供精准营销和服务。

② 淘咖啡淘宝会员店。

2017 年，淘咖啡（TAOCAFE）淘宝会员店开始营业，其最大的亮点是没有收银员，利用人工智能等技术让顾客无须排队结账。淘咖啡在入口配备了两台扫码机，第一次入店之前，顾客需用淘宝 App 扫描二维码，通过相关协议，获得属于自己的二维码，并在闸门扫码机扫码进店。在选择完商品后，用户进入支付隧道，传感器会识别顾客和商品，并进行相应扣款。淘咖啡背后的物联网支付技术由蚂蚁金服技术实验室研发，该实验室还曾研发过另一由蚂蚁金服发布的全球首个落地应用的 VR 支付技术。在识别用户和商品上，蚂蚁金服联合使用了计算机视觉和传感器感应等技术，再结合生物识别技术以降低误判率，配以视觉传感器、压力传感器等多种传感器，将用户的整个线下购物流程进行数字化，体验感升级。

③ 天猫超市。

淘宝天猫商城在 2017 年 11 月全新打造了本地网上零售超市——“天猫超市”，在线销售近万种名优商品，配以专业的仓库物流配送，所有商品采用统一的商品包装。天猫超市承诺实现次日送达，并陆续推出实现每日三配、指定时间送达、指定日期送达等人性化配送服务，让顾客能充分享受到“网上超市”的实惠与方便。

（3）人工智能+医疗

从全球创业公司实践的情况来看，智能医疗的具体应用包括洞察与风险管理、医学研究、医学影像与诊断、生活方式管理与监督、精神健康、护理、急救室与医院管理、药物挖掘、虚拟助理、可穿戴设备等。总的来看，目前人工智能技术在医疗领域的应用主要集中在以下 4 个场景。

① 医疗机器人。机器人技术在医疗领域的应用并不少见，比如智能假肢、外骨骼和辅助设备等技术修复人类受损身体，医疗保健机器人辅助医护人员的工作等。目前实践中的医疗机器人主要有两种：一是能够读取人体神经信号的可穿戴型机器人，也称“智能外骨骼”；二是能够承担手术或医疗保健功能的机器人。

• 智能外骨骼。

俄罗斯 ExoAtlet 公司生产了两款“智能外骨骼”产品：ExoAtlet Ⅰ和 ExoAtletPro。前者适用于家庭，后者适用于医院。ExoAtlet Ⅰ适用于下半身瘫痪的患者，只要患者上肢功能基本完整，它能帮助患者完成基本的行走、爬楼梯及一些特殊的训练动作。ExoAtletPro 在 ExoAtlet Ⅰ的基础上包括了更多功能，如测量脉搏、电刺激、设定既定的行走模式等。

日本厚生劳动省已经正式将“机器人服”和“医疗用混合型辅助肢”列为医疗器械在日本国内销售，主要用于改善肌萎缩侧索硬化症、肌肉萎缩症等疾病患者的步行机能。

• 手术机器人。

世界上最有代表性的手术机器人是达·芬奇手术系统。达·芬奇手术系统分为两部分：手术室的手术台和医生可以在远程操控的终端。手术台是一个有 3 个机械手臂的机器人，它负责对病人进行手术，每一个机械手臂的灵活性都远远超过人类，而且带有摄像机，可以进入人体内，因此不仅手术的创口非常小，而且能够实施一些人类医生很难完成的手术。在控制终端上，计算机可以通过几台摄像机拍摄的二维图像还原出人体内的高清晰度的三维图像，以便监控整个手术过程。图 12.11 所示为腹腔镜手术机器人“达·芬奇”。

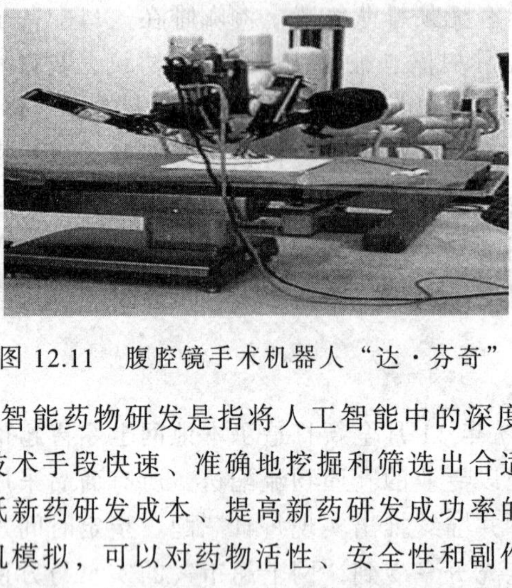

图 12.11　腹腔镜手术机器人“达·芬奇”

② 智能药物研发。智能药物研发是指将人工智能中的深度学习技术应用于药物研究，通过大数据分析等技术手段快速、准确地挖掘和筛选出合适的化合物或生物，达到缩短新药研发周期、降低新药研发成本、提高新药研发成功率的目的。

人工智能通过计算机模拟，可以对药物活性、安全性和副作用进行预测。借助深度学习，人工智能已在心血管药、抗肿瘤药和常见传染病治疗药等多领域取得了新突破。在抗击埃博拉病毒中智能药物研发也发挥了重要作用。

美国硅谷公司 Atomwise 通过 IBM 超级计算机，在分子结构数据库中筛选治疗方法，评估出 820 万种药物研发的候选化合物。2015 年，Atomwise 基于现有的候选药物，应用人工智能算法，在不到一天时间内就成功地寻找出能控制埃博拉病毒的两种候选药物。

除挖掘化合物研制新药外，美国 Berg 生物医药公司还通过研究生物数据研发新型药物。Berg 通过其开发的 Interrogative Biology 人工智能平台，研究人体健康组织，探究人体分子和细胞自身防御组织以及发病原理机制，利用人工智能和大数据来推算人体自身分子潜在的药物化合物。利用人体自身的分子来医治类似于糖尿病和癌症等疑难杂症，要比研究新药的时间成本与资金少一半。

③ 智能诊疗。智能诊疗就是将人工智能技术用于辅助诊疗中，让计算机“学习”专家医生的医疗知识，模拟医生的思维和诊断推理，从而给出可靠诊断和治疗方案。智能诊疗场景是人工智能在医疗领域最重要、最核心的应用场景。

在智能诊疗的应用中，IBM Watson 是目前最成熟的案例。IBM Watson 可以在 17 s 内阅读 3 469 本医学专著、248 000 篇论文、69 种治疗方案、61 540 次试验数据、106 000 份临床报告。2012 年 Watson 通过了美国职业医师资格考试，并部署在美国多家医院提供辅助诊疗的服务。目前 Watson 提供诊治服务的病种包括乳腺癌、肺癌、结肠癌、前列腺癌、膀胱癌、卵巢癌、子宫癌等多种癌症。Watson 实质是融合了自然语言处理、认知技术、自动推理、机器学习、信息检索等技术，并给予假设认知和大规模的证据搜集、分析、评价的人工智能系统。

④ 智能医学影像。智能医学影像是将人工智能技术应用在医学影像的诊断上。人工智能在医学影像的应用主要分为两部分：一是图像识别，应用于感知环节，其主要目的是将影像进行分析，获取一些有意义的信息；二是深度学习，应用于学习和分析环节，通过大量的影像数据和诊断数据，不断对神经元网络进行深度学习训练，促使其掌握诊断能力。

贝斯以色列女执事医学中心（BIDMC）与哈佛医学院合作研发的人工智能系统，对乳腺癌病理图片中癌细胞的识别准确率能达到 92%。

美国企业 Enlitic 将深度学习运用到了癌症等恶性肿瘤的检测中，该公司开发的系统的癌症检出率超过了 4 位顶级的放射科医生，诊断出了人类医生无法诊断出的 7%的癌症。

2017 年 8 月举行的全球肺结核日当天，科大讯飞利用 AI 医学影像识别技术成功识别肺结核疾病，刷新了世界纪录，它的读片准确率高达 94.1%。

（4）人工智能+教育

人工智能在教育领域的应用，主要是通过图像识别、知识图谱、语音识别、人机交互、深度学习等技术进行学习知识搜索、教学语音转化、机器批改试卷、识题答题、进行在线答疑解惑等。AI 的赋能将会使老师教得更好，学生学得更有兴趣，达到“教学相长”的完美境界。

目前，典型的 AI 教育案例有以下两种：

① 提高教育决策的正确率。比较典型的 AI 报考工具“小度高考”借助大数据技术及云计算技术，能够统一录入往年的高考数据，例如，各个院校往年的录取名次、录取专业等。另外，也会推荐最新的招生政策与相关专业。考生只需输入自己的成绩，“小度高考”就能够通过 AI 算法智能推荐适配的高校与相关专业。“小度高考”能够智能分析各个专业历年的分数段，使考生能更科学、更放心地报考，让考生的每一分都“分有所值”；“小度高考”还能够通过性格测试，并以此来判定考生的兴趣专长，从而进一步选定适合的专业范围。

② 幼儿早教机器人。狗尾草旗下的早教机器人“公子小白”不仅有酷炫的外形，还有实用的功能。它能够为儿童设置学习习惯养成计划，为儿童定制 24 小时的时间管理计划。“公子小白”早上能够用语音按时唤醒孩子，培养其早起的习惯，并会给孩子讲述

刷牙的好处；雨天会智能提醒孩子出门带雨伞；晚上还会陪伴孩子一起复习功课；在睡觉的时候会给孩子讲很多有趣的睡前故事，使他们很快进入梦乡。图 12.12 所示为“公子小白”机器人。

图 12.12 “公子小白”机器人

（5）人工智能+无人驾驶

无人驾驶实际上是类人驾驶，即计算机模仿驾驶人的驾驶行为，目标是使计算机成为一位眼疾手快、全神贯注、经验丰富、永不疲倦的虚拟司机，最终将人类从低级、烦琐、持久的驾驶活动中解放出来。

本案例主要介绍百度 Apollo 无人驾驶项目的发展经历。

2014 年 7 月 24 日，百度启动“百度无人驾驶汽车”研发计划“百度 Apollo”。

2015 年 12 月，百度公司宣布，百度无人驾驶汽车国内首次实现城市、环路及高速道路混合路况下的全自动驾驶。百度无人驾驶汽车从位于北京中关村软件园的百度大厦附近出发，驶入 G7 京新高速公路，经五环路，抵达奥林匹克森林公园，并随后按原路线返回。百度无人驾驶汽车往返全程均为自动驾驶，实现了多次跟车减速、变道、超车、上下匝道、调头等复杂驾驶动作，完成了进入高速（汇入车流）到驶出高速（离开车流）的不同道路场景的切换，测试时最高速度达到 100 km/h。

2017 年 4 月 17 日，百度宣布与博世正式签署基于高精地图的自动驾驶战略合作，开发更加精准实时的自动驾驶定位系统。同时在发布会现场，展示了博世与百度的合作成果——高速公路辅助功能增强版演示车。

2018 年 2 月 15 日，百度 Apollo 无人驾驶汽车于港珠澳大桥进行演示，并在无人驾驶模式下完成 8 字交叉跑的高难度动作。

2018 年 7 月 4 日的百度 AI 开发者大会上，百度宣布 Apollo 无人驾驶汽车量产下线，并在海淀公园首次面向公众落地运营，实现从海淀公园西门到儿童游乐场所之间的往返接驳，全程约 1 km 左右，一次往返用时 15~20 min。图 12.13 所示即为百度 Apollo 小巴车。

2018 年 11 月 7 日，百度在第五届世界互联网大会上就人工智能技术在各个领域的应用进行了全方位展示，并推出众多创新产品，包括搭载了声控版唱吧 App 的百度 Apollo 无人驾驶汽车，展现了集电影、游戏等多种娱乐和工作于一体的体验模式。Apollo 小度车载 OS 以及 Apollo 智能驾舱上接入声控版唱吧 App，可实现“车载 K 歌”的功能，同时其还可与百度无人驾驶汽车智能语音交互系统进行适配。当用户说出“小度小度，我要唱歌”的语音指令时，唱吧 K 歌功能即刻被唤起，用户通过语音口令，即可开始演唱、切歌或分享，随时随地享受在无人驾驶汽车里唱歌、录歌、互动的乐趣。

2018 年 11 月 1 日，在北京的百度世界大会上，展出了一款无人驾驶挖掘机。该无人驾驶挖掘机是由拓疆者和百度共同开发的。它有 3 个特点：重建全局地图，分析场景并规划作业路径；多目感知与强化学习，实现最优的自动化作业；装载车基于自动驾驶，实现自动卸载。在没有人的操作下，挖掘机能自己感知和寻找作业任务，可节约 40%的人力成本，提升承包商 50%的工程收益。图 12.14 所示为百度无人驾驶挖掘机。

图 12.13　百度 Apollo 小巴车

图 12.14 百度无人驾驶挖掘机

截至 2019 年，Apollo 拥有北京、雄安、硅谷等多样地区场景以及乘用车、无人小巴、无人物流车等多种车型。

（6）人工智能+安防

从技术上来说，现阶段的 AI 已经基本实现安防监控最主要的 3 个目标：

① 识别行人的生理属性。通过分析行人身体结构，准确识别视频中人物的性别、年龄、姿态等多种生理特征。

② 识别行人车辆。基于深度学习的行人检测算法能够在有各种遮挡的情况下准确找出行人位置，并能够进一步分析行人姿态和动作，可应用于交通监控、辅助驾驶、无人驾驶等。还可以在行车场景、交通监控场景、卡口场景中检测多种不同角度的车辆，并同时给出车牌号码、汽车品牌、型号、颜色等物理特征。

③ 实现人群分析。在地铁、车站、广场等流动量大、高密度的公共场所，估算人群数量和密度，同时检测人群过密、异常聚集、滞留、逆行、混乱等多种异常现象。

因此，AI + 安防已经形成了 5 种典型应用：视频监控、智能报警、智慧警务、门禁管理、智慧交通，服务于大众的工作与生活。

“全球眼”（Mega Eyes）网络视频监控是中国电信于 2002 年推出的基于 IP 技术和宽带网络（互联网）的远程视频监控业务，实现图像的远程监控、传输、存储和管理。该业务系统利用中国电信无处不达的宽带网络，将分散、独立的图像采集点进行联网，实现跨区域、全国范围内的统一监控、统一存储、统一管理、资源共享，为各行业的管理决策者提供一种全新、直观、扩大视觉和听觉范围的管理工具，满足客户进行远程监控、管理和信息传递的需求，提高其工作绩效。同时，通过二次应用开发，为各行业的资源再利用提供了手段。图 12.15 所示为遍布大街小巷的“全球眼”摄像头。

经过中国电信多年的拓展，“全球眼”已在各行各业中得到广泛的应用，如平安城市、保险行业车辆远程定损、旅游景点推介、检验检疫、商贸连锁等，总监控点数超过 50 万个。“全球眼”已经成为视频监控领域的一个卓越牌子。

图 12.15　遍布大街小巷的“全球眼”摄像头

（7）人工智能+娱乐

AI 的进一步发展，必然会使泛娱乐化消费得到一次全新的升级。AI 泛娱乐化的内容有很多。例如，AI 游戏、AI 写诗、AI 拍照、AI 绘画、AI 音乐等，这些泛娱乐化的 AI 消费会使人们的生活更美好。

2017 年 5 月 2 日《科学美国人》杂志网站介绍了一款神奇的 AI 语音系统。这款 AI

语音系统是由加拿大新创公司 Lyrebird 打造的。它可以智能分析录音讲话、智能分析对应文本并且关联两者的关系。同时，它能够在 1 min 之内模仿听到的人声的“讲话”，而且它能够同时模仿多人的声音，展开一段有趣的对话。

Lyrebird 公司的新 AI 语音系统能够展现出“人的声音”，虽然仔细听起来，与人声还有很大的区别,但是却比冷冰冰的机器语言要好得多。新 AI 语音系统的工作原理如下：借助全新的语音合成系统，在倾听预录的声音文档中，整理出核心词汇，同时，尽量“掌握”单词的发音特点。在大数据、人脑思维的算法以及深度学习的技术支撑下，它能够在 1 min 之内，推理并模仿听到的声音。声音的语调和情感都很充沛，能够给娱乐和生活带来更新鲜的体验。

12.2 量子计算

随着传统计算模式的增长趋于瓶颈，需要找到一种新的计算模式，来解决传统计算无法解决的问题。这个新的计算模式，就是量子计算。量子计算的实现有两个前提：一是量子计算机；二是量子算法。量子计算是利用量子力学规律，以缠绕的量子态作为信息载体，利用量子态的线性叠加原理进行信息并行计算，比现有计算速度快的核心优势是可以实现高速并行计算。随着纳米技术逐渐取代传统的半导体晶体管，通过控制原子或小分子的状态进行运算，运算能力远远超出现有计算机，并且能够完成比如复杂路径搜索、大数分解等运算。由于量子计算的特性，“在不久的将来，量子计算可以改变世界”已经成为了共识。但它究竟是如何工作的呢？本节主要介绍量子相关概念、典型量子算法、量子计算机的基本原理、发展现状及应用前景等。

12.2.1 量子相关概念

1. 定义

量子（Quantum）属于一个微观的物理概念。如果一个物理量存在最小的不可分割的基本单位，那么称这个物理量是可量子化的，并把物理量的基本单位称为量子。现代物理中，将微观世界中所有的不可分割的微观粒子（光子、电子、原子等）或其状态等物理量统称子。

量子这个概念最早由德国物理学家普朗克在 1900 年提出,他假设黑体辐射中的辐射能量是不连续的，只能取能量基本单位的整数倍，从而很好地解释了黑体辐射的实验现象。即假设对于一定频率的电磁辐射，物体只以“量子”的方式吸收和发射，每个“量子”的能量可以表示为 $\varepsilon=h\nu$，其中，ν 是光的频率，h 是普朗克常量。

量子假设的提出有力地冲击了以牛顿力学为代表的经典物理学，促进物理学进入微观层面，奠定了现代物理学基础，进入了全新的领域。

经典力学中的概率反映的是信息的缺乏，可以通过减少这些因素的干扰来增强预测能力。而量子力学的概率是一种本质的随机性。

2. 量子信息

利用微观粒子状态表示的信息称为量子信息。量子比特（Quantum bit，简称 Qubit）

是量子信息的载体，是计算和存储的基本单元，用 Dirac 符号“|>”表示。它有两个可能的状态，一般记为|0>和|1>，对应经典信息中的 0 和 1。状态和是二维复向量空间中的单位向量，它们构成了这个向量空间的一组标准正交基。

量子力学有一条基本原理叫做“叠加原理”：如果一个体系能够处于|0>和|1>，那么它也能处于任何一个 $\alpha|0>+\beta|1>$，这样的状态称为“叠加态”。而且测量结果为|0>态的概率是 α^2，为|1>态的概率是 β^2。这说明一个量子比特能够处于既不是|0>又不是|1>的状态上，而是处于|0>和|1>的一个线性组合的所谓中间状态上。经典信息可表示为 011000，而量子信息可表示为 $|\varphi 1>|\varphi 2>|\varphi 3>$。

根据叠加原理，量子比特的任何态都可以写成：

$$|\varphi>=\alpha|0>+\beta|1>,$$

其中

$$\alpha^2+\beta^2=1$$

经典比特是“开关”，只有开和关两个状态（0 和 1）；而量子比特是“旋钮”，就像收音机上调频的旋钮那样，有无穷多个状态（所有的 $a|0>+b|1>$）。显然，旋钮的信息量比开关大得多。

对经典计算机而言，信息或数据由二进制数据位存储，每一个二进制数据位由 0 或 1 表示。一个二进制位（bit）只能存储一个数：0 或 1；量子比特可以是 0 或 1，也可以同时是 0 和 1 的叠加态，在量子计算机里，一个量子比特可以存储两个数据。两个二进制位只能存储以下 4 个数中的一个：00、01、10、11，但两个量子比特可以把以上 4 个数同时存储下来。按此规律，n 个二进制位只能存储 n 个一位二进制数或者 1 个 n 位二进制数，n 个量子比特可以同时存储 2^n 个数据。由此可见，量子存储器的存储能力是呈指数增长的，它比经典存储器具有更强大的存储数据的能力，尤其是当 n 很大时（如 $n=250$），量子存储器能够存储的数据量比宇宙中所有原子的数目还要多。

3. 量子基本性质

作为一种微观粒子，量子具有许多特别的基本性质，如量子力学三大基本原理：

（1）量子测不准原理

量子测不准原理也称不确定性原理，即观察者不可能同时知道一个粒子的位置和它的速度，粒子的位置总是以一定的概率存在某一个不同的地方，而对未知状态系统的每一次测量都必将改变系统原来的状态。也就是说，测量后的微粒相比于测量之前，必然会产生变化。

（2）量子不可克隆原理

量子不可克隆原理，即一个未知的量子态不能被完全地克隆。在量子力学中，不存在这样一个物理过程：实现对一个未知量子态的精确复制，使得每个复制态与初始量子态完全相同。

（3）量子不可区分原理

量子不可区分原理，即不可能同时精确测量两个非正交量子态。事实上，由于非正交量子态具有不可区分性，因此，无论采用任何测量方法，测量的结果都会有错误。

除此之外，还包括以下基本性质：

（4）量子态叠加性（Superposition）

量子状态可以叠加，因此量子信息也是可以叠加的。这是量子计算中可以实现并行性的重要基础，即可以同时输入和操作 N 个量子比特的叠加态。

（5）量子态纠缠性（Entanglement）

两个及以上的量子在特定的（温度、磁场）环境下可以处于较稳定的量子纠缠状态，基于这种纠缠，某个粒子的作用将会瞬时地影响另一个粒子。

在量子力学中，体系的状态可以用一个函数来表示，称为“态函数”（既可以把它理解为一个函数，也可以把它理解为一个矢量）。单粒子体系的态函数是一元函数，多粒子体系的态函数是多元函数。如果这个多元函数可以分离变量，也就是可以写成多个一元函数直接的乘积，就把它称为“直积态”；如果它不能分离变量，就把它称为“纠缠态”。

例如，$F(x, y) = xy + 1$，就可以说 x 和 y 是纠缠的。

以一个态 $(|01> + |10>)/\sqrt{2}$ 为例，可以把它记为 $|\beta01>$。这个态的特点是：对它测量粒子 1 的状态，会以一半的概率发现粒子 1 处于 $|0>$，粒子 2 处于 $|1>$；另一半概率发现粒子 1 处于 $|1>$，粒子 2 处于 $|0>$。无法预测单次测量的结果，但粒子 1 和粒子 2 总是处于相反的状态。

（6）量子态相干性（Interference）

量子力学中微观粒子间的相互叠加作用能产生类似经典力学中光的干涉现象。

4．量子门

在量子计算，特别是量子线路的计算模型中，一个量子门（Quantum Gate，或量子逻辑门）是一个基本的操作一个小数量量子比特的量子线路。它是量子线路的基础，就像传统逻辑门和一般数字线路之间的关系。

与多数传统逻辑门不同，量子逻辑门是可逆的，且传统的计算可以只使用可逆的门表示。例如，Toffoli 门是一种通用可逆逻辑门，即任意可逆电路可由 Toffoli 门构造得到。它具有三路输入和三路输出，如果前两位置一，它将倒置第三位，否则所有位保持不变。

量子门常使用矩阵表示，操作 1 个量子比特的门可以用 2×2 的酉矩阵表示，操作 2 个量子比特的门可以用 4×4 的酉矩阵表示，操作 k 个量子比特的门可以用 $2^k\times2^k$ 的酉矩阵表示。一个门输入与输出的量子比特数量必须相等，量子门的操作可以用代表量子门的矩阵与代表量子比特状态的向量作相乘来表示。例如，阿达马门是只对一个量子比特进行操作的门。这个门将基本状态 $|0>$ 变成 $(|0>+|1>)/\sqrt{2}$，并且将 $|1>$ 变成 $(|0>-|1>)/\sqrt{2}$。这个门可以用阿达马矩阵表示：

$$\boldsymbol{H}=\frac{1}{\sqrt{2}}\begin{bmatrix}1 & 1\\1 & -1\end{bmatrix}$$

因为矩阵的两列正交，因此 $\boldsymbol{H}$ 是一个酉矩阵。

5．量子并行计算原理

由于量子比特可以同时处于两种状态的叠加态，所以量子门操纵它时，实际上同时操纵了两种状态。所以，若一个量子计算机同时操纵 N 个量子比特，那么它实际上可以

同时操纵 2^N 个状态，其中每个状态都是一个 N 位的经典比特，这就是量子计算机的并行计算能力。

例如：

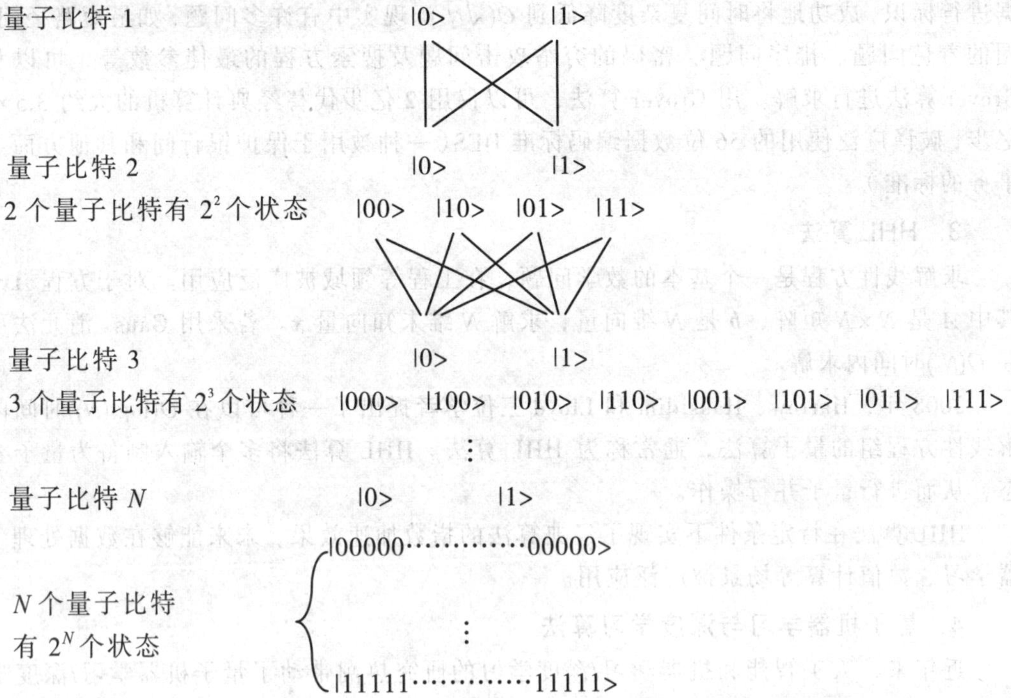

12.2.2 典型量子算法

1. Shor 算法

1994 年 Shor 提出了分解大数质因子的量子算法，吸引了众多研究者的目光。大数质因子分解的难度确保了 RSA 公钥密码体系的安全，该问题至今仍属于 NP（Non-deterministic Polynomial，非确定多项式）难题，在经典计算机上需要指数时间才能完成。但是 Shor 算法表明，在量子计算条件下，这一问题可以在多项式时间内得到解决。它仅需几分钟就可以完成用 1 600 台经典计算机需要 250 天才能完成的 RSA-129 问题（一种公钥密码系统），使当前公认为最安全的、经典计算机不能破译的公钥密码系统 RSA 可以被量子计算机非常容易地破译。这就意味着目前广泛应用的 RSA 公钥密码体系的安全性可能面临着致命的威胁。

Shor 算法的基本思想是：首先利用量子并行性通过一步计算获得所有的函数值，并利用测量函数得到相关联的函数自变量的叠加态，然后对其进行快速傅里叶变换。其实质为：利用数论相关知识将大数质因子分解问题转化为利用量子快速傅里叶变换求函数的周期问题。

2. Grover 算法

1996 年，计算机科学家 Grover 提出一个量子搜索算法，通常称为 Grover 算法，该算法适宜于解决在无序数据库中搜索某一个特定数据的问题。在经典计算中，对待这类问题只能逐个搜索数据库中的数据，直到找到为止，算法的时间复杂度为 $O(N)$。而 Grover 算法利用量子并行性，每一次查询可以同时检查所有的数据，并使用黑箱技术对目标数据进行标识，成功地将时间复杂度降低到 $O(\sqrt{N})$。现实中有许多问题，如最短路径问题、图的着色问题、排序问题、密码的穷举攻击问题及搜索方程的最佳参数等，可以利用 Grover 算法进行求解。用 Grover 算法，可以仅用 2 亿步代替经典计算机的大约 3.5×10^8 亿步，破译广泛使用的 56 位数据编码标准 DES（一种被用于保护银行间和其他方面金融事务的标准）。

3. HHL 算法

求解线性方程是一个基本的数学问题，在工程等领域被广泛应用。对于方程 $\boldsymbol{Ax=b}$，其中 $\boldsymbol{A}$ 是 $N\times N$ 矩阵，$\boldsymbol{b}$ 是 N 维向量，求解 N 维未知向量 $\boldsymbol{x}$。若采用 Gauss 消元法可以在 $O(N^3)$时间内求解。

2008 年，Harrow、Hassidim 和 Lloyd 三位学者提出了一种可以在 $O(\log_2(N))$时间内求解线性方程组的量子算法，通常称为 HHL 算法。HHL 算法将多个输入制备为量子叠加态，从而进行量子并行操作。

HHL 算法在特定条件下实现了经典算法的指数加速效果，未来能够在数据处理、机器学习、数值计算等场景被广泛应用。

4. 量子机器学习与深度学习算法

近年来，人工智能和机器学习/深度学习的研究热潮带动了量子机器学习/深度学习的发展和研究。众所周知，传统的机器学习/深度学习算法面临计算瓶颈的挑战，若充分利用量子计算的并行性，则可以进一步优化传统机器学习算法的效率，突破计算瓶颈，加速人工智能进程。量子机器学习的研究可追溯到 1995 年，Kak 最先提出量子神经计算的概念。相继学者们提出了量子聚类、量子深度学习和量子向量机等算法。2015 年，潘建伟教授团队在小型光量子计算机上，首次实现了量子机器学习算法。

从经典—量子的二元概念出发可以将机器学习问题按照数据和算法类型的不同分为 4 类，如表 12.1 所示。

表 12.1 机器学习分类

简　称	算法类型	数据类型	应用实例
C-C	经典	经典	传统机器学习
C-Q	经典	量子	量子优化控制
Q-C	量子	经典	量子支持向量机等
Q-Q	量子	量子	量子反馈控制

量子机器学习的训练数据必须以某种可以为量子计算机识别的格式载入（即制备量子叠加态），经过量子机器学习算法处理以后形成输出，而此时的输出结果是量子叠加态，需要经过测量得到最终结果，该流程如图 12.16 所示。

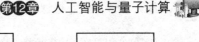

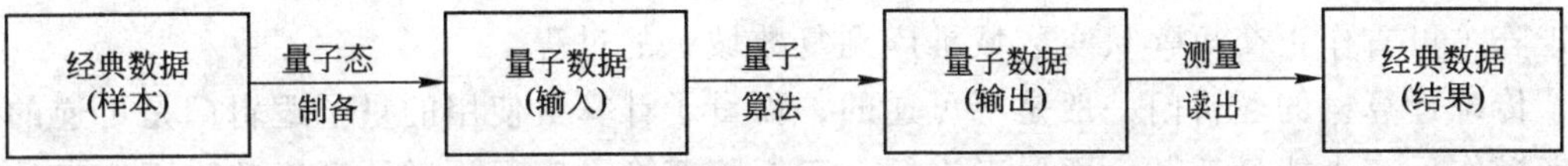

图 12.16 量子机器学习的基本流程

表 12.2 所示为目前文献中介绍的一些典型量子机器学习算法及其所需资源和性能改善特征。

表 12.2 主要量子机器学习算法

算　法	Grover 搜索	量子加速	量子数据	泛化性能	实　验
K-均值	需要	平方	不需要	无	无
K-近邻	需要	平方	不需要	数值分析	无
主成分分析	不需要	指数	需要	无	无
神经网络	需要	—	不需要	数值分析	有
支持向量机 1	需要	平方	不需要	解析分析	无
支持向量机 2	不需要	指数	需要	解析	有
回归	不需要	—	需要	无	无
Boosting	不需要	平方	不需要	解析	有
波尔兹曼机	不需要	量子退火	不需要	概率生成	有

如前所述，量子机器学习算法相比经典算法，有以下显著优势：

① 量子加速。由于量子态的可叠加性，相比传统计算机，量子算法可以在不增加硬件的基础上实现并行计算，在此基础上利用 Shor、HHL 和 Grover 等算法，可实现相对于完成同样功能的经典算法的两倍甚至指数加速。

② 节省内存空间。将经典数据通过制备量子态叠加编码为量子数据，并利用量子并行性进行存储，可实现指数级的节省存储硬件需求。

12.2.3 量子计算机

1. 基本原理

所谓量子计算机，是指具有量子计算能力的物理设备。出现量子计算机的原因主要有两个：

① 外部原因：摩尔定律失效。根据摩尔定律，集成电路上可容纳的晶体管数目每隔 24 个月增加一倍，性能也相应增加一倍。然而，一方面随着芯片元件集成度的提高会导致单位体积内散热增加，由于材料散热速度有限，就会出现计算速度上限，产生“热耗效应”；另一方面元件尺寸的不断缩小，在纳米尺度下经典世界的物理规律不再适用，出现“尺寸效应”。

② 内部原因：量子计算机的强并行性。这是量子计算机相比传统计算机的显著优势，量子计算机和量子算法相互结合，可以将计算效率进行两倍甚至指数加速，例如传统计算机计算需要 1 年的任务，使用量子计算机可能需要不足 1 s 的时间。

量子计算机使用量子逻辑门进行信息操作，如对单个量子操作的逻辑门：泡利-*X* 门、泡利-*Y* 门、泡利-*Z* 门和 Hadamard 门等；对两个量子操作的双量子逻辑门：受控非门 CNOT、受控互换门 SWAP 等。这些量子逻辑门的操作可以看作一种矩阵变换，即乘以幺正矩阵（可看作正交矩阵从实数域推广到复数域）的过程。

传统计算机的逻辑门一般是不可逆的，而量子计算机使用的量子逻辑门是可逆的。前者操作后产生能量耗散，而后者进行幺正矩阵变换可实现可逆计算，几乎不会产生额外的热量，从而解决能耗问题。量子计算机的理论模型仍然是图灵机，量子计算目前并没有操作系统，代替用量子算法进行控制，这决定了目前的量子计算机并不是通用的计算机，而属于某种量子算法的专用计算机。量子计算机和传统计算机的比较如表 12.3 所示。

表 12.3　量子计算机和传统计算机的比较

属　　性	传统计算机	量子计算机
信息	逻辑比特	量子比特
门电路	逻辑门	量子逻辑门
基本操作	与或非	幺正操作
计算可逆性	不可逆计算	可逆计算
管理控制程序	操作系统 Windows、Linux 和 Mac 等	量子算法
计算模型	图灵机	量子图灵机

量子计算机的基本原理如图 12.17 所示，主要过程如下：

① 选择合适的量子算法，将待解决问题编程为适应量子计算的问题。

② 将输入的经典数据制备为量子叠加态。

③ 在量子计算机中，通过量子算法的操作步骤，将输入的量子态进行多次幺正操作，最终得到量子末态。

④ 对量子末态进行特殊的测量，得到经典的输出结果。

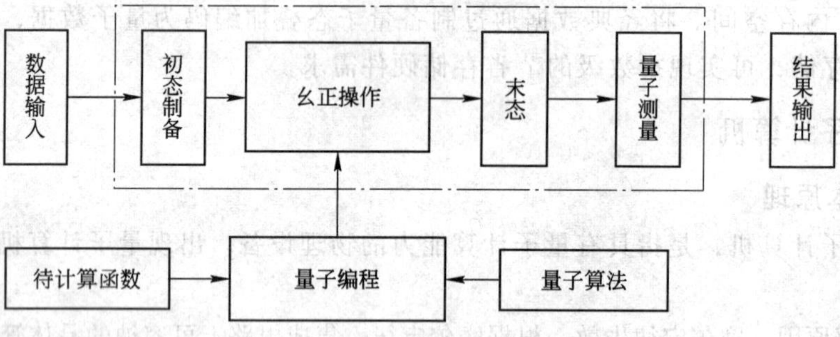

图 12.17　量子计算机工作原理流程

2. 量子计算机的发展现状

2017 年 5 月，IBM 公司发布了 17 量子比特的处理器，如图 12.18 所示。其强大的计算能力使得它可以应用于那些需要强大计算性能而传统计算机又无法胜任的工作。

2017 年，Intel 公司成功设计、制造和交付 49 量子比特的超导测试芯片，这距离 Intel 公司交付 17 量子比特芯片仅仅过去了 3 个月的时间。49 量子比特的芯片代号是 Tangle Lake，被 Intel 公司认为是里程碑，因为这样的尺度已经允许研究人员评估改善误差修正技术和模拟计算问题。7、17、49 量子比特芯片如图 12.19 所示。

Google 公司在官方博客上宣布公开开源量子计算软件 OpenFermion，让科学家们更方便地使用量子计算机。这次开放的是 OpenFermion 的源代码，可供用户免费使用，化学家和材料学家可以利用 OpenFermion 改编算法和方程，使之能在量子计算机上运行。随后，IBM、Intel、Microsoft 和 D-Wave 等公司都宣布开放自己的量子计算平台，使之能促进量子计算的商业化运行。

2017 年，加拿大量子计算公司 D-Wave 宣布推出旗下最新型号的量子计算机 D-Wave 2000Q，如图 12.20 所示。D-Wave 2000Q 的计算能力是以前型号的两倍，Temporal 防御系统公司是这台新计算机的首个客户，其主要目的是把 D-Wave 2000Q 用于网络安全研究。

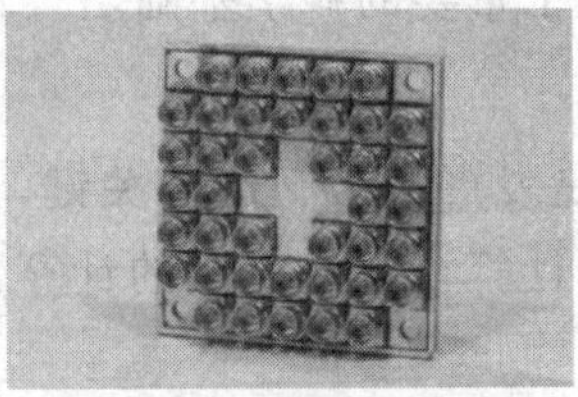

图 12.18　17 量子比特测试芯片

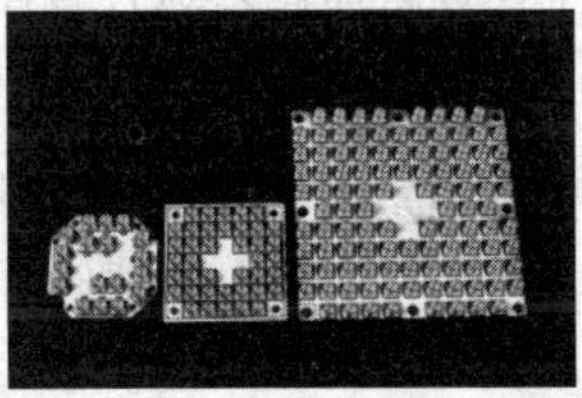

图 12.19　7、17、49 量子比特芯片

图 12.20　量子计算机 D-Wave 2000Q

2018 年 3 月 5 日，在洛杉矶举行的美国物理学年会上，Google 量子人工智能实验室宣布了全新的量子计算器 Bristlecone（狐尾松），如图 12.21 所示。该处理器已经支持到多达 72 个量子位，实现了 1%的低错误率，与 9 量子比特量子计算机持平。

2018 年 10 月 12 日，华为公布了在量子计算领域的最新进展：量子计算模拟器 HiQ 云服务平台问世，平台包括 HiQ 量子计算模拟器与基于模拟器开发的 HiQ 量子编程框架两个部分，这是这家公司在量子计算基础研究层面迈出的第一步。

2018 年 12 月 6 日，合肥本源量子公司发布了我国首款量子计算机控制系统 OriginQ Quantum AIO，如图 12.22 所示，并计划在未来三年左右推出量子计算机原型机。

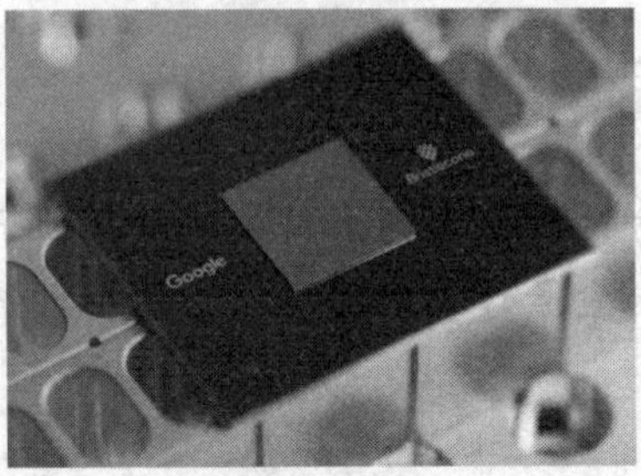

图 12.21　量子计算器 Bristlecone

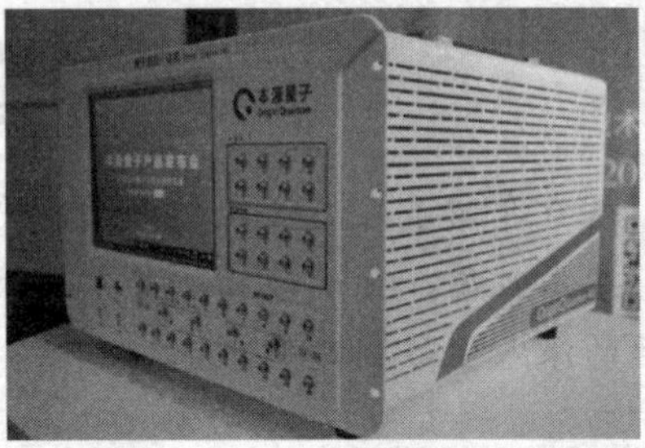

图 12.22　本源量子测控一体机

在 2019 国际消费电子展（CES）上，IBM 向世人展示了目前全球唯一一台脱离实验室环境运行的量子计算机 IBM Q System One，如图 12.23 所示。整套系统的所有零件内置在了一个棱长 9 英尺（约 2.7 m）的立方体内，这个立方体由 0.5 英寸（约 1.27 cm）厚的硼硅酸盐玻璃制成，看起来极具科幻感。系统的前后“门”可同时打开，工程师可以操作前部的量子计算

图 12.23　量子计算机 IBM Q System One

机和后部的各种冷却与控制模块。

2019 年 4 月 16 日，由国仪量子（合肥）技术有限公司开发的全球首款金刚石量子计算教学机在无锡发布。这是由我国自主开发出的面向大众的量子计算装置，突破了现有量子计算教育方式，可有效促进量子工程师和交叉应用型人才的培养。

2019 年 8 月，中国量子计算研究获重要进展，中科院院士、中国科学技术大学教授潘建伟与陆朝阳、霍永恒等人领衔，和多位国内及德国、丹麦学者合作，在国际上首次提出一种新型理论方案，在窄带和宽带两种微腔上成功实现了确定性偏振、高纯度、高全同性和高效率的单光子源，为光学量子计算机超越经典计算机奠定了重要的科学基础。

3. 应用前景

量子计算机理论上具有模拟任意自然系统的能力，同时也是发展人工智能的关键。量子计算机在并行运算上的强大能力，使它有能力快速完成经典计算机无法完成的计算。这种优势在加密和破译等领域有着广泛的应用。

① 天气预报：如果使用量子计算机在同一时间对于所有的信息进行分析，并得出结果，那么就可以得知天气变化的精确走向，从而避免大量的经济损失。

② 药物研制：量子计算机对于研制新的药物也有着极大的优势，量子计算机能描绘出万亿计的分子组成，并且选择出其中最有可能的方法，这将提高人们发明新型药物的速度，并且能够更个性化地对药理进行分析。

③ 交通调度：量子计算机可以根据现有的交通状况预测交通状况，完成深度的分析，进行交通调度和优化。

④ 保密通信：量子计算机由于其不可克隆原理，将会使得入侵者不能在不被发现的情况下进行破译和窃听，这是量子计算机本身的性质决定的。

小　　结

本章介绍了人工智能的发展历史、定义、研究方法、主要的应用领域以及量子的概念、基本性质、量子计算机等，使大家对人工智能与量子计算有整体上的初步认识，为以后的深入学习奠定基础。

实　　训

实训 1　人工智能与量子计算基本概念

1. 实训目的

① 了解人工智能的定义、发展及研究方法。

② 熟悉人工智能的研究内容及应用领域。

③ 了解量子的基本性质。

2. 实训要求及步骤

完成下面理论知识题：

① 人工智能 AI 的英文全称是（　　）。

A. Automatic Intelligence　　B. Artificial Intelligence

C. Automatic Information　　D. Artificial Information

② 1997 年 5 月，著名的“人机大战”，最终计算机以 3.5 比 2.5 的总比分将世界国际象棋棋王卡斯帕罗夫击败，这台计算机被称为（　　）。

A. 深蓝　　B. IBM　　C. 深思　　D. 蓝天

③ 不属于人工智能的学派是（　　）。

A. 符号主义　　B. 机会主义　　C. 行为主义　　D. 连接主义

④ 人工智能的含义最早由一位科学家于 1950 年提出，并且同时提出一个机器智能的测试模型，这位科学家是（　　）。

A. 明斯基　　B. 扎德　　C. 图灵　　D. 冯·诺依曼

⑤ 下列不属于人工智能研究基本内容的是（　　）。

A. 机器感知　　B. 机器学习　　C. 自动化　　D. 机器思维

⑥ 要想让机器具有智能，必须让机器具有知识。因此，在人工智能中有一个研究领域，主要研究计算机如何自动获取知识和技能，实现自我完善，这门研究分支学科是（　　）。

A. 专家系统　　B. 机器学习　　C. 神经网络　　D. 模式识别

⑦ 下列不是人工智能研究领域的是（　　）。

A. 机器证明　　B. 模式识别　　C. 人工生命　　D. 编译原理

⑧ 盲人看不到物体，但他们可以通过辨别人的声音识别人，这是智能的（　　）方面。

A. 行为能力　　B. 感知能力　　C. 思维能力　　D. 学习能力

⑨ 机器翻译属于（　　）领域的应用。

A. 自然语言系统　　B. 机器学习　　C. 专家系统　　D. 人类感官模拟

⑩ 人工智能是一门（　　）。

A. 数学和生理学　　B. 心理学和生理学

C. 语言学　　D. 综合性的交叉学科和边缘学科

⑪ 下列不属于量子基本性质的是（　　）。

A. 量子不可区分　　B. 量子态叠加性　　C. 量子可克隆　　D. 量子态纠缠

实训 2　人工智能关键技术、典型量子算法

1. 实训目的

① 熟悉人工智能的关键技术。

② 了解典型的量子算法。

2. 实训要求及步骤

完成以下简答题：

① 试述人工智能的关键技术。

② 典型的量子算法有哪些？

参考文献

[1] 教育部高等学校大学计算机课程教学指导委员会. 大学计算机基础课程教学基本要求[M]. 北京：高等教育出版社，2016.
[2] 战德臣. 大学计算机：理解和运用计算思维（慕课版）[M]. 北京：人民邮电出版社，2018.
[3] 李凤霞，陈宇峰，史树敏. 大学计算机[M]. 北京：高等教育出版社，2016.
[4] 王永全，单美静. 计算思维与计算文化[M]. 北京：人民邮电出版社，2016.
[5] 易建勋. 计算机导论：计算思维和应用技术[M]. 2 版. 北京：清华大学出版社，2018.
[6] 李亚，陈莹，李欢，等. 计算机应用基础[M]. 北京：中国水利水电出版社，2017.
[7] 徐洁磐. 人工智能导论[M]. 北京：中国铁道出版社有限公司，2019.
[8] 本恩梯，卡萨蒂，斯蒂尼. 量子计算与量子信息原理　第 1 卷：基本概念[M]. 王文阁，李保文，译. 北京：科学出版社，2011.
[9] 韩东，陈军. 人工智能：商业化落地实战[M]. 北京：清华大学出版社，2018.
[10] 陈赜，钟小磊，龚义建，等. 物联网技术导论与实践[M]. 北京：人民邮电出版社，2017.
[11] 青岛英谷教育科技股份有限公司. 云计算与大数据概论[M]. 西安：西安电子科技大学出版社，2018.
[12] 孙毅芳，王丽敏，缪亮，等. Photoshop 平面设计使用教程[M]. 北京：清华大学出版社，2016.
[13] 孙玉珍，高森. Premiere Pro CC 实例教程[M]. 4 版. 北京：人民邮电出版社，2016.
[14] 李凤霞，陈宇峰. 大学计算机实验[M]. 北京：高等教育出版社，2013.